昆虫传播的蔬菜病毒

刘　勇　主编

科　学　出　版　社
北　京

内 容 简 介

本书对昆虫传播的蔬菜病毒进行了系统梳理，从传毒介体昆虫的角度对蔬菜病毒进行分类。全书共分五章：概述、蚜虫传播的蔬菜病毒、粉虱传播的蔬菜病毒、蓟马持久性传播的蔬菜病毒、其他昆虫传播的蔬菜病毒。概述部分主要介绍了昆虫传播的蔬菜病毒的研究概况、趋势和特点，其余四章分别对蚜虫、粉虱等昆虫非持久性传播的病毒、半持久性传播的病毒和持久性传播的病毒三类蔬菜病毒的种类及特征进行了详细阐述，同时总结了目前各类蔬菜病毒病对应的防治技术与方法。

本书可供从事植物保护学、昆虫学等相关专业的科研人员、教学人员，以及农业生产者阅读、参考。

图书在版编目（CIP）数据

昆虫传播的蔬菜病毒/刘勇主编. —北京：科学出版社，2019.3
ISBN 978-7-03-060455-2

Ⅰ. ①昆… Ⅱ. ①刘… Ⅲ. ①蔬菜–虫媒病毒–病毒病–病虫害防治
Ⅳ. ①S436.3

中国版本图书馆CIP数据核字（2019）第014125号

责任编辑：陈 新 高璐佳 / 责任校对：严 娜
责任印制：肖 兴 / 封面设计：铭轩堂

科学出版社 出版
北京东黄城根北街16号
邮政编码：100717
http://www.sciencep.com

北京画中画印刷有限公司 印刷
科学出版社发行 各地新华书店经销
*
2019年3月第 一 版 开本：787×1092 1/16
2019年3月第一次印刷 印张：21 1/2
字数：510 000

定价：268.00元

（如有印装质量问题，我社负责调换）

《昆虫传播的蔬菜病毒》编委会

主　编： 刘　勇

副主编： 高　阳　李　凡　史晓斌　张战泓

参编人员（以姓名笔画为序）：

丁　铭　史晓斌　朱春晖　刘　勇　孙书娥

苏　品　杜　娇　李　凡　张　宇　张　卓

张仲凯　张松柏　张战泓　张德咏　郑立敏

高　阳　彭　静　程菊娥　解　啸　谭新球

燕　飞

主 编 简 介

刘勇，博士，湖南省植物保护研究所研究员，湖南大学和湖南农业大学博士生导师，中国植物病理学会常务理事、化学防治专业委员会副主任委员，中国植物保护学会理事、园艺病虫害防治专业委员会副主任委员。2008 年被农业部聘任为国家大宗蔬菜产业技术体系岗位科学家；2010 年享受国务院政府特殊津贴，并入选湖南省“121 创新人才工程”第一层次；2011 年入选农业部农业科研杰出人才；2013 年获评全国优秀科技工作者；2015 年入选第二批国家“万人计划”科技创新领军人才。

主持承担科技项目 40 多项，获国家科学技术进步奖二等奖 1 项，湖南省科学技术进步奖一等奖 2 项、二等奖和三等奖各 1 项，其他奖励 8 项，发明专利 20 项，11 个产品获得农业农村部登记证书。在 GeneBank 登录基因 15 条，在 *GigaScience*、*PLoS Pathogens* 等科技学术刊物上发表论文 160 余篇(其中SCI论文 49 篇，大部分为第一或通信作者)，影响因子累计达到 125，主编中文专著 3 部、英文专著 1 部，科研成果应用面积达到 1.1 亿多亩。

序

蔬菜病毒病是为害蔬菜的主要病害，一般引起产量减少 10%以上，目前已经发展成为害蔬菜生产的第一大类病害。病毒危害除造成蔬菜产量损失外，还会引起果实畸形、变小或色泽变差等品质下降，这些症状都会严重影响商品的外观，由于蔬菜基本是鲜食产品，外观差的产品价格会大幅降低甚至完全无法销售，成为“废品”，因此蔬菜病毒病造成的实际损失远远超过了 10%，最严重的可造成绝收。

蔬菜品种繁多，为害蔬菜的病毒种类也很多。由于超过 80%的蔬菜病毒是靠介体昆虫传播的，田间主要是通过昆虫吸食或摩擦接触造成的微伤侵入，因此在蔬菜病毒病的防控方面，在针对病毒本身的同时，阻止介体昆虫的传播防治效果更佳。通过在苗期采取适当的防控措施，阻断带毒的昆虫取食幼苗，可以显著降低成株期蔬菜病毒病的发病率和造成的损失。由于介体昆虫传带病毒的初侵染源往往是菜地周围的杂草或病残体，因此在定植之前将这些杂草和病残体清除干净，可以大大减小介体昆虫传播病毒的概率。

目前尚无直接针对病毒的农药，但是可以通过提高作物的免疫能力在一定程度上抵抗病毒侵染，减轻危害和损失。当然，筛选抗病毒种质资源和培育抗病品种是防治病毒病最有效的手段。

自 2000 年以来，以湖南省植物保护研究所刘勇研究员为首的一批中青年专家，在国家自然科学基金、欧盟第五框架计划、国家公益性行业(农业)科研专项、国家现代农业产业技术体系(大宗蔬菜)等项目的资助下，对我国主要蔬菜病毒种类进行了系统调查，对其中危害特别严重的病毒进行了详细研究，主要内容包括病毒生物学特征、发生流行规律、致病与成灾机制、病毒与介体互作、抗病毒种质资源筛选与新品种选育、植物抗病毒诱抗剂研发和绿色防控技术体系等，所取得的研究成果对于提高我国植物病毒学研究水平、推动我国植物病毒研究工作具有重要意义，部分工作已经应用于生产实际并取得了良好的效果，受到了国内外同行专家的高度赞扬。

《昆虫传播的蔬菜病毒》一书，系统介绍了以刘勇研究员为首的团队近 20 年来在虫传蔬菜病毒方面的研究工作，同时介绍了国内外虫传蔬菜病毒的最新进展，对于其他领域相关科技工作的思路和方法都有很好的参考价值。

值此著作脱稿之际，读后收获、感受颇丰，作此序，表示祝贺，并希望作者团队为我国植物病毒学和植物病理学的发展做出更大的贡献！

中国工程院院士 陈剑平

2018 年 8 月 21 日于宁波大学

前　言

蔬菜病毒病又称为蔬菜上的“癌症”。蔬菜种类繁多，种植方式多样，而且随着产业结构的调整和生产耕作制度的改变，蔬菜周年生产供应已经常态化，因此蔬菜病毒病的发生、危害变得越来越严重。目前，病毒病已经成为威胁蔬菜生产的最重要的病害之一。由于病毒离开活体生物细胞后无法独立存活，也不具备独立的复制系统，必须借助寄主细胞完成核酸与蛋白质外壳的复制，组成新的病毒粒子，因此植物病毒感染植株后，往往不会立即造成植株的死亡。但是病毒感染植株后，不仅严重阻碍其生长、减少产量，而且会造成产品的质量下降，甚至成为“废品”，在市场上失去交易的价值。

对病毒的研究可以追溯到1576年，那时候就有关于植物病毒病的记载。举世闻名、美丽的荷兰杂色郁金香，实际上就是现在所谓的郁金香碎色病毒造成的。1892年Iwanowski、1898年Beijerinck分别证明，烟草花叶病为比细菌还小的病原体所引起，可通过病叶汁液传染。20世纪初，已经知道昆虫能传播植物病毒病，如叶蝉传播水稻矮缩病。由于病毒是造成病毒病的直接原因，为了防控病毒病，传统的研究方法往往是从病毒入手，通过研究病毒的生物学特性、病原学特性、流行特性、致病机制等，了解病毒并力求找到防控病毒病的方法，通过这些研究工作，将发现的病毒按照分类方法，即“首次发现的寄主＋症状”进行命名。经过长期研究和不断完善后，目前病毒的分类方法主要是根据病毒的形态学及复制方法，病毒的化学组成与物理特性，病毒的免疫学特性，病毒对理化因素的敏感性，病毒的传播途径，病毒对寄主、组织与细胞的向性(tropism)，病原学与内含体形式，症状学等进行分类，这种分类方法已经得到了充分的认可和采纳。但是，随着研究的深入，人们发现，病毒的为害除了与病毒本身关系密切，还与其他很多因素相关，如气候、人类和动物(特别是昆虫)的活动、植物的抗病性等。尤其是病毒病的传播，只有通过外界的因素，病毒才能在更加广阔的区域为害，从而造成很大的损失，否则，只造成局部、有限的损失。蔬菜病毒的传播途径主要有人类、种子、花粉、水流、植物体(块茎、块根、接穗等)、线虫、螨类、土壤中的真菌、昆虫等，但是主要通过昆虫传播，超过80%的蔬菜病毒是通过昆虫传播的。根据病毒在昆虫体内的存留时间，可以将昆虫传播病毒的方式划分为非持久性传播、半持久性传播和持久性传播，大部分的传毒方式是非持久性的。针对不同的传毒方式，可以采取不同的对策防控病毒病。

自2000年开始，我们在国家科技攻关计划等项目的支持下，开始研究昆虫在传播蔬菜病毒中的作用、为害及防控技术。在研究中我们发现，很多时候将传播病毒的昆虫控制好了，就可以使病毒病的危害减小到最低程度，甚至可以忽略不计。有鉴于此，我们结合自己的工作，从传毒昆虫的角度对蔬菜病毒进行分类，希望能在昆虫-病毒互作研究中为大家提供一些帮助，也希望在实际防控中为大家提供一些思路，因此撰写了本书，希望达到我们目的的一二。

本书相关内容的研究工作和出版得到了以下研究项目的资助：公益性行业(农业)科

研专项——蔬菜主要病毒病防控技术研究与示范（201303028）；国家自然基金青年基金——转多价病毒基因的番茄对不同属病毒的抗性（31401729）；国家科技支撑计划——南方蔬菜安全生产关键技术研究与示范（2014BAD05B04-5）；国家大宗蔬菜产业技术体系（CARS-23-B-05）；万人计划创新团队领军人才计划（2016RS2019）。

本书是对我们研究团队多年研究工作的一次总结，编者中既有多年从事蔬菜病毒病研究的专家，又有近年进入该研究领域的新兵，疏漏或不足恐难避免，敬请广大读者批评指正。

刘　勇

于湖南省农业科学院实验大楼

2018 年 3 月 2 日

目　　录

第一章　概　　述

蔬菜病毒病也被称为蔬菜作物的“癌症”，是为害蔬菜作物的最大病害之一，而且呈现快速上升的势头，目前由于还缺少直接有效的防治方法，一旦暴发，往往给蔬菜生产造成重大损失，如番茄褪绿病毒（*Tomato chlorosis virus*，ToCV）、烟草花叶病毒（*Tobacco mosaic virus*，TMV）、番茄斑萎病毒（*Tomato spotted wilt virus*，TSWV）、番茄黄化曲叶病毒（*Tomato yellow leaf curl virus*，TYLCV）、黄瓜花叶病毒（*Cucumber mosaic virus*，CMV）和马铃薯Y病毒（*Potato virus Y*，PVY）等，暴发成灾后，不仅造成产量显著下降，产品的商品性也受到严重影响（Karen-Beth et al.，2011；Tang et al.，2017）。蔬菜病毒病的流行往往依赖于载体的传播，其中超过80%的蔬菜病毒依赖于特定的媒介昆虫传播（Power，2000；Andret-Link and Fuchs，2005；Hohn，2007），这些媒介昆虫大部分为同翅目的刺吸式口器昆虫，如蚜虫、粉虱、飞虱、蓟马、介壳虫等。随着全球气候变暖和商业贸易活动频繁，外来生物入侵加剧（Wan et al.，2009），蔬菜病毒病的发生也呈现暴发性发生的趋势。尤其是近年来由烟粉虱（*Bemisia tabaci*）传播的番茄黄化曲叶病毒病（Czosnek et al.，2001；Pan et al.，2012；Zhang et al.，2012）和番茄褪绿病毒病（Tang ct al.，2017）在世界范围内暴发流行，给各国的蔬菜生产造成了巨大损失。按照昆虫持毒时间及病毒在昆虫体内存在时间划分，昆虫传播病毒的方式主要有三种：非持久性传播、半持久性传播和持久性传播。媒介昆虫对蔬菜病毒的传播是一个昆虫、病毒、寄主植物互作的过程，在这个过程中，三者之间的互作往往决定病毒的最终发生情况。有关病毒与植物互作的研究较多，例如，Zhang等（2012）研究发现中国番茄黄化曲叶病毒伴随卫星（TYLCCNB）编码的βC1蛋白可以抑制植株的JA防御反应；Amin等（2011）在微RNA（microRNA，miRNA）水平上研究了4种不同的双生病毒感染植物时，每种病毒所编码的基因对miRNA的作用，以及由此引起的植物症状的差异。而有关植物病毒与昆虫的互作，目前总体上研究较少，对其中的许多过程如昆虫获毒过程中口针部位与病毒特异结合的受体蛋白及其相互作用，病毒进入昆虫体内后如何通过中肠进入血淋巴系统，病毒如何突破昆虫本身的防御系统等还知之不多，而这些研究对于开拓新的植物病毒病防治途径（如针对病毒特异受体开发RNAi技术）、开发寻找新的防治靶标等意义重大。有关病毒操纵的寄主植物与昆虫的互作，目前只有少量研究工作涉及。

一、昆虫传毒方式与特性

昆虫传播病毒的方式有三种（表1-1）。一是口针携带式。昆虫的口针在刺吸带毒植株以后，立即获得传毒能力，病毒不进入昆虫体内。其传播速度快，但并不持久，昆虫口腔内的病毒排完后，便随之失去传毒能力。这种传播方式最为简单，也称非持久性传毒（Palacios et al.，2002；Hohn，2007），如马铃薯Y病毒（PVY）。二是前肠保留式。昆虫吸取带毒的汁液后不能立即传毒，要经过一段时间才具有传毒能力（Ghanim et al.，2001）。

这类病毒在虫体内存留的时间较长，通常存留在前肠(Ng and Falk，2006)，一旦病毒排完后，传毒能力即告结束，也称为半持久性传播(Froissart et al.，2010)，如花椰菜花叶病毒(*Cauliflower mosaic virus*，CaMV)。三是体内循环式。这类病毒能在昆虫的体内循环，通过口针进入肠道，与中肠或后肠上皮细胞作用并被吸入，穿过肠道释放到血淋巴，最后回到唾液腺，病毒能在体内保持很长时间，可终生传播，有的昆虫甚至还可以通过卵把病毒传给后代，又称为持久性传播(Hohn，2007)，如番茄斑萎病毒(TSWV)。

表 1-1　媒介昆虫传播蔬菜病毒的特性和时间

传毒方式(传播持久性)	口针携带式(非持久性)	前肠保留式(半持久性)	体内循环式(持久性)	
			非增殖型	增殖型
获毒时间	数秒到数分钟[a]	数分钟到数小时[b]	数小时到数天[b]	数小时到数天[b]
接种时间	数秒到数分钟[a]	数分钟到数小时[b]	数小时到数天[b]	数小时到数天[b]
潜伏期	无	无	数小时到数天	数天到数周
在昆虫体内存留时间	数分钟，蜕皮后消失	数小时，蜕皮后消失	数天到数周	整个生命期
昆虫血淋巴中是否存在	否	否	是	是
病毒举例	马铃薯Y病毒	花椰菜花叶病毒	番茄黄化曲叶病毒	水稻条纹叶枯病毒

注：a. 在这段时间，昆虫可以获取病毒并接种到植物表皮细胞；b. 获毒和接种时间取决于获取病毒的位置，即从植物韧皮部获取病毒比从表皮或叶肉细胞获取病毒的时间要长

(一)昆虫最短获毒时间

很多研究表明，不同的昆虫有效地获取病毒所需的最短时间各不相同，这可能与病毒的种类及昆虫的生物型有关，也说明了不同种类昆虫的口针穿透叶表皮、经过软组织细胞及到达富含病毒的植物细胞的过程不同，因而获得足够的病毒粒子从而有效地传播这些病毒的时间也不同。

通常昆虫获取非持久性传播病毒的时间较短，而获取持久性传播病毒的时间较长。Manoussopoulos(2001)发现，桃蚜(*Myzus persicae*)获取马铃薯奥古巴花叶病毒(*Potato aucuba mosaic virus*，PAMV)仅需要10s。Franz等(1998)研究发现，豆蚜(*Aphis craccivora*)和豌豆蚜(*Acyrthosiphon pisum*)获取蚕豆坏死黄化病毒(*Faba bean necrotic yellows virus*，FBNYV)的时间有所不同，其中豆蚜的最短获毒时间为15～30min，而豌豆蚜的最短获毒时间为5～15min。Firmino等(2009)研究发现，B型烟粉虱获取番茄黄脉条纹病毒(*Tomato yellow vein streak virus*，ToYVSV)时，最短获毒时间为30min。Simmons等(2009)发现，烟粉虱成虫获取甜马铃薯卷叶病毒(*Sweet potato leaf curl virus*，SPLCV)时，最短获毒时间为24h。以上研究表明，不同昆虫获取病毒的时间差异很大，最短的只需10s，而最长的为24h，说明病毒的传播方式影响媒介昆虫的获毒时间，由于持久性传播的病毒需要在昆虫体内经过一定时间的潜伏期才能进行传毒，因此需要更长的获毒时间。

(二)病毒在昆虫体内的存留位置

昆虫获取病毒以后，病毒会在昆虫体内不同的位置存留一段时间。Ng和Falk(2006)

认为非持久性传播的病毒会存留在口针中，不会进入昆虫体内，而半持久性传播的病毒会存留在前肠中，然而 Uzest 等(2007)在研究蚜虫半持久性传播的花椰菜花叶病毒(CaMV)时的结果与上述研究不符，研究发现半持久性病毒的存留位置是位于上颌窦口针尖端的受体，说明媒介昆虫传毒的位置并不总是与其传毒的持久性相对应。Hogenhout 等(2008)认为，由于不同的半持久性传播病毒的传播特性不同，因而在各自的媒介昆虫中可能会有不同的存留位置，因此不能简单地根据传播的持久性而推断病毒在媒介昆虫体内的存留位置。

(三)病毒在昆虫体内的潜伏和传播

病毒在传播过程中，从介体获得病毒到能传播病毒所经历的时间，称为潜伏期。非持久性传播病毒和半持久性传播病毒不需要潜伏期就能将病毒传播下去，因此这两种传播方式的病毒在媒介昆虫体内存留的时间较短(Manoussopoulos，2001)。持久性传播的病毒，需要一定的潜伏期才能将病毒传播下去，不同类型的病毒在昆虫体内的潜伏时间各不相同。班加罗尔番茄曲叶病毒(*Tomato leaf curl Bangalore virus*，ToLCBV)可在烟粉虱体内存留长达 12d，但不能终生存在(Muniyappa et al.，2000)；南瓜曲叶病毒(*Squash leaf curl virus*，SLCV)及番茄黄化曲叶病毒(TYLCV)可在烟粉虱的整个生活周期内存在(Cohen et al.，1989；Rubinstein and Czosnek，1997)。媒介昆虫获毒后经过一定的潜伏期就可以进行传毒，Muniyappa 等(2000)研究烟粉虱的传毒能力发现，烟粉虱获毒 24h 之后，经过 20min 就可以将病毒接种到植物上，但此时传毒效率只有 13.3%，经过 12h 或者更长时间传毒效率才能达到 100%。Pan 等(2012)研究发现，Q 型烟粉虱水平传播 TYLCV 的能力显著地高于 B 型烟粉虱，且 TYLCV 只能被 B 型和 Q 型烟粉虱垂直传递到卵和 1 龄若虫阶段，但是不能传递到 4 龄若虫和成虫阶段。

二、昆虫传毒机制

昆虫传毒的过程是病毒、昆虫、植物互作的一个复杂过程，涉及多种病毒受体和蛋白，目前还没有研究能够将这一过程完整地进行阐述。虽然目前已经有关于昆虫传毒的报道，但不同昆虫对植物病毒的传播方式不同，不同病毒的分子生物学机制也各不相同，仍有待进一步研究。

(一)昆虫与植物病毒结合相关的受体蛋白

昆虫传毒需要多种蛋白质的参与，它们在昆虫传毒过程中发挥着至关重要的作用，对于这些蛋白的研究将会有助于我们弄清昆虫传毒的机制。这些蛋白主要有病毒的衣壳蛋白(coat protein，CP)、次要衣壳蛋白(minor coat protein，CPm)、GroEL 蛋白、辅助因子(helper component，HC)和下颚口针蛋白(underside-jaw protein)等。其中，GroEL 蛋白是由昆虫体内共生菌产生的，在病毒进入昆虫体内时起着使其免遭酶降解的保护作用(Banerjee et al.，2004)。

目前研究较多的是半持久性传播的病毒，如莴苣侵染性黄化病毒(*Lettuce infectious yellows virus*，LIYV)，其病毒粒子的主要成分是由 RNA2 编码的 4 种蛋白——热休克蛋白 70 的同源蛋白 HSP70h、59kDa 的蛋白 P59，以及 CP 和 CPm（Tian et al.，1999）。Stewart 等（2010）的研究表明，由 LIYV 编码的 CPm 全长对于 A 型烟粉虱传播 LIYV 是不可缺少的。Chen 等（2011）证实了这种说法，认为 LIYV 病毒粒子在前肠或者食窦的保存影响烟粉虱对病毒的传播，这种存留位置是由 CPm 参与介导的。在前肠和食窦中进行荧光标记发现，4 种蛋白中，与饲喂病毒粒子的烟粉虱相比，只有饲喂 CPm 重组衣壳蛋白的烟粉虱能够检测到很强的荧光信号，而饲喂其余三种重组衣壳蛋白只能够检测到微弱的荧光信号。进行血清学感染并用免疫荧光定位发现，使用抗 CP 的抗体时，能够检测到荧光信号，但使用抗 CPm 的抗体时，检测到荧光信号的比例很低，说明烟粉虱传毒过程中对病毒的保留和传播必须依赖 CPm 的参与。

Omura 等（1998）和 Drucker 等（2002）的研究表明，CaMV 的蛋白 P2 在媒介昆虫对病毒的识别过程中发挥着重要作用。Uzest 等（2007）研究发现，P2 能够限制蚜虫口针的活动，因此在昆虫取食的过程中起着阻止传毒的作用；同时，他们用甘蓝蚜（*Brevicoryne brassicae*）、桃蚜和豌豆蚜进行实验时发现，P2-GFP 融合是蚜虫传播病毒过程中的一个重要因素，豌豆蚜不能传播 CaMV，主要是由于其体内没有与 P2 相协调的保留位点。因此，他们认为 P2-GFP 融合剂可以被用来探测蚜虫是否能够传播 CaMV。此外，Brault 等（2010）发现，蚜虫传播 CaMV 需要额外的病毒编码的辅助成分蛋白 HC 参与。Govier 和 Kassanis（1974）提出的“桥”假说，认为 HC 在病毒和媒介昆虫之间起到桥梁的作用。此外，蚜传辅助因子（aphid transmission factor，ATF）和介体内病毒附着蛋白（virus attachment protein，VAP）被认为是昆虫传毒过程中不可缺少的蛋白，同时它们也影响着病毒在昆虫细胞之间的传递（Stavolone et al.，2005）。

昆虫在获取病毒时必须有受体的参与，由于不同传播方式的病毒在昆虫体内的存留位置不同，因此昆虫体内病毒受体的位置也各不相同。目前有研究表明，与持久性传播的病毒相关的受体在昆虫的肠道膜处，而半持久性或非持久性传播的病毒，其受体在口针处。Uzest 等（2010）研究豌豆蚜传播半持久性病毒 CaMV 时发现了与之相关的受体，并命名为“acrostyle”，意为口针的末端，该受体可以识别 CaMV 的蛋白 P2，在蚜虫获毒的过程中，病毒首先存留在受体“acrostyle”上，然后大量释放到刺破的植物细胞中。随后，他们研究了传播 CaMV 的其他蚜虫，如甘蓝蚜和桃蚜，发现这两种蚜虫的口针都具有“acrostyle”受体，并且都可以识别 P2 蛋白。Rouze-Jouan 等（2001）研究桃蚜传播持久性病毒马铃薯卷叶病毒（*Potato leafroll virus*，PLRV）时，发现其受体在肠道膜上。然而对于病毒怎样与昆虫的受体相互识别，病毒如何在介体内增殖，以及昆虫受体蛋白与病毒编码产物识别后其结构如何变化等问题，还有待进一步研究。

（二）昆虫传毒的分子生物学机制

研究昆虫传毒的分子生物学机制，不仅可增加对其本身和某些分子生物学现象的了解，更重要的是可以为我们提供防治植物病毒病的方法。近年来，植物病毒基因组研究正在不断深入，与此相关的昆虫传毒机制研究也取得了进展，这为以后的研究提供了更广泛的空间，有助于我们控制植物病毒病的发生。

由灰飞虱持久性传播的水稻条纹病毒（*Rice stripe virus*，RSV）是一类重要的植物病原物，近年来对 RSV 基因组的研究有了很大的发展，病毒的全基因组序列已被测定，全长为 17 145nt，由 4 条单链 RNA 组成，按分子质量大小分别命名为 RNA1～RNA4（Zhu et al.，1991，1992；Toriyama et al.，1994）。其中，RNA1 采用负链编码策略，vcRNA1 编码病毒的复制酶蛋白（Pol）；而 RNA2～RNA4 均采取双义编码策略，各编码两个病毒蛋白。RNA3 编码的一个分子质量为 23.9kDa 的蛋白（NS3）已在大肠杆菌中表达，蛋白质印迹法（Western blotting）分析发现，可以在病毒粒体、病叶和带毒虫体内检测到这个蛋白。Takahashi 等（2003）发现，NS3 蛋白能在寄主植物和介体灰飞虱体内合成和聚集，并且在感病的植物组织中形成内含体。Xiong 等（2009）研究发现 NS3 蛋白可以显著降低沉默细胞的干扰小 RNA（siRNA）的水平，即能够抑制基因沉默。

大麦黄矮病毒（*Barley yellow dwarf virus*，BYDV）是只能通过蚜虫传播的一类病毒。Gillow（1993）建立了一个 BYDV 在蚜虫体内运输的模型，表明至少有两个屏障决定 BYDV 的传播。一个是细胞内吞作用，研究表明只有黄矮病毒组的病毒能被转运进血腔，且这种转运是无特异性的；另一个是蚜虫副唾液腺周围的基膜对病毒粒子的识别，其中基膜是决定能否传播的选择性障碍。

随着近年来 RNA 干扰机制研究的不断深入，利用 RNA 干扰的高效性和特异性来控制植物的病毒病已开始得到重视和应用（Wang et al.，2000）。病毒诱导的基因沉默（virus-induced gene silencing，VIGS）便是一个很好的例子。Huang 等（2009）在烟草上用 DNA1 作为载体沉默了 *AtTOM* 的同源基因 *NbTOM1* 和 *NbTOM3*，发现对 *AtTOM* 同源基因的沉默能够显著抑制烟草花叶病毒的增殖。

三、影响昆虫传毒效率的因素

媒介昆虫能否成功地传播病毒，受到媒介昆虫的性别及龄期（Czosnek et al.，2001）、寄主植物（Mauck et al.，2010）、环境条件（Huang et al.，2012）、昆虫体内共生菌（Himler et al.，2011）等多种因素的影响。

（一）媒介昆虫的性别及龄期

昆虫龄期的变化及性别对昆虫获取及传播病毒有着很大的影响，在这方面报道较多的是烟粉虱。Muniyappa 等（2000）研究发现烟粉虱雌成虫对 TYLCV 及班加罗尔番茄曲叶病毒（*Tomato leaf curl Bangalore virus*，ToLCBV）的传播效率比雄成虫要高 5 倍，而 Polston 等（1990）却发现烟粉虱雌性和雄性成虫对 SLCV 的传播效率没有显著差异，这说明烟粉虱的性别可能会影响其对部分类型病毒的传播，造成这种现象的原因尚不明确。Czosnek 等（2001）的研究表明，烟粉虱成虫传播 TYLCV 的效率随着龄期的增长而下降。Rubinstein 和 Czosnek（1997）研究发现随着年龄的增长，烟粉虱在单位时间内能获取的病毒量下降，他们测定了 3 组不同龄期的雌成虫在 48h 内所获取的 TYLCV 病毒量，结果表明，与 10d 龄期的雌虫获得的病毒量相比，17d 和 24d 龄期的雌虫获得的病毒量分别下降了 50%和 90%。

（二）寄主植物

寄主植物对昆虫传毒的影响很大。昆虫取食带毒的植物时，植物对媒介昆虫的防御反应可能导致其选择或取食行为的改变，从而影响病毒的扩散和传播。Blua 和 Perring（1992）的研究表明，棉蚜（*Aphis gossypii*）在被小西葫芦黄花叶病毒（*Zucchini yellow mosaic virus*，ZYMV）感染后的西葫芦上产生的后代若虫数量比未感病植株上的少，与未感病植株相比，棉蚜在感病植株上的繁殖率降低，口针刺探的次数增多，从而使得蚜虫获毒和传毒效率提高（Khan and Saxena，1985）。Takahashi 等（2004）在研究植物对病毒的防御反应时发现，植物体内茉莉酸和水杨酸的相互作用能够激活 *RCY1* 基因，诱导防御基因的表达，增强植物对黄瓜花叶病毒（CMV）的抗性。Zarate 等（2007）研究发现烟粉虱取食寄主植物时，能够诱导水杨酸参与的防御反应，同时抑制茉莉酸参与的防御反应。

Mauck 等（2010）研究发现，在昆虫取食植物后，病毒能够诱导植物发出不同的信号，对昆虫取食造成不同影响。昆虫传播非持久性病毒的模式是被吸引、取食然后迅速扩散，这与持久性病毒的取食模式完全不同，如大麦黄矮病毒和马铃薯卷叶病毒（PLRV），为了达到有效的传毒效果，会诱导蚜虫持续地取食植物，而非持久性传播的病毒在蚜虫探测和获取病毒颗粒后，可以诱导蚜虫味觉的变化，从而阻止蚜虫继续取食和繁殖。

昆虫、病毒、寄主植物三者之间的关系比较复杂，在昆虫获毒和传毒的过程中植物如何发挥作用，以及通过不同方式传播的病毒在昆虫获毒的过程中与植物的互作有哪些本质上的差异，还有待进一步研究。

（三）环境条件

媒介昆虫生存的环境对其传毒效率有着很大的影响，如气候因素、周边寄主植物、季节变化及农事操作等，因为这些环境能够影响媒介昆虫的活动能力。Morsello 和 Kennedy（2009）的研究表明，不同季节对西花蓟马（*Frankliniella occidentalis*）传播番茄斑萎病毒（TSWV）的效率有明显影响，这主要是由温度和湿度差异造成的，合适的温度、湿度有利于提高蓟马的传毒效率。Nagata 等（2002）研究发现，当温度在适合蓟马生存的范围（25～30℃）时，病毒在蓟马体内复制的时间较短。Huang 等（2012）研究发现大气中 CO_2 浓度的增高能够降低烟粉虱传播的 TYLCV 的发生率，分别于 2009 年降低了 14.6%、2010 年降低了 11.8%。

（四）昆虫体内共生菌

昆虫体内的共生菌分为初生内共生菌（primary endosymbiont）和次生内共生菌（secondary endosymbiont），它们与昆虫互利共生，协同进化。目前研究表明，昆虫体内的共生菌对昆虫有很大的影响，Hoffmann 和 Turelli（1997）及 Himler 等（2011）认为共生菌可以影响和改变寄主昆虫的繁殖，通过增大产卵量和增加雌性个体的比例，最终增加寄主昆虫的适合度，从而增加寄主昆虫自身的数量。

由于媒介昆虫能够传毒和带毒，因此，共生菌和病毒可能在昆虫的细胞内分享共同的位置，共生菌能够影响病毒的传播（Hedges et al.，2008）。van den Heuvel 等（1994）研究了持久性传播的马铃薯卷叶病毒(*Potato leafroll virus*，PLRV)，发现其传播媒介桃蚜体内与传毒相关的GroEL同族蛋白是由共生菌产生的，该蛋白与共生菌表现出极高的亲和性，在病毒侵染前用抗生素处理桃蚜后，会将其传毒效率降低70%。Morin等(1999)发现，由烟粉虱传播的TYLCV同样与共生菌产生的GroEL同族蛋白有着极大的关系，在病毒侵染前用抗生素处理烟粉虱后，会将传毒效率降低80%。Gottlieb等(2010)研究了以色列传播TYLCV的媒介昆虫B型烟粉虱体内与传毒相关的共生菌后发现，对病毒起保护作用的GroEL蛋白是由次生内共生菌*Hamiltonella*产生的，这种蛋白可以与TYLCV的CP相结合，从而在TYLCV进入烟粉虱的唾液腺时对其进行保护，而与共生菌*Rickettsia*和*Portiera*无关。同时发现当地的Q型烟粉虱不能传播TYLCV，是由于其体内无共生菌*Hamiltonella*，因此不能对获取的病毒进行保护。

昆虫体内的共生菌不但能够影响昆虫传毒，而且对于感染病毒的昆虫自身也有保护作用，因为二者是互利共生的关系，对昆虫的保护有利于共生菌自身的生长繁殖。Hedges等(2008)研究发现，果蝇体内的*Wolbachia*菌株能够显著延长病毒侵染后果蝇的寿命，体内没有*Wolbachia*菌的果蝇在病毒侵染后只能存活6d，然而体内有*Wolbachia*菌的果蝇，寿命有不同程度的增加，最多的可存活26d，从而增加了果蝇对病毒的抗性。Osborne等(2009)也得出了相似的结论，他们研究了*Wolbachia*菌中A超群的wAu、wRi、wHa、wMel和B超群的wNO这五种菌株，发现其中有部分菌株能够增加寄主昆虫对病毒的抗性，如wMel能够增加病毒侵染后寄主的存活率，这与Teixeira等(2008)的研究结果一致。

根据上述研究结果可以看出，共生菌在媒介昆虫的传毒过程中发挥着重要的作用，对于共生菌的研究能够帮助我们认清昆虫的传毒机制。

四、小结与展望

媒介昆虫对植物病毒的传播是一个昆虫、病毒、寄主植物互作的过程，历经获毒、持毒和传毒等多个阶段，昆虫体内一系列病毒受体或蛋白参与了这个过程。媒介昆虫能否成功地传播病毒，受到媒介昆虫的性别及龄期、寄主植物、环境条件、昆虫体内共生菌等多种因素的影响。

与入侵害虫和植物病毒有关的病害的发病率可能会在未来增加，这是人们普遍关注的问题(Hogenhout et al.，2008)。气候的变化可能会导致很多媒介昆虫的入侵和扩散甚至大暴发，从而导致更多的病毒病害的发生，尤其是在温带地区。另外，限制农药的使用，以及有机耕作和转基因作物的推广可能会间接地导致数量和种类更多的媒介昆虫对病毒的传播。研究媒介昆虫、病毒、植物三者之间的作用，以及昆虫传毒的机制将会帮助我们提前预知病毒的发生。通过病毒与植物或者昆虫的互作，我们能够找到植物或者昆虫的特定受体，通过阻断这些受体，可以有效地切断病毒传播，成为控制病毒发生的新途径，这将是未来研究植物病毒病的一个主要方面。

参 考 文 献

史晓斌，谢文，张友军. 2012. 植物病毒病媒介昆虫的传毒特性和机制研究进展. 昆虫学报，55(7): 841-848.

Amin I, Patil B L, Briddon R W, et al. 2011. Comparison of phenotypes produced in response to transient expression of genes encoded by four distinct begomoviruses in *Nicotiana benthamiana* and their correlation with the levels of developmental miRNAs. Virology Journal, 8: 238.

Andret-Link P, Fuchs M. 2005. Transmission specificity of plant viruses by vectors. Journal of Plant Pathology, 87(3): 153-165.

Banerjee S, Hess D, Majumder P, et al. 2004. The interactions of *Allium sativum* leaf agglutinin with a chaperonin group of unique receptor protein isolated from a bacterial endosymbiont of the mustard aphid. The Journal of Biological Chemistry, 279(22): 23782-23789.

Blua M J, Perring T M. 1992. Effects of zucchini yellow mosaic virus on colonization and feeding behavior of *Aphis gossypii* (Homoptera: Aphididae) alatae. Environ Entomol, 21: 578-585.

Brault V, Uzest M, Monsion B, et al. 2010. Aphids as transport devices for plant viruses. Comptes Rendus Biologies, 333(6-7): 524-538.

Chen A Y S, Walker G P, Carter D, et al. 2011. A virus capsid component mediates virion retention and transmission by its insect vector. Proceedings of the National Academy of Sciences of the United States of America, 108(40): 16777-16782.

Cohen S, Duffus J E, Liu H Y. 1989. Acquisition, interference, and retention of cucurbit leaf curl viruses in whiteflies. Phytopathology, 79(1): 109-113.

Czosnek H, Ghanim H, Morin S, et al. 2001. Whiteflies: vectors, and victims (?), of geminiviruses. Advances in Virus Research, 57: 291-322.

Drucker M, Froissart R, Hebrard E, et al. 2002. Intracellular distribution of viral gene products regulates a complex mechanism of cauliflower mosaic virus acquisition by its aphid vector. Proceedings of the National Academy of Sciences of the United States of America, 99(4): 2422-2427.

Du P V, Cabunagan R C, Cabauatan P Q, et al. 2007. Yellowing syndrome of rice: etiology, current status, and future challenges. Omonrice, 15: 94-101.

Firmino A C, Yuki V A, Moreira A G, et al. 2009. Tomato yellow vein streak virus: relationship with *Bemisia tabaci* biotype B and host range. Scientia Agricola, 66(6): 793-799.

Franz A, Makkouk K M, Vetten H J.1998. Acquisition, retention and transmission of faba bean necrotic yellows virus by two of its aphid vectors, *Aphis craccivora* (Koch) and *Acyrthosiphon pisum* (Harris). Journal of Phytopathology, 146(7): 347-355.

Froissart R, Doumayrou J, Vuillaume F, et al. 2010. The virulence- transmission trade-off in vector-borne plant viruses: a review of (non-) existing studies. Philosophical Transactions of the Royal Society B Biological Sciences, 365: 1907-1918.

Ghanim M, Rosell R C, Canpbell L R, et al. 2001. Digestive, salivary and reproductive organs of *Bemisia tabaci* (Gennadius) (Hemiptera: Aleyrodidae) biotype B. Journal of Morphology, 248(1): 22-40.

Gillow F E. 1993. Evidence for receptor-mediated endocytosis regulating luteovirus acquisition by ahpids. Phytopathol, 83(3): 270-277.

Gottlieb Y, Zchori-Fein E, Mozes-Daube N, et al. 2010. The transmission efficiency of tomato yellow leaf curl virus by the whitefly *Bemisia tabaci* is correlated with the presence of a specific symbiotic bacterium species. Journal of Vorology, 84(18): 9310-9317.

Govier D A, Kassanis B. 1974. A virus-induced component of plant sap needed when aphids acquire potato virus Y from purified preparations.Virology, 61(2): 420-426.

Hedges L M, Brownlie J C, O'Neill S L, et al. 2008. *Wolbachia* and virus protection in insects. Science, 322(5902): 702.

Himler A G, Adachi-Hagimori T, Bergen J E, et al. 2011. Rapid spread of a bacterial symbiont in an invasive whitefly is driven by fitness benefits and female bias. Science, 332(6026): 254-256.

Hoffmann A A, Turelli M. 1997. Influential Passengers: Inherited Microorganisms and Arthropod Reproduction. New York : Oxford University Press: 42-80.

Hogenhout S A, Ammar E D, Whitfield A E, et al. 2008. Insect vector interactions with persistently transmitted viruses. Annual Review of Phytopathology, 46(1): 327-359.

Hohn T. 2007. Plant virus transmission from the insect point of view. Proceedings of the National Academy of Sciences of the United States of America, 104(46): 17905-17906.

Huang C J, Xie Y, Zhou X P. 2009. Efficient virus-induced gene silencing in plants using a modified geminivirus DNA1 component. Plant Biotechnology Journal, 7(3): 254-265.

Huang L, Ren Q, Sun Y, et al. 2012. Lower incidence and severity of tomato virus in elevated CO_2 is accompanied by modulated plant induced defence in tomato. Plant Biology, DOI: 10.1111/j.1438-8677.2012.00582.x.

Karen-Beth G S, Scott A, Henryk C, et al. 2011. Top 10 plant viruses in molecular plant pathology. Molecular Plant Pathology, 12(9): 938-954.

Khan Z R, Saxena R C. 1985. Mode of feeding and growth of *Nephotettix verescens* (Homoptera: Cicadellidae) on selected resistant and susceptible rice varieties. Journal of Economic Entomology, 78(3): 583-587.

Manoussopoulos I N. 2001. Acquisition and retention of potato virus Y helper component in the transmission of potato aucuba mosaic virus by aphids. Journal of Phytopathology, 149(2): 103-106.

Mauck K E, De Moraes C M, Mescher M. 2010. Deceptive chemical signals induced by a plant virus attract insect vectors to inferior hosts. Proceedings of the National Academy of Sciences of the United States of America, 107(8): 3600-3605.

Morin S, Ghanim M, Zeidan M, et al. 1999. A GroEL homologue from endosymbiotic bacteria of the whitefly *Bemisia tabaci* is implicated in the circulative transmission of tomato yellow leaf curl virus. Virology, 256(1): 75-84.

Morsello S C, Kennedy G G. 2009. Spring temperature and precipitation affect tobacco thrips, *Frankliniella fusca*, population growth and tomato spotted wilt virus spread within patches of the winter annual weed stellaria media. Entomologia Experimentalis et Applicata, 130(2): 138-148.

Muniyappa V, Venkatesh H M, Ramappa H K, et al. 2000. Tomato leaf curl virus from bangalore (ToLCV-Ban4): sequence comparison with Indian ToLCV isolates, detection in plants and insects, and vector relationships. Archives of Virology, 145(8): 1583-1598.

Nagata T, Inoue-Nagata A K, van Lent J, et al. 2002. Factors determing vector competence and specificity for transmission of tomato spotted wilt virus. Journal of General Virology, 83(3): 663-671.

Ng J C K, Falk B W. 2006. Virus-vector interactions mediating nonpersistent and semipersistent transmission of plant viruses. Annual Review of Phytopathology, 44(1): 183-212.

Omura T, Yan J, Zhong B X, et al. 1998. The P2 protein of rice dwarf phytoreovirus is required for adsorption of the virus to cells of the insect vector. Journal of Virology, 72(11): 9370.

Osborne S E, Leong Y S, O'Neill S L, et al. 2009. Variation in antiviral protection mediated by different *Wolbachia* strains in *Drosophila simulans*. PLoS Pathogens, 5(11): e1000656.

Palacios I, Drucker M, Blanc S, et al. 2002. Cauliflower mosaic virus is preferentially acquired from the phloem by its aphid vectors. Journal of General Virology, 83(12): 3163-3171.

Pan H P, Chu D, Yan W Q, et al. 2012. Rapid spread of tomato yellow leaf curl virus in China is aided differentially by two invasive whiteflies. PLoS ONE, 7(4): e34817.

Polston J E, Al Musa A, Perring T M, et al. 1990. Association of the nucleic acid of squash leaf curl geminivirus with the whitefly *Bemisia tabaci*. Phytopathology, 80: 850-856.

Power A G. 2000. Insect transmission of plant viruses: a constraint on virus variability. Current Opinion in Plant Biology, 3 (4) : 336-340.

Rouze-Jouan J, Terradot L, Pasquer F, et al. 2001. The passage of potato leafroll virus through *Myzus persicae* gut membrane regulates transmission efficiency. Journal of General Virology, 82 (1) : 17-23.

Rubinstein G, Czosnek H. 1997. Long-term association of tomato yellow leaf curl virus with its whitefly vector *Bemisia tabaci*: effect on the insect transmission capacity, longevity and fecundity. Journal of General Virology, 78 (10) : 2683-2689.

Simmons A M, Ling K S, Harrison H F, et al. 2009. Sweet potato leaf curl virus: efficiency of acquisition, retention and transmission by *Bemisia tabaci* (Hemiptera: Aleyrodidae). Crop Protection, 28 (11) : 1007-1011.

Stavolone L, Villani M E, Leclerc D, et al. 2005. A coiled-coil interaction mediates cauliflower mosaic virus cell-to-cell movement. Proceedings of the National Academy of Sciences of the United States of America, 102 (17) : 6219-6224.

Stewart L R, Medina V, Tian T, et al. 2010. A mutation in the lettuce infectious yellows virus minor coat protein disrupts whitefly transmission but not in planta systemic movement. Journal of Vorology, 84: 12165-12173.

Takahashi H, Kanayama Y, Zheng M S, et al. 2004. Antagonistic interactions between the SA and JA signaling pathways in *Arabidopsis* modulate expression of defense genes and gene-for-gene resistance to cucumber mosaic virus. Plant Cell Physiology, 45 (6) : 803-809.

Takahashi M, Goto C, Ishikawa K, et al. 2003. Rice stripe virus 23.9K protein aggregates and forms inclusion bodies in cultured insect cells and virus-infected plant cells. Archives of Virology, 148 (11) : 2167-2179.

Tang X, Shi X B, Zhang D Y, et al. 2017. Detection and epidemic dynamic of ToCV and CCYV with *Bemisia tabaci* and weed in Hainan of China. Virology Journal, 14 (1) : 169.

Teixeira L, Ferreira A, Ashburner M. 2008. The bacterial symbiont *Wolbachia* induces resistance to RNA viral infections in *Drosophila melanogaster*. PLoS Biology, 16: e1000002.

Tian T, Rubio L, Yeh H H, et al. 1999. Lettuce infectious yellows virus: *in vitro* acquisition analysis using partially purified virions and the whitefly *Bemisia tabaci*. Journal of General Virology, 80: 1111-1117.

Toriyama S, Takahashi M, Sano Y, et al. 1994. Nucleotide sequence of RNA1, the largest genomic segment of rice stripe virus, the prototype of the tenuiviruses. Journal of General Virology, 75: 3569-3679.

Uzest M, Gargani D, Dombrovsky A, et al. 2010. The "acrostyle": a newly described anatomical structure in aphid stylets. Arthropod Structure and Development, 39 (4) : 221-229.

Uzest M, Gargani D, Drucker M, et al. 2007. A protein key to plant virus transmission at the tip of the insect vector stylet. Proceedings of the National Academy of Sciences of the United States of America, 104 (46) : 17959-17964.

van den Heuvel J F J M, Verbeek M, van der Wilk F. 1994. Endosymbiotic bacteria associated with circulative transmission of potato leafroll virus by *Myzus persicae*. Journal of General Virology, 75 (4) : 2559-2565.

Wan F H, Zhang G F, Liu S S, et al. 2009. Invasive mechanism and management strategy of *Bemisia tabaci* (Gennadius) biotype B: progress report of 973 Program on invasive alien species in China. Science in China Series C: Life Sciences, 52 (1) : 88-95.

Wang M B, Abbott D C, Waterhouse P M. 2000. A single copy of a virus-derived transgene encoding hairpin RNA gives immunity to barely yellow dwarf virus. Molecular Plant Pathology, 1 (6) : 347-356.

Xiong R Y, Wu J X, Zhou Y J, et al. 2009. Characterization and subcellular localization of an RNA silencing suppressor encoded by rice stripe tenuivirus. Virology, 387(1): 29-40.

Zarate S I, Kempema L A, Walling L L. 2007. Silverleaf whitefly induces salicylic acid defenses and suppresses effectual jasmonic acid defenses. Plant Physiology, 143(2): 866-875.

Zhang T, Luan J B, Qi J F, et al. 2012. Begomovirus-whitefly mutualism is achieved through repression of plant defences by a virus pathogenicity factor. Molecular Ecology, 21(5): 1294-1304.

Zhu Y F, Hayakawa T, Toriyama S. 1992. Complete nucleotide sequence of RNA4 of rice stripe virus isolate T, and comparison with another isolate and with maize stripe virus. Journal of General Virology, 73: 1309-1312.

Zhu Y F, Hayakawa T, Toriyama S, et al. 1991. Complete nucleotide sequence of RNA3 of rice stripe virus: an ambisense coding strategy. Journal of General Virology, 72(2): 763-767.

第二章　蚜虫传播的蔬菜病毒

蚜虫，又称腻虫、蜜虫，是一类植食性昆虫，隶属于动物界(Animalia)节肢动物门(Arthropoda)六足亚门(Hexapoda)昆虫纲(Insecta)有翅亚纲(Pterygota)半翅目(Hemiptera)胸喙亚目(Sternorrhyncha)，包括蚜总科(又称蚜虫总科，Aphidoidea)下的所有成员。目前已经发现的蚜虫共有 11 科、500 多个属、约 4700 种，是给农林业和园艺产业造成严重危害的害虫。

蚜虫主要分布在北半球温带地区和亚热带地区，热带地区分布很少。我国各省均有蚜虫分布，共 268 属、约 1100 种，其中小蚜属、黑背蚜属及否蚜属为中国特有属。

蚜虫体长 1.5～4.9mm，多数约 2mm。有时被蜡粉，但缺蜡片，第 6 腹节背侧有 1 对腹管，腹部末端有 1 个尾片。蚜虫为多态昆虫，同种分无翅和有翅，有翅个体有单眼，无翅个体无单眼。有翅个体 2 对翅，前翅近前缘有 1 条由纵脉合并而成的粗脉，端部有翅痣。蚜虫身体半透明，有多种体色。

蚜虫的繁殖力很强，1 年能繁殖 10～30 个世代，世代重叠现象突出。当 5d 的平均气温稳定上升到 12℃以上时，便开始繁殖。在气温较低的早春和晚秋，完成一个世代需 10d，在夏季温暖条件下，只需 4～5d。气温为 16～22℃时最适宜蚜虫繁育，干旱或植株密度过大有利于蚜虫为害。在春季和夏季，蚜虫群中大多数或全部为雌性，这是因为过冬后所孵化的卵多为雌性。这时生殖方式为典型的孤雌生殖和卵胎生。这样的生殖循环一直持续到整个夏季，20～40d 能够繁殖多代。因此，一只雌虫在春季孵化后可以产生数以亿计的蚜虫。到了秋季，蚜虫开始进行有性生殖和卵生。光照周期和温度的变化，或者是食物数量的减少，导致雌性蚜虫开始产出雄性幼虫。雄性蚜虫与它们的母亲在遗传上是等同的，只是少了一个性染色体。这些蚜虫可能缺少翅膀甚至口器。雄性和雌性蚜虫进行交尾后，雌性就开始产卵。这些卵在度过冬季后，孵化出带翅膀或不带翅膀的雌性蚜虫(Dixon，1998)。

蚜虫是动物界中首个发现具有合成类胡萝卜素本领的成员。它们能够利用这种色素吸收来自太阳的能量，并按照代谢目的使用这些能量(Valmalette et al.，2012)。研究人员推测，蚜虫合成类胡萝卜素或许能够在面临环境压力时为其提供帮助，如当它们迁徙到一株新的寄主植物上时。

蚜虫为害性强，取食植物汁液是蚜虫对植物最直接的为害方式。例如，一只无翅桃蚜成虫，在 24h 内所取食的汁液质量可达自身质量的几十倍。同时，蚜虫分泌的蜜露可以黏附在植物叶片表面，不但可以阻碍植物正常的生理活动，还可以成为其他病原体的良好培养基质，从而诱发多种病害。此外，蚜虫还是重要的植物病毒传毒介体，依赖蚜虫进行传播的植物病毒约有 19 属、275 种，占迄今为止媒介昆虫传播植物病毒的 30%，其中大多数病毒以非持久性或半持久性方式传播，少数病毒以持久性方式传播(图 2-1)。

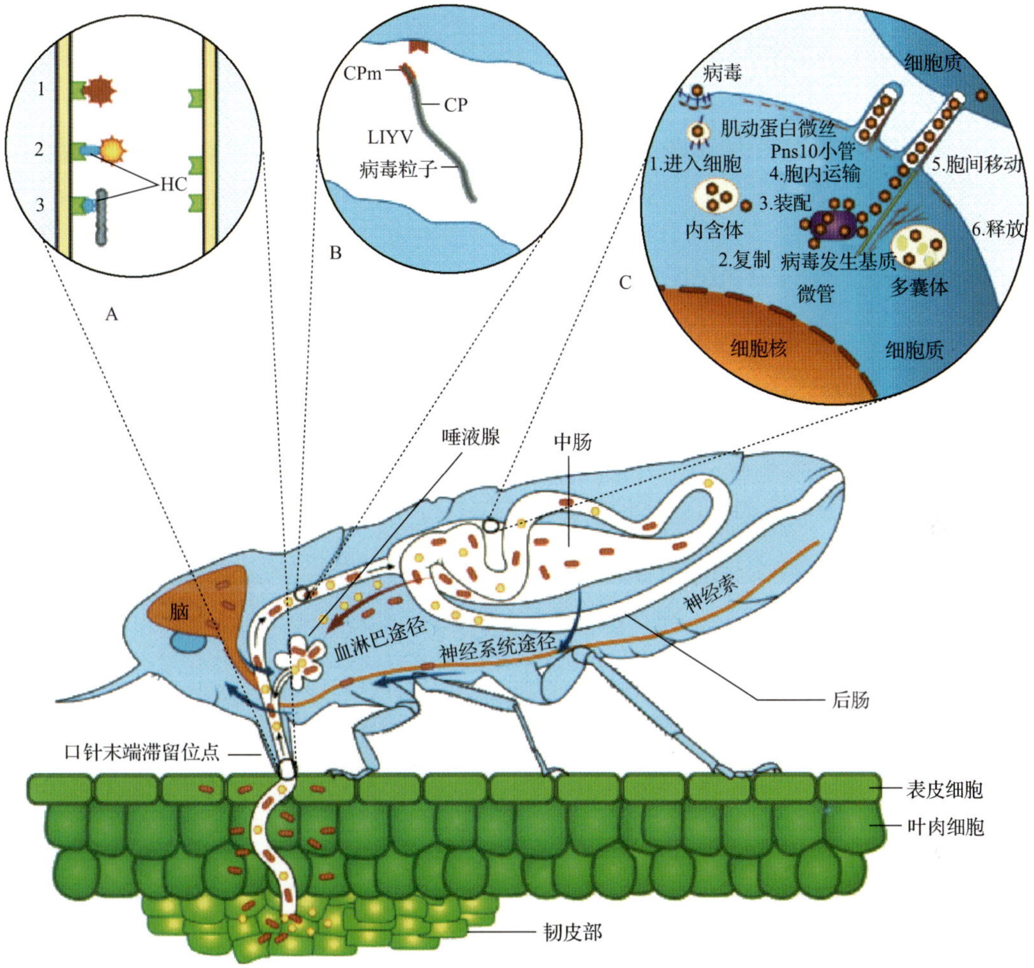

图 2-1　非持久性传播(A)、半持久性传播(B)和持久性传播(C)示意图(Whitfield et al.，2015)

蚜虫非持久性传播方式是指病毒只停留在蚜虫口针内而不进入体内，再次取食时随同排出的唾液进入寄主植物体内。这种传毒方式没有循回期。蚜虫只需口针进入植物叶片表皮和薄壁组织即可获毒和传毒，蚜虫获毒及传毒时间非常短，几秒钟即可完成。每次获毒后的持毒时间也比较短，一般不超过 4h。由于传毒速度快，用化学药剂杀灭蚜虫并不能阻止病毒传播。目前报道的植物病毒中通过蚜虫非持久性传播的病毒分别隶属于蚕豆病毒属(*Fabavirus*)、马铃薯 X 病毒属(*Potexvirus*)、香石竹潜隐病毒属(*Carlavirus*)、苜蓿花叶病毒属(*Alfamovirus*)、雀麦花叶病毒属(*Bromovirus*)、黄瓜花叶病毒属(*Cucumovirus*)、柘橙病毒属(*Macluravirus*)、马铃薯 Y 病毒属(*Potyvirus*)、甘薯病毒属(*Ipomovirus*)，以及马铃薯 Y 病毒科(*Potyviridae*)部分未分属病毒(King et al.，2012)。

蚜虫持久性传播方式是指病毒被蚜虫摄入肠胃后经过血淋巴进入唾液腺，最终随唾液回到植物体内。病毒在蚜虫体内存在循回期，因此蚜虫在获毒后持毒时间较长甚至终生带毒。目前报道的植物病毒中通过蚜虫持久性传播的病毒分别隶属于香蕉束顶病毒属(*Babuvirus*)、矮缩病毒属(*Nanovirus*)、耳突花叶病毒属(*Enamovirus*)、黄症病毒属

(*Luteovirus*)、马铃薯卷叶病毒属(*Polerovirus*)、南方菜豆花叶病毒属(*Sobemovirus*)、细胞质弹状病毒属(*Cytorhabdovirus*)、细胞核弹状病毒属(*Nucleorhabdovirus*)、幽影病毒属(*Umbravirus*)，以及黄症病毒科(*Luteoviridae*)部分未分属病毒(King et al.，2012)。

蚜虫半持久性传播方式是指病毒在蚜虫体内有循回期但没有潜伏期，病毒不能增殖。蚜虫的获毒位点一般在韧皮部，需长时间穿刺，故蚜虫获毒时间介于非持久性和持久性方式之间，往往从几分钟到数小时不等。目前报道的植物病毒中通过蚜虫半持久性传播的病毒分别隶属于杆状 DNA 病毒属(*Badnavirus*)、花椰菜花叶病毒属(*Caulimovirus*)、伴生病毒属(*Sequivirus*)、水稻矮化病毒属(*Waikavirus*)、葡萄病毒属(*Vitivirus*)、长线形病毒属(*Closterovirus*)、黑麦草花叶病毒属(*Rymovirus*)、小麦花叶病毒属(*Tritimovirus*)，以及伴生豇豆病毒科(*Secoviridae*)部分未分属病毒(King et al.，2012)。

本书将对蚜虫以不同传毒方式传播的主要蔬菜病毒进行介绍，而不侵染蔬菜的蚜传病毒，如南方菜豆花叶病毒属中唯一可蚜传的乌饭树带化病毒(*Blueberry shoestring virus*，BSSV)，本书不做详述。

第一节　蚜虫非持久性传播的蔬菜病毒

一、蚕豆病毒属(*Fabavirus*)

蚕豆病毒属隶属于小 RNA 病毒目(*Picornavirales*)伴生豇豆病毒科(*Secoviridae*)豇豆花叶病毒亚科(*Comovirinae*)，该属的代表性病毒为蚕豆萎蔫病毒 1 号(*Broad bean wilt virus 1*，BBWV 1)。

(一)生物学特性

1. 地理分布

蚕豆病毒属病毒在欧洲、美洲、亚洲和非洲的许多国家有报道，是一种世界流行性病毒，我国于 1982 年首次报道该病毒。

2. 寄主范围

该属病毒在双子叶植物和一些单子叶植物的科中有较宽的寄主范围。该属病毒在我国的蚕豆、豌豆、豇豆、大豆、菜豆、茄子和辣椒等作物上广泛发生。

3. 传播途径

在自然条件下，该属病毒由多种蚜虫以非持久性方式进行传播，同时也可通过机械摩擦接种传毒，目前尚无种子传播的相关报道。

4. 症状

该属病毒侵染寄主植物后，表现的症状有萎蔫、条纹、枯萎、环斑、环纹花叶及轻型花叶、畸形和顶端坏死等。

5. 组织病理学特征

细胞质出现病毒结晶体，膜结构和囊泡增生，存在由病毒粒子组成的管状物。

6. 病毒粒子

该属病毒粒子为等轴对称二十面体，直径 25～30nm，无包膜，许多粒子呈六边形，但亚基结构不明显。病毒纯化时分为三种组分，即不包含 RNA 的空壳粒子组分(T)，含有 RNA2 的中部核蛋白组分(M)，以及含有 RNA1 的底部核蛋白组分(B)。该属病毒粒子的浮力密度为 1.39～1.44g/mL，标准沉降系数 S_{20W} 分别为 63S(T)、100S(M)、126S(B)，A_{260}/A_{280} 分别为 1.32(T)、1.64(M)、1.75(B)。

病毒粒子的外壳蛋白主要由两种多肽组成，即 CPL 和 CPS，分子质量分别为 42kDa、21.2～26kDa。目前还没有关于脂质和碳水化合物的报道(Gergerich and Scott，1996；洪健等，2001；Sanfaçon et al.，2009；洪健和周雪平，2014)。

图 2-2 为蚕豆病毒属病毒粒子模拟图。

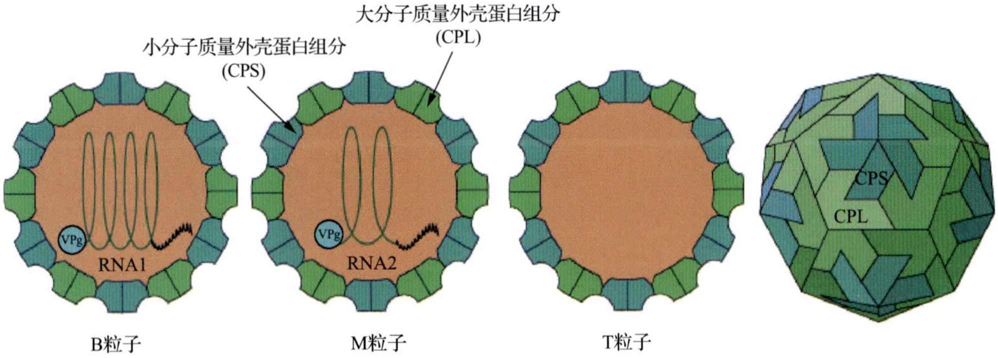

图 2-2　蚕豆病毒属病毒粒子模拟图(来源：Swiss Institute of Bioinformatics)
VPg 表示基因组连接病毒蛋白(viral protein genome-linked)

(二)分子生物学特征

1. 核酸

该属病毒为二分体线形正义单链 RNA 病毒，RNA 的 CG 含量为 42.2%～42.6%。RNA1 长 6.0～6.3kb，RNA2 长 3.6～4.5kb，分别被沉降系数不同的病毒粒子包裹，RNA1 被包裹在底部沉降组分 B 的病毒粒子中，RNA2 被包裹在中部沉降组分 M 的粒子中，两种粒子包裹的核酸分别占病毒粒子质量的 33%(B)和 22%(M)。RNA 5′端可能为基因组连接病毒蛋白(VPg)结构，3′端为 poly(A)结构。

2. 基因组

该属病毒基因组结构为二分体结构(图 2-3)。两条 RNA 均不能单独侵染寄主，RNA1 携带病毒复制所需的全部信息，并可以在缺乏 RNA2 的情况下在单个细胞内进行复制，但不产生病毒粒子。病毒基因复制和病毒粒子装配均发生在寄主细胞质中。病毒 RNA 首先翻译成多聚蛋白，通过蛋白酶加工切割成为结构蛋白和非结构蛋白(Tidona and Darai，2011)。图 2-4 为外壳蛋白组分示意图。

3. 抗原特性

病毒具有强免疫原性，该属内病毒之间有远缘血清学关系，与豇豆花叶病毒属无血清学关系。

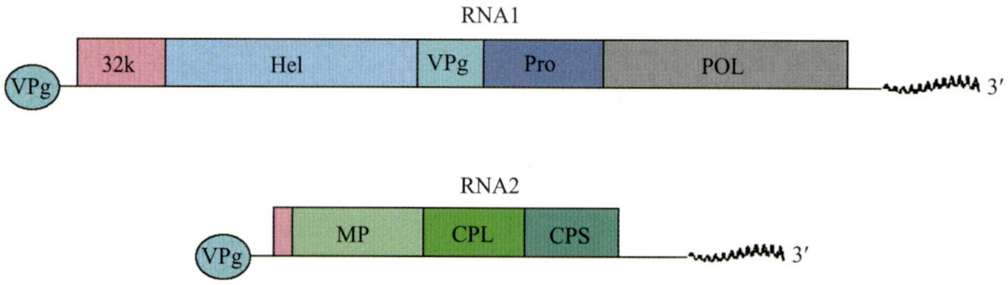

图 2-3　基因组结构(来源：Swiss Institute of Bioinformatics)
Hel. 解旋酶；Pro. 蛋白酶；POL. 聚合酶；MP. 移动蛋白(movement protein)

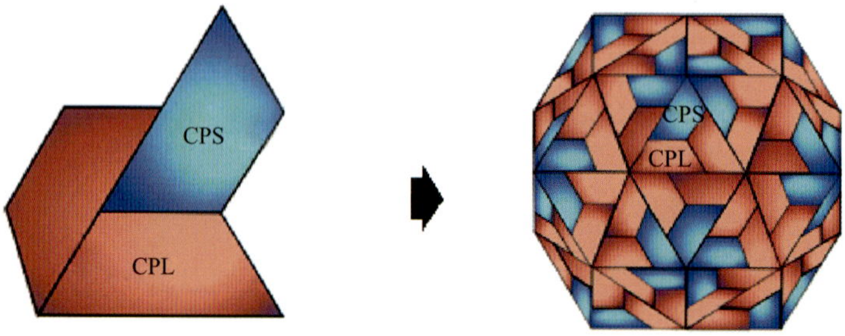

图 2-4　外壳蛋白组分(King et al.，2012)
CPS 代表小分子质量外壳蛋白肽段；CPL 代表大分子质量外壳蛋白肽段

(三)本属典型病毒

蚕豆萎蔫病毒 1 号(*Broad bean wilt virus 1*，BBWV 1)是蚕豆病毒属的代表性病毒。其粒子为直径 25nm 的等轴二十面体(图 2-5)，寄主范围广泛，可以由至少 3 种蚜虫以非持久性方式传播，同时可以通过嫁接进行传毒。该病毒广泛分布于世界各地，在欧洲最为常见(周雪平和李德葆，1996；Koh et al.，2001；Kobayashi et al.，2005)。

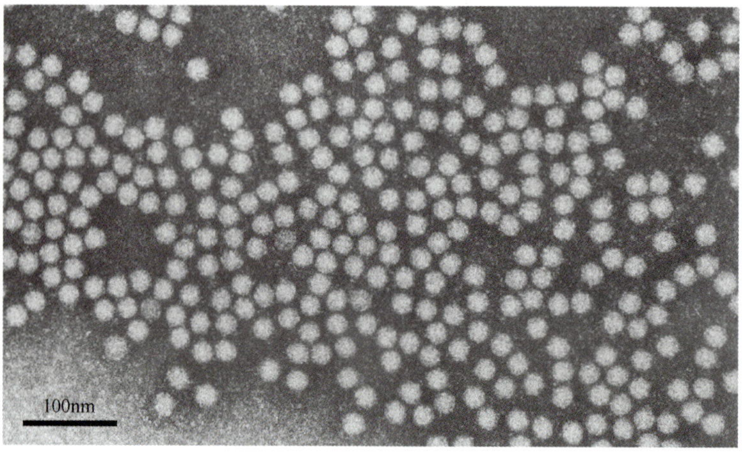

图 2-5　BBWV 1 粒子电镜图(来源：srs.im.ac.cn)

1. 主要为害症状

蚕豆萎蔫病、豌豆线条病、菠菜枯萎病、旱金莲环斑/环形花叶病、矮牵牛环斑病等的主要为害症状，在蚕豆和豌豆上为花叶、矮化、萎蔫甚至整株枯死(图 2-6)，在大豆上为严重皱缩、顶枯，在菠菜上为矮化、坏死等，植物生长早期受侵染后会严重影响植株生长。

图 2-6　BBWV 1 侵染蚕豆后表现的症状(来源：www.bitkisagligi.net)

2. 寄主范围

该病毒主要侵染双子叶植物，寄主范围广泛，包括至少 44 个科 180 多个属中的 300 多种植物。此外，单子叶植物中的水仙属植物也是该病毒的主要寄主。

3. 传播途径

该病毒可以由桃蚜、黑豆蚜、马铃薯长管蚜通过非持久性方式传播，其中桃蚜是最有效的传毒介体。此外，该病毒的一些毒株还可以通过甜菜蚜和豌豆蚜进行传播。易机械接种传毒，未见种传报道。

4. 组织病理学特征

在蚕豆萎蔫病毒 1 号侵染的寄主植物表皮细胞中，光镜下可观察到无定形体和结晶状内含体，结晶状内含体有金字塔形、长柱形、多面体形和四边形等。电镜下病毒粒子存在于细胞质中，形成许多长形或四方形的结晶体，结晶体中的粒子排列紧密而整齐。在病毒结晶体附近出现较多线粒体，其体积明显增大，其他细胞器变化不明显。在细胞质某一区域产生许多增生的膜结构和小囊泡，一些病毒粒子或中空的病毒外壳处在增生的膜结构内。一些分离物侵染后在细胞质中出现由病毒粒子组成的管状或卷筒状结构，管状物直径约 80nm，在横切面上由 9 个病毒粒子组成，以螺旋状排列，还发现这些管状物可以围绕在一个次生液泡周围，并由 15～20 个管状物排列成一个直径 200nm 以上的大环，管状物有时可分散排列在液泡中。还有一种由两层病毒粒子组成的方管状物被报道，有的寄主细胞内还观察到粒子处在与胞间连丝相连的小管中，此外也观察到核内结晶状内含体(洪健等，2005)。

5. 稳定性

在蚕豆汁液中，病毒的致死温度（10min）为 58℃，稀释限点为 10^{-5}～10^{-4}，在 21℃病毒的体外存活期为 2～3d。

6. 病毒纯化方法

该病毒较易纯化。通常 100g 组织可以提取 1mg 病毒粒子。

蚕豆出苗后 2～3d 接种蚕豆萎蔫病毒 1 号，10～14d 后收集叶片，立即冷冻并在包含二乙基二硫代氨基甲酸钠（DIECA）（0.1mol/L）和巯基乙酸盐（0.1%）的磷酸缓冲液（0.1mol/L，pH 7.6）中匀浆，匀浆液 4℃过夜，纱布过滤后加入 1/4 体积的三氯甲烷乳化，10 400*g* 离心 20min。收集水相并进行差速离心，重复三次收集沉淀，用磷酸缓冲液（0.05mol/L，pH 7.6）重悬。病毒通过蔗糖密度梯度法进一步纯化。

7. 病毒检测方法

BBWV 1 可以通过反转录 PCR（RT-PCR）方法进行检测，引物见表 2-1，扩增片段约 500bp。

表 2-1　RT-PCR 检测引物

引物	序列（5′→3′）
BBWV-F	GCTCTTCCCCATATAACTTTC
BBWV-R	GTCTCTATCTTCTCTTCTTCC

8. 病毒防治

（1）因地制宜选用抗病良种。增施有机底肥可以提高植株抗病能力。

（2）蚕豆生长期加强田间管理，早期发现病株及时拔除；及时防治蚜虫，减少田间传毒。

（3）发病前期至初期可使用以下药剂进行防治：1.5%烷醇·硫酸铜乳剂 1000 倍液；喷洒 20%盐酸吗啉胍乙酸铜可湿性粉剂 500～800 倍液；10%混合脂肪酸水剂 100～300 倍液；0.5%菇类蛋白多糖水剂 250 倍液；沼泽红假单胞菌剂 300～500 倍液；上述药剂每隔 7～10d 喷 1 次，连续防治 1～2 次。

（4）及早防治蚜虫，防止病害蔓延。蚜虫发生期，可喷施下列药剂：10%吡虫啉可湿性粉剂 2000～3000 倍液；50%抗蚜威可湿性粉剂 1000～2000 倍液；20%甲氰菊酯乳油 2000～3000 倍液；1.8%阿维菌素乳油 3000～4000 倍液；10%烯啶虫胺可溶性液剂 4000～5000 倍液等。

（5）噻虫嗪 2000 倍液于幼苗定植前 3～5d 灌根。

9. 病毒核酸序列

RNA1 全长 5817nt，NCBI 登录号：NC_005289.1。

RNA2 全长 3446nt，NCBI 登录号：NC_005290.1。

（四）本属其他重要蔬菜病毒：蚕豆萎蔫病毒 2 号（*Broad bean wilt virus 2*，BBWV 2）

蚕豆萎蔫病毒 2 号纯化的病毒粒子在电镜下为等轴对称二十面体，粒子平均直径约为 25nm，不同分离物间有差异，无包膜，许多粒子呈六边形，但亚基结构不明显（图 2-7）。

病毒核酸为二分体线形正义 ssRNA，RNA1 全长 6.0～6.3kb，RNA2 全长 3.6～4.5kb。BBWV 2 寄主范围广，主要分布在亚洲、澳大利亚和北美洲(Ikegami et al.，1998；Nakamura et al.，1998；周雪平等，2001)。

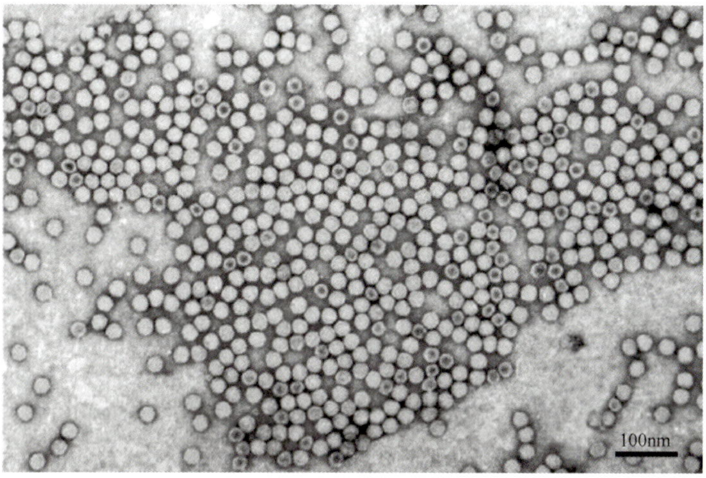

图 2-7　BBWV 2 粒子电镜图(来源：www.dpvweb.net)

1. 主要为害症状

发病初期，叶面呈深绿和浅绿相间花叶，不久植株萎蔫坏死或顶端坏死。有些病株不显花叶，植株矮小，叶片变黄、易落。在蚕豆和豌豆上的主要为害症状为花叶、矮化、萎蔫甚至整株枯死(周雪平等，2001)，在大豆上为严重皱缩、顶枯，在菠菜上为矮化、坏死等。植物生长早期受侵染后会严重影响植株生长(图 2-8)。

图 2-8　BBWV 2 侵染不同宿主后症状(Kwak et al.，2013)

A. 蚕豆；B. 豌豆；C. 菠菜；D，E. 辣椒；F. 甜椒

2. 寄主范围

病毒在双子叶植物和单子叶植物中有较广泛的寄主，可侵染 44 个科 186 个属中的 328 种植物，包括 40 种豆科植物。

3. 传播

自然界里，BBWV 2 通过蚜虫非持久性传播，可通过农事操作接触摩擦传毒，不能借助菟丝子传播，除叙利亚株系存在极低种传概率外，其他株系无种传报道。蚜虫介体主要包括桃蚜、豆蚜、豌豆长管蚜、蚕豆蚜等。田间管理条件差、干旱、蚜虫发生量大时，病毒容易引起严重发病。

4. 组织病理学特征

BBWV 2 感病组织的超薄切片显示病毒粒子于细胞质中聚集，形成许多长形或四方形的结晶体，结晶体中的粒子排列紧密而整齐。在病毒结晶体附近出现较多线粒体，其体积明显增大。叶绿体肿胀、畸形，片层结构消失。在细胞质某一区域产生许多增生的膜结构，推测与病毒复制相关，膜上含有小囊泡。多数分离物的典型特征是病毒颗粒在细胞内形成管状结构，管中空，其直径为 75～80nm，在横切面上由 9 个病毒粒子组成，颗粒大小为 25nm 左右，纵切面为两排平行粒子，长度几十纳米到数十微米不等。还发现这些管状物可以围绕在一个次生液泡周围，并由 15～20 个管状物排列成一个直径 200nm 以上的大环。BBWV 2 的病毒粒子能形成直径为 200～250nm 的筒状或者管状结构，横截面有 25～30 个颗粒(图 2-9，图 2-10)。

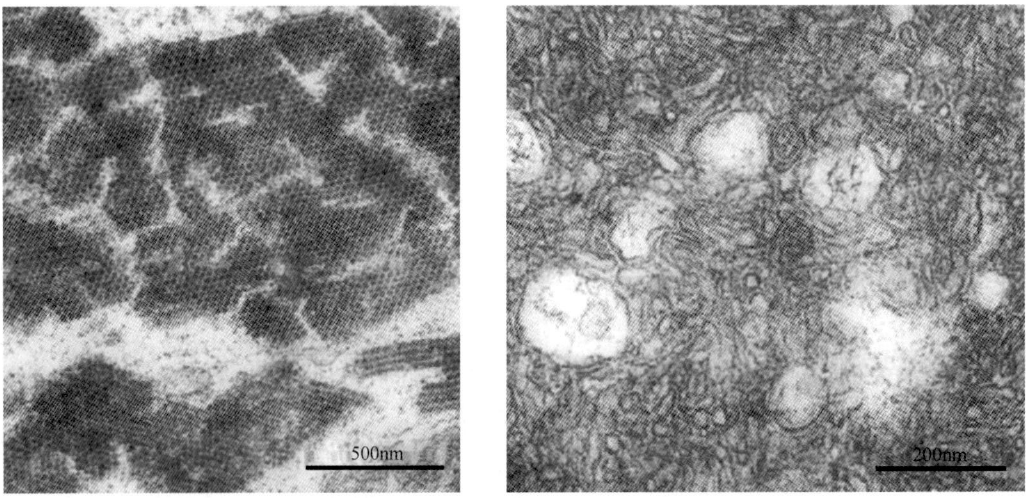

图 2-9　BBWV 2 侵染寄主后病理图(1) (Lisa and Boccardo，1996)

左图示叶肉细胞中的病毒粒子结晶；右图示细胞质中的增殖膜包裹体

5. 病毒稳定性

病毒稀释限点为 10^{-5}～10^{-4}，致死温度(10min)为 60～70℃，22℃下体外存活期为 4～6d。

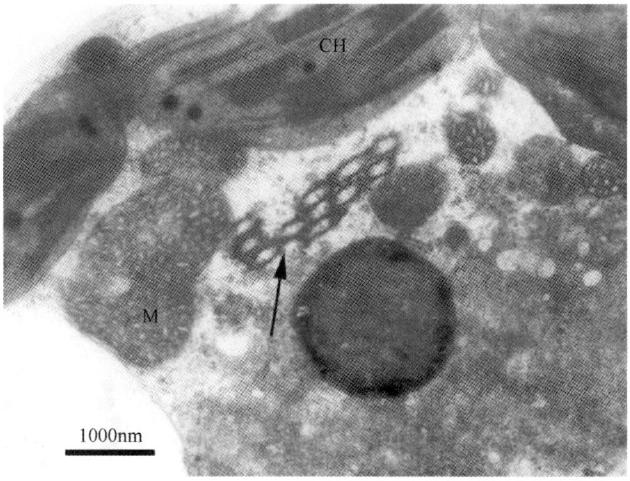

图 2-10　BBWV 2 侵染寄主后病理图(2)(Lisa and Boccardo，1996)
箭头所示为排列成管阵列的病毒粒子；CH 表示叶绿体；M 表示线粒体

6. 病毒纯化方法

昆诺藜是用于纯化 BBWV 2 的最佳繁殖寄主，每 100g 组织可产生高达 15mg 的病毒。对于 BBWV 2 的一些分离物，由于聚集体的存在，病毒粒子的纯化可能相对困难，但是可以通过向提取缓冲液中加入最终浓度为 25%的蔗糖，同时用 Triton X-100 澄清粗叶提取物来提纯这些分离物。

将收获接种后 8～10d 局部和系统感染的昆诺藜，加入含有 0.1% 2-巯基乙醇、25%蔗糖和 0.01% Triton X-100 的 0.5mol/L pH 7.5 磷酸钾缓冲液中匀浆。在 4℃下保持匀浆 1h，重复匀浆 1 次。6000*g* 离心 20min 后，将上清液与 2.5% Triton X-100、6%聚乙二醇(相对分子质量为 6000，即 PEG6000)和 0.1mol/L NaCl 混合，并在 4℃下搅拌过夜。8500*g* 离心 15min，并将沉淀重悬于含有 0.01% Triton X-100 的 0.01mol/L pH 7.5 磷酸钾缓冲液中，2200*g* 离心 15min，取上清液以 78 000*g* 离心 2h。将沉淀重悬于 0.01mol/L 磷酸钾缓冲液中，并通过蔗糖密度梯度离心进一步纯化。

7. 病毒检测方法

BBWV 2 可通过酶联免疫吸附测定(ELISA)进行检测。

8. 病毒核酸序列

RNA1 全长 5951nt(NCBI 登录号：NC_003003.1)。

RNA2 全长 3607nt(NCBI 登录号：NC_003004.1)。

(五)本属非蚜传的蔬菜病毒

南瓜温和花叶病毒(*Cucurbita mild mosaic virus*，CuMMV)和龙胆花叶病毒(*Gentian mosaic virus*，GeMV)，传毒介体昆虫目前仍不清楚。

（六）蚕豆病毒属病毒种类

蚕豆病毒属病毒种类详见表 2-2。

表 2-2 蚕豆病毒属病毒种类

病毒中文名称	病毒英文名称	缩写
蚕豆萎蔫病毒 1 号	*Broad bean wilt virus 1*	BBWV 1
蚕豆萎蔫病毒 2 号	*Broad bean wilt virus 2*	BBWV 2
南瓜温和花叶病毒	*Cucurbita mild mosaic virus*	CuMMV
龙胆花叶病毒	*Gentian mosaic virus*	GeMV
野芝麻轻型花叶病毒	*Lamium mild mosaic virus*	LMMV

二、香石竹潜隐病毒属（*Carlavirus*）

香石竹潜隐病毒属隶属于芜菁黄花叶病毒目（*Tymovirales*）乙型线状病毒科（*Betaflexiviridae*）五组分病毒亚科（*Quinvirinae*），该属的代表性病毒为香石竹潜隐病毒（*Carnation latent virus*，CLV）（Adams et al.，2004；Martelli et al.，2007）。

（一）生物学特性

1. 地理分布

该属许多病毒的分布有局限性，但这些易感病的作物通常分布很广，有许多病毒发生在温带地区，粉虱传播的病毒分布于热带和亚热带地区。

2. 寄主范围

单个病毒的寄主范围一般很窄，但有些病毒可侵染较多的实验寄主植物，香石竹潜隐病毒主要侵染石竹科植物。该属病毒大多造成寄主的隐症。

3. 传播途径

该属病毒通常由蚜虫以非持久性方式传播，但豇豆轻型斑驳病毒（*Cowpea mild mottle virus*，CPMMV）由粉虱传播。豌豆线条病毒（*Pea streak virus*，PeSV）、红三叶草脉花叶病毒（*Red clover vein mosaic virus*，RCVMV）、豇豆轻型斑驳病毒这 3 种病毒在其豆科寄主上可经种子传播。该属所有病毒在实验中都可以机械接种传播。

4. 主要为害症状

该属病毒侵染寄主植物后，大多数表现为无症状，少数表现为黄化、花叶、条纹、焦枯、轻型斑驳、环斑等症状（Kassanis，1955）。

5. 组织病理学特征

香石竹潜隐病毒属病毒侵染寄主植物后往往呈隐症，其细胞病变特征也不明显，对许多病毒的病理效应还缺乏了解。病毒粒子通常分散分布在寄主组织的细胞质中，或以膜包裹的束状或带状聚集体形式存在，一些病毒还引起卵形或不规则形的泡状内含体，在光镜下可观察到。电镜下观察到的内含体由病毒粒子聚集体、线粒体、内质网和脂质球所组成。在细胞核及叶绿体、线粒体中无病毒粒子，也无特殊的细胞器病变。

6. 病毒粒子

该属病毒粒子呈略带弯曲的线状，直径 12～15nm，长 610～700nm，无包膜，为螺旋对称结构，螺距约 3.4nm（Cavileer et al.，1994）。相对分子质量为 6.0×10^6，结构部件为单一的外壳蛋白。该属病毒粒子在氯化铯中的浮力密度为 1.30g/mL，标准沉降系数 S_{20W}=147～176S（图 2-11）。

图 2-11　香石竹潜隐病毒属病毒粒子模拟图（来源：Swiss Institute of Bioinformatics）

病毒粒子的外壳蛋白由一个多肽组成，分子质量为 31～36kDa。目前没有关于脂质和碳水化合物的报道（Tidona and Darai，2011）。

（二）分子生物学特征

1. 核酸

该属病毒为单分体线形正义单链 RNA 病毒，RNA 长 8.3～8.7kb，核酸占病毒粒子质量的 5%～6%。一些病毒拥有两条亚基因组 mRNA，分别长 2.1～3.3kb 和 1.3～1.6kb，可能被包裹成为短粒子。RNA 3′端为 poly（A）结构，5′端为甲基化帽子结构（洪健等，2001；洪健和周雪平，2014）。

2. 基因组

单分体基因组，基因组 RNA（genome RNA）含有 6 个可读框（open reading frame，ORF），编码 6 个蛋白（Foster，1992）。典型种香石竹潜隐病毒尚无基因组全序列参数，马铃薯 M 病毒（*Potato virus M*，PVM）RNA 的 ORF1 编码 223kDa 的复制酶；ORF2、ORF3 和 ORF4 分别编码 25kDa、12kDa 和 7kDa 蛋白，组成了一个三基因盒，参与病毒的胞间运动；ORF5 编码 34kDa 外壳蛋白；重叠的 ORF6 编码 11～16kDa 富含半胱氨酸的蛋白，该产物的功能还不清楚，但从结合核酸的能力看，可能有助于蚜虫传播病毒，或者涉及寄主基因的转录及病毒 RNA 的复制（图 2-12）。

3. 抗原特性

病毒的免疫原性强，该属内一些病毒之间有血清学关系，其他一些病毒在血清学上显然不同。

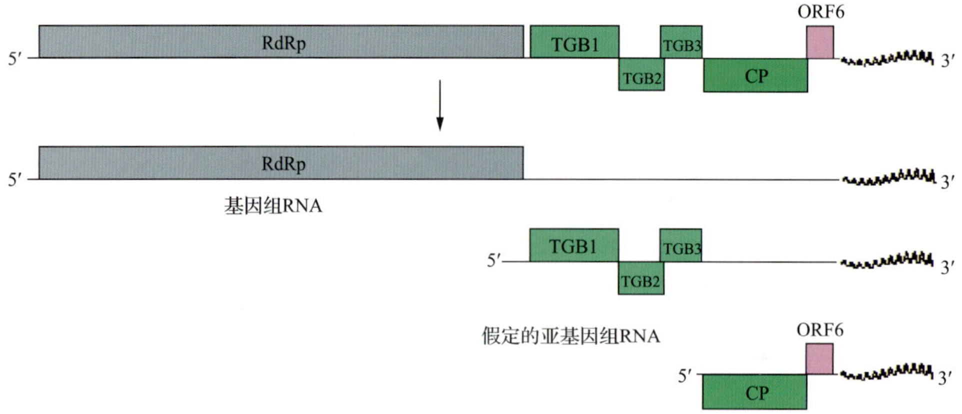

图 2-12　基因组结构及表达产物(来源：Swiss Institute of Bioinformatics)

RdRp 表示依赖于 RNA 的 RNA 聚合酶

(三)本属典型病毒

香石竹潜隐病毒(*Carnation latent virus*，CLV)是香石竹潜隐病毒属的代表性病毒，于 1955 年在英国康乃馨上首次发现。其粒子为略带弯曲的空心线形，直径 12nm，长 650nm(图 2-13)，RNA 占病毒粒子质量的 6%。可以由蚜虫以非持久性方式传播，同时可以通过嫁接进行传毒。在世界各地的香石竹种植区均有分布，主要分布于欧洲大陆地区。

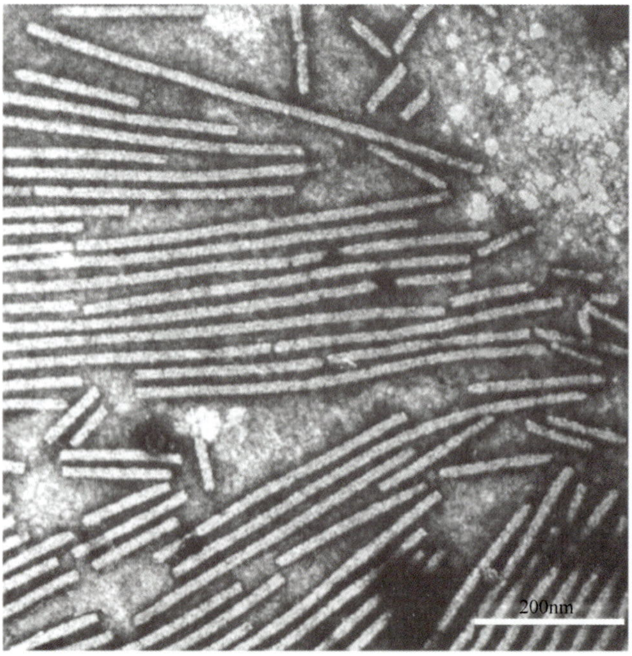

图 2-13　CLV 粒子电镜图(来源：www.dpvweb.net)

1. 主要为害症状

在香石竹上极少表现甚至不表现病毒病症状(图 2-14)。

图 2-14 CLV 侵染昆诺藜(来源：Hollings，Glasshouse Crops Research Institute，UK)
左侧为正常叶片，中间和右侧两枚受侵染叶片出现斑驳和萎缩

2. 寄主范围

对寄主范围没有系统的研究。由于汁液中含有抑制成分，该病毒很难从香石竹传播到其他类别的植物上，但可以侵染石竹科以外烟草属的一些植物，在植物中进行繁殖但不引发症状。目前报道的寄主隶属于石竹科、藜科、菊科和茄科，包括甜菜、苋色藜、昆诺藜、须苞石竹、香石竹、紫鹅绒和克利夫兰烟。

3. 传播途径

该病毒可以由桃蚜通过非持久性方式在香石竹、美洲石竹和甜菜间进行传播，也可以通过机械摩擦和嫁接进行传播，未见有种传报道。

4. 组织病理学特征

病毒粒子分散或者成束聚集在细胞质中，内质网增生形成泡状内含体。

5. 稳定性

在香石竹汁液中，病毒的致死温度(10min)为 60～65℃，稀释限点为 10^{-4}～10^{-3}，在 20℃病毒体外存活期为 2～3d。

6. 病毒纯化方法

从石竹属植物受感染组织中提取汁液，过滤并加入抗坏血酸和亚硫酸钠，使二者终浓度均为 0.2%(*W*/*V*)。再加入等体积的乙醚振荡，低速离心后取上清液，加入等体积的四氯化碳后摇匀。再次低速离心后保留水相。用 0.5mol/L 的磷酸缓冲液调节 pH 为 7.0，加入正丁醇至最终体积比为 8%，4℃过夜；再加入等体积的四氯化碳，低速离心；取水相高速离心沉淀病毒粒子，使用 0.2mol/L 硼酸盐缓冲液重悬。在 4℃浓度为 0.02mol/L 的硼酸盐缓冲液中透析，最后通过差速离心进行浓缩。该病毒较易纯化。1L 被感染的香石竹植物汁液中可以提取 40～60mg 病毒粒子（Wetter and Paul，1961）。

7. 病毒检测方法

使用免疫吸附电镜（ISEM）可区分 CLV 与香石竹脉斑驳病毒（*Carnation vein mottle virus*，CarVMV）。

8. 病毒防治方法

（1）生产单位所用繁殖扦条必须从无病毒植株上摘取

将繁殖母株与生产切花的栽培地分开，设立无病毒母本园专供摘取繁殖扦条。不要在切花生长地摘取扦条。上海园林科学研究所采用茎顶培养法培育无病毒母株取得成功。茎顶大小为 0.2～0.7mm，其脱毒率可达 50%以上；茎顶苗经过病毒鉴定，将无病毒植株采用茎段培养或者在防虫温室里进行扦插繁殖，建立起无病毒母本园；以母本园植株作为繁殖材料，获得大量优质种苗。这种方法生产的香石竹具有苗壮、花大、花色鲜艳等特点。在香石竹切花生产过程中一定要注意田间卫生管理、扦插、整枝、摘心及切花的采摘等操作过程，对工具和手指经常用肥皂水等消毒，减少接触传染。同时可以施用杀虫剂杀灭介体蚜虫，从而减轻病害的发生。

（2）发现病株，立即拔除

母本种源圃与切花生产圃分开设置，保证种源圃不被再侵染。修剪、切花等操作工具及人手必须用 3%～5%的磷酸三钠溶液、酒精或热肥皂水反复洗涤消毒，以防病毒传播。

（3）农药喷施

蚜虫尚未迁飞扩散前喷洒 25%噻虫嗪 5000～10 000 倍液或 2.5%溴氰菊乳油 2000 倍液杀灭；或者用噻虫嗪 5000 倍液灌根，每株 5mL。

（四）本属其他重要蔬菜病毒

1. 油菜潜隐病毒（*Cole latent virus*，CoLV）

油菜潜隐病毒于 1970 年在巴西的羽叶甘蓝上发现，病毒粒子包含长 8.3kb 并带有 poly（A）尾的基因组 RNA，编码一个 38kDa 的外壳蛋白。此外，在被感染植物中还能检测到长 2.6kb 和 1.3kb 的两条 RNA。这两条 RNA 可能参与 CoLV 亚基因组 RNA（subgenomeRNA）的复制，并且在提纯的 CoLV 病毒粒子中无法检测到这两条 RNA，证明它们未被衣壳蛋白包裹。该病毒主要分布在巴西（De et al.，1987；Belintani et al.，2002）。

（1）主要为害症状

该病毒侵染寄主后通常不表现明显症状。

（2）寄主范围

CoLV 的易感寄主隶属于苋科、藜科、十字花科、葫芦科、豆科蝶形花亚科、锦葵科、蔷薇科和茄科。受 CoLV 影响的寄主隶属于石竹科、藜科、菊科、葫芦科、禾本科、豆科蝶形花亚科、锦葵科、西番莲科、茄科及伞形科。

(3)传播

自然界里，CoLV 通过桃蚜(*Myzus persicae*)非持久性地传播，可通过嫁接、机械摩擦传毒，但不能通过种子传毒。

(4)组织病理学特征

在 CoLV 感染的植物组织中没有观察到明显的形态学变化，而且叶绿体、线粒体和细胞核内没有病毒粒子聚集，但病毒粒子会聚集在叶绿体外膜上(图 2-15～图 2-17)。

(5)病毒稳定性

CoLV 的致死温度(10min)为 75～80℃，稀释限点为 10^{-4}～10^{-3}，体外存活期为 2～4d。

(6)病毒纯化方法

提取，澄清，用 PEG6000 沉淀，差速离心 2 次。

(7)病毒检测方法

CoLV 可以使用该属通用引物进行检测。

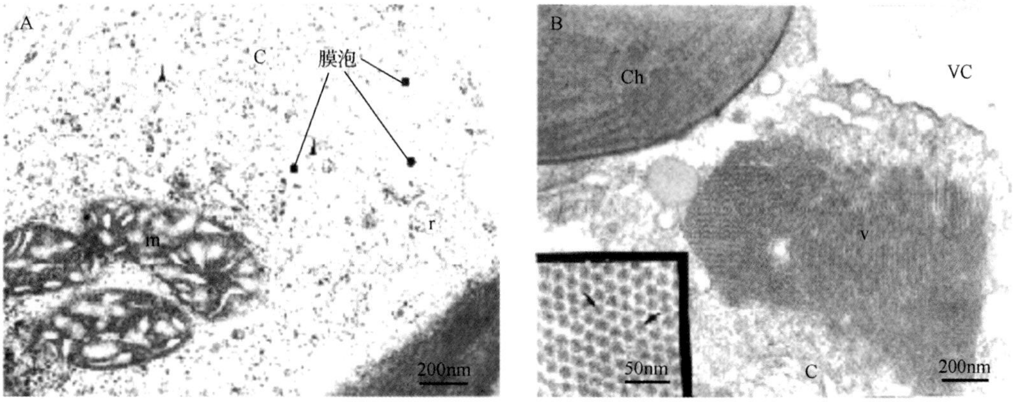

图 2-15　CoLV 颗粒和内含体的分布(Priscila and Gaspar，2003)

r. 核糖体；C. 细胞质；m. 线粒体；Ch. 叶绿体；VC. 液泡；v. CoLV 内含体

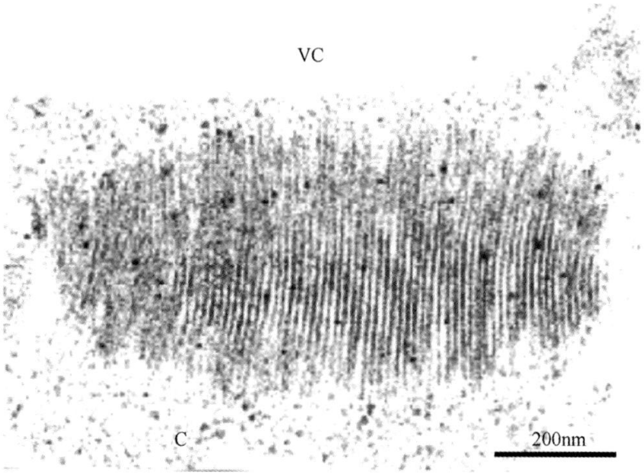

图 2-16　通过抗体和胶体金标记的 CoLV 粒子在叶片剖面的分布(Priscila and Gaspar，2003)

C. 细胞质；VC. 液泡

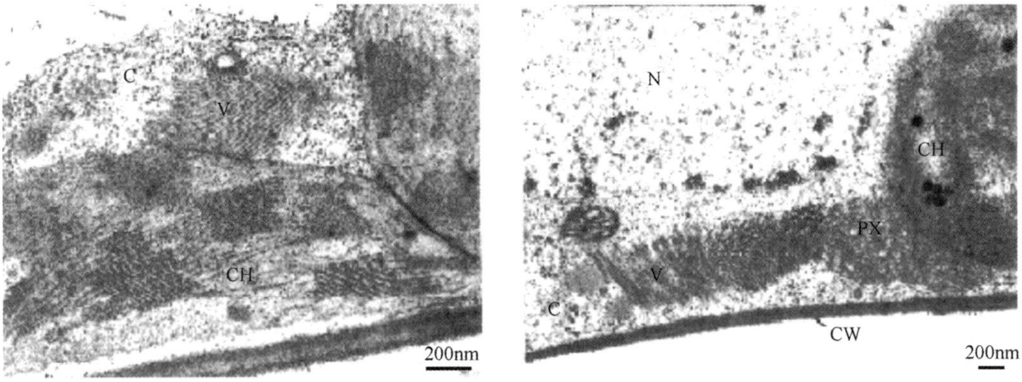

图 2-17　CoLV 颗粒聚集体分布(Priscila and Gaspar，2003)

左图：CoLV 颗粒聚集体与叶绿体外膜的关系；右图：CoLV 颗粒聚集体与过氧化物酶体的关系。V. CoLV 颗粒聚集体；CH. 叶绿体外膜；PX. 过氧化物酶体；C. 细胞质；N. 细胞核；CW. 细胞壁

2. 大蒜普通潜隐病毒(*Garlic common latent virus*，GarCLV)

大蒜普通潜隐病毒于 1993 年在荷兰大蒜上首次报道。GarCLV 为正义单链 RNA 病毒，基因组 RNA 包裹在长度为 610～690nm 的线状病毒粒子中，由蚜虫以非持久性方式传播。此病毒最早在法国被报道，随后荷兰、德国、日本、印度尼西亚、韩国和中国都有报道。目前，GarCLV 广泛分布于亚洲、欧洲、南美洲和北美洲，是侵染大蒜的主要病毒之一(Majumder and Baranwal，2009；Pramesh and Baranwal，2013)。

(1)主要为害症状

一般 GarCLV 单独感染大蒜植株时，多不表现症状。与洋葱黄矮病毒(*Onion yellow dwarf virus*，OYDV)复合侵染的大蒜叶片会出现严重黄化症状，其表现为花叶的症状。

(2)寄主范围

GarCLV 除了侵染大蒜外，还可侵染葱属植物，如韭菜、洋葱等。其易感寄主隶属于石蒜科葱属、苋科、藜科和茄科。受其影响的寄主隶属于豆科蝶形花亚科。

(3)传播途径

自然界里，GarCLV 通过蚜虫非持久性地传播，也可以通过机械摩擦传播。

(4)病毒检测方法

该病毒可以通过 RT-PCR 进行检测(引物见表 2-3)，扩增片段长度为 500bp。此外，还可以通过直接抗原包被 ELISA 法(DAC-ELISA)进行检测(张威等，2008)。

表 2-3　RT-PCR 检测引物

引物	序列(5′→3′)
GarCLV-F	AAATGTTAATCGCTAAACGACC
GarCLV-R	CTTTGTGGATTTTCGGTAAG

(5)病毒核酸序列

病毒 RNA 全长 8604nt(NCBI 登录号：KX255694.1)。

3. 百合无症病毒(*Lily symptomless virus*, LSV)

百合无症病毒于 1944 年在美国香水百合上首次发现。LSV 粒子为弯曲线形，长 640nm，直径 17～18nm。现在，LSV 在瑞典、英国、德国、丹麦、荷兰、比利时、意大利、拉脱维亚、美国、加拿大、日本等均有报道，我国江南、江北各地均有发生，尤以厦门严重，几乎全世界种植百合的地区都有发生，是全世界范围内为害百合的主要病毒。LSV 经常与 CMV、百合斑驳病毒(LMoV)复合侵染导致百合叶片严重花叶和整株矮化，影响了百合的产量和商业价值，成为严重影响百合生长及其切花商品性的重要原因之一(Asjes et al., 1973)。

(1) 主要为害症状

LSV 单独侵染时一般无明显症状，但在一定条件下，有的品种叶片会出现扭曲和白色条纹等症状。LSV 在自然条件下常与其他病毒复合侵染，如与黄瓜花叶病毒(CMV)复合侵染引起坏死斑病；与郁金香碎色病毒(*Tulip breaking virus*, TBV)复合侵染，被侵染植株叶片出现条纹斑驳痕，一些品种的鳞球上出现褐斑(图 2-18)。

图 2-18 LSV 侵染温室中花用百合后引起叶片轻度脉明和斑点(Asjes C J 供图)

(2) 寄主范围

LSV 寄主范围较窄，仅能侵染百合科百合属和郁金香属，以及石蒜科的六出花属植物，多为系统侵染。

(3) 传播途径

LSV 主要依靠蚜虫非持久性传毒，介体蚜虫有棉蚜、桃蚜等。粉虱也是该病毒的传毒介体。LSV 很难通过汁液传毒，仅有 3.6%的发病率；百合鳞茎可传毒，但种子不能传毒。

(4) 组织病理学特征

LSV 粒体分散或聚集于细胞质中，病叶内粒体浓度高于根、茎(图 2-19)。几乎所有叶绿体片层结构发育均受阻，片层结构疏松且叶绿体膨胀变圆，畸形。大部分叶绿体中淀粉粒膨胀，增多，严重时叶绿体外膜消解，细胞中线粒体数目明显增多(贾娟，2013)。

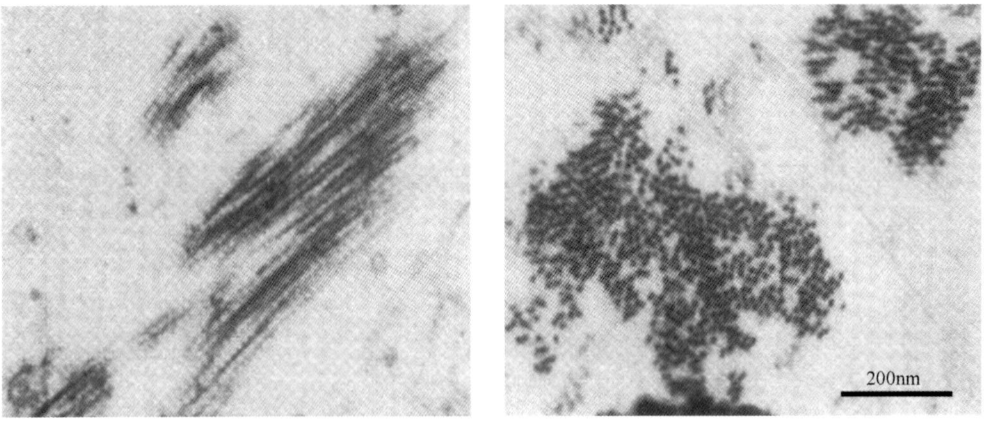

图 2-19　LSV 侵染后百合根部细胞切片电镜图(来源：www.dpvweb.net)

左图为纵切片；右图为横切片

(5)病毒纯化方法

取新鲜阳性材料 30g，在−20℃和 4℃环境下反复冻融 3 次。在液氮中将上述经冻融的材料研磨成细粉状，并迅速加入 60mL 含 0.1% β-巯基乙醇和 1mmol/L 苯甲基磺酰氟(PMSF)的预冷磷酸缓冲液(PB)(pH 7.2，0.02mol/L)匀浆。匀浆物经 400 目尼龙网过滤，滤液加入等体积氯仿，轻柔振荡 20min，混合物 4℃、5000r/min 离心 10min。分出上清液，缓慢加入 PEG6000 粉末至终浓度为 7.5%，加入 NaCl 至终浓度为 4%，搅拌至 PEG 完全溶化后，4℃过夜。8000r/min 离心 10min，取沉淀，用悬浮缓冲液(0.02mol/L 磷酸缓冲液，pH 7.2，内含 0.1% β-巯基乙醇和 1mmol/L 的 PMSF)悬浮 1～2h，8000r/min 离心 10min，取上清。其沉淀用上述悬浮缓冲液再洗一遍，两次上清液合并，总体积约为原体积的 1/10。此上清液再加入 7.5% PEG6000、4% NaCl 沉淀一次。沉淀再用少量悬浮缓冲液悬浮过夜。8000r/min 离心 10min，上清液即为经两次 PEG 沉淀的提纯病毒制剂。

(6)病毒检测方法

可以通过双抗体夹心 ELISA 法(DAS-ELISA)、RT-PCR 和免疫捕捉反转录 PCR(IC-RT-PCR)技术检测该病毒。RT-PCR 引物见表 2-4，扩增条带大小为 303bp(余澍琼等，2014)。

表 2-4　RT-PCR 检测引物

引物	序列(5′→3′)
LSV TF	GAACCCTGCGAACCCCTAC
LSV TR	CAGACTTTCCGCAGTCCAGC

(7)病毒防治方法

LSV 侵染百合后在植株体内进一步繁殖和侵染，可根据病毒本身生物学特性及在植物体内分布的不均匀性，配合物理、化学方法脱除病毒而获得无病植株。到目前为止，应用于植物病毒脱毒的方法主要有茎(根)尖培养、热处理、化学处理、综合方法等，这些方法在百合脱毒技术上应用广泛（Lawson，1981）。

随着分子生物学理论和技术的不断发展，利用抗病毒基因工程方法将抗 LSV 基因转入寄主植物从而获得具有抗性的品种，已经成为防治 LSV 的重要手段。

（8）病毒核酸序列

LSV 的 RNA 全长 8394nt（NCBI 登录号：NC_005138.1）。

4. 豌豆线条病毒（*Pea streak virus*，PeSV）

豌豆线条病毒于 1949 年在美国豌豆上首次发现，其粒子为长 620nm、直径 12nm 的长线形结构，RNA 占病毒粒子质量的 5.4%。该病毒在美国豌豆产区较为常见，但在欧洲、亚洲等地区少有报道。

（1）主要为害症状

PeSV 侵染豌豆会引起茎和叶柄严重的坏死条纹，通常伴有叶脉坏死。还会出现叶片畸形、叶尖黄化、植株萎蔫和死亡等症状。豆荚可能会出现斑点、凹陷和扭曲并变成紫色，最终将无种子产生（图 2-20）。

图 2-20　PeSV 侵染豌豆后症状
（Hagedorn and Walker，1954）

（2）寄主范围

PeSV 的自然寄主为豌豆和三叶草，实验中发现该病毒主要侵染豆科植物，该病毒的一些株系也可以侵染昆诺藜和番茄。其易感寄主隶属于苋科、藜科、菊科、葫芦科、豆科的苏木亚科和蝶形花亚科、蓼科、玄参科和茄科。受其影响的寄主隶属于藜科、豆科蝶形花亚科和茄科。

（3）传播途径

PeSV 主要依靠蚜虫非持久性传毒，豌豆蚜是其最主要的传毒介体。可以通过机械摩擦传播，但植物之间接触不能传播。

（4）组织病理学特征

PeSV 粒体分散或聚集于细胞质中，有时含有清晰的颗粒和空泡状内含体。病毒颗粒通常附着在细胞器上或者分布在膜结构周围，细胞和细胞器被破坏，内质网增多（图 2-21）。

（5）病毒稳定性

在豌豆汁液中，该病毒的致死温度（10min）通常为 60℃，有时为 78～80℃，稀释限点为 10^{-7}～10^{-6}，病毒体外存活期为 2～7d，个别株系可达 50～60d。

（6）病毒纯化方法

将叶片组织加入含有 0.1%二乙基二硫代氨基甲酸钠（DIECA）和 0.5% 2-巯基乙醇（ME）的两倍（*W*/*V*）缓冲液在搅拌机中均质化。均质的提取物通过纱布过滤，并在离心机

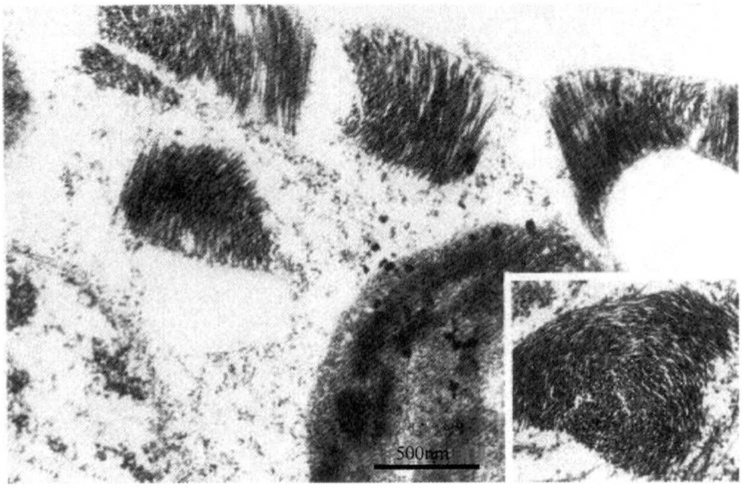

图 2-21　PeSV 粒子聚集体(Bos and Rubio-Huertos，1972)

中以 10 000r/min 离心 10min。取上清液用现配的磷酸钙进行澄清，缓慢持续搅拌 15～20min，并同时加入 1/20 体积的 0.2mol/L Na_2HPO_4 和 1/100 体积的 1mol/L $CaCl_2$，再次以 10 000r/min 离心 10min，加入 6%(*W*/*V*)固体聚乙二醇(PEG6000)，搅拌直到 PEG 溶解，从澄清的上清液中沉淀病毒。以 10 000r/min 离心 10min 收集 PEG 沉淀的病毒，并将其重悬于含有 1% Triton X-100 的缓冲液中(原始溶液体积的 1/10)。在再一次低速离心之后，将病毒重悬在含 10mL 20%蔗糖溶液(含有 1% Triton X-100)的试管中，并在 5℃下以 28 000r/min 离心 3h。重悬于含有 1% Triton X-100 的缓冲液中，并以 10 000r/min 离心 10h。立即将病毒制剂重悬于 5mL 或 10mL 30%蔗糖溶液(含有 1%Triton X-100)的试管中，并在 5℃下 28 000r/min 离心 3h。将颗粒重新悬浮在萃取缓冲液中(1/10 原始体积，无 DIECA 或 ME)，并以 10 000r/min 离心 10min。将上清液命名为“部分纯化的病毒”。离心之间的所有操作都在室温下进行。

(7)病毒检测方法

可以通过 ELISA 检测该病毒。

(8)病毒核酸序列

RNA 全长 8041nt(NCBI 登录号：NC_027527.1)。

5. 马铃薯潜隐病毒(*Potato latent virus*，PotLV)

马铃薯潜隐病毒由于在马铃薯植株上不会引发明显的症状，直到 1992 年才被苏格兰农业科学机构发现。PotLV 粒子为长 530～670nm 的长线形结构(Goth et al.，1999；Nie，2009)(图 2-22)。

(1)主要为害症状

PotLV 侵染烟草产生轻微和暂时的脉明；侵染墙生藜后产生局部褪绿斑，后期发展为坏死症状。侵染部分寄主植株后不表现明显症状。

(2)寄主范围

PotLV 可以侵染藜科、豆科、茄科植物，如墙生藜、白肋烟、白花曼陀罗、杨酸浆等，

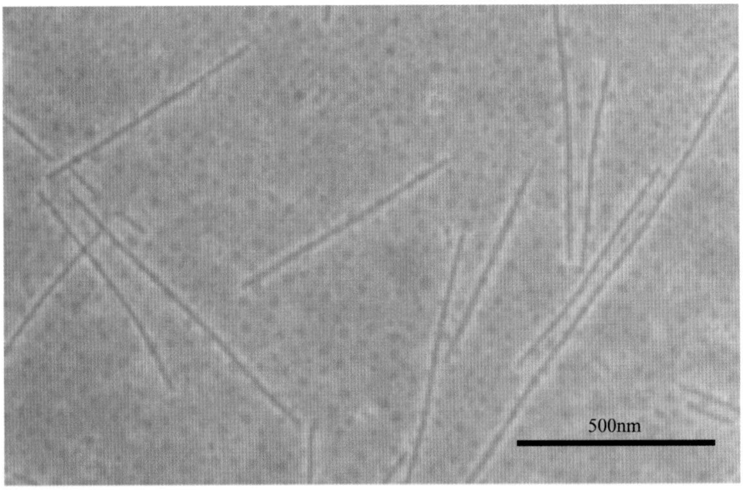

图 2-22　PotLV 粒子电镜图(Brattey et al.，2002)

但该病毒不能侵染番茄。

(3)传播途径

PotLV 主要依靠蚜虫非持久性传毒，可以通过汁液摩擦接种。

(4)病毒纯化方法

将感染病毒的昆诺藜的叶片以 1∶2 的比例(*W*/*V*)加入 pH 8.00 的 1mol/L 硼酸盐缓冲液，在混合器中匀浆 60s，加入乙醇使浓度达到匀浆的 8%，再混匀 15s，然后通过双层纱布过滤。将过滤的悬浮液以 8000*g* 离心 20min，连续搅拌，将 1%(*V*/*V*)Triton X-100 加入上清液中。溶解后，加入 6%聚乙二醇(PEG)(*W*/*V*)和 4% NaCl(*W*/*V*)，将混合物在室温(约 20℃)下孵育 1h。然后将其以 5000*g* 离心 30min。将上清液弃去，并将沉淀物在 4℃下加入 pH 7.5 的 0.01mol/L 硼酸盐缓冲液，以每克原始叶子 1mL 的比例重悬浮过夜，8000*g* 离心 10min，取上清液用如上所述的 PEG 和 NaCl 重新沉淀，孵育过夜并再次以 8000*g* 离心 10min。上清液以 10 000*g* 差速离心 20min，20 000*g* 离心 90min。将最终的沉淀重新悬浮于 2mL 的 0.01mol/L 硼酸盐缓冲液中。

(5)病毒检测方法

可以通过 ELISA 检测该病毒。RT-PCR 也是检测该病毒的有效手段，RT-PCR 引物见表 2-5，扩增片段大小为 800bp。

表 2-5　PotLV RT-PCR 检测引物

引物	序列(5′→3′)
PotLV-F	CAATTCGCGGCCGCT$_{18}$
PotLV-R	GGAGTAACYGAGGTGATACC

(6)病毒核酸序列

RNA 全长 7890nt(NCBI 登录号：NC_011525.1)。

6. 马铃薯 M 病毒(*Potato virus M*，PVM)

马铃薯 M 病毒最早发现于美国，随后在法国、英国、德国、荷兰等国家发现，目前在世界各地均有发生。我国于 1978 年在黑龙江省首次发现，现已有多个地区报道。病毒粒体大小为 650nm×12nm，有一个未完全封闭的病毒衣壳(图 2-23)。基因组为正义单链 RNA，大小为 8535bp，含有 6 个 ORF，编码 6 个蛋白。ORF1 编码 223kDa 的复制酶；ORF2、ORF3 和 ORF4 分别编码 25kDa、12kDa 和 7kDa 蛋白，组成了一个三基因盒，参与病毒的胞间运动；ORF5 编码 34kDa 外壳蛋白，重叠的 ORF6 编码 11～16kDa 富含半胱氨酸的蛋白，该产物的功能还不清楚，但从结合核酸的能力看，可能有助于蚜虫传播病毒，或者涉及寄主基因的转录及病毒 RNA 的复制(Zavriev et al.，1991；崔燕华，2011)。

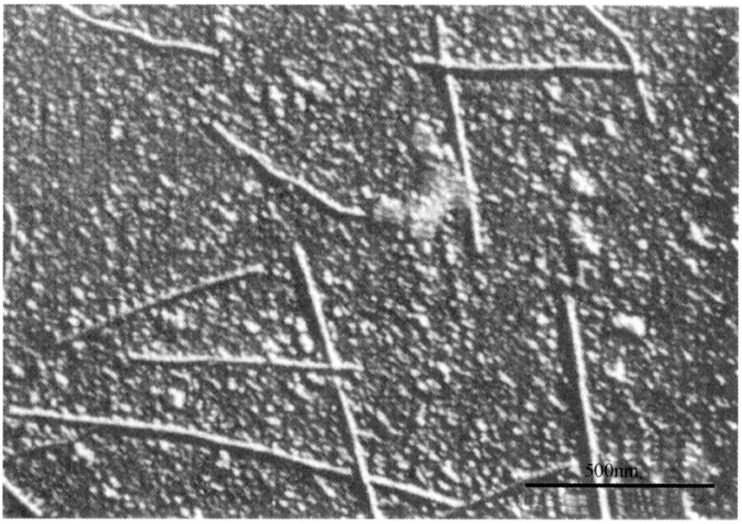

图 2-23　PVM 粒子电镜图

(1)主要为害症状

PVM 侵染不同寄主后产生的症状不同，与寄主种类有关。主要引起各种色斑、花叶、皱缩、卷叶和芽发育不良等症状。

(2)寄主范围

PVM 主要侵染茄科植物，自然寄主为马铃薯，在实验室中可以侵染苋色藜、昆诺藜、千日红、菜豆、番茄、豇豆等。PVM 易感寄主隶属于苋科、石竹科、藜科、豆科蝶形花亚科和茄科。

(3)传播途径

PVM 可以通过机械传播、嫁接传播及依靠蚜虫非持久性传播，不能通过种子、花粉传播，也不能通过菟丝子传毒。

(4)组织病理学特征

PVM 粒子主要存在于细胞质中，分布在寄主植物的任何部位，在感病植物细胞的细胞质中可出现呈无定形的 X 形内含体(图 2-24)。

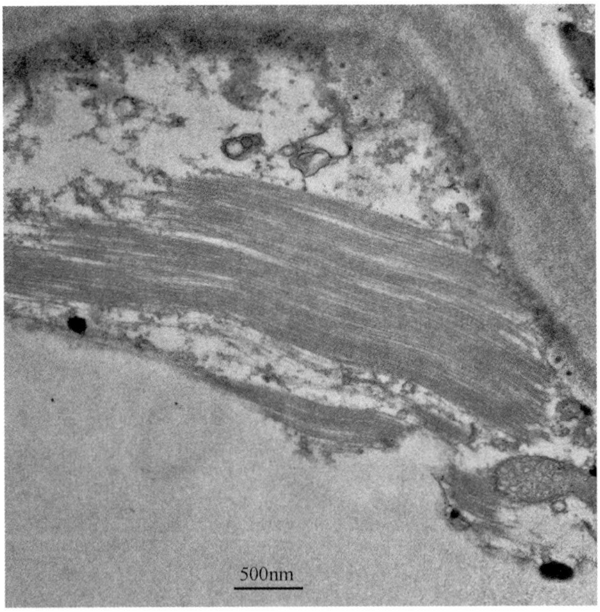

图 2-24　PVM 侵染烟草叶肉细胞

图示细胞质中的束状聚集体即为 PVM 粒子

(5) 病毒稳定性

该病毒的致死温度(10min)为 65～71℃，稀释限点为 10^{-3}～10^{-2}，20℃条件下病毒体外存活期为 5～7d。

(6) 病毒纯化方法

感染病毒的番茄或马铃薯叶，加入 0.2%(*W*/*V*) 抗坏血酸和 0.2%(*W*/*V*) 亚硫酸钠研磨成汁液。过滤，用等体积的乙醚振摇滤液。离心，澄清的水相用等体积的四氯化碳摇匀。沉淀，将沉淀重悬于 0.01mol/L 磷酸盐缓冲液中，并通过高速和低速离心两个循环进行澄清。密度梯度离心可用于进一步纯化。

(7) 病毒检测方法

可以通过 ELISA 检测该病毒。

(8) 病毒核酸序列

RNA 全长 8533nt(NCBI 登录号：NC_001361.2)。

7. 马铃薯 S 病毒(*Potato virus S*，PVS)

马铃薯 S 病毒首先在荷兰马铃薯上发现，病毒由长度为 610～710nm 的线状病毒粒体组成，内含一条正义单链 RNA，基因组全长为 8.4～8.5kb(图 2-25)。最早于 1948 年在荷兰发现。此后，PVS 在众多马铃薯种植区皆有发现。PVS 也是我国马铃薯种植地区常见的病毒之一，在我国北方的内蒙古、黑龙江、辽宁、河北、山东、青海及南方的广西、湖南、四川、浙江、福建、贵州等地均有报道。目前，PVS 已经成为最常见的马铃薯病毒之一，影响了马铃薯产量，制约了马铃薯产业发展(Foster and Mills，1990，1991，1992；王靖惠，2016)。

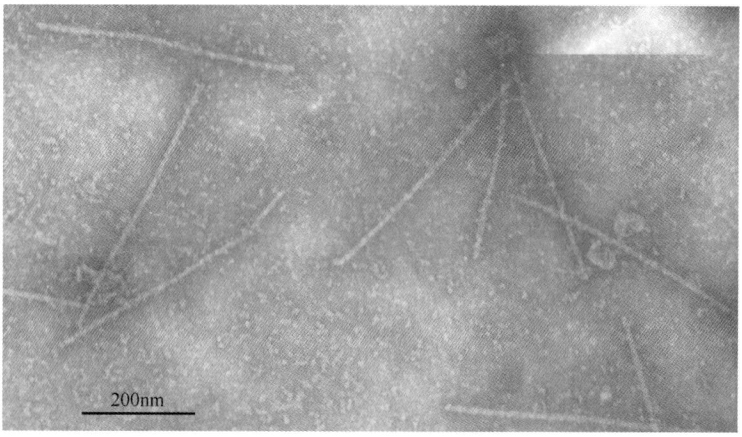

图 2-25　1%磷钨酸负染的 PVS 粒子电镜图

(1) 主要为害症状

PVS 的致病症状随株系、品种和气候而变化(图 2-26)。典型的症状是马铃薯叶脉深陷、叶片粗短、叶片轻度下垂等。PVS 单独侵染马铃薯时，引起的症状并不明显，在大多数马铃薯品种上 PVS 可引起叶脉颜色变深、叶片粗缩、叶尖下卷、叶色变浅；有的马铃薯品种感病后产生轻度斑驳、脉带；有的品种感病后期变成青铜色，严重皱缩，叶面产生小的坏死斑，甚至落叶(图 2-27)。与其他马铃薯病毒共同侵染时，会产生明显花叶或皱缩等症状，一般可使马铃薯减产 20%～30%，如 PVX 单独侵染马铃薯只引起轻微花叶，但是与 PVS 混合侵染时，可引起重度花叶。

(2) 寄主范围

PVS 的寄主范围较窄，其易感寄主隶属于茄科、藜科和豆科蝶形花亚科。

(3) 传播途径

在马铃薯田块中该病毒很容易通过汁液接触和蚜虫以非持久性方式传播，主要的介体昆虫为桃蚜、禾谷缢管蚜、甜菜蚜、鼠李马铃薯蚜等；但不能种传。

图 2-26　PVS 侵染苋色藜(左)和侵染刺萼龙葵(右)症状(来源：www.dpvweb.net)

图 2-27　PVS 侵染寄主马铃薯后的症状（Lin et al.，2014）

（4）病毒稳定性

该病毒的致死温度（10min）为 55～60℃，稀释限点为 10^{-3}～10^{-2}，20℃条件下病毒在体外侵染性可保持 3～4d。

（5）病毒纯化方法

PVS 可以采用与 PVM 相同的纯化方法：感染病毒的番茄或马铃薯叶，加入 0.2%（*W*/*V*）抗坏血酸和 0.2%（*W*/*V*）亚硫酸钠研磨成汁液。过滤，用等体积的乙醚振摇滤液。离心，澄清的水相用等体积的四氯化碳摇匀。沉淀，将沉淀重悬于 0.01mol/L 磷酸盐缓冲液中，并通过高速和低速离心两个循环进行澄清。密度梯度离心可用于进一步纯化。

（6）病毒检测方法

常见的用于检测 PVS 的核酸杂交技术包括斑点杂交（dot blot）、组织印记杂交和 RNA 印迹法（Northern blotting）等。

（7）病毒防治方法

1）脱毒苗。生产马铃薯脱毒种薯种苗，常采用的脱毒技术包括茎尖脱毒、物理化学脱毒技术。

2）培育抗病品种。选育抗病毒的马铃薯品种是目前防治 PVS 等马铃薯病毒的一个重要手段。马铃薯抗病品种的育种方法主要包括常规育种、倍性育种、生物工程育种等。

3）化学药剂防治。一些嘌呤和嘧啶的类似物有抑制马铃薯病毒活性的作用，如三嗪类衍生物 DHT。蚜虫是马铃薯病毒病害的主要传毒介体。目前，虽然还没有一种有效的方法完全制止蚜虫传毒，但可以采取一些无公害生物农药和低毒低残留农药防治蚜虫，从而从传播途径上切断马铃薯病毒病害的发生，一般常用的农药有啶虫脒、吡虫啉、吡蚜酮、抗蚜威等。

4）农业防治。种植抗蚜虫品种、调整作物布局、优化耕作制度、调整收播时期、合理施肥等农业措施可有效地控制蚜虫及其传播的马铃薯病毒病。防控马铃薯病毒病主要以抗病育种为中心，抓好栽培措施：第一，选用抗病高产良种；第二，确保留种基地无病，冷凉地区适宜建立品种基地；第三，对块茎进行处理和用茎尖进行脱毒培养；第四，采用种子实生苗块茎留种；第五，在冷凉季节形成块茎可以增强抗病毒能力，覆盖地膜可以减少蚜虫越冬卵；第六，要加强栽培管理，合理灌溉施肥，及时淘汰病株和防治蚜虫。

(8)病毒核酸序列

RNA 全长 8478nt(NCBI 登录号：NC_007289.1)。

8. 红三叶草脉花叶病毒(*Red clover vein mosaic virus*，RCVMV)

红三叶草脉花叶病毒最早在美国红三叶草上发现，粒体大小为 645nm×12nm(图 2-28)，基因组为正义单链 RNA，大小约为 8604nt，含有 6 个 ORF，编码 6 个蛋白。该病毒广泛分布于欧洲、北美洲和南非(Varma et al.，1970；Bos and Rubio-Huertos，1972；Larsen et al.，2009)。

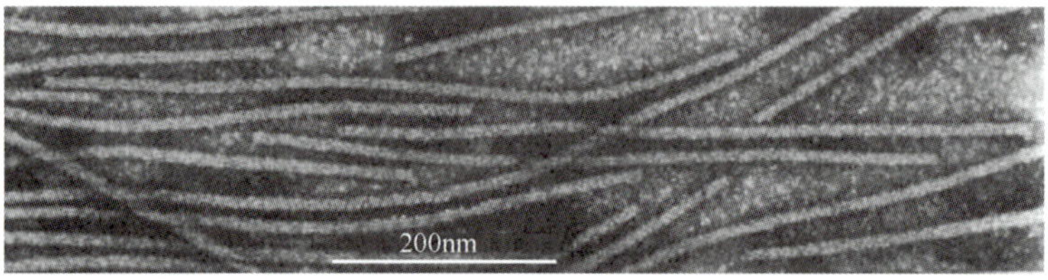

图 2-28　RCVMV 粒子电镜图(来源：www.dpvweb.net)

图 2-29　RCVMV 侵染蚕豆引发的症状(Riley et al.，2002)

(1)主要为害症状

RCVMV 侵染豆科植物主要引起脉花叶、褪绿、花叶、条纹、脉明和植株发育不良等症状(图 2-29)。

(2)寄主范围

RCVMV 主要侵染各种豆科蝶形花亚科植物，此外还可以侵染苋科、藜科、茄科、玄参科和葫芦科植物。

(3)传播途径

RCVMV 主要通过汁液传播及借助蚜虫以非持久性方式传播，也可以通过粉虱以半持久性方式传播；可以通过种子传播，但不常见；不能通过花粉传播。

(4)组织病理学特征

在豌豆和红三叶草叶片中可出现晶体和非晶体包裹物，在超薄切片中观察到 X 形内含体和粒子束螺旋环。

(5)病毒稳定性

该病毒的致死温度(10min)为 60～65℃，稀释限点为 10^{-3}，20℃下病毒体外存活期为 24h。

(6)病毒纯化方法

将 200g 叶子与 300～400mL 含有 0.1%巯基乙酸、100mL 乙醚和 100mL 四氯化碳的 0.18mol/L 磷酸盐-柠檬酸缓冲液(pH 7.0)一起均质化。将匀浆物以 7500*g* 离心 10h，取上清液，80 000*g* 离心 1h。将沉淀物重新悬浮于 70mL 上述缓冲液中，可以加入 1%～2%的 Triton X-100 用于富集。将悬浮液静置 1h，然后以 7500*g* 离心 10min，进行另一次高速离心(80 000*g*，2h)。将沉淀物重悬浮于 10mL 0.18mol/L 磷酸盐-柠檬酸缓冲液(pH 7.0)中，并测定 5mL 蒸馏水中的沉降系数。保存过夜后，7500*g* 离心 10min。温度尽可能保持在 0～5℃。

(7)病毒核酸序列

RNA 全长 8605nt(NCBI 登录号：NC_012210.1)。

(五)本属病毒 RT-PCR 通用检测引物

香石竹潜隐病毒属检测引物序列见表 2-6。

表 2-6　香石竹潜隐病毒属病毒通用检测引物

引物	序列(5′→3′)
F	GGGCTKGGKGTRCCHACKGA
R	TCGAAGSWRTCRAARGCWGC

(六)本属非蚜传的蔬菜病毒

豇豆轻型斑驳病毒(*Cowpea mild mottle virus*，CPMMV)、黄瓜脉明病毒(*Cucumber vein-clearing virus*，CuVCV)及甜瓜黄化伴随病毒(*Melon yellowing-associated virus*，MYaV)由粉虱传播而不通过蚜虫非持久性方式传播；甘薯褪绿斑病毒(*Sweet potato chlorotic fleck virus*，SPCFV)和甘薯 C6 病毒(*Sweet potato C6 virus*，SPC6V)仅通过汁液传播。此外，西番莲潜隐病毒(*Passiflora latent virus*，PLV)和马铃薯 H 病毒(*Potato virus H*，PVH)传毒介体昆虫目前仍不清楚。

(七)香石竹潜隐病毒属病毒种类

香石竹潜隐病毒属病毒种类如表 2-7 所示。

表 2-7　香石竹潜隐病毒属病毒种类

病毒中文名称	病毒英文名称	缩写
乌头潜隐病毒	*Aconitum latent virus*	AcLV
美洲啤酒花潜隐病毒	*American hop latent virus*	AHLV
乌饭树焦枯病毒	*Blueberry scorch virus*	BBScV
蜂斗菜花叶病毒	*Butterbur mosaic virus*	ButMV
仙人掌病毒 2 号	*Cactus virus 2*	CV-2
山楂潜隐病毒	*Caper latent virus*	CapLV
香石竹潜隐病毒	*Carnation latent virus*	CLV

续表

病毒中文名称	病毒英文名称	缩写
菊花 B 病毒	*Chrysanthemum virus B*	CVB
油菜潜隐病毒	*Cole latent virus*	CoLV
锦紫苏脉坏死病毒	*Coleus vein necrosis virus*	CVNV
豇豆轻型斑驳病毒	*Cowpea mild mottle virus*	CPMMV
黄瓜脉明病毒	*Cucumber vein-clearing virus*	CuVCV
瑞香 S 病毒	*Daphne virus S*	DVS
天人菊潜隐病毒	*Gaillardia latent virus*	GalLV
大蒜普通潜隐病毒	*Garlic common latent virus*	GarCLV
堆心菊 S 病毒	*Helenium virus S*	HVS
铁筷子花叶病毒	*Helleborus mosaic virus*	HeMV
铁筷子网坏死病毒	*Helleborus net necrosis virus*	HeNNV
朱顶红潜隐病毒	*Hippeastrum latent virus*	HLV
啤酒花潜隐病毒	*Hop latent virus*	HpLV
啤酒花花叶病毒	*Hop mosaic virus*	HpMV
绣球褪绿斑驳病毒	*Hydrangea chlorotic mottle virus*	HdCMV
伽蓝菜属潜隐病毒	*Kalanchoë latent virus*	KLV
女贞坏死环斑病毒	*Ligustrum necrotic ringspot virus*	LiNRSV
百合无症病毒	*Lily symptomless virus*	LSV
甜瓜黄化伴随病毒	*Melon yellowing-associated virus*	MYaV
紫茉莉斑驳病毒	*Mirabilis jalapa mottle virus*	MjMV
水仙普通潜隐病毒	*Narcissus common latent virus*	NCLV
尼润潜隐病毒	*Nerine latent virus*	NeLV
西番莲潜隐病毒	*Passiflora latent virus*	PLV
豌豆线条病毒	*Pea streak virus*	PeSV
草夹竹桃 B 病毒	*Phlox virus B*	PhlVB
草夹竹桃 M 病毒	*Phlox virus M*	PhlVM
草夹竹桃 S 病毒	*Phlox virus S*	PhlVS
杨树花叶病毒	*Poplar mosaic virus*	PopMV
马铃薯潜隐病毒	*Potato latent virus*	PotLV
马铃薯 H 病毒	*Potato virus H*	PVH
马铃薯 M 病毒	*Potato virus M*	PVM
马铃薯 P 病毒	*Potato virus P*	PVP
马铃薯 S 病毒	*Potato virus S*	PVS
红三叶草脉花叶病毒	*Red clover vein mosaic virus*	RCVMV
草莓伪轻黄边病毒	*Strawberry pseudo mild yellow edge virus*	SPMYEV
甘薯 C6 病毒	*Sweet potato C6 virus*	SPC6V
甘薯褪绿斑病毒	*Sweet potato chlorotic fleck virus*	SPCFV
马鞭草潜隐病毒	*Verbena latent virus*	VeLV

三、苜蓿花叶病毒属(*Alfamovirus*)

苜蓿花叶病毒属隶属于雀麦花叶病毒科(*Bromoviridae*)，该属目前仅有一种病毒，苜蓿花叶病毒(*Alfalfa mosaic virus*，AMV)(洪健等，2001；Tidona and Darai，2011)。

(一)生物学特性

1. 地理分布

苜蓿花叶病毒在全世界范围内均有分布。

2. 寄主范围

该病毒寄主范围非常广，自然条件下可侵染至少 22 科、150 种植物，实验室中发现该病毒能侵染至少 70 科、600 多种植物。其中具有经济价值的重要寄主有苜蓿、三叶草、豌豆、马铃薯、烟草、辣椒、番茄和芹菜等。我国已报道在三叶草类植物和苜蓿类作物，豌豆等豆科作物，以及马铃薯、烟草、番茄、辣椒等茄科作物上该病毒产生严重危害。

3. 传播途径

该病毒至少可被 14 种蚜虫以非持久性方式传播，在苜蓿、大豆、亚历山大车轴草、辣椒上可以种传，种传是远距离传播的主要途径。苜蓿种传率 10%，从单株病株获得的种传率达 50%，而且病毒在苜蓿种子内至少存活 10 年。辣椒种传率为 1%～5%，假酸浆种传率 23%。苜蓿花叶病毒还可通过汁液、花粉进行传播。近距离传播主要由蚜虫、花粉及机械(实质为通过汁液)传播，还可以通过菟丝子进行传播。

4. 主要为害症状

该属病毒侵染寄主植物后，表现的症状为萎黄、花叶、环斑、黄化、坏死等(图 2-30)(Milošević et al.，2015)。

图 2-30　AMV 侵染马铃薯引起的症状(Howard F S 供图)

5. 组织病理学特征

病毒存在于寄主植物叶片的表皮、叶肉、维管束薄壁细胞和转移细胞，以及子房壁、芽托、花药、胚、子叶和花粉细胞内，大量病毒粒子积累于细胞质中，分散状遍布细胞质，往往浓度很高，有时可形成并行排列的杆菌状粒子聚集体，分散或聚集的病毒粒子有时也在液泡中发现。细胞核往往呈现高度突起的分枝状，次级液泡数量增加，也观察到含细纤维物质的小泡结构位于液泡膜边缘，突入中央液泡中。有报道对苜蓿花叶病毒不同株系侵染寄主 24h 后进行细胞病理观察，其中有 7 个株系只产生散布的病毒粒子，其他 13 个株系既有散布粒子又有聚集体，只有某些株系的粒子处在液泡中，形成液泡内含体。虽然无确切证据显示病毒破坏细胞器，但有报道称一些株系的细胞核内存在长形结构，叶绿体的形态发生变化，病毒粒子也出现在叶绿体内陷中，但不出现在任何细胞器内。线粒体、微体和高尔基体未产生明显的结构变化(King et al.，2012)。

6. 病毒粒子

该病毒粒子呈杆菌状或准等轴的长形，粒子的圆柱部分由六角晶格组成，两端是等轴多面体结构，无包膜，直径 19nm(图 2-31，图 2-32)，根据所包含的 RNA 不同，长度分别为 B 组分 56nm、M 组分 48nm、Tb 组分 36nm 和 Ta 组分 30nm。三种大粒子(B、M、Tb)各包裹一条 ssRNA，依次为 RNA1、RNA2 和 RNA3；小粒子(Ta)包裹亚基因组 RNA4(图 2-33)。几种粒子的相对分子质量为 6.9×10^6(B)、5.2×10^6(M)、4.3×10^6(Tb)、3.5×10^6(Ta)，在氯化铯中的浮力密度为 1.37g/mL(不同粒子成带密度不同)，标准沉降系数 S_{20W}=94S(B)、82S(M)、73S(Tb)、66S(Ta)。病毒粒子可以通过蔗糖密度梯度方法分离出不同的组件，病毒可以在中性氯盐中降解，在 pH 6～7 时对胰核酸酶敏感，但不膨胀(Hull，1969；Bol，2005)。

病毒粒子的外壳蛋白由一种多肽组成，分子质量为 24kDa。目前没有关于脂质和碳水化合物的报道(Vloten-Doting and Jaspars，1972)。

7. 病毒稳定性

该病毒的致死温度(10min)一般被认为是 60～65℃，但温度范围也可能扩大为 50～70℃。稀释限点为 10^{-4}～10^{-3}，有时可能会更高。病毒粒子体外存活期为 1～4d 甚至更久。带毒汁液可以在 pH 7.0～7.5 的磷酸缓冲液(0.01～0.1mol/L)中很好地保存。

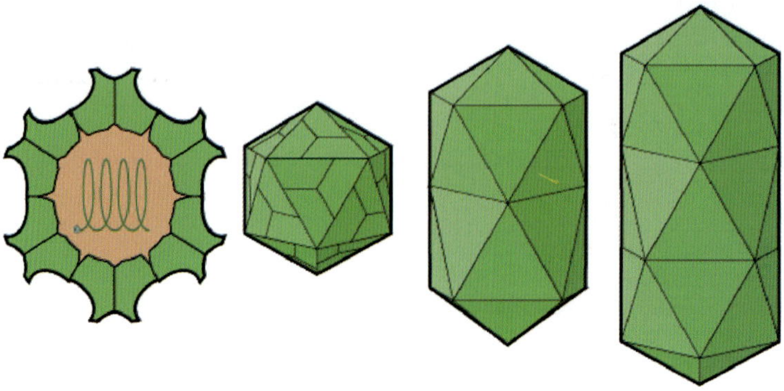

图 2-31　AMV 粒子模拟图(来源：Swiss Institute of Bioinformatics)

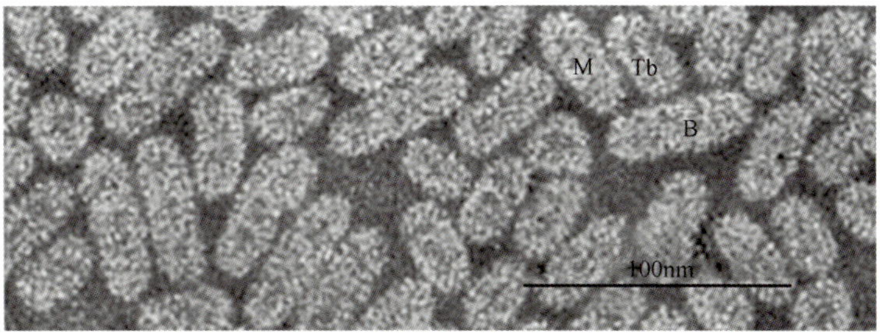

图 2-32 AMV 粒子电镜图（Tidona and Darai，2011）

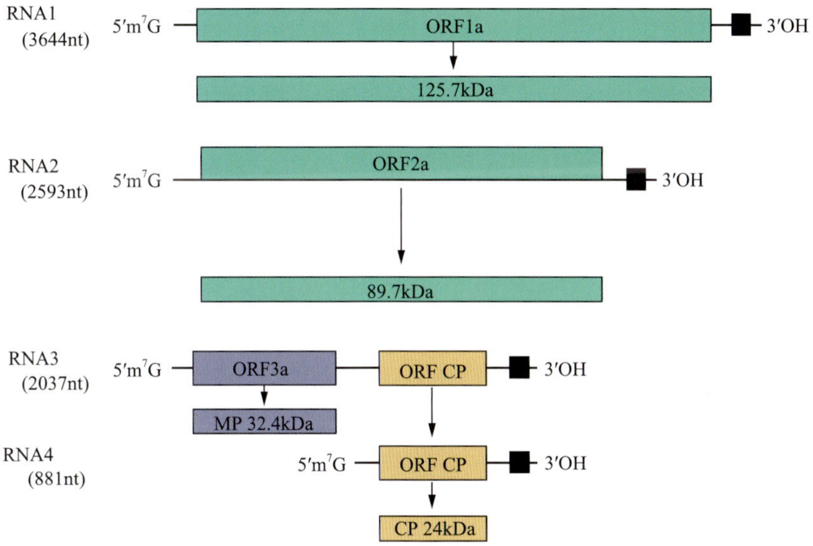

图 2-33 AMV 基因组结构（King et al.，2012）

8. 病毒纯化方法

取新鲜病叶 100g，−70℃冰冻过夜；加入 150mL 0.2mol/L（pH 7.0，含 0.1%巯基乙醇）的磷酸缓冲液（PSB）匀浆 2min；加入 100mL 氯仿∶正丁醇（1∶1）继续匀浆 1～2mm，5000*g* 离心 10min，取上清；然后分别加入总体积 10%的 PEG6000 和 1%的 NaCl 充分溶解，4℃下静置 2h 后 10 000*g* 离心 30min，取沉淀悬浮于 30mL 0.01mol/L PBS（pH 7.0）中，5000*g* 离心 10min，取上清；沉淀用上述缓冲液重新悬浮 2 次，5000*g* 离心 10min，合并上清；4℃下 78 000*g* 离心 90min，取沉淀用 0.01mol/L PBS（pH 7.0）充分悬浮，低速离心取上清；4℃下，78 000*g* 离心 90min；沉淀用 0.01mol/L PBS（pH 7.0）充分悬浮，低速离心后保存上清，至 4.5mL。

（二）分子生物学特征

1. 核酸

该属病毒为三分体线形正义单链 RNA 病毒。RNA1 长约 3644nt，RNA2 长约 2593nt，RNA3 长约 2037nt，RNA4 为 RNA3 的亚基因组 RNA，长约 881nt。核酸约占病毒粒子质量的 16%。每个 RNA 片段的 5′端为甲基化的帽子结构，3′端既不是 poly(A)，又不是 tRNA 状结构，所有分子 3′端 145nt 为同源区。

2. 基因组

该属病毒基因组结构为三分体结构(图 2-33)。B 组分病毒粒子包裹单拷贝的 RNA1，M 组分病毒粒子包裹单拷贝的 RNA2，Tb 组分病毒粒子包裹单拷贝的 RNA3，Ta 组分病毒粒子包裹两条 RNA4 分子。基因组共有 4 个 ORF，其中 RNA1 和 RNA2 各含有一个 ORF，分别编码 125.7kDa 和 89.7kDa 的复制酶；RNA3 含有两个 ORF，5′端为与胞间运动有关的蛋白 MP(32.4kDa)，3′端为 24kDa 的外壳蛋白，其中外壳蛋白由亚基因组 RNA4 翻译。除 RNA1、RNA2、RNA3 外，亚基因组 RNA4 也为侵染所必需，亚基因组表达产生的外壳蛋白能专化性地结合 RNA 的 3′端序列，从而被复制酶识别。基因组 RNA 是以全长负义 RNA 分子为模板复制而成。亚基因组 RNA 是以 RNA3 的负义 RNA 分子为模板，通过复制酶识别存在于胞间运动蛋白与外壳蛋白之间的非编码区(non-coding region，NCR)中的亚基因组启动子而复制产生的。

3. 抗原特性

病毒具中等免疫原性，各株系之间有血清学关系，同其他病毒无血清学关系。

4. 病毒核酸序列

RNA1 全长 3643nt(NCBI 登录号：HQ316635.1)。

RNA2 全长 2595nt(NCBI 登录号：HQ316636.1)。

RNA3 全长 2041nt(NCBI 登录号：HQ316637.1)。

(三)本属典型病毒

该属典型病毒为苜蓿花叶病毒(*Alfalfa mosaic virus*，AMV)。

四、黄瓜花叶病毒属(*Cucumovirus*)

黄瓜花叶病毒属隶属于雀麦花叶病毒科(*Bromoviridae*)，该属的代表性病毒为黄瓜花叶病毒(*Cucumber mosaic virus*，CMV)(King et al.，2012)。

(一)生物学特性

1. 地理分布

该属病毒为全球性病毒，在全世界范围内均有分布。温带地区分布最广。

2. 寄主范围

该病毒属中，黄瓜花叶病毒有很广的寄主范围，可侵染至少 85 科、1000 多种双子叶和单子叶植物，是禾谷类作物、牧草、木本和草本观赏植物、蔬菜及果树上发生最广且危害最大的病毒。该属其他病毒的寄主范围较窄。花生矮化病毒(*Peanut stunt virus*，PSV)的寄主局限于豆科和茄科；番茄不孕病毒(*Tomato aspermy virus*，TAV)主要侵染菊科和茄科植物；蛇鞭菊轻型斑驳病毒(*Gayfeather mild mottle virus*，GMMV)目前仅在蛇鞭菊上有相关报道(Habili and Francki，1974；Ding et al.，1996)。

3. 传播途径

该属病毒可由60多种蚜虫以非持久性方式传播，易通过机械接种传播，也可以种传。

4. 主要为害症状

该属病毒侵染寄主植物后，表现为花叶、萎缩、萎黄、果实无籽、叶片扭曲、偏上发育等症状。

5. 组织病理学特征

病毒存在于寄主植物的所有组织中，引起超微结构显著病变。病毒粒子主要分散在细胞质和液泡中，运用RNA酶消解核糖体后容易辨别，高倍放大能看到“中心孔”结构，粒子直径比负染时要小一些。病毒粒子有时形成不同大小的聚集体，一些聚集体有膜包围，有的株系在细胞质和液泡中形成结晶状排列，甚至在中央液泡内可观察到大块呈多边形或不规则形的病毒结晶体，外周无膜，大的病毒结晶体在光镜下也能观察到。有的株系病毒粒子也存在于细胞核中，但核的变化不大。病变的细胞膜结构增生现象明显，主要是内质网增生，有时产生较大的膜状体和髓鞘样结构，在液泡膜边缘可见到一些内含纤细丝状物质的圆形或卵圆形小泡突入液泡中，可能是病毒RNA复制的场所。细胞质内液泡增多，线粒体变得肿胀，有的株系引起叶绿体畸形，片层结构发育不良、排列紊乱，病变严重的细胞空泡化，细胞器解体。在一些薄壁细胞的细胞壁胞间连丝中观察到完整的病毒颗粒，这可能是病毒在细胞间转运的方式。

6. 病毒粒子

该属病毒粒子为等轴对称的二十面体，无包膜，3个组分的粒子大小一致(图2-34)，直径为25～30nm，易被磷钨酸盐降解，经醛类固定或用乙酸铀负染后可显不清晰的结构，有一个直径约12nm的电子致密中心，呈“中心孔”样结构。3种粒子的相对分子质量均为5.0×10^6～6.7×10^6，标准沉降系数也相同，S_{20w}=98S，在氯化铯或者氯化铷中的浮力密度为 0.14～0.98g/mL。提纯的病毒粒子不稳定，特别是在可以破坏粒子完整性从而影响RNA-蛋白质互作的阴离子洗涤剂(如SDS)和高离子强度的缓冲液中易裂解。该属大

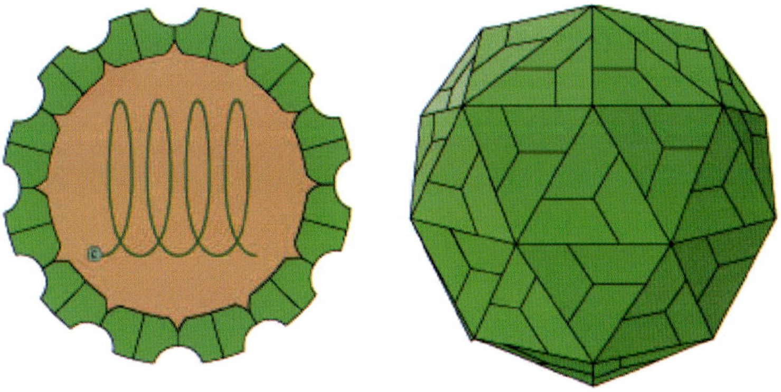

图2-34　黄瓜花叶病毒属病毒粒子模拟图(来源：Swiss Institute of Bioinformatics)

多数病毒的粒子在含有 Mg^{2+}的环境中不稳定，但是黄瓜花叶病毒的粒子在含有 Mg^{2+}的环境中才能稳定存在。

病毒粒子的组装在细胞质中完成，外壳蛋白由一个多肽组成，分子质量为 24kDa。目前没有关于脂质和碳水化合物的报道。

(二)分子生物学特征

1. 核酸

该属病毒为三分体线形正义单链 RNA 病毒，RNA1 为 3.3～3.4kb；RNA2 为 2.9～3.1kb；RNA3 为 2.2～2.4kb；RNA 全长 8.3～8.7kb，CG 含量为 47%。每个 RNA 片段的 5′端为甲基化帽子结构($m^7G5'ppp5'Gp$)，所有 RNA 片段的 3′端有一个约 200nt 的同源区，3′端无 poly(A)，但有 tRNA 状结构(番茄不孕病毒除外)，能结合酪氨酸。

2. 基因组

三分体基因组，每个病毒粒子包裹有单分子的 RNA1 或 RNA2，或者包裹 RNA3 和 RNA4。基因组共包含 5 个 ORF，ORF1a 编码 111～112kDa 的复制酶，ORF2a 编码 93～97kDa 的复制酶，并与 ORF1a 的产物协同作用，ORF2b 编码 11～13kDa 蛋白(可能与胞间运动和致病性有关)，ORF3a 在 RNA3 的 5′端，编码 31kDa 的胞间运动蛋白，ORF3b 在 RNA3 的 3′端，通过亚基因组 RNA4 表达一个 24～26kDa 的外壳蛋白(图 2-35)。黄瓜花叶病毒和花生矮化病毒可能存在 330～400nt 的卫星 RNA，与自然情况下相比，这些卫星 RNA 在实验室环境中更普遍，并且可以显著改变辅助病毒侵染番茄等寄主时产生的症状。

基因组转录在细胞质中完成，复制则在细胞质和膜相关结构中完成。

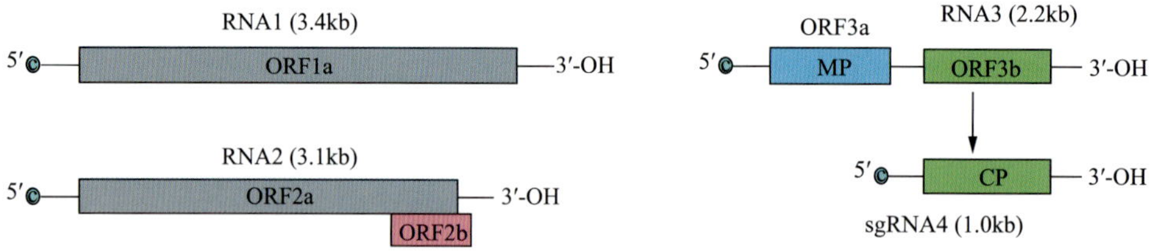

图 2-35　基因组结构及表达产物(来源：Swiss Institute of Bioinformatics)

3. 抗原特性

病毒的免疫原性较弱，可用甲醛固定以增强免疫原性。属内病毒之间的血清学关系较远(Lawson，1967)。

(三)本属典型病毒

黄瓜花叶病毒(*Cucumber mosaic virus*，CMV)是黄瓜花叶病毒属的代表性病毒，于 1934 年在美国黄瓜上发现。其粒子根据包含的 RNA 不同分为三种类型，均为直径 28nm 的等轴对称的二十面体，核酸约占病毒粒子质量的 18%(图 2-36)。该病毒可以通过多种蚜虫以非持久性方式进行传播，也可种传，在世界范围内分布广泛，在温带为害尤其严重(García-Arenal and Palukaitis，1999；陈集双，2001)。

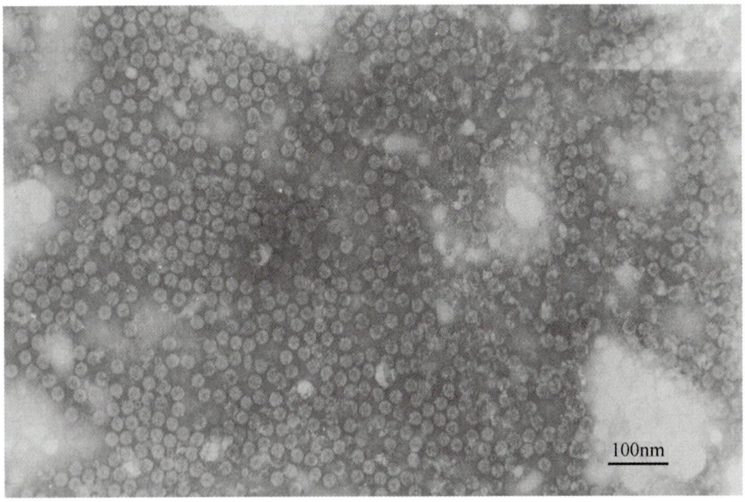

图 2-36　CMV 粒子电镜图

1. 主要为害症状

在瓜类、芹菜等双子叶和单子叶农作物、园艺作物、杂草甚至乔木、灌木上引起花叶，在菠菜上引起枯萎，在番茄上引起蕨叶等症状。发病初期叶脉呈现半透明状，几天后就出现浓淡不均的典型花叶。植株矮缩，根系发育不良。叶上常出现沿主侧脉的褐色坏死斑(图 2-37)，沿叶脉出现深褐色对称的闪电状坏死斑(Shi et al.，2002)。

图 2-37　CMV 侵染番茄后的症状

2. 寄主范围

CMV 可侵染 1000 多种双子叶和单子叶植物，其易感寄主隶属于苋科、夹竹桃科、藜科、菊科、旋花科、十字花科、葫芦科、豆科蝶形花亚科、锦葵科、商陆科、蓼科、玄参科、茄科、番杏科、金莲花科及伞形科，是禾谷类作物、牧草、木本和草本观赏植物、蔬菜及果树上发生最广、危害最大的病毒(Douine et al.，1979)。

3. 传播途径

可由 60 多种蚜虫以非持久性方式传播，易通过机械接种传播，在 19 种植物上可以种传，包括一些杂草。在杂草种子中存留并散播可能对该病毒的流行有重要意义。此外，该病毒还可以通过至少 10 种菟丝子进行传播(Tomlinson and Carter，1970)。

4. 组织病理学特征

一些颗粒呈中空，散布在感染细胞的细胞质中。病毒颗粒可在细胞质、细胞核和空泡中识别，但在线粒体、叶绿体或胞间连丝中则不存在。在韧皮部中可以看到由膜结构形成的聚集颗粒。病毒粒子也可以在液泡中聚集成晶体阵列(图 2-38)(Hatta and Francki，1979)。

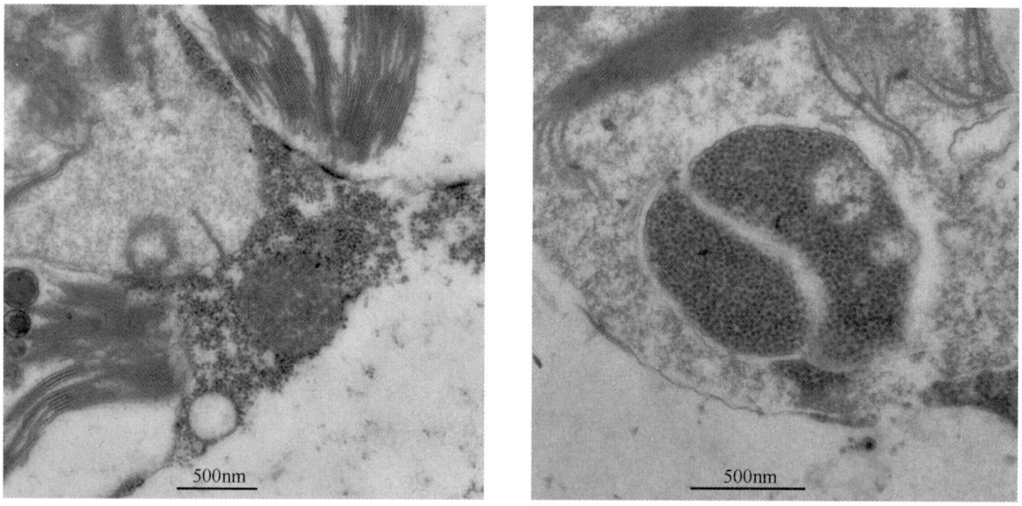

图 2-38 CMV 侵染烟草叶肉细胞

5. 稳定性

在植物提取物中 CMV 非常不稳定，70℃下 10min 即失活。稀释限点为 10^{-6}～10^{-3}。室温下病毒体外存活期为数天，个别株系只能保持数小时。提纯的病毒可以被核糖核酸酶灭活，以植物提取液形式存在的病毒侵染能力也会被强烈抑制。

6. 病毒纯化方法

取 100g 叶片，加入 100mL 0.5mol/L 柠檬酸钠(pH 6.5)、5mmol/L EDTA、0.5%巯基乙醇在组织捣碎机中捣碎。加入等倍体积的氯仿，混匀，双层纱布过滤，压榨去叶渣，12 000g 离心 10min，去氯仿层，取上清液，加入 PEG6000 中，浓度为 10%，0～4℃轻轻搅拌 30～40min，0～4℃环境中静置 3～4h 或过夜，12 000*g* 离心 10min，沉淀悬浮于 40～50mL 5mmol/L 硼酸钠缓冲液(pH 9.0，含 5mmol/L EDTA)，加入 2% Triton X-100，搅拌 30min，19 000*g* 离心 15min，差速离心循环 3 次，获得病毒。5mmol/L 硼酸缓冲液(pH 9.0，含 5mmol/L EDTA)悬浮病毒粒子。以蔗糖浓度梯度离心精提纯。

7. 病毒检测方法

CMV 可以通过 RT-PCR 方法进行检测，引物见表 2-8。

表 2-8　RT-PCR 检测引物

引物	序列(5′→3′)
CMV-I-F	ATGGACAAATCTGRATCWMCC
CMV-I-R	CTGGATGGACAACCCGTTC

8. 病毒防治方法

(1)药剂防治传毒介体。蚜虫是 CMV 传播的主要媒介，因此利用药剂杀死蚜虫可有效切断 CMV 传播途径，达到防治的目的(李爱民等，2004)。

(2)接种 CMV 疫苗。把 CMV 基因组 RNA 和卫星 RNA 按 1∶1 的比例混合，接种到多种植物上，选取无致病力的分离物，制成 CMV 生物防治疫苗，该制剂可使青椒和番茄病情指数降低 50%左右，果实增产 30%左右。疫苗的应用虽具有无公害的优点，但其防治效果不够稳定，易受环境条件影响。

(3)筛选具有抗 CMV 基因的种质资源，选育抗病新品种。目前还没有发现 CMV 抗性基因，但通过杂交等方法筛选到了一些耐 CMV 的作物品系。

(4)利用基因工程技术，创造新的抗 CMV 种质资源。

(5)运用植物细胞工程技术结合理化诱变因子诱变筛选抗 CMV 突变体。

9. 病毒核酸序列

RNA1 全长 3389nt(NCBI 登录号：HG917909.1)。

RNA2 全长 3038nt(NCBI 登录号：HG917911.1)。

RNA3 全长 2204nt(NCBI 登录号：HG917910.1)。

(四)本属其他重要蔬菜病毒

1. 花生矮化病毒(*Peanut stunt virus*，PSV)

花生矮化病毒于 1966 年在美国首次报道，之后在其他国家相继报道，迄今报道过该病毒病的国家包括法国、西班牙、德国、匈牙利、波兰、日本、韩国、中国、泰国、伊朗、苏丹、塞内加尔和墨西哥等。PSV 是一种重要的植物病原物。在中国，PSV 于 1985 年首次被报道，但 PSV 引起的花生病害从 20 世纪 70 年代以来一直在花生上流行并产生危害，其中山东、河南、河北、江苏、辽宁等北方主产区产量损失较大。除花生之外，河南、北京、山东、河北的刺槐、菜豆、紫穗槐上也发现 PSV 产生的危害。由于我国发生的 PSV 株系多数只引起花生普通花叶症状，一般不引起严重矮化，故又称花生普通花叶病毒。花生植株早期感染 PSV 可减产 40%以上，而且荚果变小、畸形，严重影响花生的产量和品质(Miller and Troutman，1966；陈坤荣等，1998；代欢欢等，2011)。

(1)主要为害症状

PSV 不同株系在花生上引起的症状变化较大，可引起花生叶片变小，病株显著矮化，荚果变小和畸形，荚壳开裂，种子小等；侵染刺槐会引起花叶和叶片畸形。此外，PSV 也会引起叶片畸形、褪绿斑驳等症状(图 2-39，图 2-40)(许泽永等，1992；肖洋，2010)。

图 2-39　PSV 侵染大豆后的症状(Saruta et al.，2012)

图 2-40　PSV 侵染花生后的症状

(2)寄主范围

除花生外，PSV 寄主范围十分广泛，自然侵染的寄主植物包括菜豆、大豆、豌豆、芹菜、普通烟、红三叶草、白三叶草、苜蓿、羽扇豆、刺槐、地中海三叶草等。在人工接种条件下，PSV 还能侵染望江南、甜菜、苋色藜、千日红、百日菊、黄瓜、蚕豆、心叶烟、克利夫兰烟、白氏烟、刀豆、酸浆、豇豆、芝麻、番茄、黄烟、杂交烟、田菁、西葫芦、白花曼陀罗、辣椒等植物，其易感寄主隶属于苋科、夹竹桃科、桔梗科、石竹科、藜科、菊科、十字花科、葫芦科、唇形科、豆科苏木亚科和蝶形花亚科、胡麻科、玄参科、茄科、番杏科及伞形科(Milbrath and Tolin，1977；Xu et al.，1986；张宗义等，1998)。

(3)传播途径

PSV 可通过花生种子传播，种传率约为 0.02%，同时在田间也可由豆蚜、桃蚜近距离或长距离以非持久性方式传播。机械摩擦也是 PSV 的传播方式之一。

(4)组织病理学特征

PSV 可以在寄主植物的所有部分检测到，包括细胞质和液泡。病毒粒子内含体以结晶体形式存在于受侵染植物细胞的细胞质中(图 2-41)(Diaz-Ruiz and Kaper，1983)。

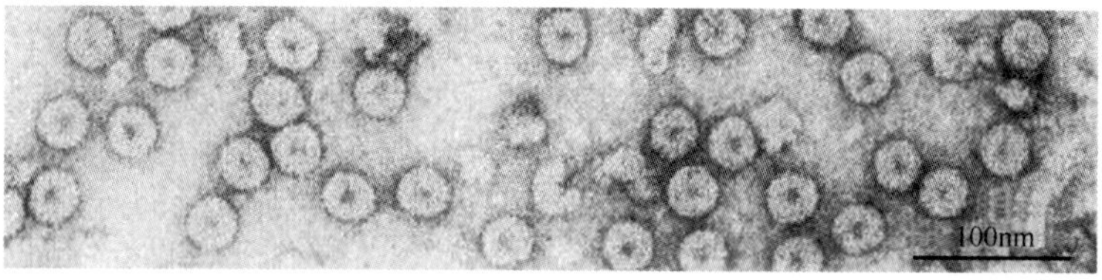

图 2-41 PSV 粒子电镜图(Tolin，1969)

(5)病毒稳定性

PSV 的致死温度(10min)通常为 50～60℃，稀释限点为 10^{-4}～10^{-3}，病毒体外存活期为 1d。

(6)病毒纯化方法

接种后 7～8d 收获中华荆芥的叶片。通过氯仿/丁醇纯化，然后进行差速超离心。通过蔗糖密度梯度离心除去未鉴定的黄色素。病毒产量和病毒的感染性取决于病毒株系、悬浮介质的澄清程序和离子条件(Tolin，1969)。

(7)病毒检测方法

可以通过 RT-PCR 检测该病毒，扩增条带大小为 309bp，引物见表 2-9。

表 2-9 RT-PCR 检测引物

引物	序列(5′→3′)
PSV-F	GCTCATGCTAGAGAGCTCCG
PSV-R	AAGGTTGGATGATCGAGG

(8)病毒防治方法

1)杜绝或减少病害初侵染源，利用无病地选留花生种子。花生种植区域内除去刺槐花叶病树或与之相隔离，均可有效减少病害初侵染源，达到防病的目的。

2)地膜覆盖减少病害发生和病害造成的损失。实验表明，覆膜小区苗期诱集蚜虫比露地减少 90%，并减少病害发生。

3)种植抗病或耐病花生品种。筛选在田间对 PSV 具有抗性的花生品种，如中花 1 号和中花 3 号，在病害流行区进行种植，可减少病害造成的损失。

4)防治蚜虫。花生出苗后及时调查蚜虫量，可用噻虫嗪等防治蚜虫，以控制蚜虫对 PSV 在田间的传播。

(9)病毒核酸序列

RNA1 全长 3354nt(NCBI 登录号：JN135294.1)。

RNA2 全长 2973nt(NCBI 登录号：JN135293.1)。

RNA3 全长 2196nt(NCBI 登录号：JN135292.1)。

2. 番茄不孕病毒(*Tomato aspermy virus*，TAV)

番茄不孕病毒于 1949 年在美国首次被报道，1982 年我国首次分离到该病毒。TAV 是一种对称的二十面体球状病毒，直径约为 28nm，在磷钨酸中比黄瓜花叶病毒稳定，切片观察颗粒仅有 23～25nm(图 2-42)。TAV 是典型的三分体病毒，其基因组包括三条正义单链 RNA(+ssRNA)，分别命名为 RNA1、RNA2 和 RNA3。RNA1 长度约为 3409nt，编码 1a 蛋白，参与依赖于 RNA 的 RNA 聚合酶(RdRp)的形成，在 TAV 复制过程中起解旋酶和甲基转移酶的功能。RNA2 大约为 3023nt，编码 2a 蛋白和转录产生亚基因组 RNA4A。RNA4A 长度大约为 702nt，能够编码 2b 蛋白。目前认为 2b 蛋白与抗基因沉默和毒性大小有关。RNA3 长度约为 2216nt，编码 3a 蛋白和转录产生亚基因组 RNA4。RNA4 长度约为 1303nt，能够编码衣壳蛋白(CP)。TAV 的分布范围也十分广泛，在欧洲、亚洲、北美洲及大洋洲都有报道，遍布全球热带、亚热带和温带的十多个国家和地区。由于 TAV 寄主范围和分布范围的广泛性、传播途径的多样性和侵染寄主后引起症状的严重性，它已经成为为害经济作物生产的最严重的病毒之一(Blencowe and Caldwell，1949；马德芳等，1983；Bernal et al.，1991；Shi et al.，1997a，1997b；金圣塔，2011)。

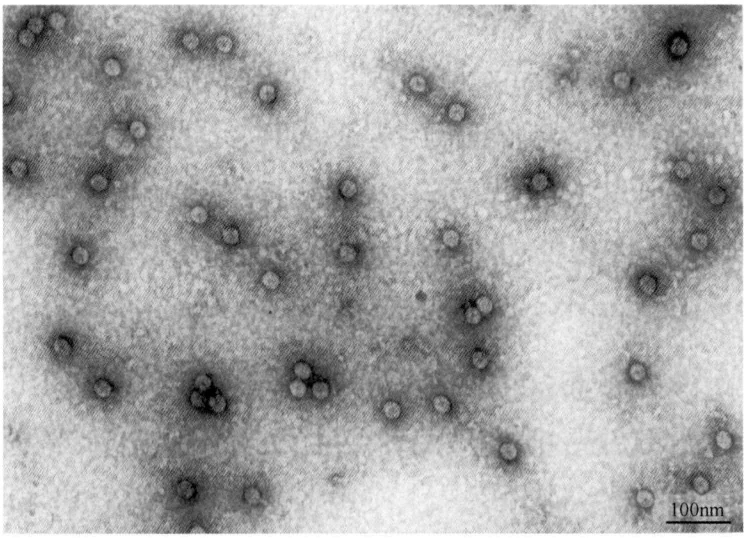

图 2-42　经戊二醛固定后用乙酸铀染色 TAV 粒子电镜图(洪健等，2001)

(1)主要为害症状

TAV 大部分株系能够引起番茄不结果实。然而有些从菊花分离的 TAV 尽管在血清学上与典型株系相关，但并不引起番茄无果实。TAV 在菊花上易引起严重的碎花、矮缩和扭曲等症状，是为害菊花的主要病毒。TAV 在番茄和马铃薯上引起叶片畸形与无籽果实，在双子叶植物和美人蕉等作物上引起花叶。TAV 在心叶烟上引起褪绿或半坏死斑或环斑，严重侵染时可形成卷须蔓，在叶的背面形成突起。

(2) 寄主范围

TAV 的寄主十分广泛，可侵染 24 个双子叶家族和 3 个单子叶家族的 100 多个种。其易感寄主隶属于美人蕉科、石竹科、藜科、菊科、葫芦科、豆科蝶形花亚科、百合科及茄科。

(3) 传播途径

TAV 主要通过蚜虫非持久性传播，也可以由汁液通过机械摩擦进行传播。TAV 只有在个别寄主中可以种传，也可通过特定种类的菟丝子以极低效率传播。

(4) 组织病理学特征

TAV 可以在寄主植物的所有部分检测到，特别是在叶肉细胞的细胞质和液泡中。病毒粒子内含体以结晶体形式存在于受侵染植物细胞的细胞质中。

(5) 病毒稳定性

TAV 不同株系的致死温度 (10min) 有所不同，通常为 50℃、55℃、60℃，在不同寄主汁液中的稀释限点也有差别，烟草中为 10^{-5}～10^{-4}，克利夫兰烟中为 10^{-6}～10^{-5}，菊花中为 10^{-3}～10^{-2}，20℃病毒体外存活期为 2～6d，−5℃可保存 9～12 个月。在−5℃的残叶中可保持至少 3 年，18℃真空冷干保存则可以保持至少 11 年。

(6) 病毒纯化方法

称取新鲜病叶 (去脉) 200g，加入 200mL 0.5mol/L 磷酸钠缓冲液 (pH 7.4，含 0.1% ME，0.05mol/L EDTA，2% Triton X-100)，用捣碎机高速匀浆 5min；加入 20mL 氯仿∶正丁醇 (1∶1)，继续高速搅拌 2min；4℃，7000*g* 离心 30min，取上清；分别加入总体积为 6% 的 PEG6000 和总浓度为 0.1mol/L 的 NaCl，置于磁力搅拌机上充分混匀，溶解；4℃下静置 4h 或过夜；4℃，10 000*g* 离心 30min，弃上清；沉淀悬浮于 30mL 0.01mol/L 磷酸钠缓冲液 (pH 7.4，0.1% ME，0.01mol/L EDTA，2% Triton X-100)，在研钵中研磨悬浮沉淀，冰上操作；4℃，10 000*g* 离心 30min，保留上清，置于冰上；沉淀用上述缓冲液重新悬浮 1 次，10 000*g* 离心 30min，合并上清；超离心管中先加入 3mL 5%的甘油，再将枪头伸入试管底部加入 2mL 20%的甘油，最后加入上清；4℃，78 000*g* 离心 90min；沉淀用 5mL 0.01mol/L 磷酸钠缓冲液 (pH 7.4，0.01mol/L $MgCl_2$) 充分悬浮；悬浮液 10 000*g* 离心 5min，保存上清，约 5mL，即为病毒粒子粗提纯液。

(7) 病毒检测方法

可以通过环介导等温扩增检测 (LAMP)、DAS-ELISA、实时荧光 RT-PCR 等方法检测该病毒，实时荧光 RT-PCR 扩增条带大小为 78bp，引物见表 2-10 (谭钟等，2009；刘佳等，2010)。

表 2-10　番茄不孕病毒 RT-PCR 检测引物

引物	序列 (5′→3′)
TAV-F	CGTTTTCAGAAGTAAGAAGAGTCG
TAV-R	CATCCCCAAAGTT (C/T) AATTCTACG

(8) 病毒防治方法

1) 拔除感病植株，不能用感病植株作为母本。

2) 生长期喷施杀虫剂防治蚜虫。

3) 使用组织培养脱毒技术获得无毒苗。

(9) 病毒核酸序列

RNA1 全长 3409nt（NCBI 登录号：HQ424163.1）。

RNA2 全长 3023nt（NCBI 登录号：HQ424164.1）。

RNA3 全长 2216nt（NCBI 登录号：HQ424165.1）。

（五）黄瓜花叶病毒属病毒种类

该属病毒主要有表 2-11 所列 4 种。

表 2-11　黄瓜花叶病毒属病毒种类

病毒中文名称	病毒英文名称	缩写
黄瓜花叶病毒	*Cucumber mosaic virus*	CMV
蛇鞭菊轻型斑驳病毒	*Gayfeather mild mottle virus*	GMMV
花生矮化病毒	*Peanut stunt virus*	PSV
番茄不孕病毒	*Tomato aspermy virus*	TAV

五、柘橙病毒属（*Macluravirus*）

柘橙病毒属隶属于马铃薯 Y 病毒科（*Potyviridae*），该属的代表性病毒为柘橙花叶病毒（*Maclura mosaic virus*，MacMV）。

（一）生物学特性

1. 地理分布

柘橙花叶病毒仅在南斯拉夫有报道。水仙潜隐病毒（*Narcissus latent virus*，NLV）在英国和德国有报道，可能广泛分布于水仙、鸢尾种植地区。山姜花叶病毒（*Alpinia mosaic virus*，AlpMV）在我国台湾有相关报道，小豆蔻花叶病毒（*Cardamom mosaic virus*，CdMV）主要分布在印度，中国山药坏死花叶病毒（*Chinese yam necrotic mosaic virus*，ChYNMV）在日本有相关报道（Brunt，1977；Brunt et al.，1994；Badge et al.，1997；洪健等，2001；Venugopal，2002；Tidona and Darai，2011）。

2. 寄主范围

该病毒属成员的寄主范围比较窄，根据已有报道，该属病毒可以侵染 9 个科的植物。

3. 传播途径

该属病毒可由蚜虫以非持久性方式传播，实验室中主要采用摩擦接种。

4. 主要为害症状

该属病毒侵染寄主植物后，主要表现为花叶、叶片顶端褪绿等，许多寄主仅表现轻度症状或隐症。

5. 病理学特征

在光镜下可见无定形的细胞质内含体。在电镜下观察所有寄主植物细胞中均产生柱状细胞质内含体，横切面上为众多薄片组成的风轮状体，风轮状体的臂较长，无管状物和弯曲的卷筒体，病毒粒子连在内含体的板和片层聚集体处。

6. 病毒粒子

病毒粒子为弯曲线状，无包膜，长 650～675nm，直径 13～16nm，螺旋对称结构，螺距约 3.4nm(图 2-43)。标准沉降系数 S_{20w}=155～158S，在氯化铯中的浮力密度为 1.31～1.33g/cm^3。

病毒粒子的组装在细胞质中完成，外壳蛋白由一个多肽组成，分子质量为 33～34kDa。目前没有关于脂质和碳水化合物的报道。

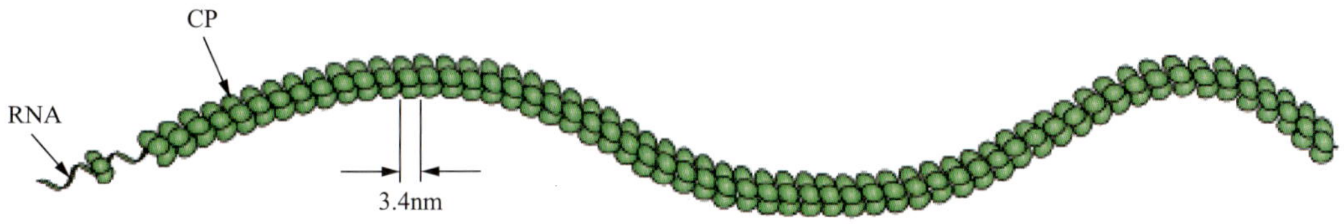

图 2-43　柘橙病毒属病毒粒子模拟图(来源：Swiss Institute of Bioinformatics)

(二)分子生物学特征

1. 核酸

该属病毒为单分体线形正义单链 RNA，长约 8000nt，核酸占病毒粒子质量的 5%。RNA 5′端为 VPg，3′端为 poly(A)。

2. 基因组

单分体基因组，基因组只有 1 个 ORF。该属病毒的全基因组还没有获得，推测其基因结构与马铃薯 Y 病毒科的病毒类似。该属病毒外壳蛋白的氨基酸序列与马铃薯 Y 病毒属的一些蚜传病毒只有 14%～23%的同源性。该属病毒与马铃薯 Y 病毒科其他属病毒在复制酶的部分氨基酸序列上有显著的一致性。基因组复制和病毒粒子的组装均在细胞质中完成(图 2-44)。

3. 抗原特性

免疫原性中等。除了柘橙花叶病毒与菜豆黄花叶病毒(*Bean yellow mosaic virus*, BYMV)有弱的血清学关系，该属病毒与其他马铃薯 Y 病毒属病毒无明确的血清学关系。此外，该属病毒与香石竹潜隐病毒属和长线形病毒属等线形病毒无明确的血清学关系。水仙潜隐病毒的粒子形态及其他特性类似于香石竹潜隐病毒属的病毒，但与该属的 14 种病毒无血清学关系。

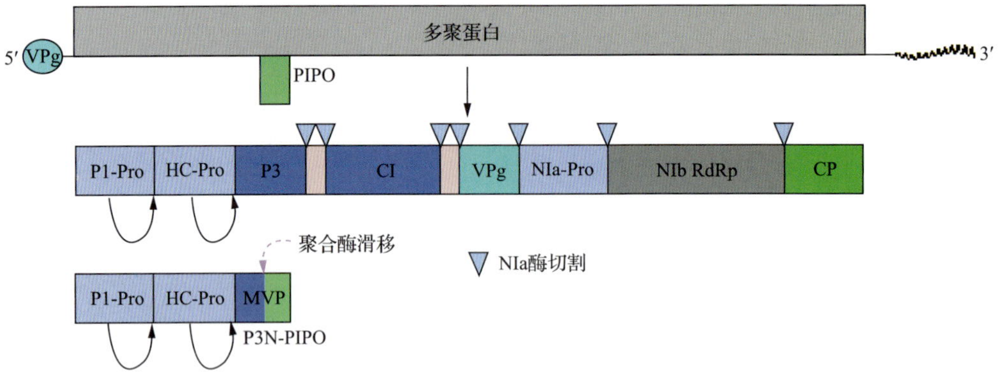

图 2-44　基因组预测结构及表达产物(来源：Swiss Institute of Bioinformatics)

(三)本属典型病毒

柘橙花叶病毒(*Maclura mosaic virus*，MacMV)于 1973 年在南斯拉夫柘橙上首次发现，是柘橙病毒属的代表性病毒，其粒子为弯曲线状，长 672nm(图 2-45)，基因组只含有一条 RNA。该病毒可以通过蚜虫以非持久性方式进行传播，也可通过机械损伤进行传播(Plese and Milicic，1973；Plese et al.，1979)。

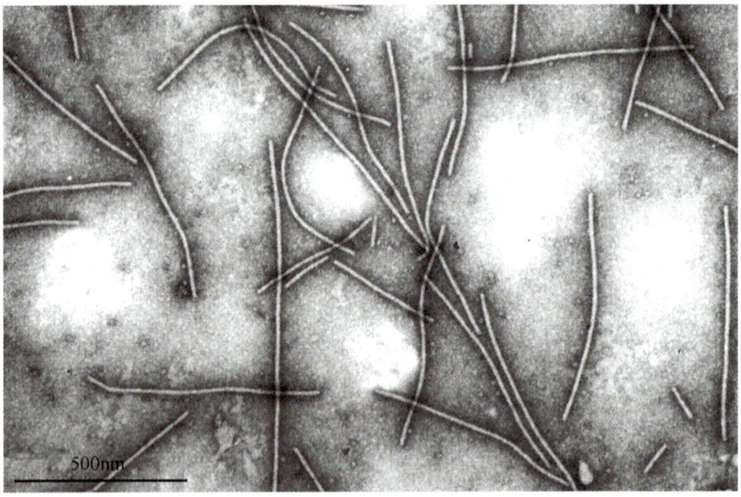

图 2-45　MacMV 粒子电镜图(Plese et al.，1979)

1. 主要为害症状

MacMV 在柘橙树上引起花叶、叶片畸形，偶尔出现叶脉变色等症状(图 2-46)。

2. 寄主范围

MacMV 寄主范围较窄，只侵染十几种双子叶植物，易感寄主隶属于苋科、藜科、豆科蝶形花亚科、桑科、茄科及番杏科。许多寄主仅表现轻度症状或隐症(Plese and Milicic，1973)。

图 2-46　感染 MacMV 的柘橙叶片(来源：www.dpvweb.net)

3. 传播途径

MacMV 可通过蚜虫非持久性传播，也可以通过机械摩擦和嫁接传毒，不能种传。

4. 组织病理学特征

MacMV 在寄主植物细胞中均产生柱状细胞质内含体，横切面上呈现 X 状和风轮状非晶体结构(图 2-47)。

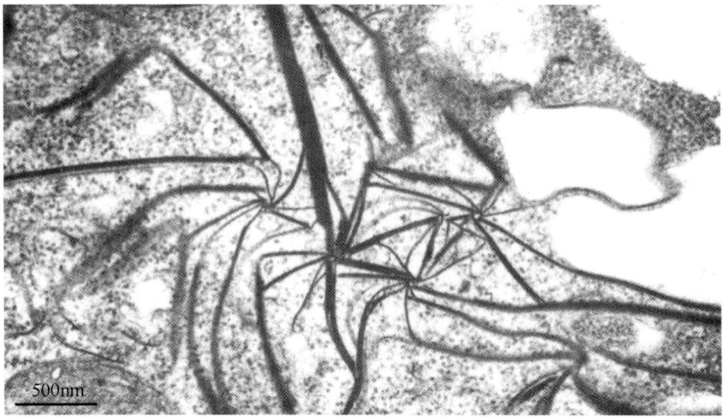

图 2-47　MacMV 感染烟草细胞后形成的风轮状内含体(Plese et al.，1979)

5. 病毒稳定性

该病毒在番杏汁液中的致死温度(10min)为 65～67℃，稀释限点为 10^{-4}～10^{-3}，有时可能会更高。在 20℃环境中，病毒的体外存活期为 3d。

6. 病毒纯化方法

取 100g 感病组织，加入 100mL 0.5mol/L 硼酸缓冲液(pH 7.8)，0.2%抗坏血酸，0.2%亚硫酸钠。加入 0.4 倍体积氯仿，低速离心取上清。差速离心循环 2 次，获得病毒。以蔗糖浓度梯度离心精提纯(Plese et al.，1979)。

（四）本属其他重要蔬菜病毒

1. 小豆蔻花叶病毒（*Cardamom mosaic virus*，CdMV）

小豆蔻花叶病毒于1986年在美国小豆蔻上首次发现，其粒子为弯曲线状，长700～720nm（图2-48），基因组只含有一条RNA。CdMV是导致小豆蔻产量下降的重要因素，作物早期感染CdMV会导致绝收，晚期感染也会严重影响产量。病毒可以通过蚜虫以非持久性方式进行传播，也可通过嫁接进行传播。目前CdMV在印度和危地马拉等小豆蔻产区均有发现（Gonsalves et al.，1986；Venugopal，2002）。

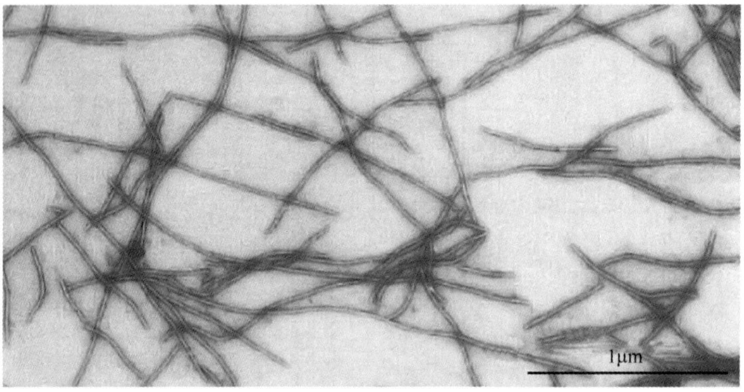

图2-48　CdMV粒子电镜图（Gonsalves et al.，1986）

（1）主要为害症状

CdMV侵染小豆蔻引起系统花叶，典型的症状是新叶从中央叶脉向叶边缘形成不连续的黄色条纹（图2-49，图2-50）。

图2-49　CdMV侵染小豆蔻后引发的症状（1）（Siljo et al.，2013）

图 2-50　CdMV 侵染小豆蔻后引发的症状(2)(Prasath et al.，2010)

(2)寄主范围

据目前报道，CdMV 仅能侵染姜科小豆蔻一种植物。

(3)传播途径

CdMV 可通过蚜虫非持久性传播，也可以通过嫁接传毒，但不能通过机械摩擦和植物间接触传播，也不能种传。

(4)组织病理学特征

CdMV 可以侵染寄主植物整个植株，病毒粒子分布于细胞质中，受侵染细胞中会出现风轮状内含体(图 2-51)。

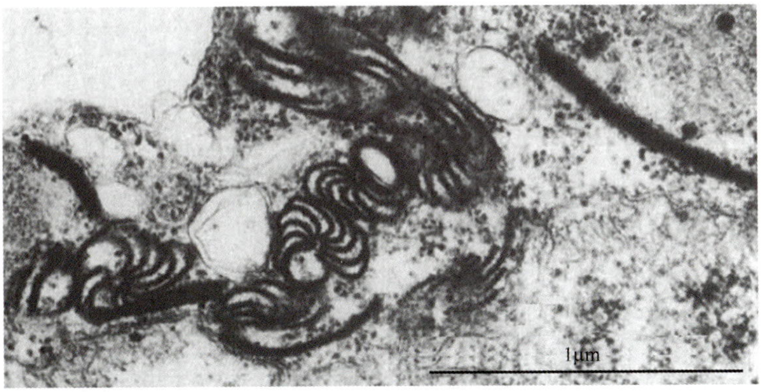

图 2-51　受 CdMV 侵染小豆蔻组织中的病毒内含体(Gonsalves et al.，1986)

(5)病毒纯化方法

将受感染的叶子在液氮中研磨，并加入 2.5 倍体积(1g/2.5mL)含有 0.1% 2-巯基乙醇和 0.225% DIECA 的 0.1mol/L 磷酸钾缓冲液(pH 8.0)均质化，提取物通过双层细布过滤。将 10%的冷氯仿(*V*/*V*)加入滤液中并乳化 15min。10 000r/min 离心 30min 来破坏乳液。加入 6% PEG6000 和 0.2mol/L 氯化钠，收集上层含水病毒并沉淀。搅拌 45min，冰浴，将制备物保存在冰箱中过夜。悬浮液 10 000r/min 离心 30min。将沉淀物重新悬浮在含有

0.2mol/L 尿素(BPU)的 0.05mol/L 硼酸磷酸缓冲液(pH 8.3)中并搅拌 90min。将悬浮液涡旋并以 10 000r/min 离心 30min。用巴斯德吸管收集上清液，24 500r/min(60 000*g*)离心 2h。弃去上清液，在滤纸上倒置排出液体。将沉淀重悬于最小体积的 BPU 缓冲液中，10 000r/min 离心 15min。使用 BPU 缓冲液收集上清液并使其达到所需体积，30 000r/min(10 000*g*)离心 2h。弃上清液，将离心管倒置排出液体。将沉淀重新悬浮在最小体积的 BPU 缓冲液中，并在含 20%蔗糖缓冲液的试管中分层，以 24 500r/min 离心 2h。将病毒颗粒重新悬浮于 1mL 0.05mol/L 的磷酸钾缓冲液(pH 7.4)中，以 5000r/min 离心 10min。收集含有病毒的上清液。病毒悬浮液用 0.05mol/L 磷酸钾缓冲液稀释(Siljo et al., 2013)。

(6)病毒检测方法

CdMV 可通过 ELISA 进行检测(Tiwari et al., 2016)。

2. 中国山药坏死花叶病毒(*Chinese yam necrotic mosaic virus*, ChYNMV)

中国山药坏死花叶病毒于 1978 年在日本山药上首次发现，随后在中国和韩国也有相关报道。其粒子为弯曲线状(图 2-52)，长 660nm，基因组只含有一条 RNA，大小约为 8224nt。ChYNMV 会导致山药产量严重下降，病毒可以通过蚜虫以非持久性方式进行传播，也可通过机械摩擦进行传播(Fukumoto and Tochihara, 1978; Kang et al., 2003; 邹承武等, 2012; Kwon et al., 2014; Kondo et al., 2015)。

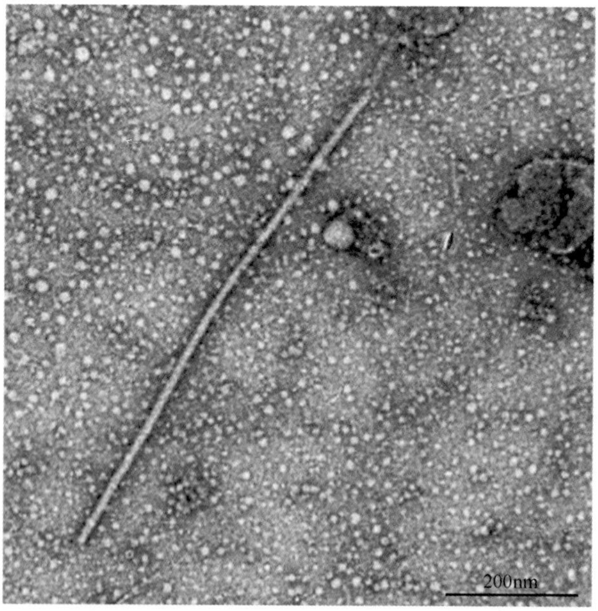

图 2-52　ChYNMV 粒子电镜图(Kwon et al., 2016)

(1)主要为害症状

ChYNMV 侵染山药后引起褪绿、坏死斑或者坏死网(图 2-53)。

(2)寄主范围

根据已有报道，ChYNMV 仅能侵染薯蓣科的山药。

图 2-53 ChYNMV 侵染山药引起的症状(Kwon et al., 2016)

(3)传播途径

ChYNMV 可通过蚜虫非持久性传播，也可以通过机械摩擦传播，但不能通过植物间接触传播。

(4)病毒检测方法

可以通过电印迹免疫测定法、RT-PCR 方法检测该病毒，RT-PCR 扩增条带大小约为 600bp，引物见表 2-12。

表 2-12 ChYNMV RT-PCR 检测引物(Kwon et al., 2016)

引物	序列(5′→3′)
ChYNMV-Det-Fw	GTGTGCTAACAATGGTACATCATC
ChYNMV-Det-Rv	GTGCGTTGAGGGTTGCTGAGC

(5)病毒核酸序列

RNA 全长 8224nt(NCBI 登录号：NC_018455.1)。

(五)柘橙病毒属病毒种类

目前，已经发现的柘橙病毒属主要有表 2-13 所列病毒。

表 2-13 柘橙病毒属主要病毒种类(King et al., 2012；洪健和周雪平，2014)

病毒中文名称	病毒英文名称	缩写
山姜花叶病毒	*Alpinia mosaic virus*	AlpMV
菊芋潜隐病毒	*Artichoke latent virus*	ALV
钝叶酸模 A 病毒	*Broad-leafed dock virus A*	BLDVA
小豆蔻花叶病毒	*Cardamom mosaic virus*	CdMV

续表

病毒中文名称	病毒英文名称	缩写
中国山药坏死花叶病毒	*Chinese yam necrotic mosaic virus*	ChYNMV
柘橙花叶病毒	*Maclura mosaic virus*	MacMV
水仙潜隐病毒	*Narcissus latent virus*	NLV
山药褪绿花叶病毒	*Yam chlorotic mosaic virus*	—

注：“—”表示没有对应名称缩写

六、马铃薯 Y 病毒属（*Potyvirus*）

马铃薯 Y 病毒属隶属于马铃薯 Y 病毒科（*Potyviridae*），是该科最大的属。该属的代表性病毒为马铃薯 Y 病毒（*Potato virus Y*，PVY）。

（一）生物学特性

1. 地理分布

该属病毒分布范围很广，许多是世界性的。

2. 寄主范围

一些病毒的寄主范围窄，但大多数具有中等宽的寄主范围，少数病毒可侵染 30 多科植物。马铃薯 Y 病毒的寄主范围为茄科及苋科、藜科、菊科和豆科的一些植物，机械接种可感染作物（洪健等，2001；King et al.，2012）。

3. 传播途径

该属病毒可由蚜虫以非持久性方式传播，也可以通过机械摩擦接种，部分病毒可以种传。

4. 主要为害症状

该属病毒侵染寄主植物后，主要表现为花叶、斑驳、矮化、褪绿、斑点等（Tidona and Darai，2011）。

5. 组织病理学特征

病毒存在于感病寄主植物的各个部分，线形病毒粒子在细胞质中分散或成束分布。该属所有病毒都在寄主细胞质中产生一种圆柱状或圆锥状内含体，在横切面上呈风轮状、卷筒状、环状、片层状，纵切面上呈束状或管状等，不同病毒的柱状内含体有较大差异。依据内含体横切面上的形态，将其分为四个类型：Ⅰ型具有风轮状体和卷筒体；Ⅱ型具有臂伸展的风轮状体和片层聚集体；Ⅲ型具有风轮状体、卷筒体和片层聚集体；Ⅳ型具有风轮状体、卷筒体和短而弯曲的片层聚集体。此分型方法与依据介体传播方式及血清学关系的分类并不一致，但对于病理特征的描述是有用的。柱状内含体是由病毒基因组编码的 70kDa 蛋白所构成，与病毒外壳蛋白无血清学关系。基本结构是一个中心轴管连接 5～15 片放射状排列的板状物，多数板状物卷曲，有的与中心轴管分离，有少数病毒粒子纵向附着在蛋白板上。内含体的基部常连接在内质网或细胞膜上，有的垂直于细胞壁，一端与胞间连丝相连，另一端向细胞质伸展，在坏死细胞中往往还存在完整的内含体。由于内含体蛋白具有基因组编码保守性和复杂的三维结构，其功能可能与病毒的胞间转运有关，通过一些病毒的全序列分析还证明，内含体蛋白是病毒 RNA 复制酶亚基之一，因此在病毒的复制装配上可能具有某种作用。

除了柱状内含体，该属病毒还在寄主细胞质或细胞核中产生其他一些类型的内含体。如木瓜环斑病毒在细胞质中产生颗粒状无定形体，辣椒斑驳病毒产生卷绕管状物，还有的病毒产生电子致密的针状或杆状物，这些无定形体是由病毒基因组编码的 52kDa 蛋白聚集体，为辅助成分/蛋白酶（HC-Pro），与蚜虫传毒有关。在烟草蚀纹病毒感染的细胞核内产生大的角锥状结晶体，由两种病毒基因组编码蛋白组成，49kDa 小核内含体（NIa）蛋白由 VPg 和蛋白酶组成，58kDa 大核内含体（NIb）是依赖于病毒 RNA 的 RNA 聚合酶，核内含体与病毒复制有关。其他还有甜菜花叶病毒产生颗粒状核内含体，菜豆黄花叶病毒产生核结晶体及细胞质内含体，李痘病毒、天仙子花叶病毒产生核及胞质结晶体，芹菜黄花叶病毒、菜豆普通花叶病毒、香石竹脉斑驳病毒产生特殊的管状物，这些不同类型的内含体和该属特征性的柱状内含体在病毒诊断上具有重要意义（Brunt，1992；陈集双和周雪平，1995；洪健等，2001；Tidona and Darai，2011；崔晓燕等，2012；King et al.，2012）。

6. 病毒粒子特征

病毒粒子为弯曲线状，无包膜，长 680～900nm，直径为 11～13nm，螺旋对称结构，螺距为 3.4nm（图 2-54）。有些病毒的粒子在二价阳离子存在时较长，在 EDTA 存在时较短。标准沉降系数 S_{20W}=150～160S，在氯化铯中的浮力密度为 1.31g/cm^3。

病毒粒子的组装在细胞质中完成，外壳蛋白由一个多肽组成，分子质量为 30～47kDa。目前没有关于脂质和碳水化合物的报道（Shukla et al.，1998；洪健等，2001；Tidona and Darai，2011；King et al.，2012）。

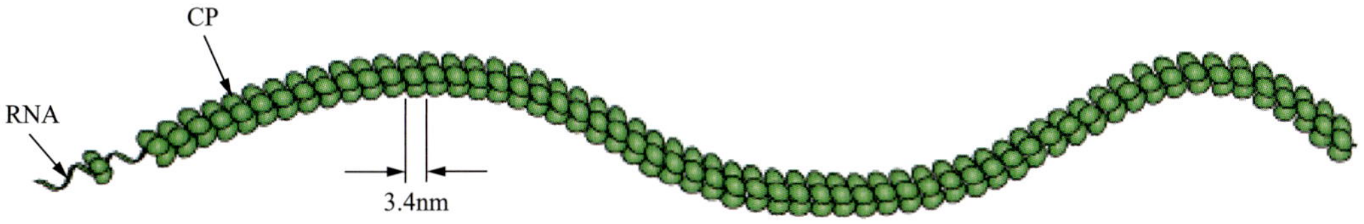

图 2-54　马铃薯 Y 病毒属病毒粒子模拟图（来源：Swiss Institute of Bioinformatics）

（二）分子生物学特征

1. 核酸

该属病毒为单分体线形正义单链 RNA，长 9500～10 000nt，相对分子质量为 3.0×10^6～3.5×10^6，核酸占病毒粒子质量的 5%。RNA 5′端为 VPg，3′端为 poly（A）。

2. 基因组

单分体基因组，基因组只有 1 个 ORF，编码一个多聚蛋白，随后切割产生 8～10 个产物，包括在多聚蛋白 C 端的外壳蛋白(Adams et al., 2005; Chung et al., 2008) (图 2-55)。

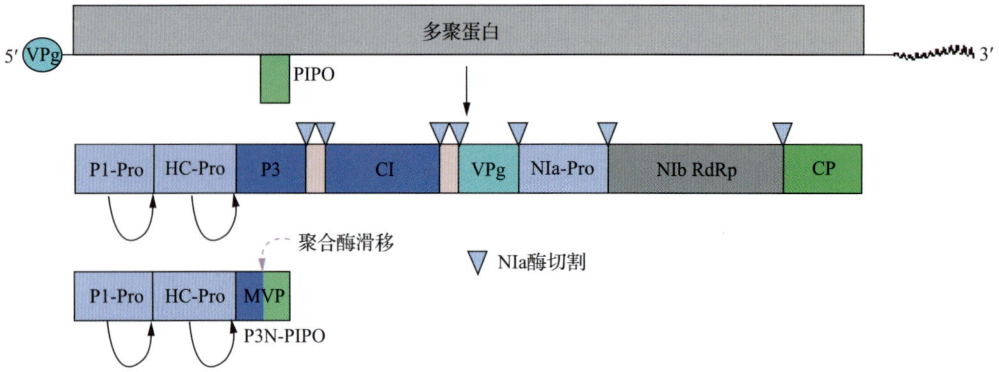

图 2-55　基因组结构及表达产物(来源：Swiss Institute of Bioinformatics)

3. 抗原特性

病毒具有中等免疫原性，该属内许多病毒之间存在血清学关系，一种单克隆抗体能与绝大多数该属的蚜传病毒反应，在该属的蚜传病毒中，外壳蛋白氨基酸序列的同源性为 40%～70%，一些病毒与黑麦草花叶病毒属和大麦黄花叶病毒属有血清学关系(Edwardson，1974；洪健等，2001)。

(三)本属典型病毒

马铃薯 Y 病毒(*Potato virus Y*，PVY)是马铃薯 Y 病毒属的代表性病毒，最早于 1931 年在英国土豆上发现。其粒子为无包膜的弯曲线状，长 730～740nm，直径为 11～12nm，含有约 6%的核酸(图 2-56)。PVY 基因组由一个单链的线形 RNA 分子组成。基因组 5′端共价结合基因组连接病毒蛋白，3′端为 poly(A)。基因组只包含 1 个 ORF，编码 1 个约 360kDa 的多聚蛋白，多聚蛋白通过自身编码的蛋白酶裂解成 11 个成熟的功能蛋白，即 32.4kDa 的 P1 蛋白、51.9kDa 的 HC-Pro 蛋白、41.5kDa 的 P3 蛋白、6kDa 的 6K1 蛋白、71.4kDa 的 CI 蛋白、5.5kDa 的 6K2 蛋白、21.7kDa 的 NIa-VPg 蛋白、27.7kDa 的 NIa-Pro、59.8kDa 的 NIb 蛋白、29.8kDa 的外壳蛋白和 24kDa 的 P3N-PIPO 蛋白，其中 P3N-PIPO 蛋白可能是由 P3 顺反子内部+2 移码形成的 PIPO ORF，其 5′端高度保守区是通过核糖体移码或转录滑动产生的。病毒编码蛋白的功能极其复杂，均是多功能的(表 2-14)。该病毒可以通过蚜虫以非持久性方式进行传播，也可通过机械摩擦及嫁接进行传播。PVY 广泛分布于世界各地，是一种重要的全球性病毒(Shukla et al., 1994; 吴云峰和魏宁生, 1995; 李向东等，1999，2006；Dougherty and Carrington，2003；胡新喜等，2009)。

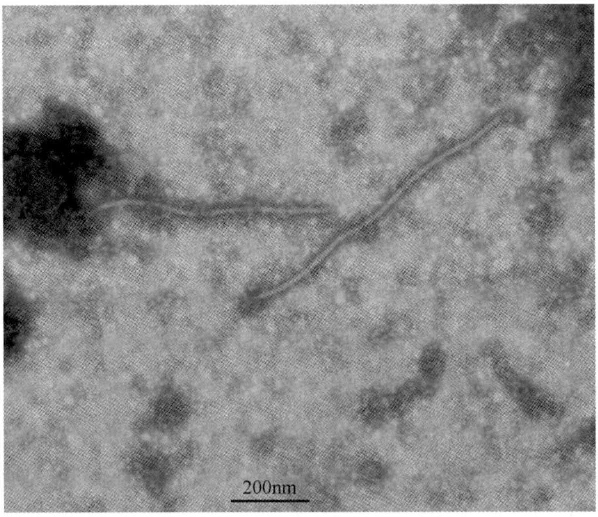

图 2-56　PVY 粒子电镜图(1%磷钨酸负染色)

表 2-14　PVY 编码蛋白的功能

基因产物	编码蛋白大小/ kDa	功能
P1	32.4	多聚蛋白加工(蛋白酶)；影响基因组复制；症状表达；序列特异基因沉默的辅助因子
HC-Pro	51.9	基因组扩增；自身互作；系统移动；抑制基因沉默；蚜虫传毒；细胞间及长距离运输；症状表达
P3	41.5	影响基因组复制；多聚蛋白加工；*Rsvl* 介导的致死性系统过敏反应的激发子
P3N-PIPO	24	调节胞间连丝相关锥形结构的形成；促进病毒的细胞间运动
6K1	6.0	与膜结合，参与复制
CI	71.4	细胞间运动；复制(RNA 解旋酶)；症状产生
6K2	5.5	具膜结合功能，参与复制；系统移动
NIa-VPg	21.7	基因组扩增；细胞间移动和长距离移动；与真核翻译起始因子 eIF4E 和 eIF(iso)4E 互作
NIa-Pro	27.7	蛋白酶，以顺式及反式方式起作用；结合 RNA；*Rym* 介导抗性的激发子；DNase 活性
NIb	59.8	依赖于 RNA 的 RNA 聚合酶，参与病毒基因组的扩增
CP	29.8	RNA 衣壳化；细胞间及长距离运输；蚜虫传毒；基因组扩增

1. 主要为害症状

PVY 引起的症状由于作物种类、病毒株系及气候条件的不同而存在显著差别。可能造成轻度或重度斑驳，叶脉坏死，落叶，叶片皱缩、黄化及出现坏死斑等症状(Edwardson and Christie，1997)(图 2-57～图 2-59)。

2. 寄主范围

PVY 寄主范围非常广泛，实验报道的寄主范围包括 31 科 72 属的 495 种植物，其中包括茄科的 14 属 287 种植物(其中有 141 种茄属植物和 70 种烟草属植物)，苋科的 28

种植物、豆科的 25 种植物、藜科的 20 种植物和菊科的 11 种植物。

3. 传播途径

PVY 可通过蚜虫非持久性传播，也可以通过机械摩擦传毒；可以侵染菟丝子，但没有证据表明可以经由菟丝子进行传播。PVY 不能通过花粉传播，而且虽然难以证明 PVY 完全不能由种子传毒，但是目前还没有种传的相关报道(Harrington and Gibson，1989；Bokx and Piron，1990)。

图 2-57　PVY 侵染烟草后的症状(来源：Laurent Glais，INRA，France)

图 2-58　PVY 侵染辣椒后的症状(来源：Dominique Blancard，INRA，France)

图 2-59　PVY 侵染马铃薯后的症状（来源：Karine Charlet-Ramage，INRA，France）

4. 组织病理学特征

PVY 粒子分布在细胞质中，与细胞质内含体和胞间连丝有密切关系。病毒粒子在 PVY 感染细胞的高尔基体、内质网及线粒体周围排列成行；在被感染的曼陀罗细胞中，线粒体被 9～10nm 的细丝包围；病毒粒子存在于烟草、辣椒和番茄的维管束薄壁细胞中，但伴胞中没有病毒粒子。PVY 在感染细胞的细胞质中形成风轮状、卷筒状及短曲的片层聚集体（Hiebert and McDonald，1973；Weintraub et al.，1974；郭兴启等，2000）（图 2-60）。

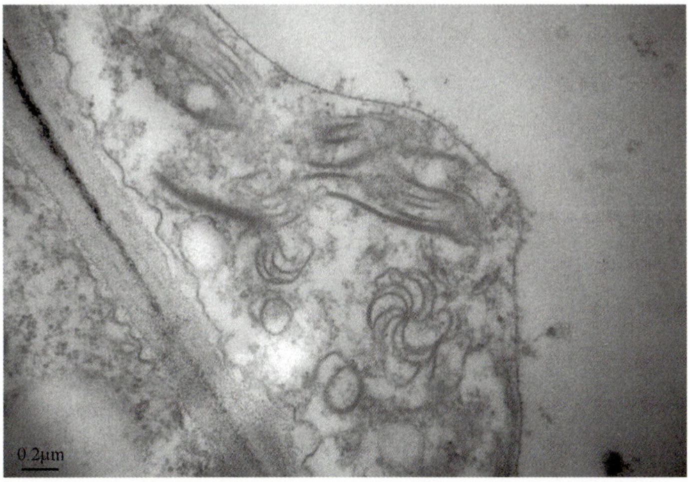

图 2-60　PVY 侵染烟草叶肉细胞，细胞质中出现大量束状体和风轮状体

5. 病毒稳定性

PVY 不同株系的稳定性差异很大，PVY^{O} 致死温度（10min）为 56～72℃，稀释限点为 1×10^{-6}～2×10^{-4}，在 18～22℃的环境中，其体外存活期为 18～31d；PVY^{N} 致死温度（10min）为 64℃，稀释限点为 2×10^{-6}，在 18～22℃的环境中，其体外存活期为 21～27d；PVY^{C} 致死温度（10min）为 58～60℃，稀释限点为 2×10^{-4}～1×10^{-1}，在 18～22℃的环境中，其体外存活期为 15～18d（Klinkowski and Schmelzer，1957）。

PVY 在 25℃、含有 1%叠氮化钠的烟草叶片组织中侵染性可以保持 4 周(Gooding and Tsakiridis，1971)。

PVY 可被很好地保存在寄主叶片中：在−18℃，PVY 可被有效地保存在马铃薯或者烟草叶片中；受 PVY 侵染的干燥叶片可以保存在 4℃的氯化钙中长达 15 年，但这样处理的样品可能会无法接种成功；含有 PVY 的澄清汁液可以用冻干法或者液氮长期保存。烟草粗提物冻干粉的抗原性可以保持一年(Purcifull et al.，1975；Wijs and Suda-Bachmann，1979)。

6. 病毒纯化方法

取 100g 感病组织，加入 300mL 0.5mmol/L 柠檬酸缓冲液(pH 7.4，含 5mmol/L Na_2EDTA、15mmol/L DIECA-Na)。用纱布过滤混合物，4360*g* 离心 15min。取上清液，加入 Triton X-100 至终浓度为 3%，低温下搅拌 30min，31 000*g* 离心 2h，加入 10mmol/L 柠檬酸缓冲液(pH 7.4，含 1mol/L 尿素、0.1% 2-巯基乙醇)悬浮沉淀，4～6℃静置过夜。4360*g* 离心 15min。加入 20%蔗糖，50 000*g* 离心 2h。加入 5mmol/L 硼酸钠缓冲液(pH 8.0)悬浮沉淀。取 0.3mL/管加入含有 CsCl(0.47g/mL)的 5mmol/L 硼酸钠缓冲液(pH 8.0)中，12℃，110 000*g* 离心 5h。获得的病毒经分光光度测量分析(254nm)，加入 5mmol/L 硼酸钠缓冲液(pH 8.0)，4～6℃静置过夜，4℃，146 000*g* 离心 3h(Leiser and Richter，1978)。

7. 病毒检测方法

PVY 的检测方法包括利用鉴别寄主的生物学鉴定法、电镜观察、血清学鉴定和分子生物学(RT-PCR、基因芯片、核酸斑点杂交)鉴定。RT-PCR 引物见表 2-15，扩增片段长 780bp(张鹤龄等，1981；Bokx and Cuperus，1987；Singh and Singh，1995；李浩戈和吴元华，1999；祝雯，2001)。

表 2-15　PVY RT-PCR 检测引物

引物	序列(5′→3′)
PVY-F	CATGGGAAATGACACAATCG
PVY-R	TCACATGTTCTTGACTCCAAG

8. 病毒防治方法

(1)农业防治

选育引进抗病品种，建立无毒种子繁育基地，采用茎尖组织培养脱毒，以确保获得无毒植株。

严格选择作物种植环境，尽量避免将作物种植在毒源植物附近；与毒源植物之间种植隔离作物，如向日葵、谷子等，以阻碍有翅蚜虫向烟田迁飞传毒。

加强田间管理，施足氮、磷、钾底肥，尤其是磷钾肥。及时喷施多种微量元素肥料，及时培土、灌溉，促进植株生长健壮，提高抗病力。

注意田间卫生，铲除田块周围杂草，以减少初侵染源。在苗床和大田操作时，防止摩擦传播。在进入苗床或大田前用肥皂水洗手消毒。操作时，能接触到作物的工具均应严格消毒，用菌毒清 100 倍液或其他抗病毒剂消毒一次。

对早发病植株及早拔除，带出种植区域并销毁，以消灭再侵染源。

(2)化学防治

杀灭蚜虫：出苗前彻底防治蚜虫，减少田间传毒介体的数量，降低 PVY 侵染概率。

施用抗病毒制剂：抗病毒剂的作用以抑制病毒的活性和诱导作物产生抗性为主。在发病初期，及时喷施 0.1%硫酸锌液钝化病毒活性，防病效果较好。此外，可用 20%吗啉胍·乙铜可湿性粉剂 500 倍液或 6%吗啉·辛菌胺可湿性粉剂 800 倍液进行叶面喷雾，也有一定防治效果。

9. 病毒核酸序列

RNA 全长 9702nt(NCBI 登录号：FJ204166.1)。

(四)本属其他重要蔬菜病毒

1.苋叶斑驳病毒(*Amaranthus leaf mottle virus*，AmLMV)

苋叶斑驳病毒于 1976 年在意大利野苋菜上首次发现，其粒子为弯曲线状，无包膜，长 780nm(图 2-61)，基因组只含有一条 RNA。纯化的病毒粒子 A_{260}/A_{280}=1.16。AmLMV 可以通过蚜虫以非持久性方式进行传播，也可通过机械摩擦进行传播。AmLMV 主要分布于欧洲地区，意大利、墨西哥和西班牙均有发现(Lovisolo and Lisa，1976，1979)。

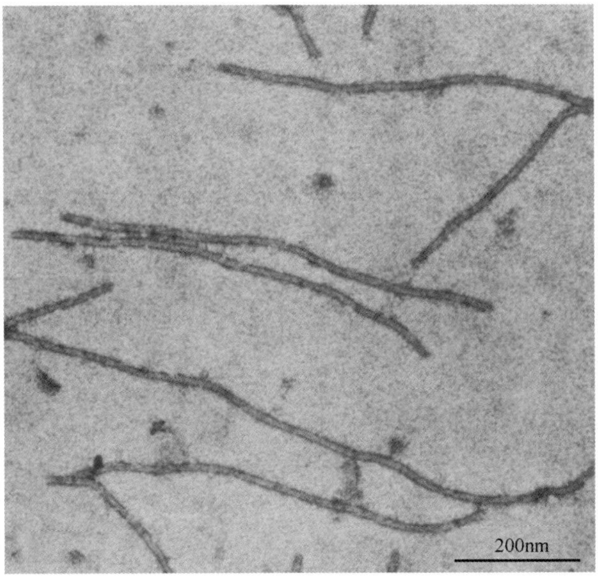

图 2-61　AmLMV 粒子电镜图(Lovisolo and Lisa，1979)

(1)主要为害症状

AmLMV 侵染寄主引起叶片斑驳、泡状花叶、褪绿及生长迟缓(Lovisolo and Lisa，1976)。

(2)寄主范围

AmLMV 的易感寄主隶属于苋科、藜科、菊科、唇形科、豆科蝶形花亚科、茄科及番杏科(Lovisolo and Lisa，1976，1979)。

(3) 传播途径

AmLMV 可通过蚜虫非持久性传播，也可以通过机械摩擦传毒。

(4) 组织病理学特征

AmLMV 粒子主要分布在叶片中（图 2-62）。

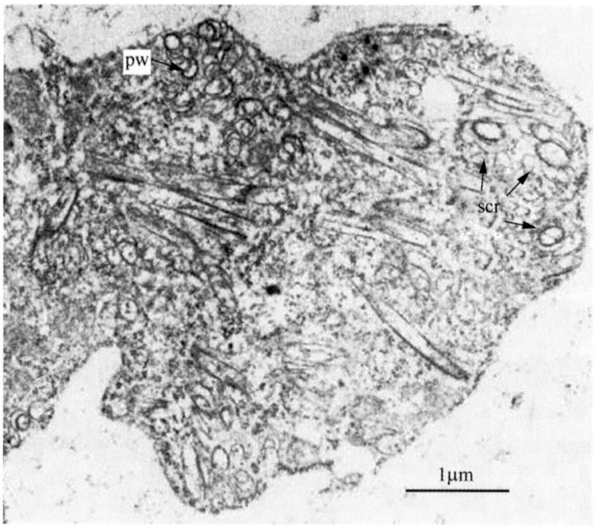

图 2-62　被 AmLMV 侵染的昆诺藜叶片薄壁组织细胞的超薄切片（Segundo et al.，2007）

pw. 横切的风轮状内含体；scr. 涡旋结构

(5) 病毒检测方法

AmLMV 可通过血清学测定和 RT-PCR 方法进行检测。扩增片段长度 825bp，引物见表 2-16。

表 2-16　AmLMV RT-PCR 检测引物

引物	序列（5′→3′）
AmLMV-F	AGACGACGACATGGAATGTGAACAA
AmLMV-R	TCTGTGTTTTCCTCTTGTGTACT

2. 芹菜 Y 病毒（*Apium virus Y*，ApVY）

芹菜 Y 病毒于 2002 年在澳大利亚海芹菜、毒芹和西芹上首次发现，随后在美国和新西兰也相继发现。ApVY 的基因组结构具有典型的马铃薯 Y 病毒属特征：基因组只含有一条 RNA，长 9917nt；包含一个 ORF，编码一个由 3184 个氨基酸（aa）组成的前体蛋白，通过酶切加工后形成 10 个成熟的蛋白。ApVY 可以通过蚜虫以非持久性方式进行传播，也可通过机械摩擦进行传播（Moran et al.，2002；Tang et al.，2007；Baker et al.，2008；Eastwell et al.，2008；Tian et al.，2008）。

(1) 主要为害症状

ApVY 侵染寄主引起叶片斑驳、褪绿、局部坏死、叶片褶皱、出现坏死条纹、矮化及脉明等（Koike et al.，2012）（图 2-63～图 2-65）。

图 2-63 ApVY 侵染芹菜后表现的症状

图 2-64 被 ApVY 侵染的芹菜表现坏死、凹陷和长形病变症状(Koike et al.，2012)

图 2-65 被 ApVY 侵染的芹菜叶片表现出大面积褪绿、褪绿线、褪绿斑、斑驳、坏死斑和环斑等症状(Koike et al.，2012)

（2）寄主范围

ApVY 可以侵染伞形科 17 种植物，包括芹菜、香菜、胡萝卜、豆蔻等。此外该病毒还可以侵染藜科和茄科的植物。

（3）传播途径

ApVY 可通过蚜虫非持久性传播，也可以通过机械摩擦传毒，种子可以检测出 ApVY 的存在，但长出的幼苗中检测不到该病毒。

（4）病毒检测方法

ApVY 可通过 RT-PCR 方法进行检测（Tian et al.，2008），引物见表 2-17。

表 2-17　ApVY RT-PCR 检测引物

引物	序列（5′→3′）
ApVY-F	GAAGACCAAGCCAATGTGTGTA
ApVY-R	GGCTCTTGCTATAGACAAATAGT

（5）病毒核酸序列

RNA 全长 9917nt（NCBI 登录号：NC_014905.1）。

3. 天门冬病毒 1 号（*Asparagus virus 1*，AV-1）

天门冬病毒 1 号于 1960 年在德国芦笋上首次发现，其粒子为弯曲线状（图 2-66），无包膜，长 740nm，基因组只含有一条 RNA，核酸占病毒粒子质量的 6%，蛋白占病毒粒子质量的 94%。纯化的病毒粒子标准沉降系数 S_{20W}=146S，A_{260}/A_{280}=1.16。AmLMV 可以通过蚜虫以非持久性方式进行传播，也可通过机械摩擦进行传播。AV-1 在亚洲、欧洲和北美洲的芦苇种植区均有分布。

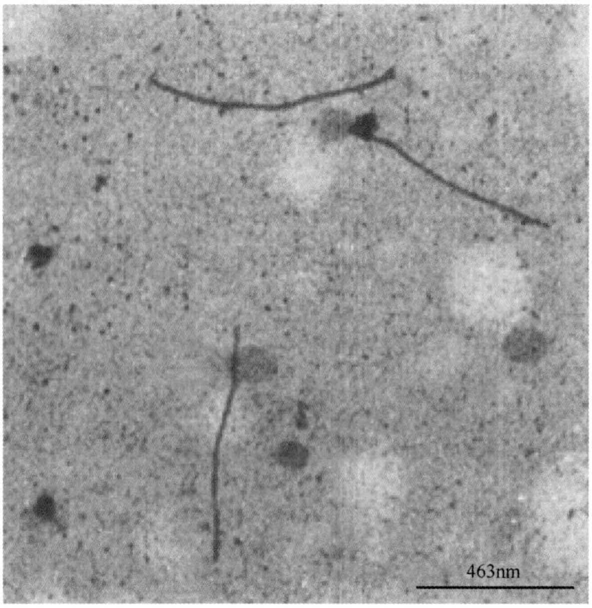

图 2-66　AV-1 粒子电镜图（Howell and Mink，1985）

（1）主要为害症状

AV-1 侵染芦笋后不表现明显的症状；侵染昆诺藜、白藜和番杏后引起褪绿或者坏死性病变。

（2）寄主范围

AV-1 的易感寄主隶属于葱科、苋科、天门冬科、藜科及番杏科，如白藜、苋色藜、芦笋、千日红等。

（3）传播途径

AV-1 可通过蚜虫非持久性传播，也可以通过机械摩擦传毒，但不能通过植物间相互接触传播，也不能通过种子和花粉传播。

（4）组织病理学特征

AV-1 离子分布在寄主的根、茎、叶细胞的细胞质中。被侵染细胞中存在风轮状内含体（图 2-67）。

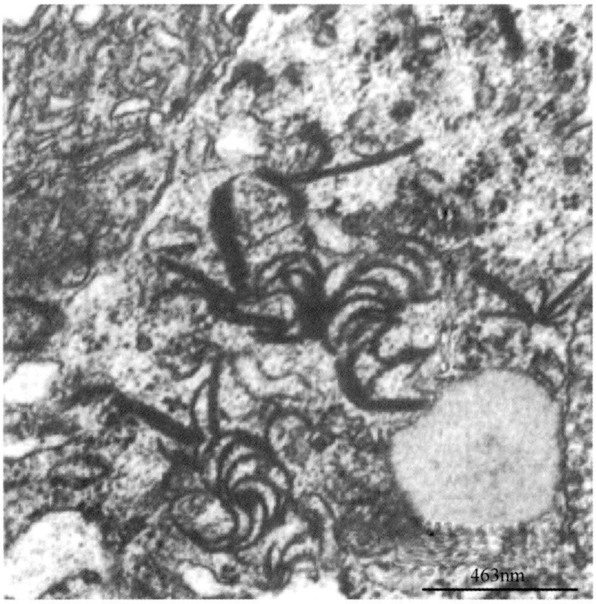

图 2-67　AV-1 侵染昆诺藜形成的风轮状内含体电镜图（Howell and Mink，1985）

（5）病毒稳定性

AV-1 致死温度（10min）为 50～55℃，稀释限点为 10^{-4}～10^{-3}，病毒体外存活期为 2～11d。

（6）病毒纯化方法

用粗病毒提取物摩擦接种昆诺藜 10d 后，从接种叶片中纯化病毒。

收获保存在 4℃的接种叶片，加入 0.1mol/L 柠檬酸钠和 0.01mol/L 乙二胺四乙酸钠（pH 7.0）缓冲液中研磨，8000*g* 离心 10min，66 000*g* 离心 1.5h。加入磷酸钾缓冲液（0.01mol/L，pH 7.0）悬浮，重悬高速离心沉淀，上清加入氯仿（1∶1，*V*/*V*）乳化。51 000*g* 离心 2.5h，加入含有 30%蔗糖和 4% PEG6000 的 0.12mol/L 氯化钠溶液中沉淀病毒。将病毒颗粒悬浮在 0.01mol/L 磷酸钾缓冲液中，在蔗糖密度梯度 10%～40%离心速率区带，

4℃ 51 000*g* 离心 2.5h。将梯度在 ISCO 密度梯度分馏器上分级成 2mL 等分试样，在昆诺藜上测定级分，并用电子显微镜观察，获得含有病毒的组分（Howell and Mink，1985）。

（7）病毒检测方法

AV-1 可通过 RT-PCR 方法进行检测（Tomassoli et al.，2007）。扩增片段长度 511bp，引物见表 2-18。

表 2-18　AV-1 RT-PCR 检测引物

引物	序列（5′→3′）
AV1-F	TCATCGAAAATGCCAAACCCACG
AV1-R	CGAGATACTCGTGGGAAGCCCAC

（8）病毒防治方法

1）土壤改良。芦笋生长期间需要消耗大量的养分。新芦笋种植区，要先对基地土壤进行改良，使土壤满足芦笋生长要求。

2）农业防治措施。进行种子检疫，选用抗病品种，播种前用 0.1%高锰酸钾浸种 1h，减少病源。并做好病区的传入控制，防止带入无病区。及时浇灌。在高温干旱时要及时浇灌、滴灌，防旱降温。防止损伤。管理芦笋时尽量减少对笋株的机械损伤，摘心打顶、采笋前后需用肥皂水洗手。清洁田园。发现病株及时清除，并带出田外销毁，清除杂草，减少侵染源。

3）防治虫媒。蚜虫是 AV-1 的重要传毒媒介，目前最有效的方法是留母茎时在田间间隔插银膜条驱蚜、用黄板诱杀。发现蚜虫应及时喷施吡虫啉等高效低毒农药防治，并注意不同类型农药交替使用，防止产生抗药性。

4）药剂防治。对病毒病目前尚无理想的防治药剂。在发病前和发病初期开始喷药防治芦笋病毒病，可选药剂有 2%菌克毒克水剂 200 倍液、20%病毒 A 500 倍液、高锰酸钾 600 倍液等，加入 0.1%洗衣粉，连喷 3 次，间隔 7～10d。

（9）病毒核酸序列

RNA 全长 9741nt（NCBI 登录号：NC_025821.1）。

4. 菜豆普通花叶病毒（*Bean common mosaic virus*，BCMV）

菜豆普通花叶病毒最早在美国菜豆上分离得到。BCMV 是侵染菜豆和其他豆科栽培种及野生种的常见病毒，在已知的自然侵染菜豆属植物的病毒中，BCMV 的发生最为广泛，且具有极强的破坏性，侵染菜豆可以造成绝收。由于它寄主范围广，引发的病害重，因此豆类大幅度减产、品质下降，导致巨大的经济损失。BCMV 粒子为弯曲线状（图 2-68），长 700～770nm，直径为 12～15nm，基因组只含有一条正义单链 RNA，核酸占其粒子质量的 5%。BCMV 具有典型的马铃薯 Y 病毒属成员基因组结构特征。该病毒基因组 3′端有 poly（A）尾，5′端共价结合 VPg，整个基因组按一个 ORF 进行翻译，产生一个大的多聚蛋白前体，随后经加工、切割形成具有不同功能的成熟蛋白，从 5′端至 3′端依次为 5′-NTR，编码 P1、HC-Pro、P3、6K1、CI、6K2、NIa-VPg、NIa-Pro、NIb、CP 的基因，以及 3′-NTR。BCMV 可以通过蚜虫以非持久性方式进行传播，也可通过种子传播。在全世界范围内都有广泛分布(Stewart and Reddick，1917；Lima et al.，1979；Lana et al.，1988；郑红英等，2002；Morales，2006)。

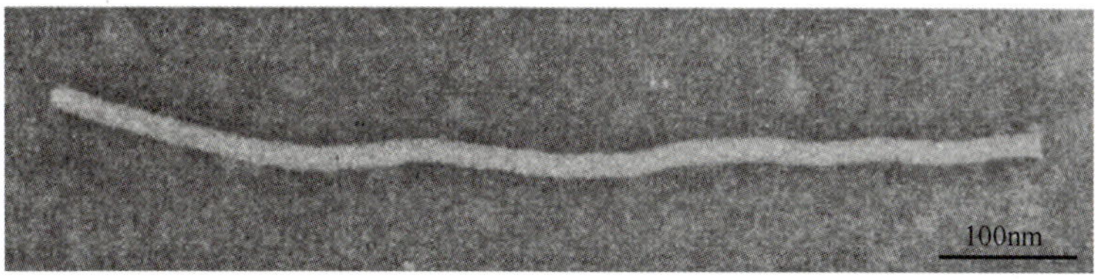

图 2-68　BCMV 粒子电镜图(来源：www.dpvweb.net)

(1)主要为害症状

BCMV 引起的病症主要受寄主植物、环境条件和病毒株系三方面的影响。耐病品种一般表现为轻微的叶片变窄或卷曲；感病品种的下部叶片呈现淡红色的皱缩花叶，上部叶片沿主脉的深绿区表现卷曲和皱缩的花叶，豆荚斑驳或畸形。此外，BCMV 还可引起花叶、矮化、褪绿及坏死等(图 2-69，图 2-70)。

(2)寄主范围

BCMV 寄主范围广泛，可侵染 9 个科、44 个属的 100 多种植物。包括多种豆科植物，如木豆、洋刀豆、决明、鹰嘴豆、美丽猪屎豆、兵豆、白羽扇豆、大豆、白香草木犀、蚕豆、巢菜、苜蓿、豌豆、香豌豆、长柔毛影豌豆等。在自然条件下可以侵染多种菜豆属的植物，尤其是菜豆，有时也侵染黄羽扇豆、费斯美豆和一些野生的豆科植物，如小鹿藿等。通过摩擦接种还能侵染非豆科植物，如克利夫兰烟和本氏烟等(Pierce，1934；Edwardson and Christie，1984)。

(3)传播途径

BCMV 传播途径多样，它可通过机械接种传播，也可由蚜虫以非持久性方式传播，还可以通过种子和花粉传播(Drijfhout et al.,1978)。

图 2-69　BCMV 侵染菜豆引发的症状(Yang et al.，2011)

左图示正常叶片；右图示受侵染叶片

图 2-70　BCMV 侵染菜豆引发的症状（Provvidenti R 供图）

（4）组织病理学特征

BCMV 在受感染的寄主细胞质中形成典型的风轮状内含体和卷筒体（图 2-71）。

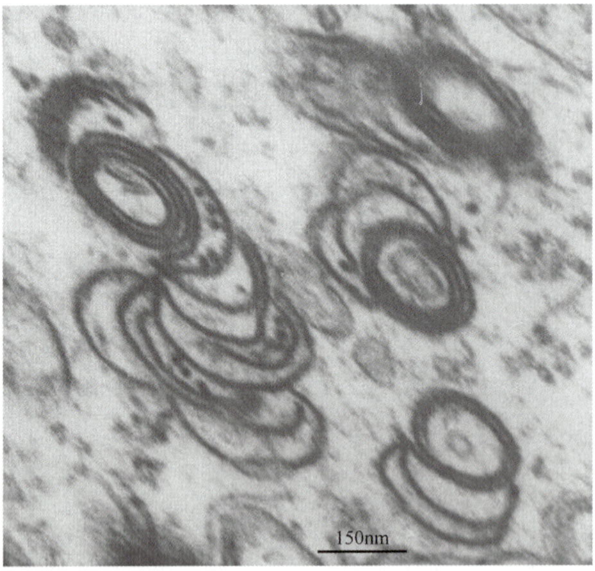

图 2-71　感病组织中 BCMV 内含体电镜图（来源：www.dpvweb.net）

（5）病毒稳定性

BCMV 在汁液中的致死温度（10min）为 56～58℃，稀释限点为 10^{-4}～10^{-3}，体外存活期为 1～4d。

（6）病毒纯化方法

取接种 10d 后收获的系统感染的蚕豆叶子，每 100g 叶片组织加入 50mL 氯仿、50mL 四氯化碳和 200mL 预冷的含有 0.02mol/L 亚硫酸钠的 0.5mol/L 磷酸钾缓冲液（pH 7.5）研磨均匀。将匀浆混合物 4000*g* 离心 5min，弃去沉淀，用玻璃棉过滤上清液。加 PEG6000

到 6%(*W*/*V*)，在 4℃下搅拌 1h，12 000*g* 离心 10min 回收沉淀的病毒颗粒。沉淀物重悬浮至少 6h，12 000*g* 离心 10min 澄清。在 0.02mol/L Tris 缓冲液(pH 5.2)中加入 20% PEG 溶液(2mL/5mL 病毒制剂)，将混合物 4℃放置 1h，17 000*g* 离心 10min。将沉淀物重悬于 0.25mol/L 磷酸钾缓冲液(pH 7.5)中，置于 4℃过夜，12 000*g* 离心 10min。加 30%(*W*/*W*) CsCl，120 000*g* 离心 17h，回收含有病毒颗粒的溶液，如果它们比较分散，可以 84 500*g* 离心 60min 浓缩(Morales，1979)。

(7)病毒检测方法

BCMV 可通过 ELISA、RT-PCR 等方法进行检测(王杰，2005；沈良等，2014)。扩增片段长度 1100bp，引物见表 2-19。

表 2-19　BCMV RT-PCR 检测引物

引物	序列(5′→3′)
BCMV-F	CAAAAGGACAAGGATTGAGGA
BCMV-R	ACAACAAACATTGCCGTAG

(8)病毒防治方法

1)农业防治。种植抗病品种。注意田间卫生，铲除田块周围杂草，以减少初侵染源。在大田操作时，防止摩擦传播。对早发病植株及早拔除，带出种植区域并销毁，以消灭再侵染源。

2)化学防治。

杀灭蚜虫：出苗前彻底防治蚜虫，减少田间传毒介体的数量。

施用抗病毒制剂：抗病毒剂的作用以抑制病毒的活性和诱导作物产生抗性为主。

3)基因工程育种。通过分子手段培育具有抗性基因的新品种。

(9)病毒核酸序列

RNA 全长 10 054nt(NCBI 登录号：AY112735.1)。

5. 菜豆普通花叶坏死病毒(*Bean common mosaic necrosis virus*，BCMNV)

菜豆普通花叶坏死病毒在早期研究中被作为菜豆普通花叶病毒(BCMV)的一个株系。随后研究人员基于病毒株系在含有菜豆普通花叶病毒抗性 I 基因的菜豆品种上可以引起温度敏感坏死斑这一特征，将原隶属于菜豆普通花叶病毒的部分病毒划分出来，命名为菜豆普通花叶坏死病毒。因此，BCMNV 除了可以引发温度敏感坏死斑这一点，其他特征与 BCMV 基本一致(图 2-72)。具体请参照菜豆普通花叶病毒(*Bean common mosaic virus*，BCMV)。

菜豆普通花叶坏死病毒核酸序列：RNA 全长 9612nt(NCBI 登录号：NC_004047.1)。

6. 菜豆黄花叶病毒(*Bean yellow mosaic virus*，BYMV)

菜豆黄花叶病毒最早于 1925 年在美国和荷兰菜豆上分离得到。BYMV 是侵染菜豆的常见病毒。BYMV 粒子为弯曲线状，长 720～770nm，直径为 12～15nm，基因组只含有一条长 10 000nt 正义单链 RNA，核酸占其粒子质量的 5%。BYMV 具有典型的马铃薯 Y 病毒属成员基因组结构特征。标准沉降系数 S_{20W}=151S。BYMV 可以通过蚜虫以非持久性方式进行传播，也可通过机械摩擦和种子传播。在全世界范围内都有广泛分布(Radwan et al.，2008)。

图 2-72　BCMNV 侵染菜豆引发的症状(Worrall et al.，2015)

左图示与正常植株(MOCK)相比，感病植株(BCMNV)生长迟缓；右图示侵染特定品种引发坏死(叶尖与叶脉)

(1)主要为害症状

BYMV 侵染寄主植物可引起顶端坏死、严重花叶、斑驳、叶片畸形、黑根及整株坏死等症状(图 2-73)。

图 2-73　BYMV 侵染蚕豆引发的症状(Elbeshehy et al.，2015)

(2)寄主范围

BYMV 的易感寄主隶属于苋科、美人蕉科、石竹科、藜科、菊科、葫芦科、龙胆科、鸢尾科、豆科蝶形花亚科、罂粟科、商陆科、茄科及番杏科。包括大豆、菖蒲、千日红、香豌豆、扁豆、烟草、豇豆、蚕豆等。

(3)传播途径

BYMV 可由超过 20 种蚜虫以非持久性方式传毒，也可通过机械接种传毒，并且很多豆科植物可以通过种子传毒。

(4)组织病理学特征

由超薄切片电镜观察结果可知，在被感染寄主细胞质中含有 BYMV 粒子的聚集体、电子致密带、风轮状晶体结构(图 2-74)。

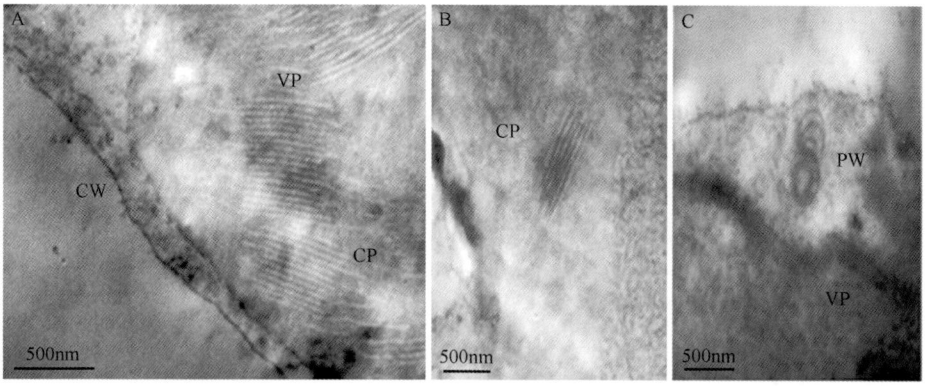

图 2-74　受 BYMV 侵染蚕豆叶片超薄切片电镜图(Elbeshehy et al.，2015)

CP. 病毒颗粒呈层状结晶；PW. 风轮状内含体；VP. 病毒粒子；CW. 细胞壁

(5)病毒稳定性

BYMV 在汁液中的致死温度(10min)为 65℃，稀释限点为 10^{-5}～10^{-3}，室温下体外存活期为 2～7d。

(6)病毒纯化方法

将感染的大豆或蚕豆叶片加入等体积的含有 0.02mol/L 抗坏血酸和 0.01mol/L Na_2SO_3 的柠檬酸盐缓冲液(0.05mol/L，pH 6.7)，在混合器中匀浆 30s。加入氯仿，差异超速离心两个循环浓缩上清。在第一个循环(78 000*g*，持续 2h)后，将沉淀物重新悬浮于 0.005mol/L 的柠檬酸盐悬浮液中，并将最终沉淀物重悬(105 000*g*，1h)于含有 35%蔗糖的 pH 8.6 硼酸盐缓冲液中。

(7)病毒检测方法

BYMV 可通过 ELISA、RT-PCR 等方法进行检测(郑耘等，2005)。扩增片段长度 750bp，引物见表 2-20。

表 2-20　BYMV RT-PCR 检测引物

引物	序列(5′→3′)
BYMV-F	TTGAATCTGAACTGAAGTATT
BYMV-R	CTCCTTTCTACAAAATGGACA

(8) 病毒防治方法

1) 选用适宜抗(耐)病品种。种植抗病、耐病品种可以经济有效地防止和减轻该病毒病害的发生。

2) 种子处理。播种前进行种子消毒，药剂消毒后要用清水冲净种子，以免影响种子发芽率。若播种了带毒种子，出苗后应及时拔除病株。

3) 防治传毒蚜虫。一般在高温干旱年份或季节，蚜虫极易发生，而发生后再防治则较为困难，因此要搞好蚜虫的预测预报，做到以防为主。

4) 合理的药剂防治和合理的农业措施。一般药剂防治苗期就应该进行，可结合苗期根外追肥用药，合理安排品种的布局和栽培措施，防止病毒病相互传染，加重病情。

(9) 病毒核酸序列

RNA 全长 9532nt(NCBI 登录号：NC_003492.1)。

7. 甜菜花叶病毒(*Beet mosaic virus*，BtMV)

甜菜花叶病是较具破坏性的流行病害之一，在甜菜主产区时常发生甜菜花叶病与黄化病毒病的混合侵染，使受害症状进一步加剧，造成甜菜生产的严重损失。BtMV 粒子为弯曲线状，长 695～770nm，直径为 13nm(图 2-75)，基因组只含有一条长 10 000nt 的正义单链 RNA。BtMV 标准沉降系数 S_{20W}=150～160S。BtMV 可以通过蚜虫以非持久性方式进行传播，也可通过机械摩擦和嫁接传播。在全世界范围内的甜菜产区均有分布(Rogov et al.，1991；丁广洲等，2015)。

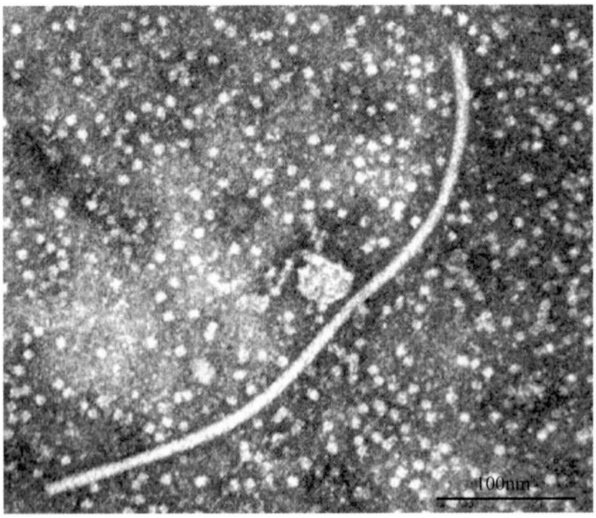

图 2-75　BtMV 粒子电镜图(来源：www.dpvweb.net)

(1) 主要为害症状

BtMV 侵染寄主植物可引起叶脉黄化、叶片畸形、叶片卷曲、叶尖病斑、斑驳、叶脉褪绿、坏死等症状(图 2-76)。

图 2-76　BtMV 侵染甜菜引发的症状（Nemchinov et al.，2004）
左图示感病植株；右图示健康植株

（2）寄主范围

BtMV 的寄主范围非常广泛，其易感寄主隶属于苋科、石竹科、藜科、菊科、十字花科、葫芦科、麻科、豆科蝶形花亚科、锦葵科、商陆科、报春花科、茄科及番杏科，包括生菜、鹰嘴豆、黄秋葵、甜菜、荠菜、昆诺藜、千日红、烟草、菜豌豆等。

（3）传播途径

BtMV 可由超过 28 种蚜虫以非持久性方式传毒，也可通过机械摩擦和嫁接传毒，不能通过植物间接触传播，也不能通过种子和花粉传播。

（4）组织病理学特征

BtMV 侵染的甜菜细胞的细胞质中出现泡状 X 体，叶绿体中存在结晶体；甜菜细胞核增大扭曲，细胞质中存在风轮状及成束的内含体。

（5）病毒稳定性

BtMV 在甜菜汁液中的致死温度（10min）为 55～60℃，稀释限点为 1/4000，室温下体外存活期为 1～2d，−20℃下的甜菜叶片中体外存活期可长达 1 年。

（6）病毒纯化方法

将收获的发病叶片（100g）加入 400mL 含有 0.02mol/L EDTA 和 0.02mol/L DIECA 的 0.1mol/L 乙酸钠缓冲液（pH 7.0）中，用研钵研磨均质化。用纱布过滤，5000*g* 低速离心 15min 澄清后，用 1.5% Triton X-100 轻轻搅拌提取物 30min。33 000r/min 高速离心 90min，将病毒沉淀。将沉淀物重悬于 0.01mol/L 磷酸钾缓冲液（pH 7.8，约为初始汁液体积的 1/20），并放置过夜。8000*g* 离心 10min，将重悬的沉淀物澄清，加入含有 4.5% PEG6000 的 30% 蔗糖缓冲液 35 000r/min 离心 120min，重复沉淀两次。将病毒最终重悬于 2～3mL 0.01mol/L 磷酸钾缓冲液（pH 7.8）中，并在相同的缓冲液中透析过夜。所有操作过程均在 4℃进行。

（7）病毒检测方法

BtMV 可通过 ELISA、RT-PCR 等方法进行检测。扩增片段长度 1050bp，引物见表 2-21。

表 2-21　BtMV RT-PCR 检测引物

引物	序列(5′→3′)
BtMV-F	GACACTCAGAACTATCTCGACGAAG
BtMV-R	CACTCTGTAATGTGGAACAACTC

(8)病毒核酸序列

BtMV 的 RNA 全长 9591nt(NCBI 登录号：NC_005304.1)。

8. 鬼针草花叶病毒(*Bidens mosaic virus*，BiMV)

鬼针草花叶病毒于 1961 年在巴西三叶鬼针草上发现。BiMV 粒子为弯曲线状，长 730nm，直径 15nm，基因组只含有一条正义单链 RNA。BiMV 可以通过蚜虫以非持久性方式进行传播，也可通过机械摩擦和嫁接传播。BiMV 主要分布在巴西(Kuhn et al.，1980)。

(1)主要为害症状

BiMV 侵染寄主植物可引起褪绿、系统花叶及坏死等症状(图 2-77)。

图 2-77　BiMV 侵染牛膝菊引发的症状(Sanches et al.，2010)

(2)寄主范围

BiMV 的寄主范围非常广泛，其易感寄主隶属于藜科、菊科、豆科蝶形花亚科和苏木亚科，以及茄科，包括莴苣、菜豌豆、羽扇豆、金鸡菊、向日葵等(Kuhn et al.，1980)。

(3)传播途径

BiMV 可由蚜虫以非持久性方式传毒，也可通过机械摩擦和嫁接传毒，不能通过种子传播。

(4)组织病理学特征

BiMV 侵染寄主后分布在寄主叶片的叶肉细胞和表皮细胞中。细胞质中出现风轮状内含体。

(5)病毒稳定性

BiMV 致死温度(10min)为 55～60℃，稀释限点为 10^{-3}，室温下体外存活期为 5d。

(6)病毒检测方法

BiMV 可通过 RT-PCR 等方法进行检测(Sanches et al.，2010)。扩增片段长度 360bp，引物见表 2-22。

表 2-22 BiMV RT-PCR 检测引物

引物	序列(5′→3′)
BiMV-F	AGGCAGTTCGCACGGCATAC
BiMV-R	CTTCATCTGGATGTGTGCTTC

(7)病毒核酸序列

BiMV 的 RNA 全长 9557nt(NCBI 登录号：KF649336.1)。

9. 鬼针草斑驳病毒(*Bidens mottle virus*，BiMoV)

鬼针草斑驳病毒于 1968 年在美国三叶鬼针草和北美独行菜上发现。BiMoV 粒子为弯曲线状，长 650～720nm，直径为 13nm(图 2-78)。基因组只含有一条正义单链 RNA。BiMoV 可以通过蚜虫以非持久性方式进行传播，也可通过机械摩擦传播。BiMoV 主要分布在美国，我国云南和台湾也有报道(王建光等，2009)。

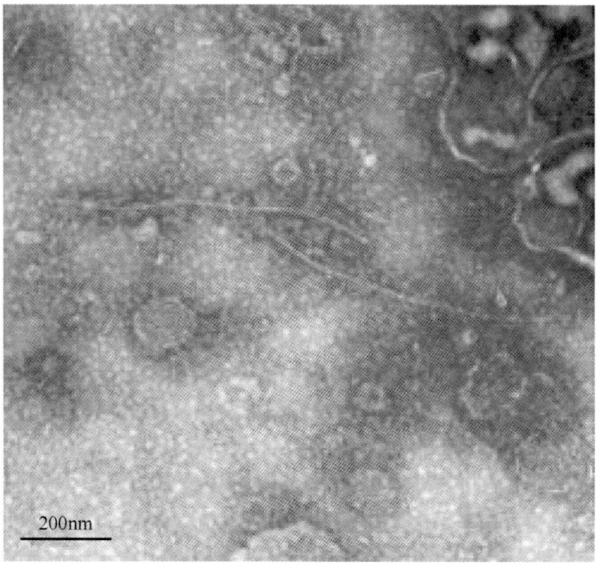

图 2-78 BiMoV 粒子形态电镜图(王建光等，2009)

(1)主要为害症状

BiMoV 侵染寄主植物可引起褪绿、条纹、叶片畸形、叶片卷曲、矮化、花叶、斑驳、环斑及坏死等症状(图 2-79)。

(2)寄主范围

BiMoV 的易感寄主隶属于爵床科、藜科、菊科、十字花科、豆科蝶形花亚科和茄科，包括莴苣、苋色藜、矮牵牛、烟草、羽扇豆、豌豆等。

图 2-79　BiMoV 侵染鬼针草引发的症状（王建光等，2009）

A. 感病叶片；B. 健康叶片

（3）传播途径

BiMoV 可由蚜虫以非持久性方式传毒，也可通过机械摩擦传毒，不能通过种子传播。

（4）组织病理学特征

BiMoV 粒子分布于受侵染寄主叶肉细胞和薄壁细胞的细胞质中，受侵染细胞的细胞质中存在风轮状内含体（图 2-80）。

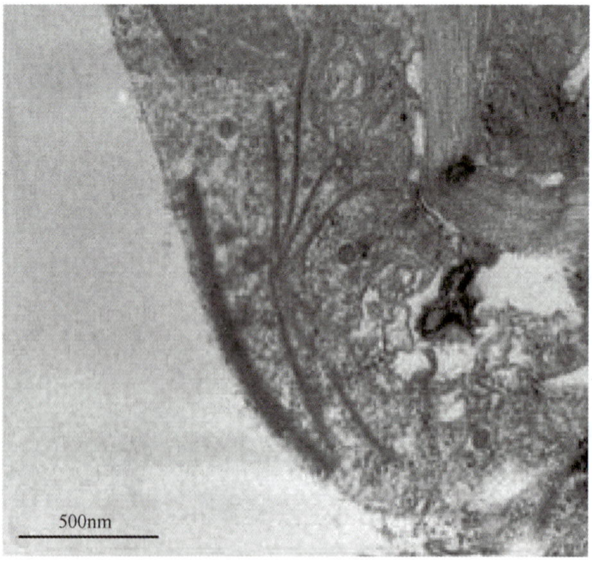

图 2-80　BiMoV 形成的内含体（王建光等，2009）

（5）病毒稳定性

BiMoV 在甜菜汁液中的致死温度（10min）为 50～55℃，稀释限点为 10^{-3}，室温下体外存活期为 16d。

(6)病毒纯化方法

病毒和病毒引起的风轮状内含体可以从同一批组织中纯化分离出来。取来自感染病毒的烟草叶子(500g)加入 1L 含有 2.5g 亚硫酸钠的 0.5mol/L 磷酸盐缓冲液(pH 7.5)中匀浆，9000*g* 离心 10min。加入丁醇(8%，*V/V*)澄清，加入 PEG6000(8%，*W/V*)沉淀，上清液中加入 CsCl 进行差速离心和平衡离心纯化病毒。匀浆初始离心获得的沉淀物重新悬浮于含有 0.5% 2-巯基乙醇的 0.5mol/L 磷酸盐缓冲液中，并加入 Triton X-100(5%，*V/V*)处理以破坏叶绿体。通过差速离心、过滤和蔗糖密度梯度离心进一步纯化产物。

(7)病毒检测方法

BiMoV 可通过马铃薯 Y 病毒属通用引物进行 RT-PCR，其产物结合序列比对的方法进行检测。使用的引物见表 2-23。

表 2-23　BiMoV RT-PCR 检测引物

引物	序列(5′→3′)
BiMoV-F	GGBAAYAATAGTGGNCAACC
BiMoV-R	GGGGAGGTGCCGTTCTCDATRCACCA

(8)病毒核酸序列

BiMoV 的 RNA 全长 9741nt(NCBI 登录号：NC_014325.1)。

10. 曼陀罗花叶病毒(*Brugmansia mosaic virus*，BruMV)

曼陀罗花叶病毒于 2013 年在美国发现。BruMV 粒子为弯曲线状，长 720～729nm(图 2-81)。基因组只含有一条长约 9796nt 的正义单链 RNA。BruMV 可以通过蚜虫以非持久性传播方式进行传播，也可通过机械摩擦传播。BruMV 仅在美国和韩国有相关报道(Damsteegt et al., 2013；Zhao et al.，2013)。

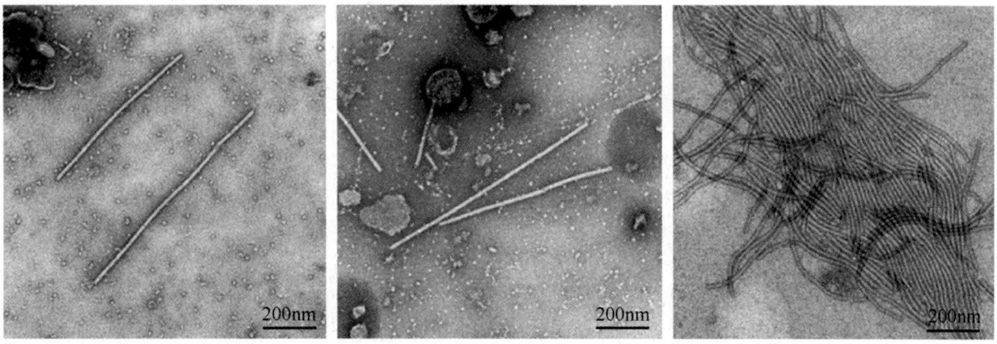

图 2-81　BruMV 粒子电镜图(Park et al.，2014)

(1)主要为害症状

BruMV 侵染寄主植物可引起褪绿斑、花叶、环状坏死斑等症(图 2-82，图 2-83)。

(2)寄主范围

BruMV 可以侵染 4 个科的多种植物，其易感寄主多属于茄科，包括茄子、番茄、烟草、佛罗里达酸浆等。

图 2-82　BruMV 侵染曼陀罗引发的症状(Park et al., 2014)

图 2-83　BruMV 侵染不同寄主引发的不同症状(Park et al., 2014)

(3)传播途径

BruMV 可由蚜虫以非持久性方式传毒，也可通过机械摩擦传毒，不能通过种子传播。

(4)组织病理学特征

受 BruMV 侵染细胞的细胞质中存在马铃薯 Y 病毒属典型的内含体。

(5)病毒稳定性

BruMV 的致死温度(10min)为 50～60℃。

(6)病毒纯化方法

取新鲜受感染的烟草组织，将组织浸泡在 0.05mol/L 硼酸钠缓冲液(pH 8.0，含 5mmol/L EDTA 及 10mmol/LDIECA)，纱布过滤，10 000*g* 低速离心 20min，取上清。加入 0.1 倍体积氯仿∶正丁醇(1∶1)乳化 30min，加入 PEG8000 至浓度为 4%，加 NaCl 至浓度为 1%，搅拌 1h。混合液低速离心 20min，4℃下加入 0.05mol/L 硼酸钠缓冲液重悬沉淀。215 000*g* 高速离心 1h，加入 2mL 硼酸缓冲液重悬沉淀，10%～40%蔗糖密度梯度离心(15℃下 96 500*g* 离心 90min)。

(7)病毒检测方法

BruMV 可通过 ELISA 进行检测。

(8)病毒核酸序列

BruMV 的 RNA 全长 9796nt(NCBI 登录号：JX867236.1)。

11．木槿曼陀罗斑驳病毒(*Brugmansia suaveolens mottle virus*，BsMoV)

木槿曼陀罗斑驳病毒于 2008 年在巴西木槿曼陀罗上发现。BsMoV 粒子为弯曲线状，长 700～800nm，直径为 13～15nm(图 2-84)。基因组只含有一条长 9870nt 的正义单链 RNA，编码一个 3090aa 的具有马铃薯 Y 病毒属典型特征的融合蛋白。BsMoV 可以通过蚜虫以非持久性方式进行传播(Lucinda et al.，2010)。

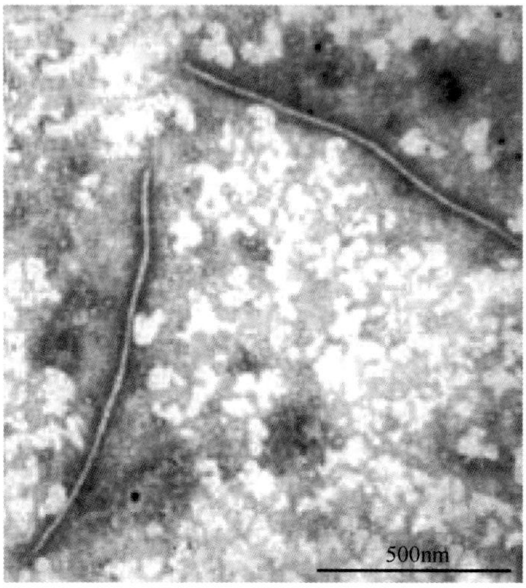

图 2-84　BsMoV 粒子电镜图(Lucinda et al.，2008)

（1）主要为害症状

BsMoV 侵染寄主植物可引起褪绿、斑驳、坏死斑、叶脉坏死、生长发育障碍及整株死亡等症状（图 2-85，图 2-86）。

图 2-85　BsMoV 侵染木槿曼陀罗引发的症状（Lucinda et al.，2008）

图 2-86　BsMoV 侵染不同寄主引发的症状（Lucinda et al.，2008）

（2）寄主范围

BsMoV 的易感寄主隶属于茄科和藜科，包括番茄、烟草、昆诺藜等。

（3）传播途径

BsMoV 可由蚜虫以非持久性方式传毒。

（4）组织病理学特征

受 BsMoV 侵染细胞的细胞质中存在马铃薯 Y 病毒属典型的内含体（图 2-87）。

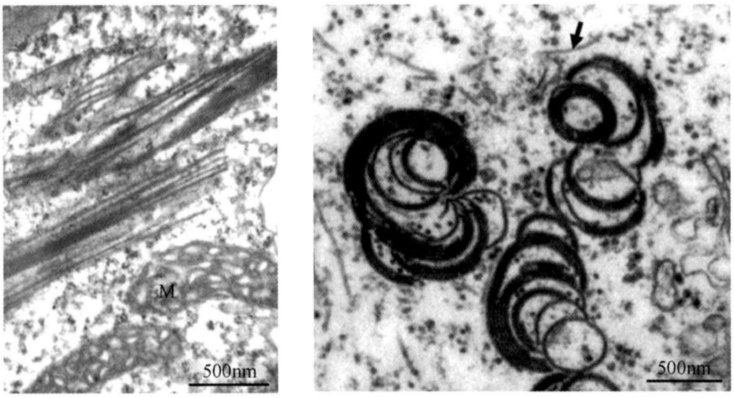

图 2-87　BsMoV 电镜图(Lucinda et al.，2008)

左图示细胞质中柱状内含体；右图示风轮状内含体

(5)病毒检测方法

BsMoV 可通过 RT-PCR 方法进行检测(Lucinda et al.，2008)。使用的引物见表 2-24，扩增片段长度为 442bp。

表 2-24　BsMoV RT-PCR 检测引物

引物	序列(5′→3′)
BsMoV-F	TGGAGTATGGACAATGATGGA
BsMoV-R	ATATCGTCAGGAGCGGTCTT

(6)病毒核酸序列

BsMoV 的 RNA 全长 9870nt(NCBI 登录号：NC_014536.1)。

12. 辣椒环斑病毒(*Chilli ringspot virus*，ChiRSV)

辣椒环斑病毒于 2007 年在越南辣椒上发现。ChiRSV 粒子为弯曲线状，长 750nm，直径为 12～13nm(图 2-88)。基因组只含有一条长约 9600nt 的正义单链 RNA，编码含有 3079aa 的多聚蛋白。在我国海南，该病毒已对当地辣椒生产造成了严重影响。在海南特色辣椒黄灯笼辣椒上该病毒的检出率高达 62%，与其他病毒复合侵染会加重辣椒病情。ChiRSV 可以通过蚜虫以非持久性方式进行传播。目前，ChiRSV 除越南和中国海南外，还未见其他地方报道(龚殿，2012)。

(1)主要为害症状

ChiRSV 侵染茄科植物后容易出现叶片变小、环斑、花叶、畸形，以及花果败育等症状。

(2)寄主范围

ChiRSV 主要侵染茄科植物，特别是辣椒。

(3)传播途径

ChiRSV 可由蚜虫以非持久性方式传毒。

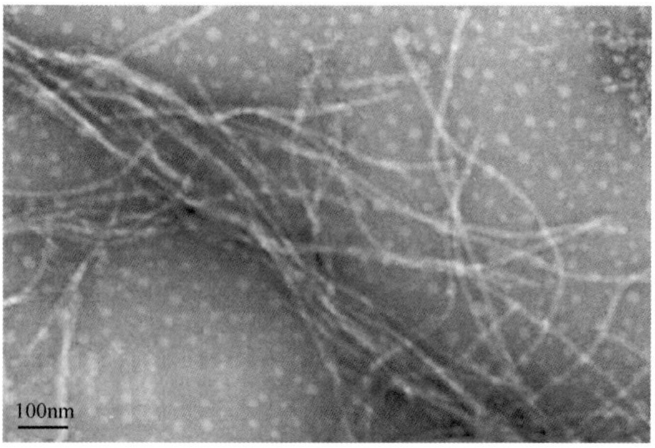

图 2-88　ChiRSV 粒子电镜图(章绍延等，2013)

(4)病毒纯化方法

取感染 ChiRSV 的辣椒病样叶片组织 200g，用 5 倍体积(1L)的 Extraction Buffer (0.2mol/L NaAc 缓冲液，pH 5.0，加入 β-巯基乙醇至终浓度为 0.4%)于搅拌机中匀浆；匀浆后用四层纱布过滤，滤液分装于离心瓶中，冰浴 30min；4℃，8000r/min，离心 10min；取上清，加入 PEG6000、NaCl、Triton X-100 分别至终浓度为 8%、0.2mol/L、0.5%，4℃搅拌 45min；4℃，8500r/min 离心 15min，弃上清，用滤纸小心吸去残留液体；用 0.1 倍于 Extraction Buffer 体积的 Tris-Citrate Buffer(0.1mol/L Tris pH 6.5，0.032mol/L 柠檬酸钠，加入 Triton X-100 至终浓度为 0.5%)重悬，4℃搅拌 45min；4℃，10 000r/min 离心 10min，取上清；将上清转移到 HITACHI 40Pa Tube 中，用配有平针头的注射器伸入液面以下将 30%蔗糖垫溶液从离心管底部缓慢注入；4℃，27 000r/min(转子型号：HITACHI P50AT2)离心 2h，弃上清，沉淀用 300μL Tris-Citrate Buffer 重悬，即为病毒粗提液。将 8.7g 氯化铯加入 20mL Tris-Citrate Buffer 中，充分溶解，平均分装到 2 个离心管中；在离心管顶部小心加入 1mL 病毒粗提液；继续加 Tris-Citrate Buffer 溶液至液面距离心管管口 2～3mm；配平离心管(精确到千分之一)以 36 000r/min(转子型号：HITACHI P40ST)在 4℃下离心 16h；小心取出离心管，尽量不使溶液振荡，拍照记录；识别病毒带(通常病毒带为蓝白色，而杂质带通常为灰白色)，用带长针头的注射器将目的带小心吸出；用等体积的灭菌 ddH_2O 稀释，10 000r/min，4℃，离心 10min；取上清加入 1/2 体积的 24% PEG 溶液，混合均匀于冰上沉淀 10min；10 000r/min，4℃，离心 10min 弃上清，再瞬时离心，用微量移液枪吸除残留液体；用 1mL Tris-Citrate Buffer 重悬，分装成 5 份，1 份 4℃保存，4 份 −20℃保存(章绍延等，2013)。

(5)病毒检测方法

ChiRSV 可通过 ELISA、RT-PCR 及 RT-LAMP 进行检测(王健华等，2012；章绍延等，2013；唐前君等，2016；汤亚飞等，2016a)。RT-LAMP 引物见表 2-25。RT-PCR 引物见表 2-26，扩增条带大小为 571bp。

表 2-25　ChiRSV RT-LAMP 检测引物

引物	序列（5′→3′）
F3	TGGTTTGGTGCATTGTGTA
B3	GCAAACCATACCTTGGCA
FIP	GGTACTCAACTTGTTCATCACCAGAAC ATCACCAAATCTAAATGGAAT
BIP	TCATGCTAGACCAACTTTTAGACAATC TCTGCATTACGCTTCTC

表 2-26　ChiRSV RT-PCR 检测引物

引物	序列（5′→3′）
ChiRSV-F	GCTGATACACAAGCCGTAGA
ChiRSV-R	GCAAACCATACCTTGGCATA

（6）病毒核酸序列

ChiRSV 的 RNA 全长 9630nt（NCBI 登录号：JQ234922.1）。

13. 辣椒脉斑驳病毒（*Chilliveinal mottle virus*，ChiVMV）

辣椒脉斑驳病毒于 1979 年在马来西亚的辣椒上发现。ChiVMV 粒子为弯曲线状，长 750nm，直径为 12～13nm。基因组只含有一条长约 9700nt 的正义单链 RNA，编码含有 3088aa 的多聚蛋白。基因组具有典型的马铃薯 Y 病毒属特征。ChiVMV 可以通过蚜虫以非持久性传播方式进行传播，也可通过汁液和机械摩擦传播。目前，ChiVMV 严重制约韩国、马来西亚、泰国、印度等国和我国台湾等地的辣椒生产，是造成这些地方辣椒减产的最主要原因之一，近年在我国的侵染面积逐渐扩大。非洲的茄科植物上也发现了该病毒的存在（Ong et al.，1979；Wang et al.，2006；王达新等，2007；刘健等，2016）。

（1）主要为害症状

症状的表现受很多因素影响，包括辣椒品种、病毒株系、侵染时间及环境条件等，从而导致症状表现时间不稳定，症状也存在差异。该病毒在不同的寄主上的症状表现不同。ChiVMV 侵染辣椒引发的典型症状是叶脉呈现暗绿条纹，叶沿皱缩，叶片变小、畸形，在幼嫩叶片上该症状尤为明显。早期感染的辣椒植株生长会受到一定抑制，植株矮小，主茎和分枝上均呈现暗绿条纹。大多数病株在结果前会发生严重的落花现象，只留下少量的杂色畸形果（图 2-89，图 2-90）。

（2）寄主范围

ChiVMV 的易感寄主多属于茄科，包括辣椒、指天椒、番茄、烟草、曼陀罗等（Green et al.，1999）。

（3）传播途径

ChiVMV 可由蚜虫以非持久性方式传毒，也可通过机械摩擦和汁液传毒，不能通过种子传播。

（4）组织病理学特征

ChiVMV 侵染寄主细胞后，在细胞内产生圆柱状或圆锥状内含体，在横切面上呈风轮状、卷筒状、环状、片层状。

(5)病毒稳定性

ChiVMV 的致死温度(10min)为 60℃，稀释限点为 10^{-4}，室温下体外存活期为 7d。

图 2-89 ChiVMV 侵染辣椒叶片症状

A. 早期；B. 中期；C. 晚期

图 2-90 ChiVMV 侵染甜辣椒叶片症状(Tsai et al.，2008)

A. 系统花叶；B. 系统坏死环斑；C. 健康叶片

(6)病毒检测方法

ChiVMV 可通过 ELISA 和 RT-PCR 进行检测(吴育鹏，2010)。RT-PCR 引物见表 2-27，扩增条带大小为 1100bp。

表 2-27 ChiVMV RT-PCR 检测引物

引物	序列(5′→3′)
ChiVMV-F	GCGGGAGAGAGTGTTGATGCTG
ChiVMV-R	TCGCCACTATTGAACAGCTTAAC

(7)病毒防治方法

病毒病是为害辣椒的重要病害，其危害大、防治困难，为了减轻其危害，科研工作者尝试了多种不同防治方法。

1)选种抗病耐病的优质品种。这是防治的根本措施，如选种墨西哥辣椒、汁椒 1 号、津椒 3 号、农大 40、中椒系列、沈椒 3 号、湘研系列等。

2)种子处理。辣椒种子能携带多种病原菌，因此种子处理是防治作物种传、土传病害和地下害虫的主要措施，具有安全、简便、经济、高效等优点。

3)加强农田管理。加强栽培管理，适时早播，培育壮苗，提高植株的抗病能力。发现病株及时拔除销毁，同时拔除病株周围植株。农事操作使用的工具及衣物应事先消毒处理，操作人员佩戴一次性手套或用肥皂水洗手。清除田边杂草，消灭毒源。

4)防治蚜虫。由于该病毒的发生与蚜虫的发生情况密切相关，蚜虫是传播的主要媒介，因此利用药剂杀死蚜虫可有效切断传播途径，达到防治的目的，也可以采用隔虫网内种植辣椒，以防止蚜虫的传入。

(8)病毒核酸序列

ChiVMV 的 RNA 全长 9710nt(NCBI 登录号：KR296797.1)。

14. 三叶草黄脉病毒(*Clover yellow vein virus*，ClYVV)

三叶草黄脉病毒于 1965 年在英国白三叶草上发现。ClYVV 粒子为弯曲线状，长 760nm，直径 12～15nm。基因组只含有一条长约 9600nt 的正义单链 RNA，病毒粒子的标准沉降系数 S_{20W}=159S。ClYVV 可以通过蚜虫以非持久性方式进行传播，也可通过机械摩擦传播。ClYVV 作为一种全球性病毒，在世界各地有白三叶草分布的地区均有发生(Hollings and Nariani，1965)。

(1)主要为害症状

ClYVV 侵染寄主后会引起花叶、斑驳、条纹、脉黄、脉明等症状。

(2)寄主范围

ClYVV 寄主范围较广，其易感寄主隶属于苋科、藜科、菊科、葫芦科、豆科苏木亚科和蝶形花亚科、白花丹科、玄参科、茄科、番杏科及伞形科，至少包括 47 种植物，如黄瓜、西葫芦、香豌豆、烟草、扁豆、蚕豆等。

(3)传播途径

ClYVV 可由蚜虫以非持久性方式传毒，也可通过机械摩擦传毒。

(4)组织病理学特征

ClYVV 侵染寄主后，在寄主所有细胞的细胞质中都有分布。受侵染细胞中存在内含体：在细胞质中产生风轮状、束状和片层状内含体；在细胞核周围形成小结晶体或者在细胞核内形成大的无定形体。

(5)病毒稳定性

ClYVV 的致死温度(10min)为 60～65℃，稀释限点为 10^{-5}～10^{-3}。体外存活期 18℃下为 8d，0℃下为 11 周，真空保存的冻干粉病毒侵染性可以保持 9 年。

(6)病毒纯化方法

取受感染的植物叶片，室温下加入 0.5mol/L 硼酸缓冲液(pH 7.8，含 0.01mol/L $MgCl_2$ 及 0.2%巯基乙醇)，碾磨为均质，每克叶片加入 2mL 缓冲液。加入 1.5 倍体积氯仿，摇匀，放置 30min。低速离心取水相。加入聚乙二醇(PEG6000，5g/100mL)2℃静置 90min。10 000*g* 离心 10min，取沉淀。加入原体积的 1/10 的提取缓冲液重悬沉淀，2℃静置过夜。加入提取缓冲液至原体积，进行一个循环的差速离心(10 000*g* 离心 30min，78 000*g* 离心 90min)。可用蔗糖密度梯度离心进一步纯化。

(7)病毒检测方法

ClYVV 可通过 ELISA 进行检测。

(8)病毒核酸序列

ClYVV 的 RNA 全长 9585nt(NCBI 登录号：KU922565.1)。

15. 豇豆蚜传花叶病毒(*Cowpea aphid-borne mosaic virus*，CABMV)

豇豆蚜传花叶病毒于 1965 年在意大利豇豆上发现。CABMV 粒子为弯曲线状，长 725～765nm，直径为 11nm(图 2-91)。基因组为正义单链 RNA，病毒粒子的标准沉降系数 S_{20W}=150S。CABMV 可以通过蚜虫以非持久性方式进行传播，也可通过机械摩擦和种子进行传播。CABMV 是影响非洲和南美洲西番莲产量的重要原因。CABMV 作为一种全球性病毒，在世界各地种植豇豆的地区均有发生(徐慧民和韦石泉，1986)。

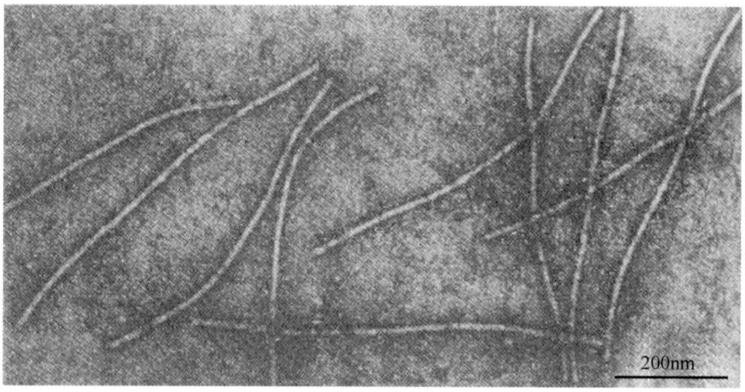

图 2-91　CABMV 粒子电镜图(Bock，1973)

(1)主要为害症状

CABMV 侵染寄主后会引起严重的花叶、褪绿、深绿色脉带、脉间褪绿、叶片变形、起泡和发育迟缓等症状(图 2-92)。

(2)寄主范围

CABMV 的易感寄主隶属于苋科、藜科、菊科、葫芦科、豆科蝶形花亚科、西番莲科及唇形科，自然界中的主要寄主是豇豆和西番莲。

(3)传播途径

CABMV 可由蚜虫以非持久性方式传毒，也可通过机械摩擦和种子传毒。

(4)组织病理学特征

CABMV 可以侵染豇豆的大部分组织器官，包括花粉、花药、子房及胚胎。在豌豆表皮细胞中引起大量的病毒颗粒包裹体，但矮牵牛中几乎没有。

图 2-92　CABMV 侵染豇豆引发的症状(来源：Muhammad Bashir，www.cabi.org)

(5)病毒稳定性

CABMV 的致死温度(10min)为 57～60℃，稀释限点为 10^{-4}～10^{-3}。20℃下体外存活期为 1～3d，冷冻叶片的侵染性至少可以保持 7 周。

(6)病毒纯化方法

取接种 21～28d 的利马豆或长豇豆第一片复叶，冰冻过夜，按每克病叶组织加入 2mL 0.5mol/L、pH 7.8 的柠檬酸缓冲液(含 1%巯基乙醇)匀浆。过滤后，加正丁醇搅拌 50min，然后以 13 500*g* 离心 90min，取上清液以 78 000*g* 离心 90min，留沉淀悬浮于 0.1mol/L、pH 7.2 的磷酸缓冲液中，再以 8000r/min 离心 5min，上清液静置 48h 后，再以 10 000r/min 离心 20min，留上清液，即为病毒粗提纯液。

(7)病毒检测方法

CABMV 可通过 ELISA 结合电镜进行检测。

(8)病毒防治方法

防治 CABMV 可以从初始病原、传毒介体昆虫和种子等方面着手。

1)通过抗性遗传育种培育抗性品种，包括对 CABMV 的抗性和对蚜虫的抗性。

2)建立脱毒种子繁育基地和种子认证机制，生产无毒种子或者鉴定抗种传品系，防止病毒种传。

3)农业防治。播种时间提前和豇豆与谷物间作有助于降低病毒发病率。

4)化学药剂防治蚜虫，切断病毒的虫传途径，控制病毒的持续传播。

(9)病毒核酸序列

CABMV 的 RNA 全长 9930nt(NCBI 登录号：HQ880243.1)。

16. 胡萝卜 Y 病毒(*Carrot virus Y*，CarVY)

胡萝卜 Y 病毒于 2002 年在澳大利亚胡萝卜上发现。CarVY 粒子为弯曲线状，长 720～740nm。基因组包含一条正义单链 RNA。CarVY 可以通过蚜虫以非持久性方式进行传播，也可通过机械摩擦和种子进行传播。CarVY 对胡萝卜危害严重，是影响胡萝卜生产的重要病毒。CarVY 在澳大利亚和埃及均有发生(Howell and Mink，1976；Jones et al.，2005；Ahmed et al.，2012)。

(1) 主要为害症状

CarVY 侵染寄主后会引起褪绿斑、叶缘坏死或红化、叶片系统性黄化、分支增多并呈现羽毛状、植株发育不良、根部扭曲等症状(图 2-93，图 2-94)。

图 2-93　CarVY 侵染胡萝卜后叶片症状(Latham and Jones，2004)

左侧为正常叶片；右侧为受侵染叶片

图 2-94　CarVY 侵染胡萝卜后根部症状(Latham and Jones，2004)

左侧为正常根部；中间为播种 8 周后感染 CarVY 的植株根部；右侧为播种 4 周后感染 CarVY 的植株根部

(2) 寄主范围

CarVY 除侵染胡萝卜外，还可以侵染孜然、小茴香、香菜、防风草、茴芹等植物，其易感寄主隶属于茄科、藜科和葱科。

(3)传播途径

CarVY 可由蚜虫以非持久性方式传毒，也可通过机械摩擦和种子传毒，但胡萝卜种子传毒率较低(Howell and Mink，1977)。

(4)组织病理学特征

CarVY 侵染胡萝卜后细胞质中出现大量病毒粒子，同时出现风轮状内含体。

(5)病毒纯化方法

取受感染的叶片，加入 150mL 0.18mol/L 磷酸-柠檬酸缓冲液(pH 7.0，含 0.1%巯基乙酸，或者 0.1mol/L Tris-巯基乙酸)、40mL 四氯化碳及 40mL 氯仿，用搅拌机均质化。混合物 10 000g 离心 10min，取上清(水相)。收集产物，用不同量的 PEG 或差速离心沉淀病毒，用 PCA 或 Tris-HCl(pH 9.0)缓冲液重悬沉淀。

(6)病毒检测方法

CarVY 可通过 ELISA 进行检测，也可以通过 RT-PCR 方法进行检测。RT-PCR 引物见表 2-28，扩增产物大小为 335bp。

表 2-28　CarVY RT-PCR 检测引物

引物	序列(5′→3′)
CarVY-F	GAATTCATGRTNTGGTGYATHGANAAYGG
CarVY-R	GAGCTCGCNGYYTTCATYTGNRHDWKNGC

17. 胡萝卜窄叶病毒(*Carrot thin leaf virus*，CTLV)

胡萝卜窄叶病毒于 1976 年在美国胡萝卜上发现。CTLV 粒子为弯曲线状，长 736nm，直径为 11nm(图 2-95)。基因组包含一条正义单链 RNA。CTLV 可以通过蚜虫以非持久性方式进行传播，也可以通过机械摩擦传毒，但不能通过种子进行传播。受到 CTLV 侵染的胡萝卜产量下降 25%。目前只在美国有相关报道(Xu et al.，2014)。

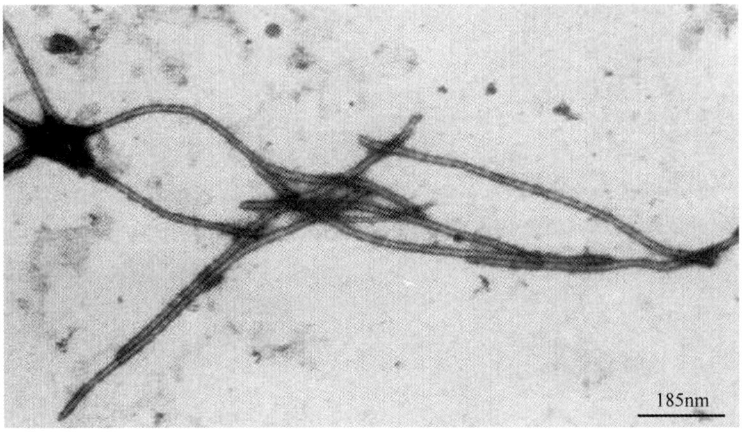

图 2-95　CTLV 粒子电镜图

(1)主要为害症状

CTLV 侵染寄主后会引起畸形、叶片变窄及脉明等症状(图 2-96，图 2-97)。

图 2-96　CTLV 侵染西芹引起植株和叶片发育不良(Xu et al.，2014)

左侧为感病植株；右侧为正常植株

图 2-97　CTLV 侵染胡萝卜引起叶片变窄(来源：www.dpvweb.net)

左侧为感病植株；右侧为正常植株

(2)寄主范围

CTLV 的易感寄主隶属于藜科、菊科、豆科蝶形花亚科、茄科及伞形科。主要包括蜡叶峨参、芹菜、菠菜、苋色藜、香菜、胡萝卜、黄瓜、香豌豆、烟草、豌豆等作物。

(3)传播途径

CTLV 可由蚜虫以非持久性方式传毒，也可以通过机械摩擦传毒，但不能通过种子进行传毒。

(4)组织病理学特征

CTLV 侵染寄主植物后，在植物根、茎、叶中均有分布，细胞质中出现风轮状内含体。

(5)病毒稳定性

CTLV 的致死温度(10min)为 50～55℃，稀释限点为 10^{-6}～10^{-5}。体外存活期为 2d。

(6)病毒纯化方法

取 50g 受感染的叶片，加入 150mL 中性 0.01mol/L 磷酸钾缓冲液。用粗棉布挤压，加入同等体积的氯仿乳化 30min。3000*g* 离心 30min，取水相，71 000*g* 离心 1.5h。加入 0.01mol/L 磷酸缓冲液(pH 7.0)，重悬沉淀。低速离心，所得病毒用含 4% PEG6000 及 0.12mol/L NaCl 的 30%蔗糖垫溶液，60 000*g* 离心 2h。可通过蔗糖密度梯度离心进一步获得纯化的病毒粒子。每千克叶片可得 20mg 病毒。

(7)病毒检测方法

CTLV 可通过 RT-PCR 方法进行检测。RT-PCR 引物见表 2-29。

表 2-29　CTLV RT-PCR 检测引物

引物	序列(5′→3′)
CTLV-F	ACCAAGGAATGGAACGGGAGGG
CTLV-R	TCAAGACAAACCCATTACATAGTACG

(8)病毒核酸序列

CTLV 核酸 RNA 全长 9491nt(NCBI 登录号：JX156434.1)。

18. 芋花叶病毒(*Dasheen mosaic virus*，DsMV)

芋花叶病毒最早于 20 世纪 60 年代在美国发现，随后在中国、日本、印度、越南等国家相继有该病毒发生的报道，是目前报道的侵染芋的发生最为普遍的病毒之一。DsMV 粒子呈弯曲线状，无包膜，为螺旋对称结构，长 750nm，直径 12nm(图 2-98)。基因组包含一条 10 000nt 的正义单链 RNA，具有马铃薯 Y 病毒属基因组的典型特征。DsMV 在自然条件下主要通过无性繁殖材料传播，同时蚜虫非持久性传播也是主要传播方式之一，

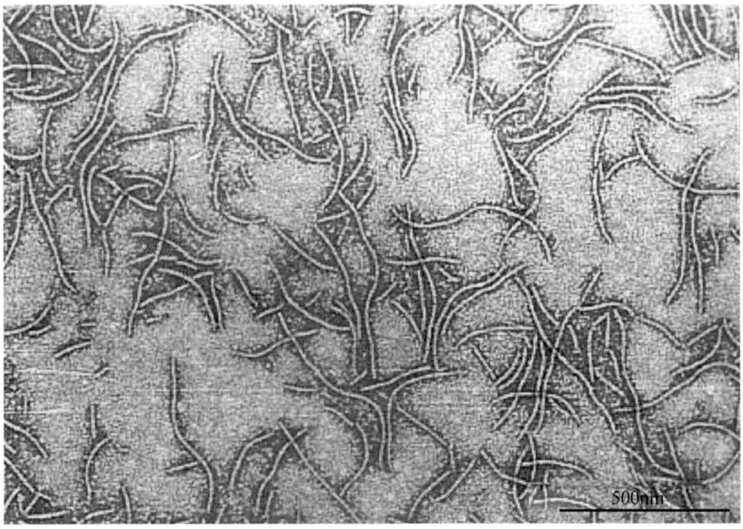

图 2-98　DsMV 粒子电镜图(Abo El-Nil et al.，1977)

此外，DsMV 也可经人工汁液摩擦接种传播。芋受 DsMV 侵染后植株产量下降，品质降低，球茎久煮不烂，给农业生产造成巨大损失。DsMV 引起的病毒分布范围非常广，在世界各地均有发生(Zettler et al.，1970；Chen et al.，2001；Neison，2008)。

(1)主要为害症状

DsMV 侵染芋植株通常表现为叶片产生羽状褪绿、花叶、皱缩、叶脉和茎坏死等症状(图 2-99)。

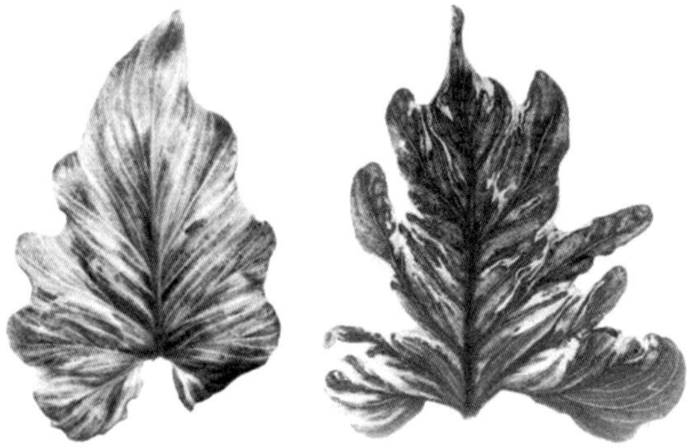

图 2-99 DsMV 侵染裂叶喜林芋后引起叶片褪绿和花叶(来源：www.dpvweb.net)

(2)寄主范围

DsMV 主要侵染天南星科植物，包括广东万年青属、海芋属、魔芋属、花叶芋属、芋属、花烛属、天南星属、隐棒花属、花叶万年青属、龟背竹属、喜林芋属、苞叶芋属和马蹄莲属植物。此外，一些隶属于石竹科、藜科、茄科和番杏科的植物也是 DsMV 的易感寄主。

(3)传播途径

DsMV 可由蚜虫以非持久性方式传毒，也可经种苗、种子和机械摩擦传毒，由于天南星科植物以无性繁殖为主，因此 DsMV 主要随着小苗、小芽或植物组织等繁殖材料而传播。

(4)组织病理学特征

被 DsMV 侵染细胞的细胞质产生圆柱状内含体，内含体横切面为风轮状结构，同时形成卷筒状和片层状聚集体或束状结构。

(5)病毒稳定性

DsMV 的致死温度(10min)为 60～65℃，稀释限点为 10^{-2}。26℃体外存活期为 3～4d。

(6)病毒纯化方法

植株侵染 2～3 周后可从叶片中提取病毒。取 100g 植物组织，加入 200mL 0.1mol/L 柠檬酸钠(pH 7.2，含 0.6g 亚硫酸钠及 0.01mol/L 乙二胺四乙酸钠)，5mL 氯仿及 45mL CCl_4，低温下碾磨成均质。13 200g 离心 10min，取上清。加入 PEG6000 至浓度为 8% 沉淀病毒粒子，可用在 CsCl 中差速离心及平衡离心进一步纯化(Abo El-Nil et al.，1977)。

(7)病毒检测方法

DsMV可通过RT-PCR方法进行检测。RT-PCR引物见表2-30，扩增片段长度为357bp。

表2-30　DsMV RT-PCR检测引物

引物	序列(5′→3′)
DsMV-F	GGGCTTGGGTGATGATGGA
DsMV-R	GCCTTTCAGTGTTCTCGCTTG

(8)病毒核酸序列

DsMV的RNA全长10 038nt(NCBI登录号：NC_003537.1)。

19. 韭葱黄条病毒(*Leek yellow stripe virus*，LYSV)

韭葱黄条病毒最早于1937年被报道，但是直到1978年才完成对该病毒的鉴定与命名。LYSV粒子呈弯曲线状，无包膜，长度为820nm，直径为11～13nm，螺旋对称结构，螺距约为3.4nm(图2-100)。基因组包含一条全长约为10 100nt的正义单链RNA，分子质量为3.0×10^6～3.5×10^6，核酸占病毒粒子质量的5%，基因组具有马铃薯Y病毒属典型特征，含一个单一的长的ORF，编码一个由3173aa组成的、分子质量为360.1kDa的多聚蛋白。病毒粒子一般通过蚜虫以非持久性方式传播，也可以通过汁液摩擦接种传播。LYSV通常和葱潜隐病毒(*Shallot latent virus*，SLV)一起复合侵染，影响作物的产量和品质。LYSV的主要发病地区是欧洲，但在全球其他区域也有报道(Bos et al.，1978；鲁宇文，2006)。

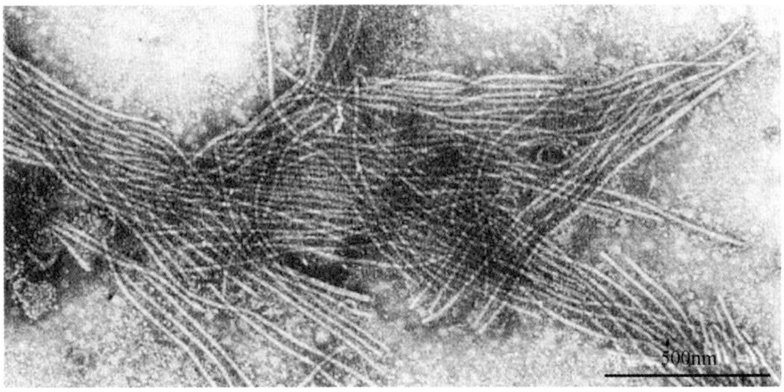

图2-100　LYSV粒子电镜图(来源：www.dpvweb.net)

(1)主要为害症状

感染LYSV的植株，整个叶片呈不规则的黄色条状，叶片基部尤其明显，感病植株汁液变少，质量明显轻于正常植株(图2-101)。

(2)寄主范围

LYSV自然寄主范围相对狭窄，仅限于葱科的韭和少数其他的葱属作物。32种葱属作物中的9种能感染LYSV，但不显症。洋葱和葱对LYSV有较强的抗性，但不是完全免疫。此外，一些隶属于藜科、苋科和茄科的植物也是LYSV的易感寄主(Bos et al.，1978)。

图 2-101　LYSV 侵染韭葱引发的症状(来源：www.dpvweb.net)

(3)传播途径

LYSV 可由蚜虫以非持久性方式传毒，也可经机械摩擦传毒，但不能经由种子传毒。

(4)组织病理学特征

LYSV 粒子主要位于寄主叶片中，在受侵染细胞中出现风轮状、不规则、纤维状或者颗粒状内含体(图 2-102)。

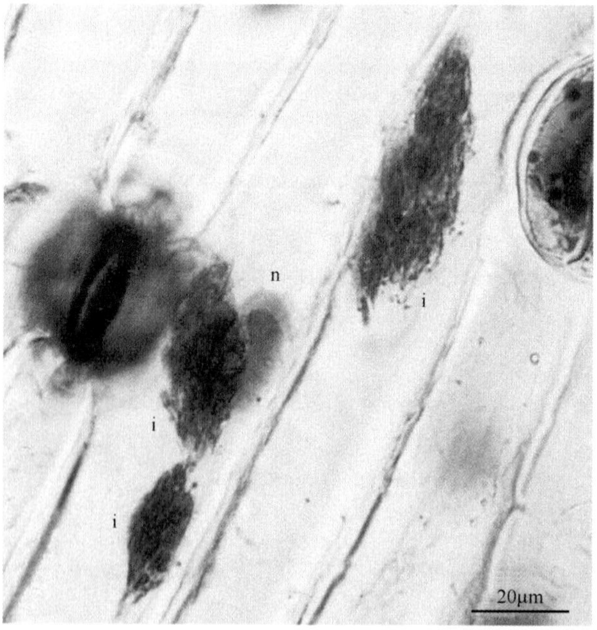

图 2-102　LYSV 侵染韭表皮细胞后形成内含体(来源：www.dpvweb.net)

n. 细胞核；i. 内含体

(5)病毒稳定性

LYSV 的致死温度(10min)为 50～60℃，稀释限点为 10^{-3}～10^{-2}。体外存活期为 3～4d。

(6)病毒纯化方法

取 100g 植物组织，加入 500mL 0.1mol/L Tris 缓冲液(用巯基乙酸调 pH 9.0)及 20mL 氯仿、20mL 四氯化碳、10mL 乙醚，将植物组织碾碎。4000*g* 离心 10min，取上清。26 500*g* 离心 1.5h 取沉淀，加入 50mL 0.1mol/L Tris-HCl 缓冲液，pH 9.0，重悬沉淀。4℃放置 2h，8000*g* 离心 10min。加入含 4×10^{-4}mol/L NaN_3 的缓冲液经交联葡聚糖 G-200 柱(分子筛)过滤，运用蠕动泵，设定流速为 4.6mL/(h·cm^2)。通过紫外吸收峰确定收集含有病毒粒子的溶液，47 000*g* 离心 1.75h 浓缩。重悬沉淀，经过 10%～40%蔗糖密度梯度离心(25 000r/min，2h)进一步纯化。

(7)病毒检测方法

LYSV 可通过 RT-PCR 方法进行检测(郑国华和明艳林，2005)。RT-PCR 引物见表 2-31，扩增片段长度为 517bp。

表 2-31　LYSV RT-PCR 检测引物

引物	序列(5′→3′)
LYSV-F	ACCATACAGCGAACTGAGCAC
LYSV-R	GTAGCCTTGCTTTCCACGC

(8)病毒核酸序列

LYSV 的 RNA 全长 10 142nt(NCBI 登录号：NC_004011.1)。

20. 洋葱黄矮病毒(*Onion yellow dwarf virus*，OYDV)

洋葱黄矮病毒最早于 1929 年在美国洋葱上发现。OYDV 粒子呈弯曲线状，无包膜，长度为 775nm，直径为 11～13nm，螺旋对称结构，螺距约为 3.4nm(图 2-103)。基因组为一条正义单链 RNA，长度约为 10 500nt，相对分子质量为 3.0×10^6～3.5×10^6，核酸占病毒粒子质量的 5%，基因组具有马铃薯 Y 病毒属典型特征，含一个单一的长的 ORF，编码一个由 3403aa 组成的、分子质量为 385.1kDa 的多聚蛋白。OYDV 粒子一般通过蚜虫以非持久性方式传播，也可以通过汁液的摩擦接种传播。OYDV 在大多数种植葱属植物的国家都有发现和报道，寄主被 OYDV 侵染后出现严重减产，在我国，OYDV 对大蒜的危害已成为我国大蒜出口创汇的主要瓶颈(鲁宇文，2006；陈栋，2008)。

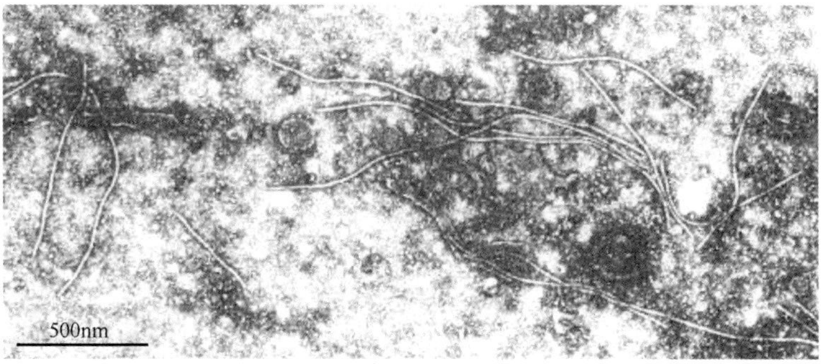

图 2-103　OYDV 粒子电镜图(来源：www.dpvweb.net)

(1) 主要为害症状

感染 OYDV 的植株第一年表现为矮化，叶片伴随着局部不规则的发黄，后期整个叶片发黄，同时叶片出现向下卷曲、起皱、萎缩等症状。OYDV 能引起储存和发芽的洋葱球茎退化变坏。OYDV 还能引起繁殖期间的洋葱花茎呈条纹状卷曲以至扭曲变形，导致花和种子的数量大量减少，并影响种子的品质。葱受 OYDV 感染后出现的症状比较相似，但叶片卷曲和植株矮化更加严重(图 2-104，图 2-105)。

图 2-104　OYDV 侵染寄主后引发的症状(1)(来源：www.ukrup.com.ua)

图 2-105　OYDV 侵染寄主后引发的症状(2)(来源：www.ukrup.com.ua)

(2) 寄主范围

OYDV 在大多数种植葱科植物的国家都有发现和报道，其天然寄主范围较为有限，除了感染葱属作物中的洋葱、大蒜、葱、韭，一些装饰用的葱属作物上也分离到了 OYDV 粒子。

(3)传播途径

OYDV 可由蚜虫以非持久性方式传毒，也可经机械摩擦传毒，但不能经由种子和花粉传毒，也不能通过植物间相互接触传毒。

(4)组织病理学特征

OYDV 感染植株后，存在于感病植株的根、叶、花、花粉等各个部分，线形病毒粒子在细胞质中分散或成束分布，并产生一个圆柱或圆锥状内含体，横切面呈风轮状或卷轴状。

(5)病毒稳定性

OYDV 的致死温度(10min)为 60～65℃，稀释限点为 10^{-4}～10^{-3}。体外存活期为 2～3d。

(6)病毒纯化方法

取 100g 植物组织，加入 500mL 0.1mol/L Tris 缓冲液(用巯基乙酸调 pH 至 9.0)及 20mL 氯仿、20mL 四氯化碳、10mL 乙醚，将植物组织碾碎。4000*g* 离心 10min，取上清。26 500*g* 离心 1.5h 取沉淀，加入 50mL 0.1mol/L Tris-HCl 缓冲液(pH 9.0)，重悬沉淀。4℃放置 2h，8000*g* 离心 10min。加入含 4×10^{-4}mol/L NaN_3 的缓冲液经交联葡聚糖 G-200 柱(分子筛)过滤，运用蠕动泵，设定流速为 4.6mL/(h·cm^2)。通过紫外吸收峰确定收集含有病毒粒子的溶液，47 000*g* 离心 1.75h 浓缩。重悬沉淀，经过 10%～40%蔗糖密度梯度离心(25 000r/min，2h)进一步纯化。

(7)病毒检测方法

OYDV 可通过 ELISA、RT-PCR 方法进行检测。RT-PCR 引物见表 2-32，扩增片段长度为 1402bp。

表 2-32　OYDV RT-PCR 检测引物

引物	序列(5′→3′)
OYDV-F	GAATAATAGTGGGCAGCCGTC
OYDV-R	CTTAATACCAAGCAACGTGTG

(8)病毒防治方法

防治 OYDV 可以从以下几个方面进行。

1)选种健康的种苗。建立无毒种苗繁殖基地，利用组织培养等手段脱毒获取无毒的种苗。

2)控制传毒昆虫。由于 OYDV 的发生与蚜虫有关，因此可以利用药剂杀死蚜虫或者在种植地区周围种玉米作为隔离，切断传播途径，达到防治的目的。

3)加强栽培管理。发现病株及时拔除销毁，农事操作使用的工具及衣物应事先消毒处理，操作人员佩戴一次性手套或用肥皂水洗手。

(9)病毒核酸序列

OYDV 的 RNA 全长 10 538nt(NCBI 登录号：NC_005029.1)。

21．胡葱黄条纹病毒（*Shallot yellow stripe virus*，SYSV）

胡葱黄条纹病毒最早于1993年报道。SYSV粒子呈弯曲线状，无包膜，长度为740nm，直径为12nm。基因组为一条正义单链RNA，长约10 000nt（图2-106）。基因组具有马铃薯Y病毒属典型特征，含一个单一的长的ORF，编码一个分子质量约为350kDa的多聚蛋白。SYSV粒子一般通过蚜虫以非持久性方式传播，也可以通过汁液的摩擦接种传播。在亚洲胡葱上普遍存在SYSV的侵染，特别是在中国、印度尼西亚和泰国。

图2-106　SYSV侵染大葱后的症状、SYSV粒子形态及组织病理学特征（郑红英等，2006）
A. 大葱病毒病害黄条症状；B. 病毒粒子形态；C. 病毒粒子免疫吸附；D，E. 组织病理学特征

（1）主要为害症状

SYSV侵染葱属植物后叶片出现纵向黄色条纹，严重时植株矮化；部分葱产生斑驳症状，但多数不显症；侵染苋色藜和昆诺藜后形成局部坏死斑（图2-107）。

（2）寄主范围

SYSV易感寄主隶属于葱科和百合科，例如，在自然状态下，寄主有胡葱、大葱、薤白、分葱，同时还能摩擦侵染大蒜、台湾百合、火葱、雅葱、苋色藜和昆诺藜。

（3）传播途径

SYSV田间由蚜虫以非持久性方式传毒，也可经机械摩擦传毒。

（4）组织病理学特征

SYSV感染植株后，被侵染细胞内存在大量线状病毒粒子，具有典型的风轮状内含体和柱状内含体。

图 2-107　SYSV 侵染大葱的田间症状(林林，2009)

(5)病毒检测方法

SYSV 可通过 ELISA 检测。

(6)病毒核酸序列

SYSV 的 RNA 全长 10 429nt(NCBI 登录号：NC_007433.1)。

22. 莴苣花叶病毒(*Lettuce mosaic virus*，LMV)

莴苣花叶病毒最早在美国莴苣上发现。LMV 粒子呈弯曲线状，无包膜，长度为 750nm，直径为 13～15nm(图 2-108)。基因组为一条正义单链 RNA，长度为 10 080nt，基因组具有马铃薯 Y 病毒属典型特征，含一条单一的长的 ORF，编码一个 3255aa 多聚蛋白。LMV 粒子一般通过蚜虫以非持久性方式传播，也可以通过汁液的摩擦接种传播，同时能够通过种子和花粉传播。LMV 在全世界莴苣产区均有报道，是一种全球性病毒(周雪平和濮祖芹，1991)。

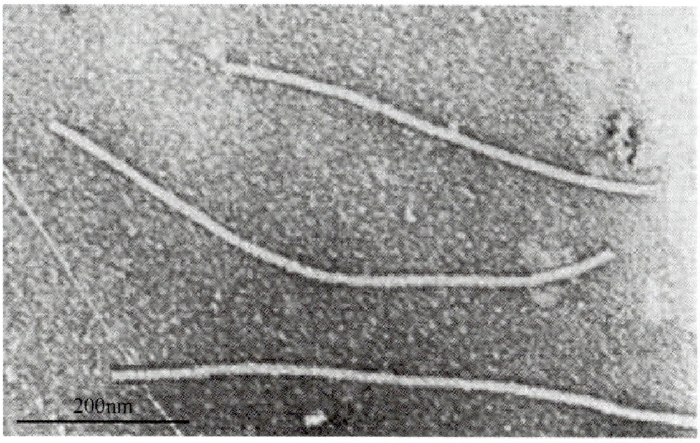

图 2-108　LMV 粒子电镜图(来源：National Vegetable Research Station，UK)

(1) 主要为害症状

被 LMV 侵染的寄主植物会出现局部病变、坏死、褪绿条纹，花叶，叶脉黄化，叶片畸形、褪绿等症状（图 2-109，图 2-110）。

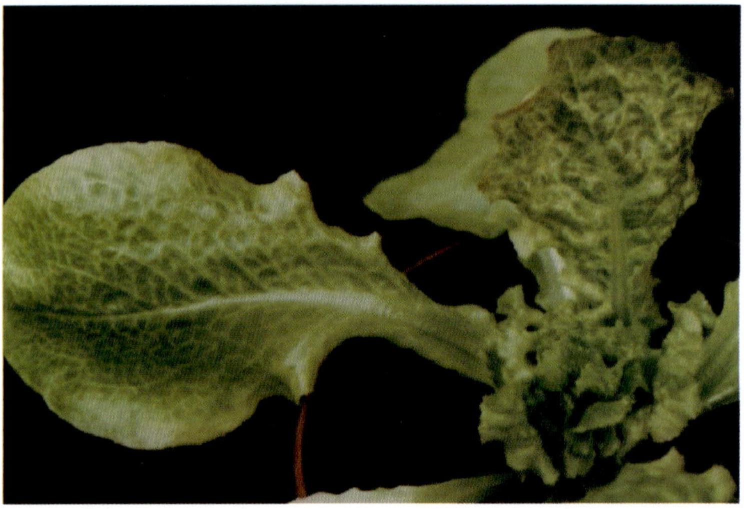

图 2-109　LMV 侵染莴苣后引发的症状（来源：INRA Avignon，France）

图 2-110　莴苣被 LMV 侵染后的田间症状（来源：INRA Avignon，France）

(2) 寄主范围

LMV 的易感寄主隶属于苋科、石竹科、藜科、菊科、十字花科、豆科蝶形花亚科、茄科及番杏科，如鹰嘴豆、千日红、菊苣、油麦菜、香豌豆、豌豆、苦苣菜、菠菜、番杏等。

(3)传播途径

LMV 可由蚜虫以非持久性方式传毒，也可经机械摩擦传毒，同时还能经由种子和花粉传毒。

(4)组织病理学特征

LMV 侵染植株后，病毒粒子存在于感病植株各个部位，受 LMV 侵染植株的超薄切片在电镜下可以观察到风轮状内含体，风轮上的轮轴较直且排列疏松。

(5)病毒稳定性

LMV 的致死温度(10min)为 55～60℃，稀释限点为 10^{-3}～10^{-2}。20℃体外存活期为 1～4d。

(6)病毒纯化方法

以豌豆为繁殖寄主，接种 25d 后采收症状明显的病叶作提纯病毒之用。提纯方法如下：取 50g 病叶加 100mL 0.5mol/L 的磷酸缓冲液(pH 7.5，含 0.01mol/L Na_2EDTA 和 1%巯基乙醇)，匀浆 2min 后用双层尼龙纱布过滤，滤液 6000r/min 离心 20min，去植物组织残渣。所得上清液边搅拌边滴加 2.5% Triton X-100，1% PEG6000 和 0.1mol/L NaCl，1℃搅拌 2h，在冰箱中过夜后，11 000r/min 离心 15min 得沉淀。沉淀用 pH 7.5、0.5mol/L PB(含 0.01mol/L $MgCl_2$ 和 0.5mol/L 脲)充分洗涤，6000r/min 离心 15min，吸出上清液置于试管。沉淀再洗涤离心，反复 3 次，合并上清液，33 000r/min 离心 1.5h，所得悬浮液 8000r/min 离心 15min，得上清液。上清液 33 000r/min 离心 1.5h，离心管底加有 20%蔗糖垫溶液，所得的沉淀用 0.5mol/L、pH 7.5 的 PBS(含 0.01mol/L $MgCl_2$)悬浮，悬浮液即为病毒的部分提纯液。

(7)病毒检测方法

LMV 可通过 ELISA 检测，也可通过免疫胶体金层析试纸条方法进行快速检测(魏梅生等，2014)。

(8)病毒核酸序列

LMV 的 RNA 全长 10 080nt(NCBI 登录号：NC_003605.1)。

23．百合斑驳病毒(*Lily mottle virus*，LMoV)

百合斑驳病毒最早在美国百合上发现。LMoV 粒子呈弯曲线状，长度为 680～900nm，直径为 11～13nm。病毒粒子没有包膜包被，螺旋对称结构，螺距为 3.4nm，标准沉降系数 S_{20W}=150～160S，核酸的分子质量占整个病毒粒子的 5%左右。基因组为一条正义单链 RNA，长度约为 9645nt，基因组具有马铃薯 Y 病毒属典型特征，含一个单一的长的 ORF，编码一个由 3095aa 组成的、分子质量约为 351kDa 的多聚蛋白，经自我剪切后形成包括内含体蛋白 CI 和衣壳蛋白 CP 等在内的 10 个大小不一、功能不同的成熟蛋白。LMoV 粒子一般通过蚜虫以非持久性方式传播，也可以通过汁液的摩擦接种传播。LMoV 分布广泛，在中国、美国、德国、意大利、荷兰、以色列及日本等国均有报道。LMoV 与百合无症病毒(LSV)或黄瓜花叶病毒(CMV)复合感染百合，使百合产生花叶、坏死斑等严重症状时，种球的产量和质量都会大大降低，对生产造成了很大的影响。因此，LMoV 现已经成为为害百合最为严重的病毒之一，对该病毒的研究也已经受到各界的广泛重视

（白松和丁元明，1996；Bouwen and Vlugt，2000；Yamaji et al.，2001；Zheng et al.，2003）。

(1) 主要为害症状

被 LMoV 侵染的百合会出现叶片斑驳、扭曲分叉、花蕾不开放、花瓣变形，或出现环斑等症状(图 2-111)。

图 2-111　百合被 LMoV 侵染后的症状(来源：John Fisher，Ohio Department of Agriculture，Bugwood.org)

(2) 寄主范围

LMoV 的易感寄主隶属于百合科。主要侵染百合，此外，贝母、六出花和郁金香等百合科植物也是 LMoV 的寄主。

(3) 传播途径

LMoV 可由蚜虫以非持久性方式传毒，也可经机械摩擦传毒，一般不通过种子传毒。

(4) 组织病理学特征

在光学显微镜下，LMoV 感染百合后，百合的表皮细胞内会形成细丝状的细胞质内含体；在电镜超薄切片中可以观察到百合的叶片细胞内存在束状或风轮状的内含物。

(5) 病毒检测方法

LMoV 可通过 ELISA 检测，也可通过 RT-PCR 方法进行检测(Asjes et al.，2002；Niimi et al.，2003；韦传宝等，2011)。RT-PCR 引物见表 2-33，扩增产物大小为 513bp。

表 2-33　LMoV RT-PCR 检测引物

引物	序列(5′→3′)
LMoV-F	CA(A/G)TT(T/C)GA(A/G)AC(T/C)TGGTA(T/C)AA(T/C)GC
LMoV-R	TGCAT(A/G)TT(T/C)TT(A/G)TT(A/G)AC(A/G)TC(A/G)TC

(6) 病毒防治方法

1) 切断病毒的感染途径。对土壤、农具消毒及隔离，驱除或杀灭昆虫介体等是最基本的防治方法。

2）利用组织脱毒法获得无毒种植材料。

3）培育抗病品种。利用抗病毒种质杂交培育抗病品种，是病毒防治中较为理想的策略。在百合诸多种质中，岷江百合（*Lilium regale*）具有极好的抗病性，已尝试通过杂交将岷江百合的抗病性引入百合科其他属植物。

（7）病毒核酸序列

LMoV 的 RNA 全长 9645nt（NCBI 登录号：AB570195.1）。

24．豌豆种传花叶病毒（*Pea seed-borne mosaic virus*，PSbMV）

豌豆种传花叶病毒最早于 1966 年在菜豌豆上发现。PSbMV 粒子呈弯曲线状，无包膜，长度为 770nm，直径为 12nm（图 2-112）。病毒粒子为螺旋对称结构，螺距为 3.4nm，沉降系数 S_{20W}=154S，核酸的分子质量占整个病毒粒子的 5.3%左右，蛋白约占整个病毒粒子的 94%。基因组为一条正义单链 RNA，长度约为 10 000nt，基因组具有马铃薯 Y 病毒属典型特征，含一个单一的长的 ORF，编码一个由 3206aa 组成的多聚蛋白，分子质量大约是 364kDa。PSbMV 粒子主要通过蚜虫以非持久性方式传播，也可以种传和通过摩擦接种传播。PSbMV 分布广泛，在中亚、东亚、北美及澳大利亚和英国均有报道，其病害现已成为全世界广泛分布的豌豆最重要的病毒病之一（Hampton et al.，1976；陆建英和杨晓明，2013）。

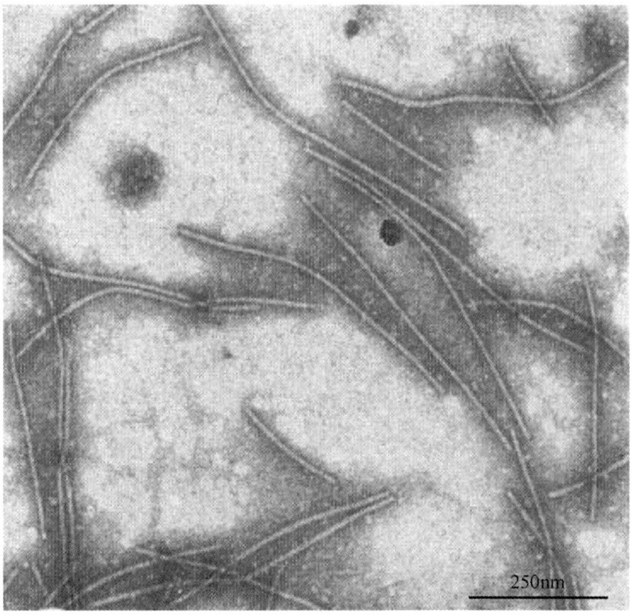

图 2-112　PSbMV 粒子电镜图（来源：www.dpvweb.net）

（1）主要为害症状

PSbMV 侵染豌豆后表现为植株矮化，节间缩短，植株成簇，常出现“莲座”样植株形状。花畸形，青籽粒表面呈现“网球状”花纹，豆荚不规则扭曲、瘪荚，通常只产生

1 或 2 粒种子。被感染叶片叶脉半透明，颜色异常，小叶下卷，苗卷曲。早期感染豌豆种传花叶病毒病则会减少花和果实的形成或延缓花和果实的发育，使种皮裂开。但也有感染病毒后不久症状消失的现象。豌豆感染病毒严重程度主要取决于品种及环境条件，通常大田条件下比温室、生长箱内发病较轻(图 2-113)。

图 2-113 PSbMV 侵染蚕豆(左)、豌豆(右)症状

(2)寄主范围

PSbMV 具有相对较广的寄主范围，可感染苋科、夹竹桃科、藜科、菊科、十字花科、葫芦科、豆科蝶形花亚科、茄科及番杏科等 12 科 47 种植物，其寄主有豌豆、蚕豆、甘蓝、扁豆、巢菜等作物。

(3)传播途径

PSbMV 可由蚜虫以非持久性方式传毒，12 个属的 21 种蚜虫可以作为该病毒的传毒介体。其次可以通过种子传播，豌豆种传率约 30%，无种皮情况下可高达 100%，蚕豆种传率相对较低。此外，PSbMV 也可以通过汁液的摩擦接种传播。

(4)组织病理学特征

PSbMV 粒子分布在根部的皮层薄壁组织和叶肉细胞的细胞质中。在受感染的细胞中出现风轮状和束状内含物，聚集在液泡膜附近。

(5)病毒稳定性

PSbMV 的致死温度(10min)为 55℃，稀释限点为 10^{-4}～10^{-3}。叶片提取液中体外存活期为 1d，根提取液中体外存活期为 4d。

(6)病毒纯化方法

取 18g 新鲜叶片或根组织，加入 180mL 新配制的磷酸缓冲液并研磨成匀浆，缓冲液含 0.01mol/L 二乙基二硫代氨基甲酸钠、0.01mol/L 半胱氨酸-HCl，若是叶片组织还需 0.01mol/L EDTA。匀浆用粗棉布过滤，30℃孵育 1h，加入 0.5 倍体积氯仿，30℃乳化 30min。3000*g* 离心 30min，取上清，90 000*g* 离心 1.5h，弃上清。加入 4mL 用 0.005mol/L NaOH 调 pH 7.0 的预冷的蒸馏水悬浮沉淀过夜。10 000*g* 离心 15min 澄清悬浮液。用 10mL 30% 蔗糖进行密度梯度离心，每层为 20mL 上清液，蔗糖中含有 4%聚乙二醇，0.12mol/L NaCl。24 000r/min 离心 2h，加入 2.5mL 2%蔗糖，含 0.1%腆加漂 T73，pH 7.0，悬浮沉淀过夜。加入蔗糖/聚乙二醇，再次处理(Knesek et al.，1974)。

(7)病毒检测方法

PSbMV 可通过 ELISA 进行检测，也可通过 RT-PCR 方法进行检测。RT-PCR 引物见表 2-34，扩增产物大小为 528bp。

表 2-34　PSbMV RT-PCR 检测引物

引物	序列(5′→3′)
PSbMV-P1-F	GCTTCATGGTTGGAACTATTAAATG
PSbMV-P1-R	AAAGTTACTTGTTTTGCATGCTTTC

(8)病毒防治方法

1)预防。预防是控制 PSbMV 发生和传播最有效的方法(陆剑英和杨晓明，2013)。豌豆种传花叶病毒病(PSbMV)可通过种子传播，一旦带病种子被种植就会通过大量的蚜虫迅速地传播，只有具备健康的种子来源才能真正预防该病的发生和传播，故应严禁从疫区引种。严禁把豌豆种植在苜蓿和三叶草周围，以防这两种多年生作物会储存感染豌豆的大量病毒及传播病毒的昆虫。对豌豆种子应定期进行检测，一般要求种子带毒率低于 1%。

2)育种。选育抗病品种是减轻豌豆病毒病危害的根本途径，对防治豌豆种传花叶病毒病至关重要。美国大多豌豆品种不受 PSbMV 的侵染，可作为抗病资源。目前国际上已育成 Agassiz、DS Admiral、Cruiser 等品种，国内也已育成陇豌系列、苏豌系列等抗病品种。

3)田间管理。首次感染的植株必须立即拔掉避免二次传播；控制植物上的蚜虫介体可以减少病毒在田间的扩散；利用反光膜可使病毒 PSbMV 发生率降低达 78%。

(9)病毒核酸序列

PSbMV 的 RNA 全长 9939nt(NCBI 登录号：KU870637.1)。

25．花生斑驳病毒(*Peanut mottle virus*，PeMoV)

花生斑驳病毒最早于 1965 年在美国花生和大豆上发现。PeMoV 粒子呈弯曲线状，长度为 740～750nm(图 2-114)。沉降系数 S_{20W}=151S，核酸的分子质量占整个病毒粒子的 6%左右。基因组为一条正义单链 RNA，长度约为 9709nt，基因组具有马铃薯 Y 病毒属典型特征，3′端为一个 poly(A)尾，5′端和 3′端各有一段非翻译区(untranslated region，UTR)。基因组为单一 ORF，编码单个多聚蛋白，经过翻译后加工成 10 种具有不同功能的成熟蛋白。PeMoV 粒子主要通过蚜虫以非持久性方式传播，可以通过摩擦接种传播，部分寄主可以种传。PeMoV 分布广泛，非洲东部、澳大利亚、欧洲、南美、印度、日本、马来西亚、菲律宾和泰国等均有报道(Paguio and Kuhn，1973b；许泽永和陈坤荣，2008；刘媛媛，2009；刘媛媛等，2010)。

(1)主要为害症状

PeMoV 侵染寄主后主要引起上部叶片形成深绿与浅绿相嵌的斑驳、斑块或坏死斑，常在叶片中部或下部沿中脉两侧形成不规则形或楔形、箭戟形斑驳，也有的在叶片上部边缘现半月形的斑驳。还可以引发寄主植物矮化、褪绿等症状(图 2-115)。

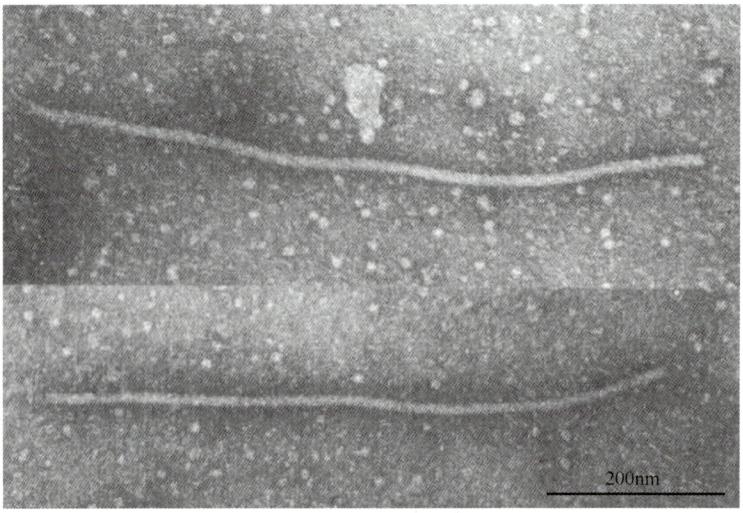

图 2-114 PeMoV 粒子电镜图(来源：www.dpvweb.net)

图 2-115 PeMoV 侵染花生(左)和大豆(右)后引起的症状(来源：URG-CIAT)

(2)寄主范围

PeMoV 的易感寄主隶属于苋科、藜科、葫芦科、豆科苏木亚科和蝶形花亚科、胡麻科及茄科等。主要寄主有花生、大豆、西瓜、黄瓜、菜豆、豌豆、豇豆等作物(Kuhn，1965)。

(3)传播途径

PeMoV 可由蚜虫以非持久性方式传毒，可以通过汁液的摩擦接种传播。PeMoV 在花生、菜豆和豇豆中可以通过种子传播，但在大豆、菜豌豆和决明子中不能种传(Kuhn，1965)。

(4)组织病理学特征

PeMoV 粒子分布在寄主各个部分细胞的细胞质中。被侵染细胞中出现风轮状、束状、片层状及卷轴状内含体。

(5)病毒稳定性

PeMoV 的致死温度(10min)为 54～65℃，稀释限点为 10^{-6}～10^{-2}。体外存活期为 0.5～6d 或者 8d。

(6)病毒纯化方法

取整株感染的植株叶片，按照 2mL/g 组织加入 0.01mol/L pH 8.0 的磷酸钾缓冲液(含 0.01mol/L DIECA，0.01mol/L 亚硫酸钠)，研磨为匀浆。加入 0.1 倍体积氯仿，10 000*g* 离心 10min。加入聚乙二醇至终浓度为 4%，以及 KCl 至终浓度为 0.2mol/L，沉淀病毒。低速离心，加入 0.05mol/L 磷酸缓冲液，含 0.001mol/L 二硫苏糖醇悬浮沉淀。重复聚乙二醇-KCl 处理，通过密度梯度离心进行纯化(Paguio and Kuhn，1973a)。

(7)病毒检测方法

PeMoV 可通过 RT-PCR 方法进行检测(刘媛媛等，2010)。RT-PCR 引物见表 2-35，扩增产物大小为 900bp。

表 2-35　RT-PCR 检测引物

引物	序列(5′→3′)
CP-F	ACAATGATGAAGTTCGTTACCAG
CP-R	GCACACAGTCTCAAGGATTC

(8)病毒防治方法

花生斑驳病毒病的防治时期是播种期和出苗期。通常采取综合防治措施：根据花生斑驳病毒病有种子带毒、蚜虫传染、花生出苗后的有翅蚜高峰期是传毒高峰期和覆盖无色或银灰色地膜可以驱蚜防病的特点，以及发病后无特效农药可以治疗的现实情况，必须采取预防为主、综合防治的措施。

1)三级选种。选用带毒率低的花生种或培育无毒花生种。三级选种包括株选、果选和粒选三个步骤。根据病株结果少、果型小的原理，在花生收获时将结果多、结果整齐、双饱果比例较大的单株选作留种株。留种株的花生果单收单晒、单留作种子。在花生播种时再将小果、裂果、瘪果剔除，然后剥壳，并将变色的种仁拣出。通过三级选种可以大幅度降低种子的带病率。如果每年都能坚持三级选种，使花生种子得到提纯复壮，就能大幅度提高花生的产量和品质。

2)地膜覆盖。地膜覆盖栽培花生不但可以提高地温，保水保肥，疏松土壤，改善土壤环境，而且可以驱避蚜虫，减少传毒，是防病增产的重要措施。

3)及时防治蚜虫。花生出苗前对花生蚜虫主要繁殖场所及寄主进行全面喷药防治。

(9)病毒核酸序列

PeMoV 的 RNA 全长 9709nt(NCBI 登录号：NC_002600.1)。

26. 甜椒脉斑驳病毒(*Pepper veinal mottle virus*，PVMV)

甜椒脉斑驳病毒最早于 1971 年在非洲加纳的辣椒上分离发现。PVMV 粒子呈弯曲线状，长度为 770～850nm，直径 12nm(图 2-116)。沉降系数 S_{20W}=155S，核酸的分子质量占整个病毒粒子的 6%左右。基因组为一条正义单链 RNA，长度约为 9800nt，基因组具有马铃薯 Y 病毒属典型特征，3′端为一个 poly(A)尾。基因组为单一 ORF，编码单个多聚蛋白，经过翻译后加工成 10 种具有不同功能的成熟蛋白。PVMV 粒子主要通过蚜虫以非持久性方式传播，也可以通过机械摩擦和嫁接接种，但不能通过植物间接触传播。PVMV

主要分布在非洲，科特迪瓦、加纳、肯尼亚、尼日利亚、南非均有相关报道。近年来，在亚洲的中国、阿富汗、印度、韩国也有相关报道(Brunt and Kenten，1971；Brunt et al.，1971；Gorsane et al.，2001；Alegbejo and Abo，2002；梁洁等，2015；Zhang et al.，2016)。

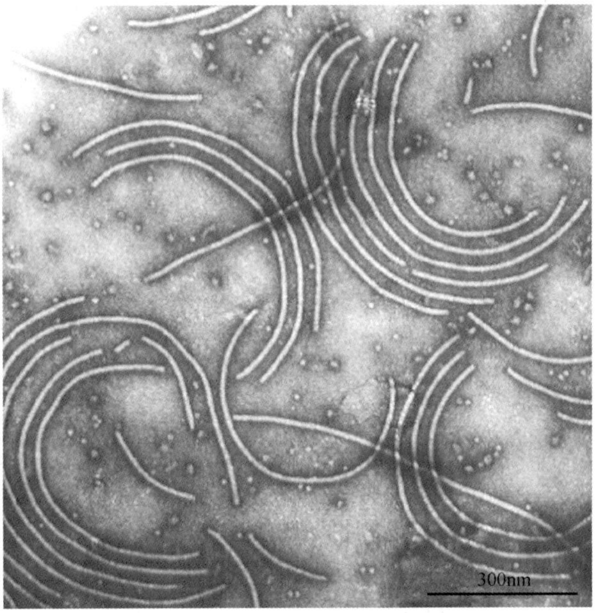

图 2-116　PVMV 粒子电镜图(来源：www.dpvweb.net)

(1)主要为害症状

PVMV 侵染矮牵牛后引起严重的叶片黄化、叶片斑驳及叶片扭曲。PVMV 侵染辣椒会出现叶片发黄、叶脉扭曲、脉间褪绿成绿斑驳，甚至叶片变小、畸形，病果也有褪绿花斑，果实较小、畸形，并造成大量减产(图 2-117)。

图 2-117　PVMV 侵染辣椒引发的症状(来源：www.dpvweb.net)

(2)寄主范围

PVMV的易感寄主隶属于葱科、苋科、夹竹桃科、藜科、菊科、十字花科、葫芦科、禾本科、唇形科、豆科蝶形花亚科、商陆科、芸香科及茄科等。该病毒能通过摩擦接种感染至少35种不同茄科植物，主要寄主有白菜、油菜、甘蓝、辣椒等作物。

(3)传播途径

PVMV可由蚜虫以非持久性方式传毒，可以汁液的摩擦接种传播，也可以经嫁接传播，但不能由种子传播(Alegbejo and Abo，2002)。

(4)组织病理学特征

PVMV粒子分布在寄主各个部分细胞的细胞质中。被侵染细胞中出现风轮状内含体。

(5)病毒稳定性

PVMV的致死温度(10min)为55～60℃，稀释限点为10^{-4}～10^{-3}。体外存活期为7～8d。

(6)病毒纯化方法

取系统侵染的叶片，加入氯仿、0.5mol/L硼酸(pH 7.8，含0.2% 2-巯基乙醇)，研磨为均质。10 000g离心10min取上清，加入50g PEG6000，2℃搅拌1～2h，沉淀病毒。加入0.5mol/L硼酸(pH 7.8)，悬浮沉淀，差速离心澄清浓缩病毒。两个循环的差速离心后加入聚乙二醇沉淀病毒进一步纯化，或经10%～40%蔗糖密度梯度离心。

(7)病毒检测方法

PVMV可通过RT-PCR方法进行检测。RT-PCR引物见表2-36，扩增产物大小约为750bp。

表2-36　PVMV RT-PCR检测引物

引物	序列(5′→3′)
PVMV-F	AATTAAGCCATTGATTGACCA
PVMV-R	AGCGCCAATTATGAAACCGC

(8)病毒防治方法

1)选用抗耐病品种。

2)种子消毒处理。很多病毒可以通过种子携带传播，生长出的植株直接表现出病毒症状，因此播种前进行种子消毒处理，可有效减少病毒病的发生。

3)田间栽培管理。采用塑料钵育苗的栽培方法；合理施肥和灌溉；及时田间清理，适当轮作；合理种植，调节温度、湿度。

4)防治蚜虫。蚜虫不仅为害植株，而且传播病毒，给辣椒生产带来严重的影响，因此防治蚜虫不容忽视。辣椒病毒病的发病株率与田内有翅蚜总量呈显著相关性，蚜虫迁飞高峰后2d左右就会出现辣椒发病高峰。苗期及室内栽培应增强防护措施，如使用白色或银色防虫网、黄板诱蚜虫，防治效果可以达到80%以上。在辣椒生长期间，根据蚜虫发生情况，及时喷撒化学药剂，可选用70%艾美乐0.5～1g/15kg、50%避蚜雾可湿性粉剂等药剂防治蚜虫。

(9)病毒核酸序列

PVMV的RNA全长9793nt(NCBI登录号：KR002568.1)。

27. 马铃薯 A 病毒(*Potato virus A*，PVA)

马铃薯 A 病毒最早于 1932 年在爱尔兰的马铃薯被发现并正式命名。PVA 粒子呈弯曲线状，长度约为 730nm，直径为 15nm(图 2-118)。PVA 基因组为一条正义单链 RNA，长度约为 9600nt，基因组具有马铃薯 Y 病毒属典型特征，5′端为 VPg 结构，3′端为一个 poly(A)尾。基因组为单一 ORF，包含 9177aa，编码一个含有 3059aa 的多聚蛋白，经过翻译后加工成 11 种具有不同功能的成熟蛋白。PVA 粒子主要通过蚜虫以非持久性方式传播，也可以通过机械摩擦接种，但不能通过种子传播。PVA 是马铃薯生产上危害较严重的病毒病之一，马铃薯感染 PVA 后可造成高达 40%的减产。PVA 分布范围广泛，在全世界马铃薯产区均有报道(张维，2013)。

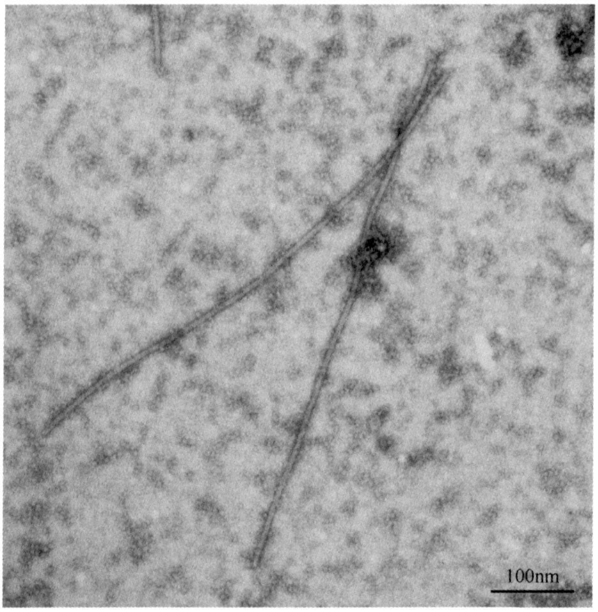

图 2-118　PVA 粒子电镜图(1%钼酸铵负染色)

(1)主要为害症状

PVA 侵染马铃薯后与马铃薯 Y 病毒病的症状相似，在多数品种上引起轻微花叶，叶片斑驳，叶脉凹陷而使叶面粗糙，叶脉或脉间呈现不规则的浅色斑，有些叶缘产生皱褶呈波浪状，有些敏感的品种表现为顶端坏死，病株枝条向外弯曲，呈开散状，偶尔会表现矮化。PVA 引起的花叶症状在强日照季节表现不如在冷凉气候下明显，有时甚至完全没有症状表现，但 PVA 和马铃薯 X 病毒(PVX)复合感染则症状非常明显，可引起严重皱叶，PVA 和 PVY 复合感染也引起严重的花叶症状(张维，2013)(图 2-119)。

(2)寄主范围

PVA 寄主范围有限，主要侵染茄科植物，包括马铃薯、醋栗、番茄、假酸浆等作物。

(3)传播途径

PVA 可由蚜虫以非持久性方式传毒，可以通过汁液的摩擦接种传播，但不能由种子传播。薯块可持久带毒，因此 PVA 可随种薯传播和定植。

图 2-119　PVA 侵染马铃薯引发的症状(Spire D，INRA)

(4)组织病理学特征

PVA 粒子分布在寄主各个部分细胞的细胞质中(图 2-120)。

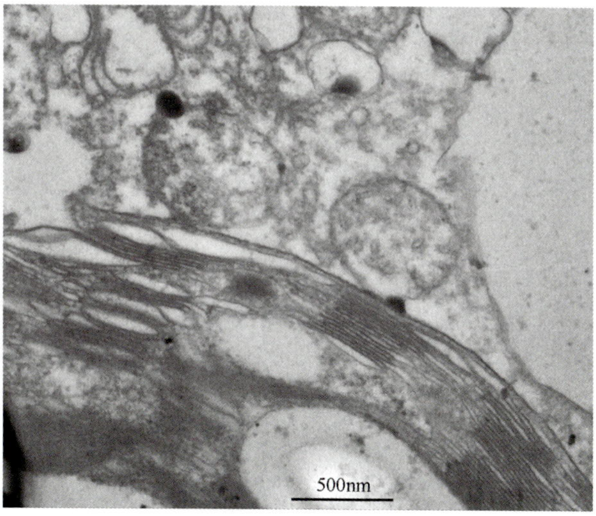

图 2-120　PVA 侵染烟草叶片细胞后细胞质中的风轮状体

(5)病毒稳定性

PVA 的致死温度(10min)为 44～52℃，稀释限点为 10^{-1}。体外存活期为 12～18h。冰冻干燥后病毒失活。

(6)病毒纯化方法

以下操作在低温下进行。取植物叶片，加入 0.2%抗坏血酸及 0.2%亚硫酸钠，逐滴加入正丁醇至浓度为 8%，研磨为匀浆。混合液低速离心取上清。用 1/4 倍体积 CCl_4 处理一或两次，差速离心纯化病毒粒子(Fribourg and Zoeten，1970)。

(7)病毒检测方法

PVA 可通过 RT-LAMP 方法进行检测(吴丽萍，2006；刘洪义等，2015)，引物见表 2-37；PVA 还可以通过 RT-PCR 方法进行检测。RT-PCR 引物见表 2-38，扩增产物大小约为 678bp。

表 2-37 PVA RT-LAMP 检测引物

引物	序列(5′→3′)
PVA-FIP	CTTGCATCAAGAGTTTCGGCTTGATGAACAAATGGATGAAGAAGA
PVA-BIP	CGAAGCACTAGCGCAGAAATCTTGTCCTTCACGGCTACA
PVA-F3	TGGAAAAGTACTCTATCCAGTT
PVA-B3	CTGAATGAGTCCCAGCAGTA
PVA-LB	TGAAGGTAGGCAGAAAGAAGGAGAA

表 2-38 PVA RT-PCR 检测引物

引物	序列(5′→3′)
PVA-F	CGCCGTGAAGGACAAAGATG
PVA-R	TCCGTTGCTGTGTGCCTTTC

(8)病毒防治方法

1)制定严格的措施，加强调运繁殖材料的检疫。

2)采用无毒种薯，建立无毒种薯繁育基地，推广脱毒种薯。

3)选用抗病、耐病品种，加快抗病品种的培育。

4)早播，拔除病株。

5)健全病虫害测报综合防治体系，做好蚜虫防治，通过应用杀虫剂叶面喷雾和内吸性药剂处理土壤，控制蚜虫虫口密度。

(9)病毒核酸序列

PVA 的 RNA 全长 9585nt(NCBI 登录号：NC_004039.1)。

28. 大豆花叶病毒(*Soybean mosaic virus*，SMV)

大豆花叶病毒最早于 1915 年在美国大豆上发现，1921 年被正式命名。SMV 粒子呈弯曲线状，长度为 630～750nm，直径为 13～19nm(图 2-121)。SMV 基因组为一条正义单链 RNA，长度约为 9585nt，基因组具有马铃薯 Y 病毒属典型特征，5′端为 VPg 结构，3′端为一个 poly(A)尾。基因组为单一 ORF，产生一个大的多聚蛋白前体，并通过翻译的蛋白加工过程，切割形成具有不同功能的成熟蛋白。SMV 粒子主要通过蚜虫以非持久性方式传播，也可以通过机械摩擦、花粉和种子进行传毒。SMV 是广泛分布于国内外大豆产区且为害严重的病毒病害，严重影响大豆的产量和外观品质。

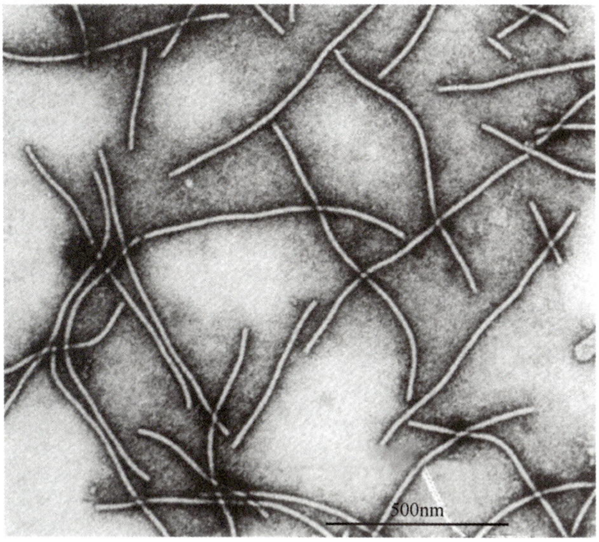

图 2-121　SMV 粒子电镜图（来源：www.dpvweb.net）

（1）主要为害症状

大豆花叶病毒在大豆植株上形成的系统症状分为花叶和坏死两大类。花叶症状可分为轻花叶、重花叶、黄斑花叶、皱缩花叶。坏死症状包括枯斑、叶脉坏死、芽枯或顶枯。症状类型取决于 SMV 株系和大豆品种两个因素（图 2-122）。具体表现如下。

1）花叶。叶片稍有不平，黄绿斑驳相间明显，植株生长比较正常。

2）矮缩。植株矮小，节间明显缩短、叶片窄小，僵缩易脆，伴有黄绿相间的斑驳。

3）疱状凸起。叶片形成凹凸不平的疱斑，有的沿叶脉形成疱凸，颜色浓绿，有的呈黄绿色斑驳。

4）顶枯。上部叶片褪绿、出现黄褐斑、僵脆、逐渐枯萎坏死、顶芽黄枯、死亡，下部叶片浓绿、厚而脆。

图 2-122　SMV 侵染寄主引发的症状（来源：http://picssr.com）

(2)寄主范围

SMV 寄主范围因株系不同而有所差异，弱毒株系寄主范围较窄，而致病力强的株系则相对较宽。SMV 易感寄主隶属于藜科、豆科苏木亚科和蝶形花亚科、玄参科及茄科。主要寄主包括大豆、白羽豆、假酸浆、菜豆、豌豆、蚕豆等作物。

(3)传播途径

SMV 可由蚜虫以非持久性方式传毒，可以通过汁液的摩擦接种传播，也可以通过种子和花粉进行传播。

(4)组织病理学特征

SMV 粒子分布在寄主根皮层、表皮、韧皮、种皮和胚细胞的细胞质中，在植物寄主细胞中内产生风轮状和不定形内含体；被侵染细胞中会产生较少的淀粉粒，叶绿体中产生更多的小泡。

(5)病毒稳定性

SMV 的致死温度(10min)为 50～65℃，稀释限点为 10^{-4}～10^{-2}。室温下体外存活期为 1～4d，4℃体外存活期为 14～15d。

(6)病毒纯化方法

取 100g 冷冻的叶片，加入 200mL 预冷的 0.5mol/L 柠檬酸钠缓冲液(含 1%巯基乙醇)，研磨，用粗棉布过滤。缓慢加入正丁醇(每 100mL 加入 7mL)，缓慢搅拌。冷藏过夜。两个循环差速离心澄清、沉淀溶液。高速离心，加入硼酸缓冲液(0.01mol/L，pH 8.3)悬浮沉淀。可用蔗糖密度梯度离心进一步纯化。

(7)病毒检测方法

SMV 可以通过 RT-PCR 方法进行检测(赵玖华等，2000；王杰，2005)。RT-PCR 引物见表 2-39，扩增产物大小约为 800bp。

表 2-39　SMV RT-PCR 检测引物

引物	序列(5′→3′)
SMV-F	GGATCCATGTCAGGCAAGGAGAAGGGAA
SMV-R	TTTATTACTGCGGTGGGCCCATGCC

(8)病毒防治方法

1)药剂防治。防治蚜虫，应及时喷药，消灭传毒介体。常用 3%啶虫脒乳油 1500 倍液，或用 2%阿维菌素乳油 3000 倍液，或用 10%吡虫啉可湿性粉剂 3000 倍液，或用 2.5%高效氯氟氰菊酯 1000～2000 倍液等药剂喷雾防治。

2)农业措施如下。种植抗病品种：适期播种，使大豆开花期在蚜盛发期前，减少早期传毒侵染。建立无病毒种子田：无病毒种子田要求在种子四周 100m 范围内无该病毒的寄主作物(包括大豆)。种子田在苗期拔除病株，收获前发现病株也应拔除。收获的种子要求带毒率在 1%以下，病株率高或带毒率高的种子不能作为下年种植的种子用。加强种子检疫：由于侵染大豆的病毒有较多种种传毒病，因此加强种子检疫尤为重要。引进的种子必须先隔离种植，要留无病毒种子，再作繁殖用。驱避蚜虫：由于田间传毒主要是迁飞的有翅蚜，且多是非持久性的传毒，因此采取驱蚜或避蚜措施比防蚜措施效果好。

大豆苗期用银膜覆盖，也可用银膜条间隔插在田间，可起到很好的驱避蚜虫效果。

(9)病毒核酸序列

SMV 的 RNA 全长 9585nt(NCBI 登录号：FJ640980.1)。

29. 甘薯羽状斑驳病毒(*Sweet potato feathery mottle virus*，SPFMV)

甘薯羽状斑驳病毒最早于 1945 年在美国甘薯上发现。SPFMV 粒子呈弯曲线状，长度为 820～860nm，直径为 12nm(图 2-123)。SPFMV 基因组为一条正义单链 RNA，长度约为 11 000nt，基因组具有马铃薯 Y 病毒属典型特征，5′端为 VPg 结构，3′端为一个 poly(A)尾。基因组为单一 ORF，产生一个大的多聚蛋白前体，并通过翻译的蛋白加工过程，切割形成具有不同功能的成熟蛋白。SPFMV 粒子主要通过蚜虫以非持久性方式传播，也可以通过机械摩擦和嫁接传毒，但不能通过花粉和种子进行传毒。SPFMV 几乎在世界上主要甘薯产区均有发现，且已鉴定出该病毒的多个株系。SPFMV 侵染甘薯会严重影响甘薯的产量和品质(杨崇良等，2001)。

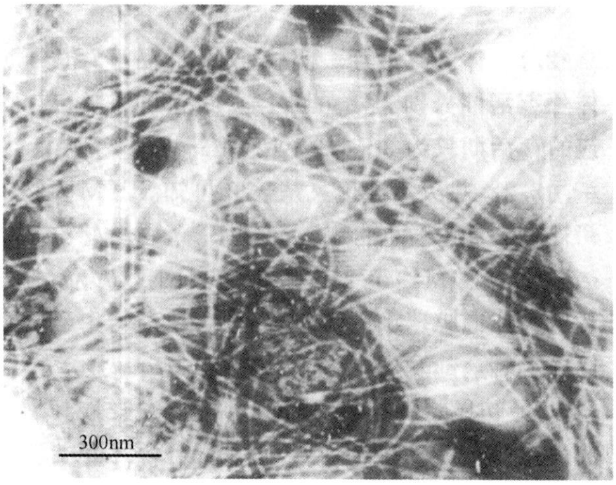

图 2-123　SPFMV 粒子电镜图(孟清和杨永嘉，1994)

(1)主要为害症状

感染 SPFMV 病株地上部表现花叶、皱缩、卷叶、黄化，老叶上出现紫红色羽状斑驳等，秧苗长势弱，结薯少，薯块小，表皮粗糙、龟裂等(图 2-124)。

(2)寄主范围

SPFMV 易感寄主隶属于藜科、旋花科和茄科，主要寄主包括苋色藜、巴西牵牛、甘薯等植物。

(3)传播途径

SPFMV 可由蚜虫以非持久性方式传毒，可以通过汁液的摩擦和嫁接传播，但不能通过种子和花粉进行传播，也不能通过植物间接触传播。

(4)组织病理学特征

SPFMV 粒子分布在寄主植物所有细胞的细胞质中，被侵染细胞中存在风轮状内含体。

图 2-124　SPFMV 侵染寄主引发的症状（来源：www.191.cn）

（5）病毒稳定性

SPFMV 的致死温度（10min）为 60～65℃，稀释限点为 10^{-4}～10^{-3}。室温下体外存活期为 7～12h。

（6）病毒纯化方法

取 100g 感染病毒的 *Ipomoea setosa* 叶片加入 800mL、0.2mol/L pH 7.2 的 PBS（内含 0.06mol/L Na_2EDTA、1.0mol/L 尿素、0.1%巯基乙醇），于 40℃下用组织捣碎机彻底破碎组织，经两层纱布过滤，于上清液中加入氯仿和四氯化碳，加入量为上清液体积的 25%。乳化 15min（冰浴），5000r/min 离心 15min，于上清相中加入 0.5% Triton X-100，2% NaCl，5% PEG6000 搅拌 2h（冰浴），4℃过夜。5000r/min 离心 20min，用 0.05mol/L pH 7.2 的 PBS（内含 0.01mol/L Na_2EDTA、0.25mol/L 尿素）重悬沉淀。用 20%蔗糖作垫层超离心（35 000r/min 离心 10min），回溶沉淀于少量 0.01mol/L pH 7.2 的 PBS 中，5000r/min 离心 10min，其上清液即为粗提病毒液。用 0.01mol/L pH 7.2 的 PBS（内含 0.01mol/L Na_2EDTA、0.25mol/L 尿素）将蔗糖分别配成 20%、30%、40%、50%的溶液，每个梯度 2mL，制备梯度管，加入粗提病毒液，每管加样 1mL，20 000r/min 离心 3h（孟清和杨永嘉，1994）。

（7）病毒检测方法

SPFMV 可以通过 RT-PCR 方法进行检测（王丽等，2013）。RT-PCR 引物见表 2-40，扩增产物大小约为 945bp。

表 2-40　SPFMV RT-PCR 检测引物

引物	序列（5′→3′）
SPFMV-F	CCGGGTCTRRTGAGARHACTGAATTTAAAGATGC
SPFMV-R	GACTCTCGAGCCTATTGCACACCCCTCATTCC

（8）病毒防治方法

1）加强检疫措施。

2）加强苗期病害调查，发现疑似病株及时拔除，可有效降低大田 SPFMV 的发病率。

3）加强对介体昆虫的防治，可有效减少该病的扩散。

4）加大脱毒甘薯种苗推广力度。

（9）病毒核酸序列

SPFMV 的 RNA 全长 10 820nt（NCBI 登录号：NC_001841.1）。

30. 烟草蚀纹病毒（*Tobacco etch virus*，TEV）

烟草蚀纹病毒最早于 1930 年在美国烟草上发现。TEV 粒子呈弯曲线状，S_{20W}=154S，是由 4 个蛋白质亚单位螺旋状围绕而形成的一个柱体，螺旋体的空心中填埋有含量约为 5%的核酸，长度为 730～790nm，直径为 12～13nm（图 2-125）。TEV 基因组为一条正义单链 RNA，长度约为 9500nt，基因组具有马铃薯 Y 病毒属典型特征，5′端为 VPg 结构，3′端为一个 poly（A）尾。基因组为单一 ORF，产生一个大的多聚蛋白前体，并通过翻译的蛋白加工过程，切割形成具有不同功能的成熟蛋白。TEV 粒子主要通过蚜虫以非持久性方式传播，也可以通过机械摩擦和菟丝子传毒，但不能通过种子进行传毒。目前 TEV 在美国、德国、墨西哥、法国、加拿大、印度、俄罗斯及中国等国家均有报道（武占敏，2011）。

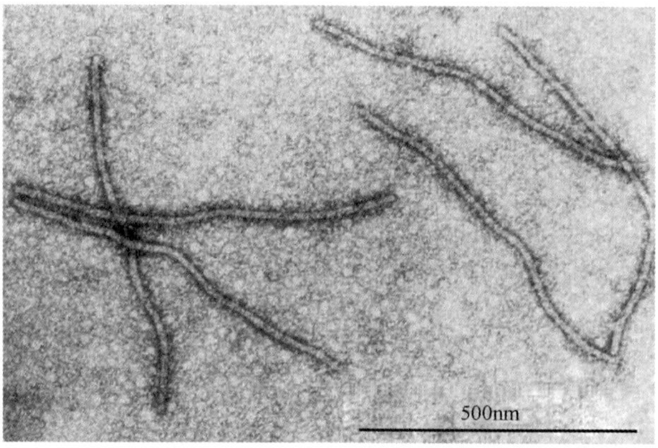

图 2-125　TEV 粒子电镜图（来源：www.dpvweb.net）

（1）主要为害症状

TEV 主要发生在烟株旺长以后，茎和叶均可受害，症状随烟草品种类型、病毒株系及烟株生长的环境不同而表现出差异，但典型症状表现为：系统性症状会出现坏死性蚀纹和脉明，随后呈褪绿斑驳；感病植株初期叶面形成 1～2mm 大小的褪绿小斑点，然后发展为白色条纹及多角形病斑，支脉间连成不规则图纹；受害严重时植株矮小，小黄点或线状蚀刻会布满整个叶片，最后病部连片坏死脱落，叶片破碎，有时下部叶片中脉和根部也变褐坏死（图 2-126）。

（2）寄主范围

TEV 易感寄主隶属于苋科、石竹科、藜科、菊科、豆科苏木亚科和蝶形花亚科、玄参科、茄科及番杏科，主要寄主包括甜菜、辣椒、曼陀罗、番茄、假酸浆、烟草、矮牵牛和番杏等植物。

（3）传播途径

TEV 可由蚜虫以非持久性方式传毒，可以通过汁液摩擦和菟丝子传播，但不能通过种子传播。

图 2-126　TEV 侵染烟草叶片引发的症状（姚彦垚，2013）

(4)组织病理学特征

TEV 粒子在被侵染寄主的叶肉和表皮细胞、细胞质和胞间连丝中大量存在。在感染细胞中存在内含体，细胞核中呈晶体状，细胞质中呈风轮状（图 2-127）。

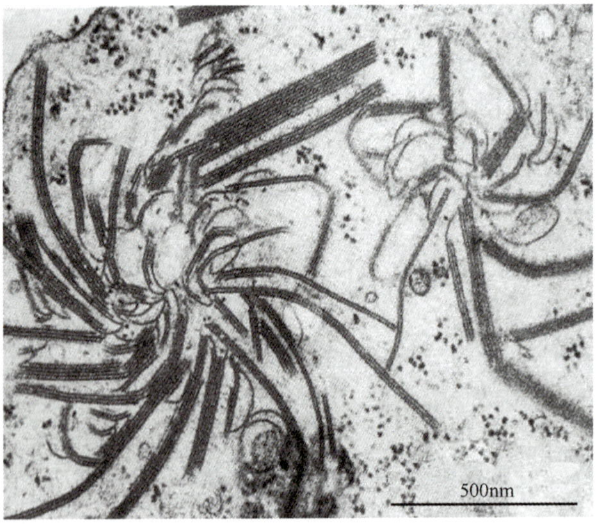

图 2-127　受 TEV 侵染的寄主超薄电镜切片（Edwardson and Christie，1984）

(5)病毒稳定性

TEV 的致死温度（10min）为 55℃，稀释限点为 10^{-4}。20℃下体外存活期为 5～10d。

(6)病毒纯化方法

取感染 3～8 周后的烟草组织 100g，加入 150mL 20mmol/L 两性离子缓冲液，pH 7.5，含 0.1%亚硫酸钠，21mL 正丁醇。简单过滤，3300*g* 离心 10min 取上清。加入 1%体积

Triton X-100 和 4%体积聚乙二醇，加入 NaCl 至终浓度为 100mmol/L，4℃搅拌 1h。10 000*g* 离心 10min。加入 50mL 20mmol/L 两性离子缓冲液，pH 7.5 悬浮沉淀，玻棒进一步研磨。10 000*g* 离心 10min，弃沉淀。上清中加入总体积 8%的聚乙二醇，加入 NaCl 至终浓度 100mmol/L，10 000*g* 离心 15min，沉淀病毒。加入 5～10mL 20mmol/L 两性离子缓冲液，悬浮沉淀。加入含 30% CsCl 的 20mmol/L 两性离子缓冲液，pH 7.5，使溶液分层，140 000*g*，5℃离心 16～18h。分馏滴定收集病毒，用 1/4 倍体积缓冲液稀释，12 000*g* 离心 10min 取上清。聚乙二醇沉淀病毒。

(7) 病毒检测方法

TEV 可以通过 DAS-ELISA 和 RT-PCR 方法进行检测。RT-PCR 引物见表 2-41，扩增产物大小约为 789bp。

表 2-41　TEV RT-PCR 检测引物

引物	序列 (5′→3′)
TEV-F	GCGAGCTCTGGCGGACCCCTAATAGTG
TEV-R	GCGAATTCAGTGGCACTGTGGATGCTGG

(8) 病毒防治方法

目前对此病的防治应该采取以农业防治为基础，辅以药剂防治的综合防治措施，以达到控制此种病毒病发生流行的目的。

1) 合理轮作和对烟田进行科学选择。与其他作物进行合理的轮作倒茬，避免与十字花科及茄科作物邻作，可以与禾本科作物玉米倒茬种植，选择远离农庄的大片地块集中连片种植，上述生态措施可以有效地隔离传毒蚜虫和毒源植物。

2) 推行规范的农业栽培和耕种措施。推广地膜烟，采用银膜覆盖烟田，起到避蚜防病的作用，在烟田四周种植高秆作物作为防止蚜虫向烟田迁飞的屏障，也可以在一年两熟制的烟区进行小麦和烟草的套种，这是防治非持久性病毒病行之有效的措施。

3) 品种合理科学布局，选用抗病和耐病品种。充分应用品种间抗病性差异，进而合理布局，这是控制 TEV 的有效措施；8186、G140、白肋烟 TN86 和 KY10 等都为抗耐病品种，前人的研究试验证明这些品种都可以明显减轻 TEV 的发病、危害。

4) 搞好田间卫生并施用抗病毒药剂。及时清除田间及周边的杂草，消灭野生寄主及寄主植物上的蚜虫，进而消灭毒源，长期保持田间卫生，可起到控制病害的作用，提高营养抗性；在苗床期和大田前期使用抗病毒药剂，可起到积极的预防作用。

(9) 病毒核酸序列

TEV 的 RNA 全长 9497nt (NCBI 登录号：M15239.1)。

31. 烟草脉带花叶病毒 (*Tobacco vein banding mosaic virus*，TVBMV)

烟草脉带花叶病毒最早于 1966 年在中国台湾发现。TVBMV 粒子呈弯曲线状，无包膜，长度约为 780nm，直径 15nm (图 2-128)。TVBMV 基因组为一条正义单链 RNA，长度约为 9600nt，基因组具有马铃薯 Y 病毒属典型特征，5′端和 3′端各有一个非编码区。

基因组为单一 ORF，产生一个大的多聚蛋白前体，并通过翻译的蛋白加工过程，切割形成 10 个具有不同功能的成熟蛋白。TVBMV 粒子通过蚜虫以非持久性方式传播。TVBMV 在我国多省均有报道，在山东、河南、安徽等地的发生呈上升趋势(Chin，1972，1980；Roggero et al.，2000)。

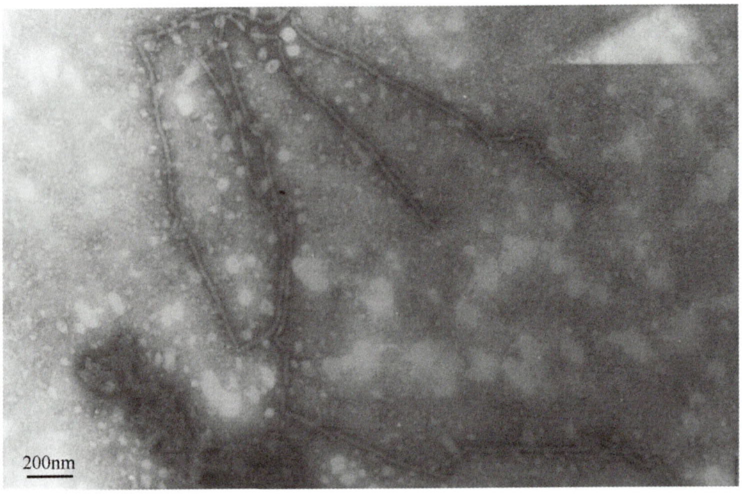

图 2-128　TVBMV 粒子电镜图

(1)主要为害症状

TVBMV 侵染苋色藜、昆诺藜产生局部褪绿枯斑；侵染本氏烟、番茄、白花曼陀罗产生花叶症状；侵染三生烟和普通烟，受侵染的烟草叶片沿叶脉呈狭窄、深绿带状花叶及坏死斑痕症状(陈瑞泰，1997)(图 2-129，图 2-130)。

图 2-129　TVBMV 侵染寄主叶片引发脉带症状(Blancard，INRA)

图 2-130　TVBMV 侵染寄主叶片引发斑点症状（Blancard，INRA）

（2）寄主范围

TVBMV 易感寄主隶属于茄科，主要寄主包括番茄、烟草、矮牵牛、苋色藜和昆诺藜等植物。

（3）传播途径

TVBMV 可由蚜虫以非持久性方式传毒。

（4）病毒稳定性

TVBMV 的致死温度（10min）为 60～65℃，稀释限点为 10^{-5}～2×10^{-4}。体外存活期为 4～5d。

（5）病毒检测方法

TVBMV 可以通过 ELISA 和胶体金试纸条方法进行检测（兰玉菲等，2007）。

（6）病毒核酸序列

TVBMV 的 RNA 全长 9570nt（NCBI 登录号：EF219408.1）。

32. 芜菁花叶病毒（*Turnip mosaic virus*，TuMV）

芜菁花叶病毒于 1921 年在美国白菜上首次发现。TuMV 粒子呈弯曲线状，螺旋对称，由 95%的 CP 和 5%的 RNA 构成，长度约为 700nm，直径为 13～15nm（图 2-131）。TuMV 基因组为一条正义单链 RNA，长度约为 10 000nt，基因组具有马铃薯 Y 病毒属典型特征，5′端为 VPg 结构，3′端为一个 poly（A）尾。基因组为单一 ORF，产生一个 360kDa 的多聚蛋白前体，通过翻译的蛋白加工过程，切割形成 10 个具有不同功能的成熟蛋白。TuMV 粒子主要通过蚜虫以非持久性方式传播。TuMV 在全世界范围内均有分布，是一种危害性极大的全球性病毒（蔡丽等，2005；施曼玲，2005；祝富祥，2016）。

（1）主要为害症状

TuMV 侵染植株后，对寄主的光合作用造成影响，初期表现为脉明、花叶、皱缩，后期出现畸形、矮化、生育期推迟甚至死亡等现象（Dekker et al.，1993；王红艳，2008）（图 2-132～图 2-134）。

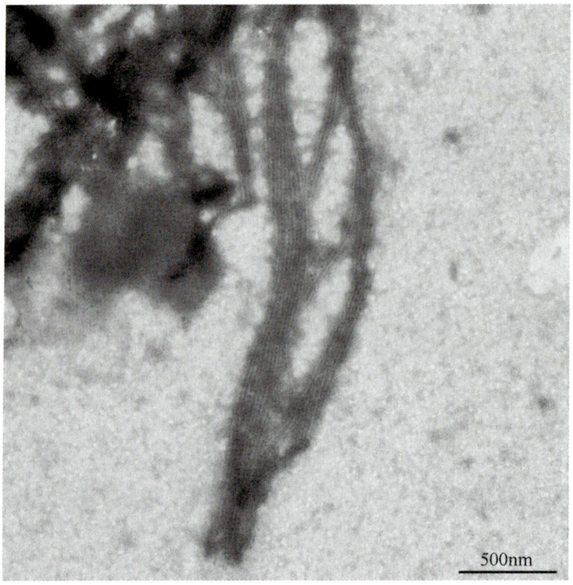

图 2-131　TuMV 粒子电镜图

图 2-132　TuMV 侵染萝卜引发的症状

图 2-133　TuMV 侵染大白菜引发的症状

图 2-134　TuMV 侵染寄主叶片引发的症状（来源：http://picssr.com）

（2）寄主范围

TuMV 寄主范围十分广泛，至少可侵染 43 科 156 属的 318 种植物，已成为世界范围内为害蔬菜最严重的 5 种病毒之一，对芸薹属植物的危害尤为严重。除能够侵染芜菁、萝卜、白菜、油菜、榨菜及芥菜等十字花科蔬菜外，还能够侵染菊科、茄科及兰科等植物，严重威胁农作物的产量，给农业生产带来巨大的损失（Walsh and Jenner，2002）。

（3）传播途径

TuMV 可由 80 多种蚜虫以非持久性方式传播，也可以通过汁液摩擦接种，但没有种传报道。

（4）组织病理学特征

TuMV 粒子分布在寄主各个部分细胞的细胞质中。被侵染细胞中出现风轮状、束状、片层状及卷轴状内含体（图 2-135）。植株感染 TuMV 后，体内会出现一系列生理生化性状变化，如病变细胞质内分布大量病毒粒子和内含体，叶绿体片层结构发育差，淀粉粒积累减少，后期畸形肿胀，膜结构破裂，酶系活性改变，引起代谢紊乱，叶片的电导率和游离氨基酸含量明显升高，过氧化物酶、多酚氧化酶和超氧化物歧化酶活性也都出现了不同程度的提高，但叶绿素和游离脯氨酸含量明显下降。病毒蛋白在叶绿体内积累引起叶绿体的破坏，使叶绿体发育停滞、变小，基质发育不良等。TuMV 侵染也会使叶片的气孔导度、蒸腾速率下降，使得胞间 CO_2 不被利用（洪健等，2002）。

（5）病毒稳定性

TuMV 的致死温度（10min）为 55～62℃，稀释限点为 2×10^{-4}～5×10^{-3}。20℃体外存活期为 3～4d，2℃体外存活期可长达几个月。

（6）病毒纯化方法

取受感染植物组织，加入 0.5mol/L 磷酸钾缓冲液（pH 7.5），研磨成匀浆后过滤。加入正丁醇至 8%。澄清后取上清，差速离心后取沉淀，加入 0.02mol/L 硼酸缓冲液（pH 7.5）悬浮沉淀。剩余匀浆液可进一步酸化至 pH5.3 后差速离心（Shepherd and Pound，1960）。

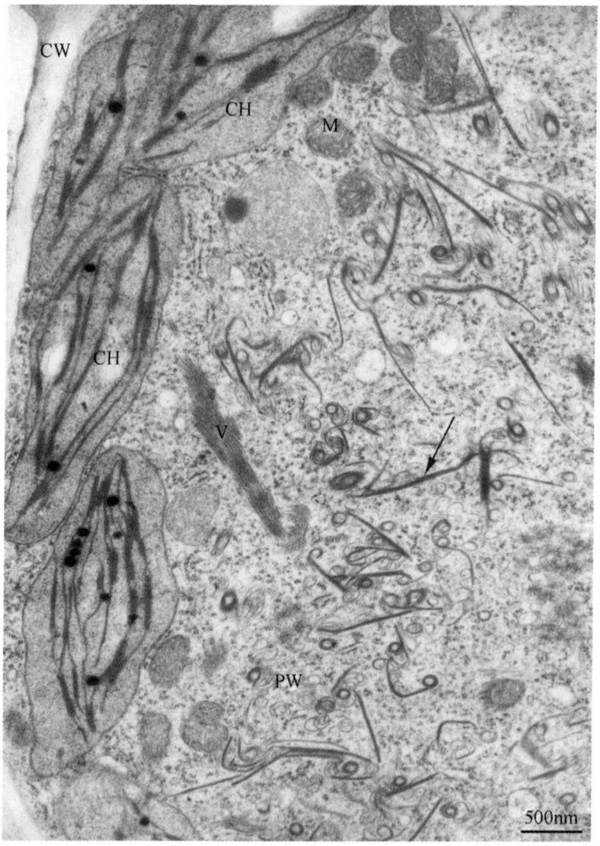

图 2-135　感染 TuMV 的榨菜叶肉细胞

细胞质中充满了风轮状体、卷筒体和片层聚集体，病毒粒子分散或成束分布（箭头）。CH. 叶绿体；CW. 细胞壁；M. 线粒体；PW. 风轮状体；V. 病毒粒子

（7）病毒检测方法

TuMV 常见的检测与鉴定的方法包括利用寄主病症和寄主范围、病毒传播方式、病毒内含体、电镜、血清学反应等（Zhuang et al.，2002）。利用 RT-PCR 也可以检测 TuMV，RT-PCR 引物见表 2-42，扩增产物长度为 980bp。

表 2-42　TuMV RT-PCR 检测引物

引物	序列（5′→3′）
TuMV-F	CAAGCAATCTTTGAGGATTATG
TuMV-R	TATTTCCCATAAGCGAGAATA

（8）病毒防治方法

1）应用抗病品种是最经济有效的防治方法。在我国，病毒病抗性已纳入油菜常规品种选育评价体系。各地先后选育出一些抗病优良品种，如中油 821 在田间诱发抗性鉴定中，病毒病平均发病率为 1.8%，明显低于抗病对照甘油 5 号 20%的发病率。近年来选育的中油杂 2 号、中双 6 号、中双 7 号、中双 9 号、皖油 14 等，在区试自然感染条件下，与对照品种中油 821 对病毒病抗性相当或有不同程度的提高。

2) 治蚜、驱蚜。利用选择性杀虫剂可以减少 TuMV 初侵染后的再次传播。在油菜田间悬挂银灰色薄膜条、用薄膜覆盖苗床等均有驱蚜作用；用黏性的黄色塑料薄膜置于田外可诱杀有翅蚜。一般播种期与 TuMV 的发病率呈负相关。根据预测预报，病害大流行年份适当推迟播期 10～15d，可以起到减轻病害的作用。

3) 农业措施。苗床地要远离十字花科蔬菜地，移栽前拔除病弱苗，通过减少毒源来抑制病毒的传播。

(9) 病毒核酸序列

TuMV 的 RNA 全长 9800nt(NCBI 登录号：KX610930.1)。

33. 西瓜花叶病毒(*Watermelon mosaic virus*，WMV)

西瓜花叶病毒于 1954 年在美国西瓜上首次发现。WMV 粒子呈弯曲线状，无包膜，由 95%的 CP 和 5%的 RNA 构成，长度为 730～765nm，直径为 11～13nm(图 2-136)。WMV 基因组为一条正义单链 RNA，长度约为 10 000nt，基因组具有马铃薯 Y 病毒属典型特征，基因组为单一 ORF，产生一个多聚蛋白前体，通过翻译的蛋白加工过程，切割形成 10 个具有不同功能的成熟蛋白。WMV 粒子主要通过蚜虫以非持久性方式传播。WMV 在世界各地均有分布，主要分布于温带和地中海地区。WMV 主要侵害西瓜和甜瓜等各种瓜类作物，近几年在中国的发病率更是呈急剧上升趋势，大部分地区因其造成的损失高达 30%～50%，甚至绝产，WMV 已经成为制约西瓜和甜瓜高产稳产的最主要因素之一(李凤梅等，2002；张建新，2007)。

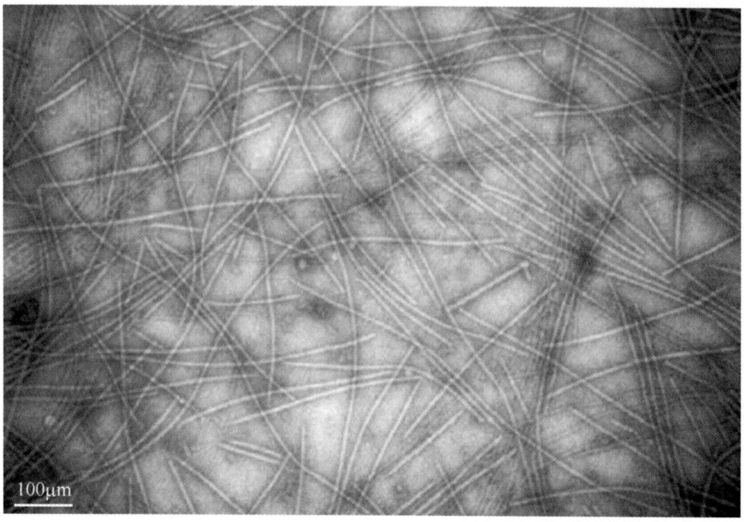

图 2-136　WMV 粒子电镜图(陈浙等，2016)

(1) 主要为害症状

WMV 侵染寄主后，病株呈现系统花叶症状。顶部叶片现浓淡相间的花叶，病叶变得窄小或皱缩畸形。轻病株可结瓜，但瓜小，发病重的结瓜少或不结瓜，植株萎缩，茎变短，新生茎蔓纤细扭曲，花器发育不良，难于座瓜(图 2-137，图 2-138)。

图 2-137　WMV 侵染寄主叶片引发的症状（来源：http://picssr.com）

图 2-138　WMV 侵染寄主果实引发的症状（来源：http://picssr.com）

（2）寄主范围

自然条件下，WMV 可侵染葫芦科、藜科、豆科等 27 科 170 多种植物，并常与黄瓜花叶病毒（CMV）、小西葫芦黄花叶病毒（ZYMV）和南瓜花叶病毒（SqMV）等病毒复合侵染。WMV 的易感寄主隶属于苋科、夹竹桃科、藜科、菊科、旋花科、十字花科、葫芦科、大戟科、豆科云实亚科和蝶形花亚科、锦葵科、胡麻科、玄参科、茄科、番杏科、伞形科及败酱科，包括苦苣、黄瓜、西葫芦、大豆、丝瓜、豌豆、蚕豆等作物。

（3）传播途径

WMV 可由至少 29 种蚜虫以非持久性方式传播，也可以通过汁液摩擦接种，但不能通过种子传播。

(4)组织病理学特征

WMV 粒子主要存在于表皮和叶肉细胞的细胞质中，内含体通常以一定的形状存在于受侵染的细胞中，一般以卷筒状和片层状聚集在细胞质和细胞核中。它们中有些包含有病毒粒子，有些没有病毒粒子。WMV 侵染的植株细胞膜受到严重的破坏，细胞质外渗，电导率值增加，并且叶绿体、线粒体的膜结构明显受损。这一系列指标说明，寄主在受 WMV 侵染后，寄主的部分细胞器受到病毒的为害，尤其是叶绿体，由于基粒片层的崩解，叶绿素大量解体，使得寄主组织出现褪绿的现象。

(5)病毒稳定性

WMV 的致死温度(10min)为 55～65℃，稀释限点为 10^{-5}～10^{-3}。20℃体外存活期为 6～18d。

(6)病毒纯化方法

取感染 3～4 周的南瓜组织 100g，加入 200mL 0.5mol/L 磷酸钾缓冲液(pH 7.5，含 0.2% 亚硫酸钠，10mmol/L EDTA)，24mL 正丁醇。4℃搅拌 2h。10 000*g* 离心 15min 取上清。加入 Triton X-100 至 1%，聚乙二醇至 6%，NaCl 至 10mmol/L，4℃搅拌 1h。10 000*g* 离心 10min，弃上清。加入 30mL 50mmol/L 磷酸钾缓冲液(pH 8.2，含 10mmol/L EDTA)悬浮沉淀，玻璃棒研磨。10 000*g* 离心 10min 弃沉淀。上清加入聚乙二醇至 8%，NaCl 至 100mmol/L，搅拌 30min，重新沉淀病毒。27 000*g* 离心 10min。加入 2～4mL 50mmol/L 磷酸钾缓冲液，含 10mmol/L EDTA，悬浮沉淀。加入含 30% CsCl 的 50mmol/L 磷酸钾缓冲液(pH 8.2)，含 10mmol/L EDTA，使溶液分层，140 000*g*，5℃离心 16～18h。分馏滴定收集病毒，用 1/4 倍体积缓冲液稀释，12 000*g* 离心 10min 取上清。聚乙二醇沉淀病毒。

(7)病毒检测方法

针对 WMV 的检测，已建立的方法有 ELISA、RT-PCR、反转录环介导等温扩增技术(RT-LAMP)等检测方法。RT-LAMP 扩增引物见表 2-43；RT-PCR 引物见表 2-44，扩增产物大小为 1200bp(王威麟等，2010；公政和王莹，2016)。

表 2-43　WMV RT-LAMP 检测引物(反应温度为 65℃)

引物	序列(5′→3′)
F3	TTGAGTACCCACTAAAGCCA
B3	TATACGGACTTTCAGAGTTTCTCATCTTTTTCAAAGCCAACTTTAAGACAAATCATG
FIP	TCATCTGTGCTATTGCTTCT
BIP	AGAAATTTGAGAGACAGGGAATTAGTTTTCCTGTTTGGTGTTTTGGAAGTAA

表 2-44　WMV RT-PCR 检测引物

引物	序列(5′→3′)
WMV-F	TGGATCCTGGGATAGGAGCAAG
WMV-R	TGTCGACATAACGACCCGAAATG

(8)病毒防治方法

1)集中育苗，或在田间铺银灰膜避蚜。

2)田间及时治蚜，可选用 20%菊 · 马乳油 2000 倍液，或 25%抗蚜威乳油 3000 倍液。

3)西瓜田周围 400m 最好不种瓜类作物。

4)种子处理。

5)施足基肥，合理追肥，增施钾肥，及时浇水防止干旱，合理整枝，提高植株抗病力。注意铲除瓜田内及周围杂草，及时拔除病株。在进行整枝、授粉等田间操作时，要注意尽量减少对植株的损伤。打杈选晴天，在阳光下进行，使伤口尽快干缩。

(9)病毒核酸序列

WMV 的 RNA 全长 10 045nt(NCBI 登录号：FJ823122.1)。

34. 小西葫芦黄花叶病毒(*Zucchini yellow mosaic virus*，ZYMV)

小西葫芦黄花叶病毒最早于 1981 年在意大利西葫芦上发现，1991 年我国新疆首次报道。ZYMV 粒子呈弯曲线状，无包膜，由 93%～95.5%的蛋白质和 4.5%～7%的 RNA 构成，长度约为 750nm，直径为 11nm(图 2-139)。ZYMV 基因组为一条正义单链 RNA，长度约为 9600nt，基因组具有马铃薯 Y 病毒属典型特征，基因组为单一 ORF，产生一个 350kDa 的多聚蛋白前体，通过翻译的蛋白加工过程，切割形成 10 个具有不同功能的成熟蛋白。ZYMV 粒子主要通过蚜虫以非持久性方式传播，田间可通过机械摩擦传毒。ZYMV 从发现起短短几十年便已经遍布全球 50 多个国家与地区，主要处在热带、亚热带及温带地区。ZYMV 会造成瓜类作物产量降低，商品价值降低，危害极为严重(Gal-On，2007；陈远超，2014)。

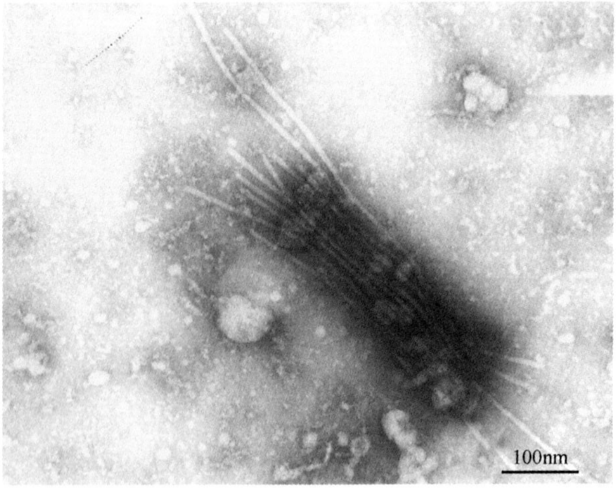

图 2-139　ZYMV 粒子电镜图(1%磷钨酸负染色)

(1)主要为害症状

在自然环境中，葫芦科植物感染 ZYMV 后会产生严重的系统性叶缘坏死、花叶、斑驳、褪绿黄化等症状；瓜类作物产量降低，果实出现不同程度的畸形，果实味道苦涩，商品价值降低，苗期感染将会对葫芦科作物造成 95%～100%的损失，同时感病植株所收获种子的发芽率降低(图 2-140，图 2-141)。

图 2-140 ZYMV 侵染黄瓜叶片症状

图 2-141 ZYMV 侵染南瓜叶片症状

(2)寄主范围

ZYMV 能够侵染葫芦科、豆科、藜科、苋科等 11 个属的植物。ZYMV 的易感寄主包括苋色藜、西瓜、甜瓜、南瓜、西葫芦等作物。

(3)传播途径

ZYMV 可由蚜虫以非持久性方式传播，也可以通过汁液摩擦接种。有报道认为 ZYMV 可以通过种子传播，但这种传播方式目前还存在争议。

(4)组织病理学特征

ZYMV 侵染寄主细胞后，在被侵染细胞中形成风轮状和卷轴状内含体。细胞内质网和囊泡上有纤维状物质的积累(图 2-142)。

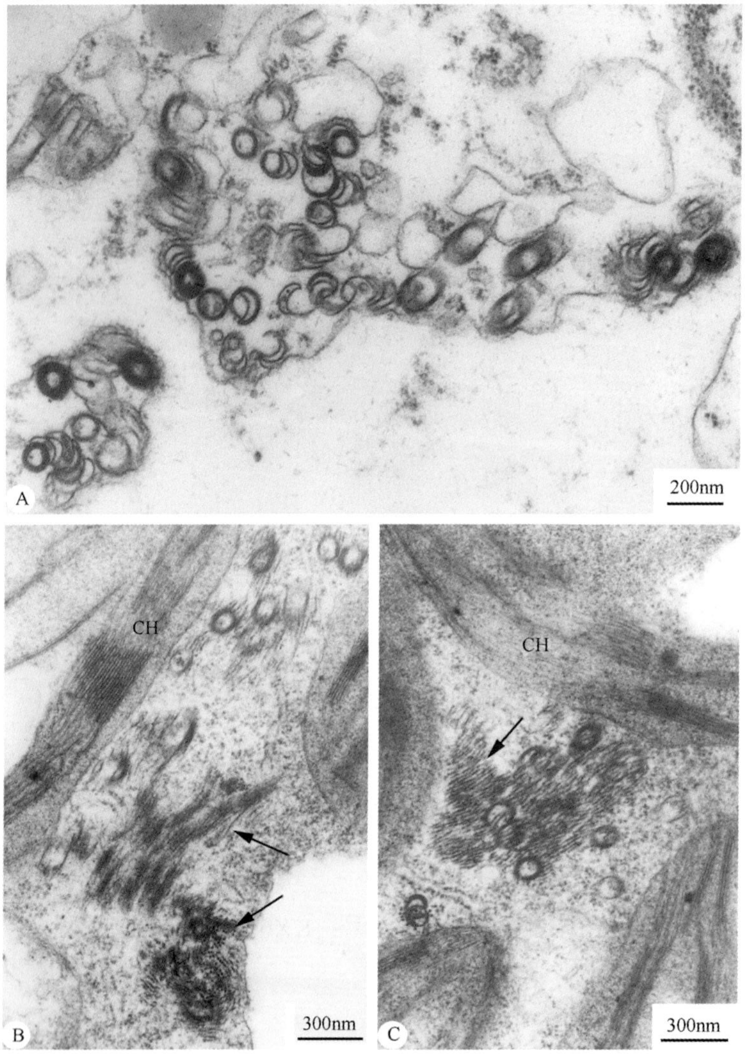

图 2-142　感染 ZYMV 的南瓜叶片细胞

A. 细胞质中分布的风轮状体、卷筒体和短曲片层聚集体；B. 南瓜叶片细胞质中聚集的 ZYMV 粒子(箭头)；C. 南瓜叶片细胞质中的风轮状体和 ZYMV 粒子(箭头)呈聚集状。CH. 叶绿体

(5)病毒稳定性

ZYMV 的致死温度(10min)为 55～60℃，稀释限点为 10^{-5}～10^{-4}。室温下体外存活期为 3～5d。

(6)病毒纯化方法

取受感染植物组织加入含 0.02mol/L 亚硫酸钠、0.01mol/L 二乙基二硫代氨基甲酸钠及 0.005mol/L 乙二胺四乙酸二钠，pH 8.5 的 0.5mol/L 磷酸氢二钾溶液，研磨为均质。加入氟利昂 113(1,1,2-三氟醚-1,2,2-三氯乙烷)乳化混合液。低速离心取上清，高速离心沉淀病毒粒子。加入 0.05mol/L 柠檬酸钠、0.02mol/L 亚硫酸钠悬浮沉淀，柠檬酸调 pH 为 7.5。可用蔗糖密度梯度离心进一步纯化。

(7)病毒检测方法

ZYMV 检测的方法有 ELISA、分子杂交、基因芯片、RT-PCR 等(王威麟等，2010)。RT-PCR 引物见表 2-45，扩增产物大小为 542bp。

表 2-45　ZYMV RT-PCR 检测引物

引物	序列(5′→3′)
ZYMV-F	GGAGCGGAAACAAGTGAA
ZYMV-R	ACCTGCTCATTCCCATCC

(8)病毒防治方法

1)控制或避开传毒介体。控制蚜虫的方法主要有使用药剂、套种、物理覆盖、天敌昆虫及 RNAi 技术。具有杀虫活性的植物源农药、蚜虫信息素及微生物农药等新型农药的开发受到国内外越来越多的重视。

2)选育抗病品种。抗病抗虫育种是防治 ZYMV 最经济有效的途径，也是最有应用前景的防治方法。主要包括抗性种质资源的筛选、利用和创制。另外，物理化学诱变育种、转基因、分子标记等新技术的引入为抗病种植资源的创制提供了便利。

3)弱毒株系保护(交叉保护)。对于 ZYMV，土耳其、美国和以色列已经实现了 ZYMV 弱毒株系的商品化，在夏威夷 90%农民利用商品化的 ZYMV-WK 来防治小西葫芦黄花叶病毒取得良好的效果。

4)化学防治。葡聚糖、橘霉素、DHT 和水杨酸等能够在一定程度上减轻 ZYMV 的病症，但机制并不清楚。

(9)病毒核酸序列

ZYMV 的 RNA 全长 9593nt(NCBI 登录号：KX664482.1)。

(五)马铃薯 Y 病毒属病毒种类

马铃薯 Y 病毒属病毒种类如表 2-46 所示。

表 2-46　马铃薯 Y 病毒属的病毒种类(King et al.，2012；洪健和周雪平，2014)

病毒中文名称	病毒英文名称	缩写
阿尔及利亚西瓜花叶病毒	*Algerian watermelon mosaic virus*	AWMV
六出花花叶病毒	*Alstroemeria mosaic virus*	AlMV
莲子草轻型花叶病毒	*Alternanthera mild mosaic virus*	AltMMV
苋叶斑驳病毒	*Amaranthus leaf mottle virus*	AmLMV
亚马孙百合花叶病毒	*Amazon lily mosaic virus*	ALiMV
当归 Y 病毒	*Angelica virus Y*	AnVY
芹菜 Y 病毒	*Apium virus Y*	ApVY
萝摩花叶病毒	*Araujia mosaic virus*	ArjMV

续表

病毒中文名称	病毒英文名称	缩写
滇芎斑驳病毒	*Arracacha mottle virus*	AMoV
天门冬病毒 1 号	*Asparagus virus 1*	AV-1
香蕉苞片花叶病毒	*Banana bract mosaic virus*	BBrMV
落葵皱缩花叶病毒	*Basella rugose mosaic virus*	BaRMV
菜豆普通花叶坏死病毒	*Bean common mosaic necrosis virus*	BCMNV
菜豆普通花叶病毒	*Bean common mosaic virus*	BCMV
菜豆黄花叶病毒	*Bean yellow mosaic virus*	BYMV
甜菜花叶病毒	*Beet mosaic virus*	BtMV
鬼针草花叶病毒	*Bidens mosaic virus*	BiMV
鬼针草斑驳病毒	*Bidens mottle virus*	BiMoV
蓝海葱 A 病毒	*Blue squill virus A*	BSVA
曼陀罗花叶病毒	*Brugmansia mosaic virus*	BruMV
木榍曼陀罗斑驳病毒	*Brugmansia suaveolens mottle virus*	BsMoV
蝴蝶花花叶病毒	*Butterfly flower mosaic virus*	BFMV
虾脊兰轻型花叶病毒	*Calanthe mild mosaic virus*	CalMMV
马蹄莲潜隐病毒	*Calla lily latent virus*	CLLV
美人蕉黄条纹病毒	*Canna yellow streak virus*	CaYSV
香石竹脉斑驳病毒	*Carnation vein mottle virus*	CarVMV
胡萝卜窄叶病毒	*Carrot thin leaf virus*	CTLV
胡萝卜 Y 病毒	*Carrot virus Y*	CarVY
长春花花叶病毒	*Catharanthus mosaic virus*	CatMV
芹菜花叶病毒	*Celery mosaic virus*	CeMV
石斛兰花叶病毒	*Ceratobium mosaic virus*	CerMV
辣椒环斑病毒	*Chilli ringspot virus*	ChiRSV
辣椒脉斑驳病毒	*Chilli veinal mottle virus*	ChiVMV
草石蚕花叶病毒	*Chinese artichoke mosaic virus*	ChAMV
蝶豆 Y 病毒	*Clitoria virus Y*	ClVY
三叶草黄脉病毒	*Clover yellow vein virus*	ClYVV
鸭茅线条病毒	*Cocksfoot streak virus*	CSV
哥伦比亚曼陀罗病毒	*Colombian datura virus*	CDV
鸭跖草花叶病毒	*Commelina mosaic virus*	ComMV
豇豆蚜传花叶病毒	*Cowpea aphid-borne mosaic virus*	CABMV
杓兰 Y 病毒	*Cypripedium virus Y*	CypVY
乔治百合 A 病毒	*Cyrtanthuselatus virus A*	CEVA
瑞香花叶病毒	*Daphne mosaic virus*	DapMV
芋花叶病毒	*Dasheen mosaic virus*	DsMV

续表

病毒中文名称	病毒英文名称	缩写
曼陀罗带化病毒	*Datura shoestring virus*	DSSV
兰属 Y 病毒	*Diuris virus Y*	DiVY
驴兰 A 病毒	*Donkey orchid virus A*	DOVA
东亚西番莲病毒	*East Asian Passiflora virus*	EAPV
苣荬菜坏死花叶病毒	*Endive necrotic mosaic virus*	ENMV
大戟环斑病毒	*Euphorbia ringspot virus*	EuRSV
香雪兰花叶病毒	*Freesia mosaic virus*	FreMV
贝母 Y 病毒	*Fritillary virus Y*	FVY
嘉兰条斑花叶病毒	*Gloriosa stripe mosaic virus*	GSMV
玉凤花花叶病毒	*Habenaria mosaic virus*	HaMV
紫哈登伯豆花叶病毒	*Hardenbergia mosaic virus*	HarMV
天仙子花叶病毒	*Henbane mosaic virus*	HMV
扣子花 Y 病毒	*Hibbertia virus Y*	HiVY
朱顶红花叶病毒	*Hippeastrum mosaic virus*	HiMV
风信子花叶病毒	*Hyacinth mosaic virus*	HyaMV
暗黄鸢尾花叶病毒	*Iris fulva mosaic virus*	IFMV
鸢尾轻型花叶病毒	*Iris mild mosaic virus*	IMMV
鸢尾重型花叶病毒	*Iris severe mosaic virus*	ISMV
日本山药花叶病毒	*Japanese yam mosaic virus*	JYMV
茉莉 T 病毒	*Jasmine virus T*	JaVT
石茅高粱花叶病毒	*Johnsongrass mosaic virus*	JGMV
伽蓝菜花叶病毒	*Kalanchoë mosaic virus*	KMV
白首乌花叶病毒	*Keunjorong mosaic virus*	KjMV
魔芋花叶病毒	*Konjac mosaic virus*	KoMV
韭葱黄条病毒	*Leek yellow stripe virus*	LYSV
意大利莴苣坏死病毒	*Lettuce Italian necrotic virus*	—
莴苣花叶病毒	*Lettuce mosaic virus*	LMV
百合斑驳病毒	*Lily mottle virus*	LMoV
羽扇豆花叶病毒	*Lupinus mosaic virus*	LuMV
石蒜轻型斑驳病毒	*Lycoris mild mottle virus*	LyMMoV
玉米矮花叶病毒	*Maize dwarf mosaic virus*	MDMV
锦葵脉明病毒	*Malva vein clearing virus*	MVCV
草甸番红花破碎病毒	*Meadow saffron breaking virus*	MSBV
摩洛哥西瓜花叶病毒	*Moroccan watermelon mosaic virus*	MWMV
水仙退化病毒	*Narcissus degeneration virus*	NDV
水仙晚期黄化病毒	*Narcissus late season yellows virus*	NLSYV

续表

病毒中文名称	病毒英文名称	缩写
水仙黄条病毒	*Narcissus yellow stripe virus*	NYSV
尼润黄条病毒	*Nerine yellow stripe virus*	NeYSV
假葱花叶病毒	*Nothoscordum mosaic virus*	NoMV
洋葱黄矮病毒	*Onion yellow dwarf virus*	OYDV
虎眼万年青花叶病毒	*Ornithogalum mosaic virus*	OrMV
虎眼万年青病毒 2 号	*Ornithogalum virus 2*	OV2
虎眼万年青病毒 3 号	*Ornithogalum virus 3*	OV3
三七 Y 病毒	*Panax virus Y*	PnVY
木瓜畸形花叶病毒	*Papaya leaf distortion mosaic virus*	PLDMV
木瓜环斑病毒	*Papaya ringspot virus*	PRSV
欧防风花叶病毒	*Parsnip mosaic virus*	ParMV
西番莲褪绿病毒	*Passiflora chlorosis virus*	PCV
鸡蛋果木质化病毒	*Passion fruit woodiness virus*	PWV
豌豆种传花叶病毒	*Pea seed-borne mosaic virus*	PSbMV
花生斑驳病毒	*Peanut mottle virus*	PeMoV
白草花叶病毒	*Pennisetum mosaic virus*	PenMV
辣椒斑驳病毒	*Pepper mottle virus*	PepMoV
辣椒重型花叶病毒	*Pepper severe mosaic virus*	PepSMV
甜椒脉斑驳病毒	*Pepper veinal mottle virus*	PVMV
辣椒黄花叶病毒	*Pepper yellow mosaic virus*	PepYMV
秘鲁番茄花叶病毒	*Peru tomato mosaic virus*	PTV
法菲亚苋花叶病毒	*Pfaffia mosaic virus*	PfMV
叶兰 Y 病毒	*Pleione virus Y*	PlVY
李痘病毒	*Plum pox virus*	PPV
商陆花叶病毒	*Pokeweed mosaic virus*	PkMV
马铃薯 A 病毒	*Potato virus A*	PVA
马铃薯 V 病毒	*Potato virus V*	PVV
马铃薯 Y 病毒	*Potato virus Y*	PVY
毛茛扭叶病毒	*Ranunculus leaf distortion virus*	RanLDV
毛茛轻型花叶病毒	*Ranunculus mild mosaic virus*	RanMMV
毛茛花叶病毒	*Ranunculus mosaic virus*	RanMV
节兰 Y 病毒	*Rhopalanthe virus Y*	RhVY
狭唇兰 Y 病毒	*Sarcochilus virus Y*	SaVY
薤花叶病毒	*Scallion mosaic virus*	ScMV
胡葱黄条病毒	*Shallot yellow stripe virus*	SYSV
高粱花叶病毒	*Sorghum mosaic virus*	SrMV

续表

病毒中文名称	病毒英文名称	缩写
大豆花叶病毒	*Soybean mosaic virus*	SMV
绶草花叶病毒 3 号	*Spiranthes mosaic virus 3*	SpMV3
甘蔗花叶病毒	*Sugarcane mosaic virus*	SCMV
向日葵褪绿斑病毒	*Sunflower chlorotic mottle virus*	SuCMoV
向日葵轻型花叶病毒	*Sunflower mild mosaic virus*	SuMMoV
向日葵花叶病毒	*Sunflower mosaic virus*	SuMV
甘薯羽状斑驳病毒	*Sweet potato feathery mottle virus*	SPFMV
甘薯潜隐病毒	*Sweet potato latent virus*	SPLV
甘薯轻型斑点病毒	*Sweet potato mild speckling virus*	SPMSV
甘薯病毒 2 号	*Sweet potato virus 2*	SPV2
甘薯 C 病毒	*Sweet potato virus C*	SPVC
甘薯 G 病毒	*Sweet potato virus G*	SPVG
番茄叶片畸形病毒	*Tamarillo leaf malformation virus*	TaLMV
发藤葫芦花叶病毒	*Telfairia mosaic virus*	TeMV
夜来香花叶病毒	*Telosma mosaic virus*	TelMV
浙贝母花叶病毒	*Thunberg fritillary mosaic virus*	TFMV
烟草蚀纹病毒	*Tobacco etch virus*	TEV
烟草脉带花叶病毒	*Tobacco vein banding mosaic virus*	TVBMV
烟草脉斑驳病毒	*Tobacco vein mottling virus*	TVMV
番茄坏死矮化病毒	*Tomato necrotic stunt virus*	ToNStV
紫露草轻型花叶病毒	*Tradescantia mild mosaic virus*	TraMMV
晚香玉轻型花叶病毒	*Tuberose mild mosaic virus*	TuMMV
晚香玉轻型斑驳病毒	*Tuberose mild mottle virus*	TuMMoV
郁金香碎色病毒	*Tulip breaking virus*	TBV
郁金香花叶病毒	*Tulip mosaic virus*	TulMV
芜菁花叶病毒	*Turnip mosaic virus*	TuMV
扭柄褪绿条纹病毒	*Twisted-stalk chlorotic streak virus*	TSCSV
石蒜花叶病毒	*Vallota mosaic virus*	ValMV
香果兰畸形花叶病毒	*Vanilla distortion mosaic virus*	VDMV
马鞭草 Y 病毒	*Verbena virus Y*	VerVY
西瓜叶斑驳病毒	*Watermelon leaf mottle virus*	WLMV
西瓜花叶病毒	*Watermelon mosaic virus*	WMV
野生马铃薯花叶病毒	*Wild potato mosaic virus*	WPMV
野生番茄花叶病毒	*Wild tomato mosaic virus*	WTMV
紫藤脉花叶病毒	*Wisteria vein mosaic virus*	WVMV
山药温和花叶病毒	*Yam mild mosaic virus*	YMMV

续表

病毒中文名称	病毒英文名称	缩写
薯蓣花叶病毒	*Yam mosaic virus*	YMV
豆薯花叶病毒	*Yambean mosaic virus*	YBMV
马蹄莲轻型花叶病毒	*Zantedeschia mild mosaic virus*	ZaMMV
玉米花叶病毒	*Zea mosaic virus*	ZeMV
西葫芦带化病毒	*Zucchini shoestring virus*	ZSSV
西葫芦虎纹花叶病毒	*Zucchini tigre mosaic virus*	ZTMV
小西葫芦黄点病毒	*Zucchini yellow fleck virus*	ZYFV
小西葫芦黄花叶病毒	*Zucchini yellow mosaic virus*	ZYMV

注："—"表示国际病毒分类委员会暂未列出其对应名称缩写形式

七、其他已分属病毒中可通过蚜虫非持久性传播的蔬菜病毒

（一）番茄轻型斑驳病毒

番茄轻型斑驳病毒（*Tomato mild mottle virus*，TomMMoV）隶属于马铃薯 Y 病毒科（*Potyviridae*）甘薯病毒属（*Ipomovirus*），该病毒可以通过蚜虫以非持久性方式进行传播，也可通过机械损伤和嫁接进行传播（孟清和张鹤龄，1995；洪健等，2001；Abraham et al.，2011；Tidona and Darai，2011）。

（二）马铃薯斑点花叶病毒

马铃薯奥古巴花叶病毒（*Potato aucuba mosaic virus*，PAMV）隶属于芜菁黄花叶病毒目（*Tymovirales*）甲型线状病毒科（*Alphaflexiviridae*）马铃薯 X 病毒属（*Potexvirus*），该病毒在有辅助病毒存在的情况下，可以通过蚜虫以非持久性方式进行传播，也可以通过机械摩擦传播（洪健等，2001；Tidona and Darai，2011）。

第二节　蚜虫持久性传播的蔬菜病毒

一、香蕉束顶病毒属（*Babuvirus*）

香蕉束顶病毒属隶属于矮缩病毒科（*Nanoviridae*），该属的代表性病毒为香蕉束顶病毒（*Banana bunchy top virus*，BBTV）（洪健等，2001）。

（一）生物学特性

1. 地理分布

香蕉束顶病毒广泛分布于亚太地区和非洲的香蕉种植区（Qazi，2016）；蕉麻束顶病毒（*Abaca bunchy top virus*，ABTV）仅在马来西亚和菲律宾有报道（Sharman et al.，2008）；小豆蔻丛矮病毒（*Cardamom bushy dwarf virus*，CBDV）只在印度有发生分布。

2. 寄主范围

该属病毒寄主范围都比较窄，仅能感染芭蕉科和豆蔻科的几种单子叶植物。

3. 传播途径

在自然条件下，该属病毒由香蕉交脉蚜(*Pentalonia nigronervosa*)以持久性方式传播，由蚜虫以非持久性方式传播，小豆蔻丛矮病毒还可以通过 *Micromyzus kalimpongensis* 传播。该属病毒不能通过汁液传播。

4. 主要为害症状

该属病毒侵染寄主植物后，表现的症状为植株矮化，叶片卷曲、褪绿、脉明、茎疱、过度萌芽等。

5. 组织病理学特征

染病植株细胞形态变狭小，内容物减少，少数细胞的细胞壁留有类似于病毒侵染形成的内含体结构，叶绿体数量明显减少，有些细胞甚至无叶绿体。残存的叶绿体较小，基粒进化不完整或基粒层断裂，影响光合产物的形成，使细胞生长异常。

6. 病毒粒子特征

该属病毒粒子为等轴对称二十面体，直径 17～20nm，无包膜。病毒粒子呈现明显的六边形(图 2-143)。该属病毒粒子在硫酸铯中的浮力密度为 1.28～1.29g/cm^3，标准沉降系数 S_{20W}=46S。病毒粒子的外壳蛋白由一种多肽组成，分子质量为 19.3kDa。目前没有关于脂质和碳水化合物的报道。

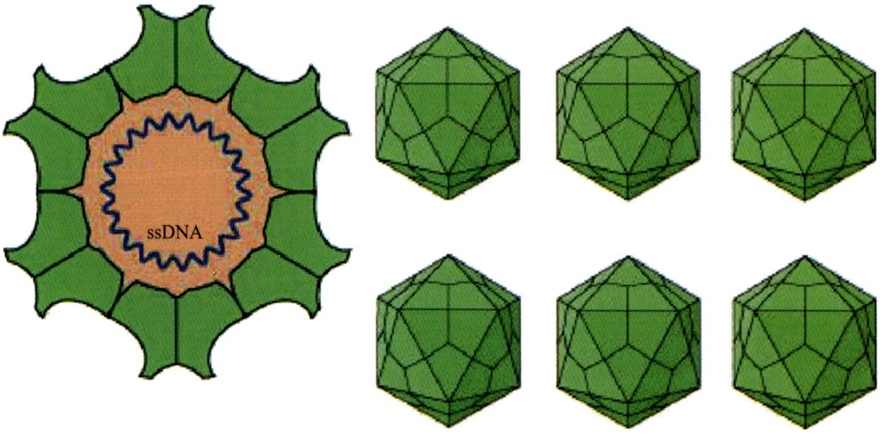

图 2-143　香蕉束顶病毒属病毒粒子模拟图(来源：Swiss Institute of Bioinformatics)

(二)分子生物学特征

1. 核酸

该属病毒为环状正义单链 DNA 病毒，包括 5～6 条 DNA，长度为 1.0～1.1kb，GC 含量为 38.8%～42.4%。每条 DNA 分子都包含一个茎环结构，并分别被独立的衣壳蛋白包裹。核酸的转录位点在细胞核内。

2. 基因组

该属病毒基因组由 5 或 6 条环状 DNA 组分构成(图 2-144)，每个组分都由编码区和非编码区两部分构成，整个基因组有 5～6 个 ORF。基因组在细胞核中进行复制，复制时会产生游离的双链 DNA。mRNA 转录 3′端都有 poly(A)信号和富含 GT 区，且 GC 区有 TTG 三核苷酸序列。在非编码区有 3 个同源序列，即主要共同区(CR-M)、茎环共同区(CR-SL)和潜在的 TATA 盒。主要共同区定位于茎环共同区的 5′端上游，由 66～92nt 组成，其内有一个 16nt 组成的近乎完全重复序列和一个 GC box，各组分间的同源性为 76%。CR-M 由位于 CR-M 5′端的 DomainⅠ，位于 CR-M 3′端的 DomainⅢ，以及位于Ⅰ和Ⅲ之间的 DomainⅡ组成。CR-M 含有内源 ssDNA 引物的结合位点，能引发全长互补链在体外合成。CR-SL 的环上有一个高度保守的 9nt 序列(5′-TANTATTAC-3′)。TATA 盒是介于 CR-SL 和 ORF 间的转录识别序列，其一致序列为 CTATa/ta/tAt/Ta(Harding et al.，1993；Burns et al.，1995)。

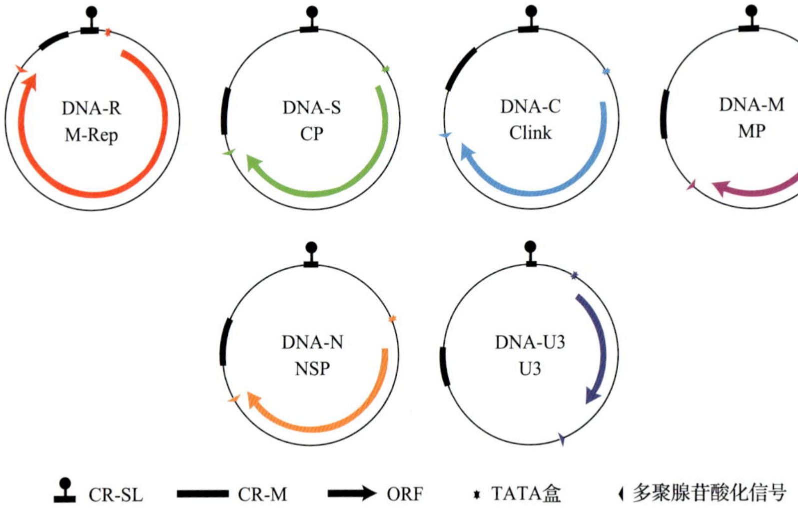

图 2-144　香蕉束顶病毒属基因组结构(King，2012)

3. 抗原特性

病毒具有强免疫原性，属内病毒之间有血清学关系，与矮缩病毒属(*Nanovirus*)无血清学关系。

(三)本属典型病毒

香蕉束顶病毒(*Banana bunchy top virus*，BBTV)是香蕉束顶病毒属的代表性病毒。其粒子为直径 18～19nm 的等轴二十面体，寄主范围仅限于芭蕉科的几种植物，可以由香蕉交脉蚜(*Pentalonia nigronervosa*)(图 2-145A)以持久性方式传播，不能通过汁液进行传毒，远距离传播主要靠带病的繁殖材料。

1. 主要为害症状

香蕉束顶病在香蕉整个生长季节均可发生。苗期染病植株主要呈矮缩状，新抽叶片变短变窄，束状丛生，叶脉上首先出现深绿色点线状的“青筋”；中苗期染病植株新抽嫩叶初呈黄白色，后逐渐变暗至暗色条纹，并向主脉扩展(图 2-145)；孕穗后期染病，新抽嫩叶失绿，易脆，抽穗停滞；初穗期染病，病株呈花叶状，穗轴不再下弯，香蕉停止生长；抽穗后期染病，香蕉同样生长停滞，病株根系生长不良或烂根，假茎基部微紫红色，解剖假茎可见褐色条纹，外层鞘皮随叶子干枯变褐或焦枯，少数晚期受害的则果形变细、果味变淡，失去商品价值(Nelson，2004)。

图 2-145　香蕉交脉蚜与香蕉感染 BBTV 后症状(Nelson，2004)

A. 香蕉交脉蚜；B，C. 香蕉苞片和叶片表现的莫尔斯电码症状；D. 感病植株顶端叶片

2. 寄主范围

目前已报道的寄主有 8 种，均属芭蕉科，包括香蕉、大蕉、粉芭蕉、蕉麻、长梗蕉、尖苞片蕉、班克氏芭蕉、象腿蕉。

3. 传播途径

该病毒不能通过汁液摩擦或土壤传播，植株根部自然交接和菟丝子也均不能传播，仅由香蕉交脉蚜以持久性方式进行短距离传播，而远距离传播则靠带病的繁殖材料。

4. 组织病理学特征

香蕉束顶病毒侵染香蕉后，首先导致过氧化物酶、多酚氧化酶和苯丙氨酸解氨酶等酚类物质代谢酶类的含量和活性迅速增加，这对病毒在侵染前期的抑制起到一定缓解作用。由于香蕉束顶病毒的继续复制和组装，接着内源激素代谢平衡被破坏，细胞分裂素和赤霉素含量降低，寄主细胞分裂减少，细胞生长缓慢，使细胞中叶绿体进化受到影响，最终导致寄主的光合作用受阻，病株生长缓慢、叶片黄化并逐渐矮缩枯死。此外，染病植株的酪氨酸含量显著低于健株，碳水化合物含量升高，氮素含量下降，病株 C/N 高于健株，根部的磷活性也显著低于健株。

5. 病毒稳定性

病毒粒子在 1%(*W/V*)的乙酸双氧铀、PBS(pH 7.4)或 0.1mol/L 磷酸钾溶液中均稳定；而在 pH 8.5、0.1mol/L Tris-HCl 或 0.1mol/L 硼酸中，大多数病毒粒子被破坏；在 pH 9.6、0.05mol/L 的碳酸盐溶液中病毒粒子几乎完全被破坏。冷冻或抗体检测过程中，脱脂牛奶能够保护病毒颗粒避免被降解。

6. 病毒纯化方法

提取液为 0.2mol/L pH 7.4 磷酸钾缓冲液(含 0.2%巯基乙醇和 0.1%二乙基二硫氨基甲酸盐)，1g 感病组织与 2 倍体积提取液混合，研磨后用两层纱布过滤，滤液 7000r/min 低速离心 15min 后，上清液经 36 000r/min 超速离心 2.5h(Beckman 45Ti 转头)，沉淀用适量 0.07mol/L pH 7.2 磷酸钠缓冲液悬浮，于 4℃搅拌 2d 并放置 2d，悬浮液低速离心后取上清液再超速离心，其沉淀用少量 0.07mol/L pH 7.2 磷酸钠缓冲液悬浮后进行硫酸铯密度梯度离心，分别测定各部分 260nm 的吸光度值及间接 DAS-ELISA 的 490nm 吸光度值，合并与 BBTV 抗体有免疫反应的部分，再经超速和低速交叉离心即可获得纯化的 BBTV。

7. 病毒检测方法

已成功应用的检测方法有 ID-ELISA、DAS-ELISA、同位素/非同位素标记核酸探针的斑点杂交或 DNA 印迹法(Southern blotting)、PCR 及免疫吸附电镜法等(Thomas，1991；Thomson and Dietzgen，1995；Sharman et al.，2000；Mansoor et al.，2005)。

8. 病毒防治方法

采取以预防为主，化学药物防治和田间管理为辅的防治措施。

(1)加强蕉苗市场管理，杜绝调运病区蕉苗，禁止未经检疫的试管苗上市。

(2)实行稻蕉轮作，尤其是对那些不宜水稻生长的烂泥田，种上香蕉不但长势健，几年之后再种水稻，改变了以前那种秧苗生长不良的状况，从而获得粮蕉好收成。

(3)加强田间管理，及时移除感病植株。

(4)施药防治蚜虫，切断虫媒。

(5)稀土治病，稀土加醋溶解后，从顶心慢慢往下滴灌注入蕉杆，病株可恢复正常生长，防治初发症状，尤为明显。

(6)合理控制施用氮、磷、钾比例，提高抗性和免疫力，切忌偏施氮肥；在束顶病初发时，施用抗病毒剂进行防治。

(7)开展脱毒的研究。

9. 病毒核酸序列

DNA-R 全长 1111nt(NCBI 登录号：NC_003479.1)。

DNA-S 全长 1075nt(NCBI 登录号：NC_003473.1)。

DNA-C 全长 1018nt(NCBI 登录号：NC_003477.1)。

DNA-M 全长 1043nt（NCBI 登录号：NC_003474.1）。
DNA-N 全长 1089nt（NCBI 登录号：NC_003476.1）。
DNA-U3 全长 1060nt（NCBI 登录号：NC_003475.1）。

（四）本属其他重要蔬菜病毒：小豆蔻丛矮病毒（*Cardamom bushy dwarf virus*, CBDV）

小豆蔻丛矮病毒的粒子为直径 17～20nm 的等轴二十面体。自然情况下仅能借助蚜虫传播，主要分布于印度及喜马拉雅山脉东部地区（Mandal，2004）。

1. 主要为害症状

被侵染植株出现丛生、矮化等症状（图 2-146）（Mandal，2010）。

图 2-146　CBDV 侵染大豆蔻后出现过度矮化和腋芽增殖（Mandal，2010）

2. 寄主范围

借助香蕉交脉蚜，该病毒可以侵染小豆蔻、大豆蔻及野生豆蔻，但不能侵染香蕉。

3. 传播途径

可以由香蕉交脉蚜（*Pentalonia nigronervosa*）和 *Micromyzus kalimpongensis* 以持久性方式传播，不能通过汁液进行传毒（Ghosh et al.，2015）。

（五）本属病毒种类

香蕉束顶病毒属的主要病毒种类如表 2-47 所示。

表 2-47　香蕉束顶病毒属的主要病毒（King et al.，2012；洪健等，2014）

病毒中文名称	病毒英文名称	缩写
蕉麻束顶病毒	*Abaca bunchy top virus*	ABTV
香蕉束顶病毒	*Banana bunchy top virus*	BBTV
小豆蔻丛矮病毒	*Cardamom bushy dwarf virus*	CBDV

二、矮缩病毒属(*Nanovirus*)

矮缩病毒属隶属于矮缩病毒科(*Nanoviridae*)，该属的代表性病毒为地三叶草矮化病毒(*Subterranean clover stunt virus*，SCSV)(洪健等，2001)。

(一)生物学特性

1. 地理分布

该属病毒的分布范围很广，亚洲、非洲、欧洲和大洋洲均有分布。

2. 寄主范围

单个病毒的寄主范围很窄，仅能侵染大约 50 种豆科植物(如豌豆、法国菜豆、蚕豆等)和很少的非豆科植物。

3. 传播途径

在自然条件下，该属病毒仅能通过蚜虫以持久或非持久性方式进行传播，不能通过汁液传播。

4. 主要为害症状

该属病毒侵染寄主植物后，均出现严重矮化，一些植物还产生卷叶、褪绿甚至死亡。大多数表现为无症状，少数表现为黄化、花叶、条纹、焦枯、轻斑驳、环斑等症状。

5. 组织病理学特征

在病叶超薄切片的细胞质中，可以看见直径约 20nm 的散生病毒粒子，详细的细胞病理变化尚不清楚。

6. 病毒粒子特征

矮缩病毒属病毒粒子是直径为 18～20nm 的等轴颗粒，二十面体对称结构，无包膜，外观有棱角或呈六边形(图 2-147)，壳粒结构清晰。在病毒纯化前冷冻组织不影响粒子形态。该属病毒粒子在氯化铯中的浮力密度为 1.24～1.28g/cm^3。

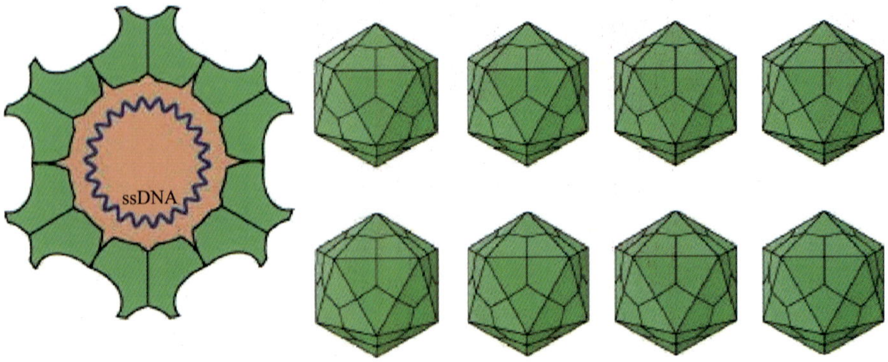

图 2-147　矮缩病毒属病毒粒子模拟图(来源：Swiss Institute of Bioinformatics)

病毒粒子的外壳蛋白由一个多肽组成，分子质量为 18.7～19.3kDa。目前没有关于脂质和碳水化合物的报道。

（二）分子生物学特征

该属病毒为环状单链 DNA 病毒，包括 8 条 DNA，长度为 923～1020nt，GC 含量为 38.4%～39.5%。每条 DNA 分子都包含一个茎环结构，并分别被独立的衣壳蛋白包裹。核酸的转录位点在细胞核内（Abraham et al.，2010）。

1. 基因组

该属病毒基因组由 8 条环状 DNA 组分构成（图 2-148），分别为 DNA-R、DNA-S、DNA-C、DNA-M、DNA-N、DNA-U1、DNA-U2、DNA-U4，每个组分都由编码区和非编码区两部分构成，每个 DNA 组分拥有一个 ORF，整个基因组有 8 个 ORF，并且每个 DNA 组分都包含转录和复制所需的全部信号。基因组在细胞核中进行复制，复制时会产生共价闭合的环状双链 DNA（King et al.，2012）。

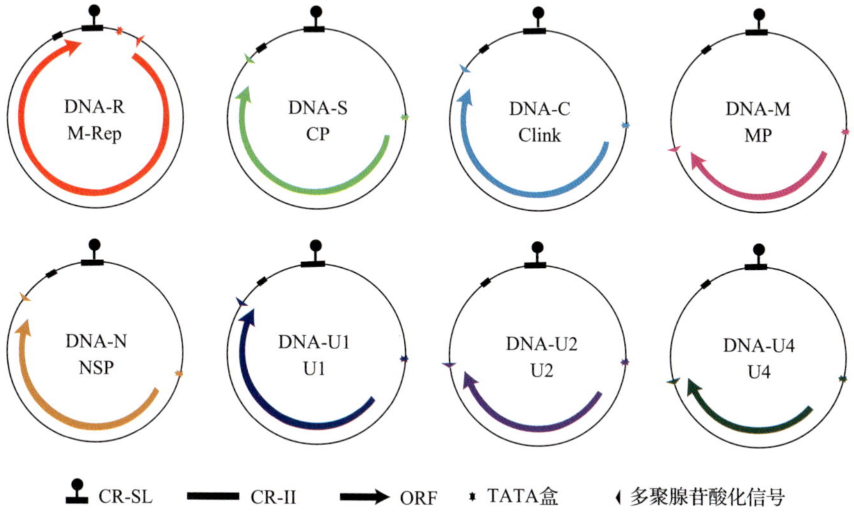

图 2-148　矮缩病毒属基因组结构（King，2012）

2. 病毒抗原特性

病毒具有强免疫原性，该属内病毒之间有血清学关系，与香蕉束顶病毒属无血清学关系。

（三）本属典型病毒

地三叶草矮化病毒（*Subterranean clover stunt virus*，SCSV）是矮缩病毒属的代表性病毒。SCSV 最终于 1956 年在澳大利亚新南威尔士地三叶草上发现。其粒子为直径 18～20nm 的等轴二十面体。可以由蚜虫以持久性方式传播（Grylls and Butle，1959），不能通过汁液传播。主要分布于澳大利亚（Gutierrez et al.，1971）。

1. 主要为害症状

SCSV 侵染寄主后引起轻度或严重矮化，叶边缘褪绿、起皱及形成杯状小叶，叶片卷曲，老叶紫色或深红色、幼叶黄化，叶片增厚变小，节间、叶柄缩短，种子数量减少或不形成种子(图 2-149)。

图 2-149　SCSV 侵染三叶草和豌豆症状对比(来源：www.dpvweb.net)

A. 正常三叶草；B. 被侵染后矮化的三叶草；C. 正常豌豆；D. 轻度矮缩伴有卷叶、黄化和叶片缩小的豌豆；E. 严重矮化、褪绿并停止生长的豌豆

2. 寄主范围

SCSV 易感寄主范围比较窄，仅限于豆科蝶形花亚科植物，如花生、豇豆、扁豆、菜豆、豌豆、蚕豆和绿豆等。

3. 传播途径

SCSV 可以由桃蚜通过持久性方式传播，也可通过嫁接传播，但不能通过机械摩擦传播，不能通过种子和花粉传播。

4. 组织病理学特征

病毒粒子分散于植物韧皮部，导致细胞出现褪绿黄化。病毒粒子在芽和根中的含量较高。

5. 病毒稳定性

病毒侵染性在 37℃可以保持 16h 以上，但是从完整的寄主组织中释放出来的病毒粒子会很快失去被蚜虫传播的能力。

6. 病毒纯化方法

用液氮研磨带病茎叶，加入 0.1mol/L 柠檬酸钠缓冲液(pH 6.0，0.1% 2-巯基乙醇)。加入 3%纤维素酶及 0.5%胶原蛋白水解酶，28℃孵育 16h。加入氯仿离心取上清，加入 8%聚乙二醇、0.3mol/L NaCl 沉淀病毒粒子。加入 0.1mol/L 磷酸缓冲液(pH 7.4，10mmol/L

EDTA，1% Triton X-100）悬浮。进一步纯化粗病毒可用差速离心及 10%～40%蔗糖浓度梯度 200 000*g* 离心 70～90min。

7. 病毒检测方法

SCSV 可以通过 ELISA 方法进行检测。

8. 病毒防治方法

杀灭蚜虫，特别是有翅蚜是防治 SCSV 的最有效手段；及时拔除、销毁感病植株也是控制 SCSV 的重要措施。

（四）本属其他重要蔬菜病毒

1. 蚕豆坏死矮化病毒（*Faba bean necrotic stunt virus*，FBNSV）

蚕豆坏死矮化病毒粒子为直径 18～20nm 的等轴二十面体，基因组包含有 8 条环状单链 DNA，长度为 952～1005nt（图 2-150）。该病毒与蚕豆坏死黄化病毒（*Faba bean necrotic yellows virus*，FBNYV）有弱血清学关系，与属内其他病毒之间无血清学关系。该病毒目前主要分布于摩洛哥、阿塞拜疆、埃塞俄比亚等东欧、北非和东非地区。

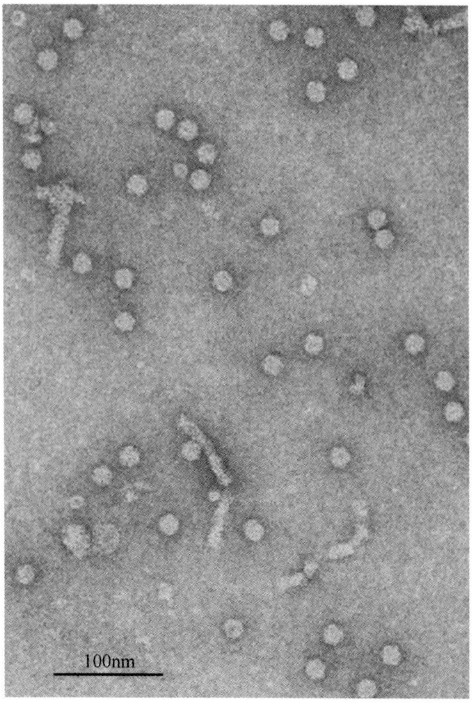

图 2-150　FBNSV 粒子电镜图（Grigoras，2009）

（1）主要为害症状

FBNSV 侵染寄主后会引起矮缩、坏死等（图 2-151）（Grigoras et al.，2009）。

（2）寄主范围

FBNSV 寄主范围比较窄，仅限于豆科植物。

图 2-151　FBNSV 侵染蚕豆后的症状(Grigoras，2009)

(3)传播途径

实验证明，该病毒可以由豌豆蚜(*Acyrthosiphon pisum*)和豆蚜(*Aphis craccivora*)以持久性方式传播。未见有种传报道。

(4)病毒核酸序列

DNA-R 全长 1003nt(NCBI 登录号：KC978992.1)。

DNA-S 全长 986nt(NCBI 登录号：KC978993.1)。

DNA-C 全长 981nt(NCBI 登录号：KC978994.1)。

DNA-M 全长 979nt(NCBI 登录号：KC978995.1)。

DNA-N 全长 983nt(NCBI 登录号：KC978996.1)。

DNA-U1 全长 982nt(NCBI 登录号：KC978997.1)。

DNA-U2 全长 979nt(NCBI 登录号：KC978998.1)。

DNA-U4 全长 983nt(NCBI 登录号：KC978999.1)。

2. 蚕豆坏死黄化病毒(*Faba bean necrotic yellows virus*，FBNYV)

蚕豆坏死黄化病毒于 1991 年在叙利亚蚕豆上检测到。该病毒的病毒粒子无包膜，核衣壳等轴，直径 18nm，似有角，壳粒组成不清(图 2-152)。可以由蚜虫以持久性方式传播，不能通过汁液传播。主要分布于亚洲、非洲和欧洲。

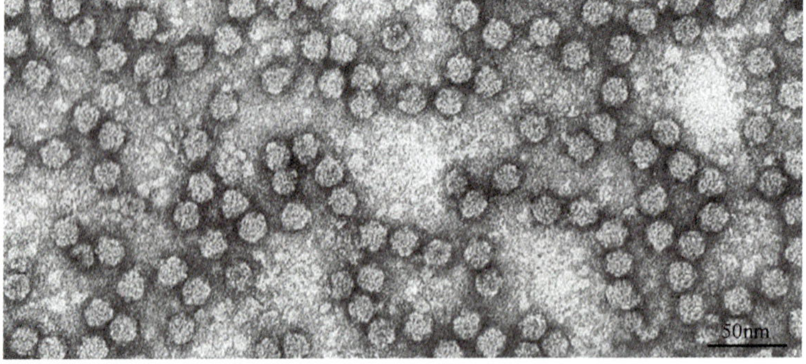

图 2-152　FBNYV 粒子电镜图(Katul L 和 Lesemann D E 供图；Vetten，2011)

(1)主要为害症状

FBNYV 侵染寄主后引起矮缩、叶片黄化、叶片红化、叶坏死斑、新叶卷曲等(图 2-153)。

图 2-153　FBNYV 侵染蚕豆后新叶的症状(来源：Makkouk，www.cabi.org)

(2)寄主范围

FBNYV 寄主范围相对较窄，易感寄主主要限于豆科蝶形花亚科植物。蚕豆是主要的自然寄主，其他豆科作物，如鹰嘴豆、小扁豆、菜豆、豌豆等也是该病毒的自然寄主(Katul et al.，1993；Franz et al.，1997)。

(3)传播途径

FBNYV 可以由豌豆蚜(*Acyrthosiphon pisum*)、豆蚜(*Aphis craccivora*)和蚕豆蚜(*Aphis fabae*)等蚜虫以持久性方式传播(Franz et al.，1998)，不能通过汁液的机械摩擦传播，不能通过植物间接触传播，也不能通过种子和花粉传播(Chu and Helms，1988；Harding et al.，1991)。

(4)组织病理学特征

病毒粒子存在于寄主叶片、根及韧皮组织中。

(5)病毒纯化方法

取病毒感染的植物用液氮冷冻，碾碎。转移冷冻组织，继续用液氮预冷。每 1g 组织加入 2mL 磷酸缓冲液(0.1mol/L，pH 6.0 或 pH 7.0)、0.1mol/L 柠檬酸钠缓冲液。加入组织裂解酶(终浓度为 0.1%或 0.2%)、2-巯基乙醇(终浓度为 0.1%)，以及叠氮化钠(终浓度为 0.02%)，搅拌或摇动直至成为均质。均质在室温下静置隔夜。加入 0.1% Triton X-100(终浓度)室温剧烈摇晃 3h，加入 1/6 倍体积氯仿∶正丁醇(1∶1)继续室温摇晃 10min。8500r/min，20min 低速离心，取上清，加入 PEG6000(终浓度为 8%)及 NaCl(终浓度为 1%)，摇晃直至溶解。4℃静置 1h，按上述方法低速离心，向沉淀中加入磷酸缓冲液(0.1mol/L，pH 7.0)重悬，每 50g 组织加入 10mL，最少加入 25mL。4℃，100r/min 摇动过夜，按上述方法低速离心，取上清，35 000r/min 离心 1.5h。4℃搅拌 1h 使沉淀在缓冲液中重悬，低速离心（10 000r/min 离心 20min），取上清，加入 20%蔗糖，60 000r/min 离心 1h 使沉淀分层。按上述方法摇动沉淀，冻融法制备 10%～40%线性蔗糖密度梯度，使沉淀分层。38 000r/min 离心 1.5～2h，60 000r/min 离心 1h，收集病毒粒子。

（6）病毒核酸序列

DNA-R 全长 1003nt（NCBI 登录号：KC979035.1）。

DNA-S 全长 1005nt（NCBI 登录号：KC979036.1）。

DNA-C 全长 992nt（NCBI 登录号：KC979037.1）。

DNA-M 全长 996nt（NCBI 登录号：KC979038.1）。

DNA-N 全长 987nt（NCBI 登录号：KC979039.1）。

DNA-U1 全长 997nt（NCBI 登录号：KC979040.1）。

DNA-U2 全长 972nt（NCBI 登录号：KC979041.1）。

DNA-U4 全长 985nt（NCBI 登录号：KC979042.1）。

3. 豌豆坏死黄矮病毒（*Pea necrotic yellow dwarf virus*，PNYDV）

豌豆坏死黄矮病毒于 2009 年在德国豌豆上首次发现（Grigoras et al.，2010），2010 年在奥地利也发现了该病毒。到 2016 年，德国和奥地利的全国范围内均检测到该病毒（Gaafar et al.，2016）。2017 年在荷兰也检测到了该病毒。该病毒侵染豌豆或者蚕豆后会造成显著的减产，在农业生产上危害较大。该病毒与蚕豆坏死黄化病毒（*Faba bean necrotic yellows virus*，FBNYV）多克隆抗体存在弱的交叉反应。

（1）主要为害症状

PNYDV 侵染豌豆或者蚕豆后呈现叶片卷曲、顶端黄化、褪绿和植株矮化症状，有时伴有坏死症状（Gaafar et al.，2017）。

（2）寄主范围

目前在豌豆、蚕豆及小扁豆上发现过该病毒（图 2-154，图 2-155）（Gaafar et al.，2016）。

图 2-154　PNYDV 侵染豌豆后表现的症状（Gaafar，2017）

上方为正常植株；下方为感病植株

图 2-155　PNYDV 侵染蚕豆后表现的症状（Gaafar，2016）

（3）传播途径

PNYDV 可以通过豌豆蚜（*Acyrthosiphon pisum*）以持久性方式进行传播，未发现汁液传播和种传报道。

（4）病毒检测方法

该病毒可以通过 PCR 进行检测（引物见表 2-48）（Gaafar et al.，2016）。

表 2-48　PNYDV PCR 检测引物

引物	序列（5′→3′）
PNYDV-F	AACCTCCGGATATCACCAGAT
PNYDV-R	CCGGAGGTTTTATTTCAAAACCAAC

（5）病毒核酸序列

DNA-R 全长 1002nt（NCBI 登录号：KY593290.1）。

DNA-S 全长 983nt（NCBI 登录号：KY593291.1）。

DNA-C 全长 989nt（NCBI 登录号：KY593287.1）。

DNA-M 全长 988nt（NCBI 登录号：KY593288.1）。

DNA-N 全长 993nt（NCBI 登录号：KY593289.1）。

DNA-U1 全长 978nt（NCBI 登录号：KY593292.1）。

DNA-U2 全长 985nt（NCBI 登录号：KY593293.1）。

DNA-U4 全长 980nt（NCBI 登录号：KY593294.1）。

4. 豌豆黄矮病毒（*Pea yellow stunt virus*，PYSV）

豌豆黄矮病毒于 2010 年在奥地利豌豆（*Pisum sativum*）上首次发现，基因组包含有 8 个环状单链 DNA，单个环大小为 970～1002nt，总基因组为 7825nt。与本属其他病毒类似，PYSV 基因组也包含有茎环结构及 8 个编码 8 种不同蛋白的 ORF。由于 PYSV 是比较新的病毒，尚缺乏相关研究，因此一些生物学特性尚不清楚。

(1)主要为害症状

PYSV 侵染豌豆后呈现叶片黄化、幼茎节间变短等症状(图 2-156)(Grigoras et al., 2014)。

图 2-156　PYSV 侵染豌豆后表现的症状(Grigoras，2014)

左下图为发病症状；右侧图为正常植株

(2)寄主范围

目前在豌豆、菜豌豆上发现过 PYSV。

(3)传播途径

PYSV 可以通过豌豆蚜(*Acyrthosiphon pisum*)以持久性方式进行传播，未发现汁液传播和种传报道。

(4)病毒核酸序列

DNA-R 全长 1002nt(NCBI 登录号：NC_023296.1)。

DNA-S 全长 976nt(NCBI 登录号：NC_023308.1)。

DNA-C 全长 971nt(NCBI 登录号：NC_023309.1)。

DNA-M 全长 975nt(NCBI 登录号：NC_023297.1)。

DNA-N 全长 977nt(NCBI 登录号：NC_023310.1)。

DNA-U1 全长 970nt(NCBI 登录号：NC_023303.1)。

DNA-U2 全长 971nt(NCBI 登录号：NC_023298.1)。

DNA-U4 全长 983nt(NCBI 登录号：NC_023311.1)。

(五)本属病毒种类

矮缩病毒属的病毒种类如表 2-49 所示。

表 2-49　矮缩病毒属的病毒种类(King et al.，2012；洪健等，2014)

病毒中文名称	病毒英文名称	缩写
黑苜蓿卷叶病毒	*Black medic leaf roll virus*	BMLRV
蚕豆坏死矮化病毒	*Faba bean necrotic stunt virus*	FBNSV
蚕豆坏死黄化病毒	*Faba bean necrotic yellows virus*	FBNYV
蚕豆黄叶病毒	*Faba bean yellow leaf virus*	FBYLV
紫云英矮缩病毒	*Milk vetch dwarf virus*	MDV
豌豆坏死黄矮病毒	*Pea necrotic yellow dwarf virus*	PNYDV
豌豆黄矮病毒	*Pea yellow stunt virus*	PYSV
地三叶草矮化病毒	*Subterranean clover stunt virus*	SCSV

三、耳突花叶病毒属(*Enamovirus*)

耳突花叶病毒属隶属于黄症病毒科(*Luteoviridae*)，该属目前有两种病毒，即豌豆耳突花叶病毒 1 号(*Pea enation mosaic virus 1*，PEMV-1)和苜蓿耳突花叶病毒 1 号(*Alfalfa enamovirus 1*，AEV-1)(Bejerman et al.，2016)。由于苜蓿耳突花叶病毒 1 号仅侵染苜蓿，因此，本部分内容将以本属代表性病毒豌豆耳突花叶病毒 1 号为例进行介绍(洪健等，2001)。

(一)生物学特性

1. 地理分布

豌豆耳突花叶病毒 1 号广泛分布于北半球温带地区，此外意大利西西里和伊朗也有报道。

2. 寄主范围

PEMV-1 易感寄主隶属于藜科、豆科蝶形花亚科和茄科，如鹰嘴豆(*Cicer arietinum*)、蚕豆(*Vicia faba*)、小扁豆(*Lens culinaris*)和豌豆(*Pisum sativum*)，但不能侵染苜蓿。

3. 传播途径

在自然界中，该病毒通过蚜虫以持久性方式传播，但容易丢失蚜传能力。该病毒可以通过机械摩擦进行传毒，是黄症病毒科唯一可以通过机械摩擦接种的病毒。

4. 主要为害症状

该属病毒侵染豌豆、香豌豆和蚕豆等寄主植物后，可以引起耳突、花叶或透明斑症状(图 2-157)。

图 2-157　PEMV-1 侵染豌豆引起的症状（Porter，USDA）

5. 组织病理学特征

在感病植物的细胞核中有大量病毒粒子积累，在细胞质中较少，分散分布或呈结晶状排列。感染早期病毒粒子只存在于细胞核中，细胞核是病毒复制的场所，以后病毒粒子随着核被破坏而进入细胞质。在核内膜上形成囊泡结构，并存在于核周腔中，然后释放到细胞质，其周围由核外膜包裹，成为细胞质中成群分布的特殊病理性结构，囊泡内含有纤细的丝状物质，可能是病毒特异性 dsRNA。线粒体和叶绿体变得较小，数量较少，但细胞器中无病毒粒子，也无其他内含体。

6. 病毒粒子特征

病毒粒子为等轴对称二十面体（图 2-158），无包膜，有大小两种粒子，直径分别为 25nm 和 28nm，大粒子由 180 个蛋白亚基排列成二十面体，小粒子由 150 个蛋白亚基排列成二十面体，病毒易被中性磷钨酸破坏。两种沉降组分，底部组分的相对分子质量为 5.6×10^6，标准沉降系数 S_{20W}=112S，在氯化铯中的浮力密度底层为 1.42g/cm^3；顶部组分的相对分子质量为 4.5×10^6，标准沉降系数 S_{20W}=99S，在氯化铯中顶部组分被破坏。在硫酸铯中两个组分的浮力密度约为 1.38g/cm^3。在高盐条件下两个组分会被破坏，而顶部组分更不稳定（Tidona and Darai，2011）。

病毒粒子的外壳蛋白由一个多肽组成，分子质量为 21kDa。超读产物可能涉及蚜虫传播和病毒粒子的稳定。目前没有关于脂质和碳水化合物的报道。

病毒粒子的外壳蛋白由一种多肽组成，分子质量为 24kDa。目前没有关于脂质和碳水化合物的报道。

7. 病毒稳定性

该病毒在蚕豆汁液中的热致死温度（10min）为 65℃，稀释限点为 10^{-4}。病毒粒子在 20℃条件下活性可以保持 4d。

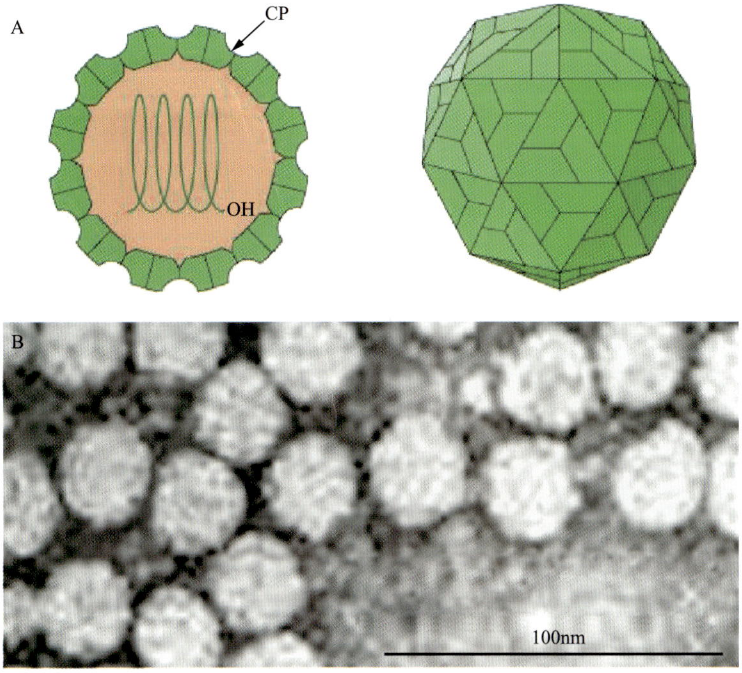

图 2-158 PEMV-1 的病毒粒子

A. 病毒粒子模拟图（来源：Swiss Institute of Bioinformatics）；B. 病毒粒子电镜图（Tidona，2011）

8. 病毒纯化方法

每克感病组织加入 2mL 0.15mol/L 乙酸缓冲液（pH 6.1）和 1mL 氯仿，采用组织捣碎机捣碎，纱布过滤，10 000r/min 离心 15min，取上清，调 pH 为 5.3，离心除去絮凝物，取上清，调 pH 为 6.1，用高速离心或加入 6%的 PEG6000 低速离心纯化病毒。加入 0.1mol/L 乙酸缓冲液悬浮沉淀。可用蔗糖浓度梯度离心进一步纯化病毒颗粒。乙酸缓冲液中加入 0.015mol/L $MgCl_2$ 可保持病毒稳定的感染性。

（二）分子生物学特征

1. 核酸

该病毒核酸为单分体线形正义单链 RNA，长 5706nt，相对分子质量为 1.7×10^6，核酸占病毒粒子质量的 28%。一些株系含 717nt 的卫星 RNA。RNA 的 3′端既无 poly(A)，也无类似 tRNA 结构，5′端具有一个 VPg 结构。

2. 基因组

该属病毒基因组为单分体结构。RNA 含有 5 个 ORF，有一个 ORF0，但缺乏 ORF6。在 ORF2 与 ORF3 之间有 200nt 长的非编码基因间隔区（图 2-159）。病毒基因编码产物为 34kDa 蛋白（可能是膜连接蛋白）、84kDa 蛋白（解旋酶基序，VPg）、67kDa 的聚合酶、21kDa 外壳蛋白和 54kDa 外壳蛋白超读产物（均由亚基因组 RNA 翻译而来）、29kDa 蛋白（可能是蚜传因子或病毒粒子稳定因子）。基因组复制地点为细胞核及起源于核膜的囊泡。该病毒与豌豆耳突花叶病毒 2 号(*Pea enation mosaic virus 2*，PEMV-2)复合侵染寄主植物有相互依赖关系。

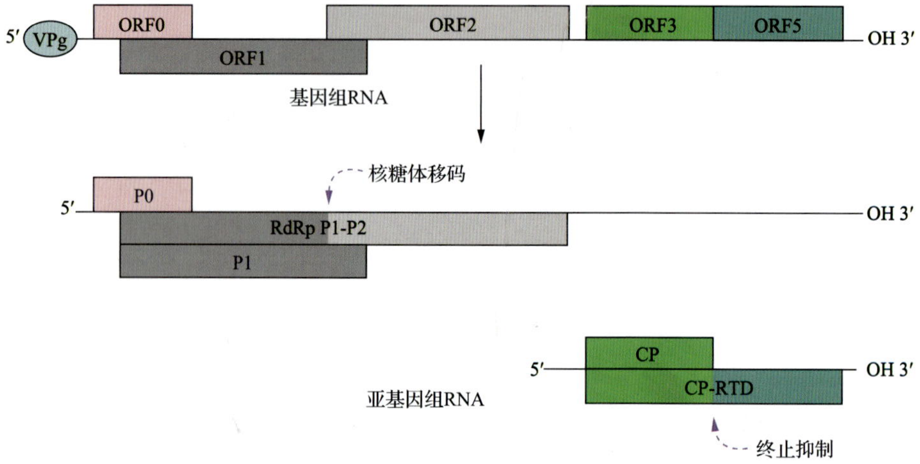

图 2-159　基因组结构(来源：Swiss Institute of Bioinformatics)

3. 抗原特性

由豌豆耳突花叶病毒 1 号和豌豆耳突花叶病毒 2 号复合侵染植物得到的病毒纯化物具有中等免疫原性。在凝胶扩散实验中，蚜传分离物显示有一个附加的抗原因子，而在非蚜传分离物中则没有。该病毒与黄症病毒属和马铃薯卷叶病毒属的病毒无血清学关系。

4. 病毒核酸序列

PEMV-1 的 RNA 全长 5706nt(NCBI 登录号：NC_003629.1)。

(三) 本属病毒种类

耳突花叶病毒属所包含的病毒种类如表 2-50 所示。

表 2-50　耳突花叶病毒属所包含的病毒种类(King et al.，2012；洪健等，2014)

病毒中文名称	病毒英文名称	缩写
豌豆耳突花叶病毒 1 号	*Pea enation mosaic virus 1*	PEMV-1
苜蓿耳突花叶病毒 1 号	*Alfalfa enamovirus 1*	AEV-1

四、黄症病毒属(*Luteovirus*)

黄症病毒属隶属于黄症病毒科(*Luteoviridae*)，该属代表性病毒为大麦黄矮病毒-PAV(*Barley yellow dwarf virus-PAV*，BYDV-PAV)。由于 BYDV-PAV 寄主隶属于禾本科稻属植物，因此本章不做详述，重点描述菜豆卷叶病毒(*Bean leafroll virus*，BLRV)和大豆矮缩病毒(*Soybean dwarf virus*，SbDV)这两种蔬菜病毒(洪健等，2001)。

(一)生物学特性

1. 地理分布

该属病毒为全球性病毒，在全世界范围内均有分布。

2. 寄主范围

该属病毒可以侵染 20 个科 150 种以上的单子叶植物，包括燕麦、大麦、小麦和许多杂草。

3. 传播途径

约有 14 种蚜虫以持久性方式传播，最重要的是麦无网长管蚜(*Acyrthosiphon dirhodum*)、麦长管蚜(*Macrosiphum avenae*)、玉米蚜(*Rhopaloshiphum maidis*)、禾谷缢管蚜(*Rhopalosiphum padi*)等。病毒在介体内不能增殖，介体专化性强，不能通过汁液机械接种传毒，可以通过注射病毒汁液接种于蚜虫体内而传毒(Johnstone et al.，1984)。

4. 主要为害症状

该属病毒侵染寄主植物后，引起寄主植物矮化及褪绿症状，大麦的病症要轻于燕麦，小麦病症更轻，一些杂草感病后是无症的(Cockbain and Gibbs，1973)。

5. 组织病理学特征

病毒在寄主植物体内的分布局限于韧皮部组织，输导组织退化是黄症病毒侵染的重要特征。在韧皮部薄壁细胞的细胞质中可看到成群的病毒粒子，在转移细胞和伴胞中也可看到大量病毒粒子，有的病毒粒子可穿过胞间连丝，有时在液泡中存在着病毒结晶体。细胞质中产生许多小囊泡结构，这些小囊泡具有双层膜，内含细的纤维状物质，有的囊泡处在核周腔中。

6. 病毒粒子特征

病毒粒子为等轴对称二十面体，直径为 25～30nm，呈六边形(图 2-160)，无包膜及表面特征，有 180 个蛋白亚基。相对分子质量为 6.5×10^6，标准沉降系数 S_{20W}=106～118S，在氯化铯中的浮力密度为 1.39～1.40g/cm^3。病毒粒子较稳定，对冷冻、氯仿及非离子去垢剂不敏感，但长时间在高盐条件下会被破坏。

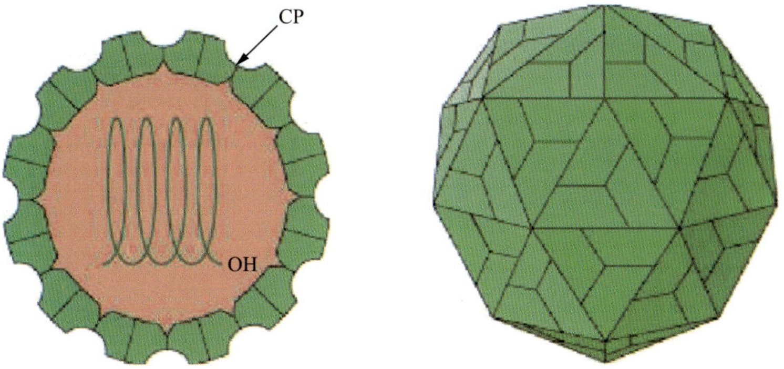

图 2-160　黄症病毒属病毒粒子模拟图(来源：Swiss Institute of Bioinformatics)

病毒粒子的外壳蛋白由一种主要的多肽组成，分子质量为 22kDa。超读产物可能涉及蚜虫传播和病毒粒子的稳定。病毒粒子的组装在细胞质中完成。目前没有关于脂质和碳水化合物的报道。

(二) 分子生物学特征

1. 核酸

该属病毒的核酸为单分体线形正义单链RNA，长5.3～6.0kb，相对分子质量为2.0×10^6。核酸占病毒粒子质量的28%，GC含量为47.8%～48.5%。RNA的3′端既无poly(A)，也无类似tRNA结构，5′端具有一个VPg结构。

2. 基因组

该属病毒为单分体基因组，可产生2～3个亚基因组RNA。基因组共含有5～8个ORF，其中最大的亚基因RNA1可表达CP蛋白(P3)、移动蛋白(P4)及蚜传相关蛋白(P3～P5)(图2-161)。基因组转录在细胞质中完成。

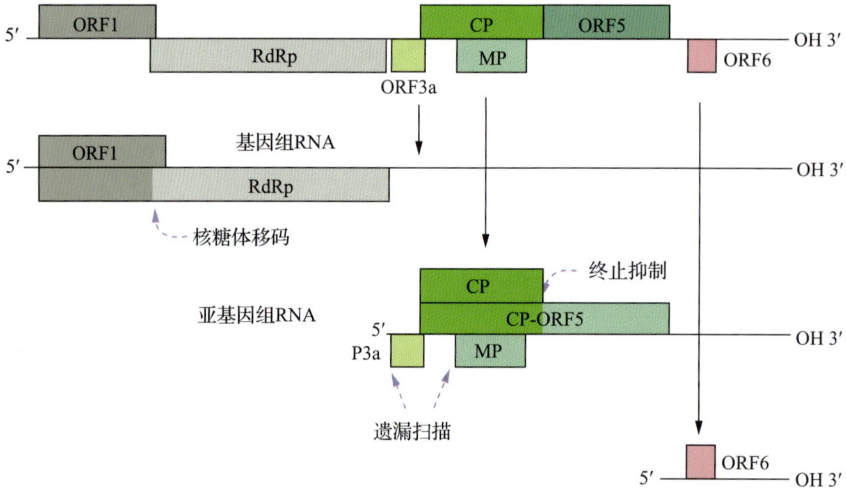

图2-161　基因组结构及表达产物(来源：Swiss Institute of Bioinformatics)

3. 抗原特性

病毒的免疫原性强，大麦黄矮病毒-MAV与大麦黄矮病毒-PAV之间具有密切的血清学关系。

(三) 本属重要蔬菜病毒

1. 菜豆卷叶病毒(*Bean leafroll virus*，BLRV)

菜豆卷叶病毒于1954年在德国豌豆和蚕豆上检测到。其粒子为等轴对称二十面体(图2-162)，直径为27nm，可以由蚜虫以持久性方式传播，但是不能通过汁液摩擦进行传毒。主要分布在欧洲、中东、印度和美国。

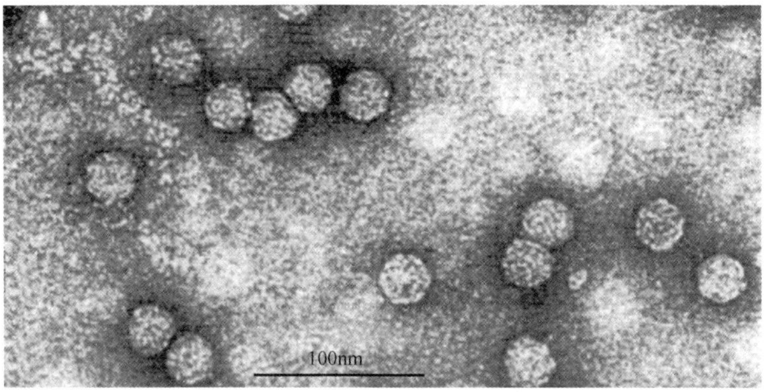

图 2-162　BLRV 粒子电镜图(来源：www.dpvweb.net)

(1) 主要为害症状

BLRV 侵染蚕豆引起向上的卷叶，同时伴随老叶变黄和豆荚数减少。在感病豌豆的新生叶片上造成矮化、黄化，以及向下卷叶。该病毒侵染菜豆、鹰嘴豆、豇豆和扁豆还会导致发育迟缓和黄化。在 15～20℃光照充足的情况下，发病症状更严重(图 2-163)。

图 2-163　BLRV 侵染豌豆引发卷叶等病症(来源：Hubbeling N，The Netherlands)

(2) 寄主范围

BLRV 可侵染 25 种豆科植物和 17 种非豆科植物，易感寄主隶属于豆科蝶形花亚科，包括花生、紫云英、鹰嘴豆、大豆、香豌豆、扁豆、羽扇豆、豇豆等。

(3) 传播途径

BLRV 借助蚜虫以持久性方式传播，豌豆蚜和豌豆长管蚜是最主要的传毒介体，桃蚜的传毒效率较低。该病毒可以通过嫁接传播，但不能通过机械摩擦传播，也不能通过种子和花粉传播。

(4) 组织病理学特征

在被感染的蚕豆和深红色三叶草中，BLRV 粒子集中在韧皮部坏死的筛管细胞中。此外，该病毒粒子还分散在感染细胞的整个管腔内，并散布于细胞器中。

(5) 病毒稳定性

该病毒在室温下侵染性可以保持 10d。

(6) 病毒纯化方法

在 15～20℃条件下培养已接种的豌豆植株，14d 后收获。加入 4mL/g 冷却的 0.1mol/L 的磷酸缓冲液，pH 7.4，以及 0.1%的 2-巯基乙醇和 10mmol/L EDTA 用韦林氏搅切器进行处理。高速处理 2min，使其进一步破碎。10 400*g* 离心 10min，取上清。加入聚乙二醇 (8%，*W*/*V*) 和 NaCl (3%，*W*/*V*)。4℃搅拌 1h，16 300*g* 离心 15min，弃上清。提取缓冲液重悬沉淀，加入 0.25 倍体积 1∶1 的氯仿∶正丁醇。静置 1h，离心。2 个循环差速离心获得上层水相，加入 50mmol/L 磷酸缓冲液，pH 6.5，1mmol/L EDTA 悬浮沉淀。该病毒可通过硫酸铯等密度梯度离心及 10%～40%线性蔗糖密度梯度离心 (76 000*g*，3.5h) 进一步纯化。从根组织中获得的病毒产量高于从幼苗中获得的。

(7) 病毒检测方法

该病毒可以通过 RT-PCR 进行检测，扩增产物大小为 391bp，引物见表 2-51。此外，还可以利用 ELISA 方法进行检测。

表 2-51　RT-PCR 检测引物

引物	序列 (5′→3′)
BLRV-5	GAAGATCAAGCCAGGTTCA
BLRV-3	TCCAGCAATCTTGGCATCTC

(8) 病毒核酸序列

BLRV 的 RNA 全长 5964nt (NCBI 登录号：NC_003369.1)。

2. 大豆矮缩病毒 (*Soybean dwarf virus*，SbDV)

大豆矮缩病毒于 1969 年在日本大豆上发现，其病毒粒子直径 25nm (图 2-164)，可以由蚜虫以持久性方式传播，但是不能通过汁液摩擦进行传毒。SbDV 分布在日本北海道和本州北部地区，但是有逐年扩散的迹象。此外，SbDV 在澳大利亚、新西兰和美国加利福尼亚也有分布。

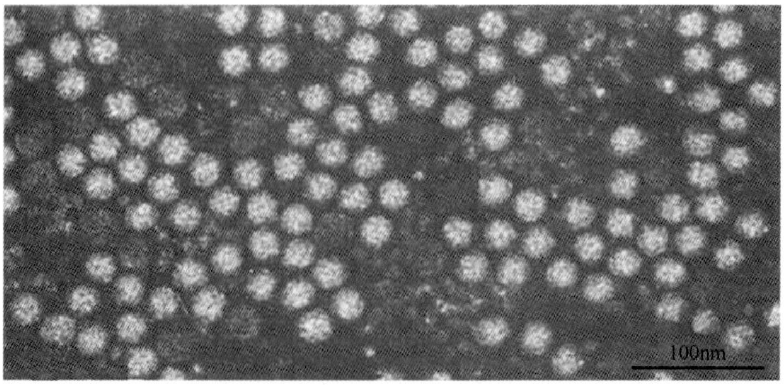

图 2-164　SbDV 粒子电镜图 (Kojima，1976)

(1)主要为害症状

SbDV 侵染大豆引起严重矮化、叶片皱缩及脉间黄化等症状；侵染菜豆导致黄化；侵染豌豆产生轻微黄化甚至不表现症状(图 2-165，图 2-166)。红三叶草和白三叶草感染 SbDV 后不表现出任何症状(Yamashita et al.，2013)。

图 2-165　SbDV 侵染抗性品种和易感品种大豆后的症状(Yamashita，2013)

A. SbDV 侵染抗性品种后无明显症状；B. SbDV 侵染易感品种后脉间失绿、叶片变厚脆化

图 2-166　SbDV 侵染大豆后的症状(Tamada T 供图)

(2)寄主范围

SbDV 的易感寄主隶属于苋科、藜科、菊科、牻牛儿苗科、豆科蝶形花亚科、马齿苋科和番杏科，包括菜豆、豌豆、番杏、花生等作物。

(3)传播途径

该病毒借助蚜虫以持久性方式传播，不能通过机械摩擦和植物间接触传播，也不能通过种子传播。

(4)组织病理学特征

SbDV 颗粒存在于筛管、韧皮薄壁组织及伴生细胞和木质部导管中。病毒颗粒与韧皮部坏死有关，矮化株系似乎比黄化株系引起的韧皮组织退化更严重。

(5)病毒稳定性

SbDV 的热致死温度(10min)为 45～50℃。该病毒侵染性在 4℃下可保存至少 120d，15℃下可保存至少 20d。反复冻融 3 次不影响病毒侵染性(Kojima and Tamada，1976)。

(6)病毒纯化方法

该病毒可通过以下方法从受感染的大豆植株中提纯。向新鲜的植物样品中加入 0.5mol/L 磷酸缓冲液，pH 7.4，含 0.01mol/L EDTA。用 1/2 体积的氯仿和正丁醇 1∶1 混合物澄清提取物，加入聚乙二醇至 8%。用 1/2 体积的 Diafron S-3(三氟三氯乙烷)重新澄清悬浮液，用差速离心及蔗糖密度梯度离心进一步纯化病毒粒子。向沉淀中加入 0.01mol/L 磷酸缓冲液，pH 7.4，含 0.001mol/L EDTA，悬浮沉淀。每千克组织中可获得 100～400μg 病毒。

(7)病毒检测方法

该病毒可以通过 RT-PCR 进行检测，扩增产物大小为 592bp(引物见表 2-52)。也可以通过斑点杂交检测，此外 ELISA 也是有效的检测方法。

表 2-52　RT-PCR 检测引物

引物	序列(5′→3′)
SbDV-5	GGTCGCGGTTAGCAATGTCGCA
SbDV-3	ATTCTGCGTTAGGACATTGATCGA

(8)病毒防治方法

1)清除三叶草。三叶草是病毒的侵染源，清除大豆种植区域的三叶草可以降低大豆感染 SbDV 的机会。

2)驱避蚜虫。改变大豆的播种期，避开蚜虫迁飞高峰期。使用银色的聚乙烯薄膜能有效驱避蚜虫，降低 SbDV 的侵染。

3)杀灭蚜虫。利用化学杀虫剂防治蚜虫是防治 SbDV 的有效手段。

4)种植抗病耐病品种。使用抗病或耐病品种是控制 SbDV 的最重要的措施。大豆栽培种 Ohoujyu、Adams、Peking、Bavender SP-4、Bavender SP-7 和 PI-90763 对 SbDV 相对有抗性，感染后症状轻微。

(9)病毒核酸序列

SbDV 的 RNA 全长 5853nt(NCBI 登录号：NC_003056.1)。

(四)黄症病毒属病毒种类

黄症病毒属病毒种类如表 2-53 所示。

表 2-53　黄症病毒属病毒种类（King et al.，2012；洪健等，2014）

病毒中文名称	病毒英文名称	缩写
大麦黄矮病毒-kerII	*Barley yellow dwarf virus-kerII*	BYDV-kerII
大麦黄矮病毒-kerIII	*Barley yellow dwarf virus-kerIII*	BYDV-kerIII
大麦黄矮病毒-MAV	*Barley yellow dwarf virus-MAV*	BYDV-MAV
大麦黄矮病毒-PAS	*Barley yellow dwarf virus-PAS*	BYDV-PAS
大麦黄矮病毒-PAV	*Barley yellow dwarf virus-PAV*	BYDV-PAV
菜豆卷叶病毒	*Bean leafroll virus*	BLRV
玫瑰春季矮缩伴随病毒	*Rose spring dwarf-associated virus*	RSDaV
大豆矮缩病毒	*Soybean dwarf virus*	SbDV

五、马铃薯卷叶病毒属（*Polerovirus*）

马铃薯卷叶病毒属隶属于黄症病毒科（*Luteoviridae*），该属代表性病毒为马铃薯卷叶病毒（*Potato leafroll virus*，PLRV）（洪健等，2001）。

（一）生物学特性

1. 地理分布

该属病毒为全球性病毒，在全世界范围内的马铃薯种植区均有分布。

2. 寄主范围

自然寄主范围有限，可侵染20多种寄主植物，主要为茄科植物，还有部分苋科、假茄科、十字花科和马齿苋科植物。

3. 传播途径

病毒通过蚜虫以持久性方式传播，其中桃蚜（*Myzus persicae*）是最重要的传播介体，还能通过嫁接传播，但不能经汁液机械接种传毒。

4. 主要为害症状

该属病毒侵染寄主植物后，引起寄主植物叶片向上卷曲、黄化、红化或者白化，老叶增厚脆化等。

5. 组织病理学特征

病毒主要侵染植物的韧皮部，但也可以扩大到非韧皮部组织。大量病毒粒子分布在寄主植物韧皮部薄壁细胞和伴胞的细胞质中，可形成聚集体，在一些细胞的液泡内发现病毒结晶体，在甜菜西方黄化病毒感染的甜菜叶片韧皮部的细胞核内有病毒粒子聚集。在细胞质中产生含有细纤维状物质的小囊泡结构，有的与核膜融合进入核内（图 2-167）。病毒侵染造成韧皮部组织不同程度的坏死，茎和叶柄的初生韧皮部细胞壁变厚，胼胝质积累在一些筛管中。通过免疫荧光染色可检测到位于韧皮部细胞中的病毒抗原。

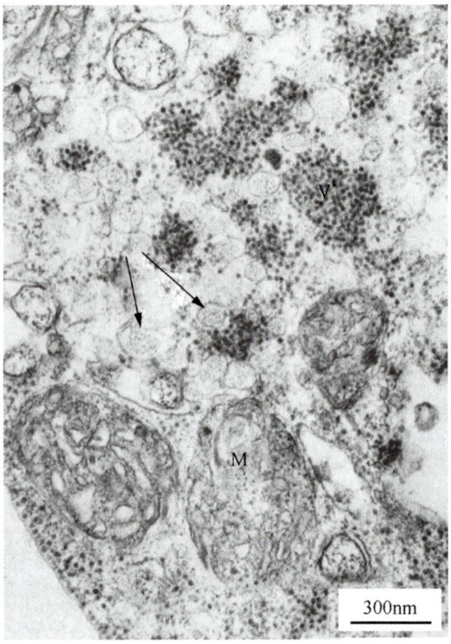

图 2-167　感染 PLRV 的花酸浆叶片韧皮部薄壁细胞（Francki R I B 供图）
细胞质中的病毒粒子聚集体和小泡结构（箭头）；M. 线粒体；V. 病毒粒子

6. 病毒粒子特征

病毒粒子为等轴对称二十面体（图 2-168），直径 24～26nm，无包膜，在粒子表面可看到小的突起，有 180 个蛋白亚基（图 2-169）。相对分子质量为 6.5×10^6，标准沉降系数 S_{20W}=115～127S，在氯化铯中的浮力密度为 1.39～1.42g/cm^3。病毒粒子较稳定，对冷冻、氯仿及非离子去垢剂不敏感，但长时间在高盐条件下会被破坏。

病毒粒子的外壳蛋白由一种主要的多肽组成，分子质量为 23kDa。超读产物可能涉及蚜虫传播和病毒粒子的稳定。目前没有关于脂质和碳水化合物的报道。

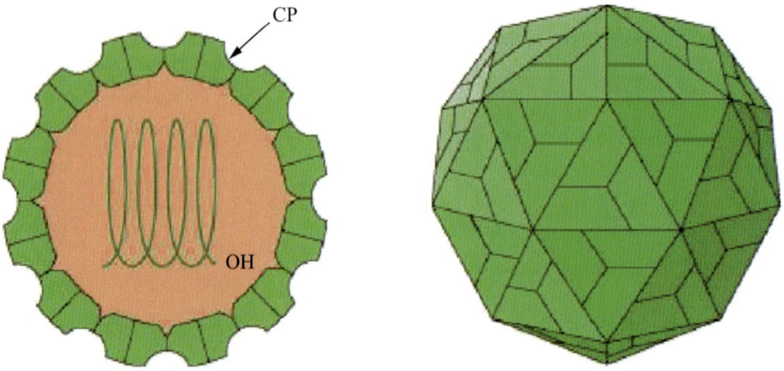

图 2-168　马铃薯卷叶病毒属病毒粒子模拟图（来源：Swiss Institute of Bioinformatics）

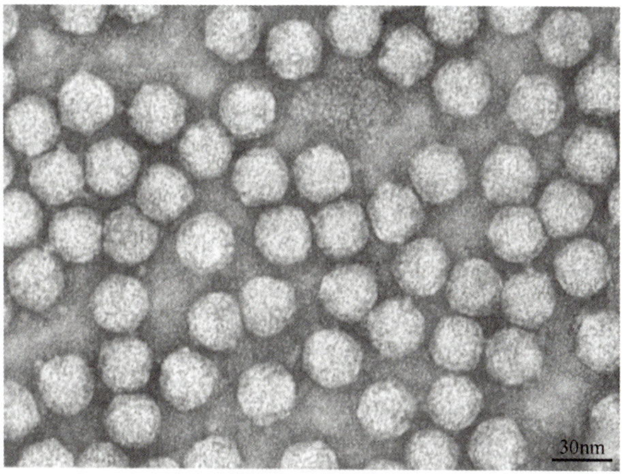

图 2-169　PLRV 粒子电镜图(Lesemann D E 供图)

(二)分子生物学特征

1. 核酸

该病毒属病毒的核酸为单分体线形正义单链 RNA，长 5.6～5.9kb。核酸占病毒粒子质量的 28%，GC 含量为 48.1%～50.3%。RNA 的 3′端既无 poly(A)，也无类似 tRNA 结构，5′端具有一个 VPg 结构。

2. 基因组

该属病毒为单分体基因组，基因组共含有 6～8 个 ORF，3 个位于 5′端，其中的 ORF1 和 ORF2 通过移码翻译方式表达为一个蛋白，3′端的 3 个 ORF 通过一个亚基因组 RNA 表达，在 ORF2 与 ORF3 之间有 200nt 长的非编码序列(图 2-170)。马铃薯卷叶病毒有 6 个

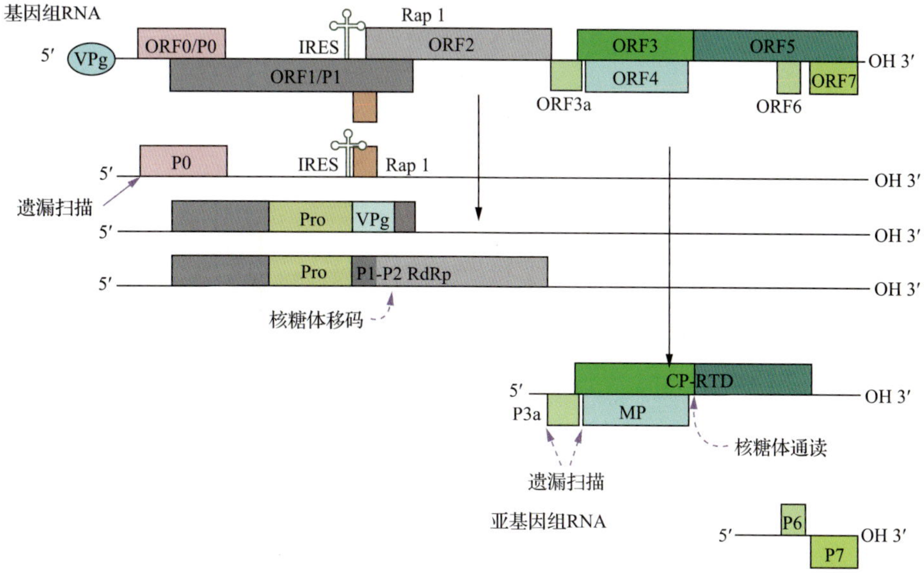

图 2-170　马铃薯卷叶病毒属基因组结构及表达产物(来源：Swiss Institute of Bioinformatics)

ORF，ORF0 编码 28kDa 蛋白（可能是膜连接蛋白），ORF1 编码 70kDa 蛋白（解旋酶基序，VPg），ORF2 编码聚合酶（通过移码方式与 ORF1 产物一起表达为一个较大的蛋白），ORF3 编码 23kDa 的外壳蛋白（从亚基因组 RNA 表达），ORF4 编码 17kDa 蛋白（可能是移动蛋白，从亚基因组 RNA 表达），ORF5 编码 76kDa 外壳蛋白超读产物（从亚基因组 RNA 表达，可能是蚜传因子或病毒粒子稳定因子），最近有报道表明，在马铃薯卷叶病毒和南瓜蚜传黄化病毒基因组的近 3′端有一个小的 ORF6。

3. 抗原特性

病毒具有非常好的免疫原性，与属内的甜菜西方黄化病毒、甜菜轻型黄化病毒及本科未归类的烟草坏死矮化病毒、菜豆卷叶病毒等有密切的血清学关系。

（三）本属典型病毒

马铃薯卷叶病毒（*Potato leafroll virus*，PLRV）是马铃薯卷叶病毒属的代表性病毒。其粒子为等轴对称二十面体，直径 24nm，可以通过蚜虫以持久性方式传播，但是不能通过汁液摩擦进行传毒。

1. 主要为害症状

PLRV 侵染寄主后可引起植株顶端叶片发白、边缘黄化、发育不良，小叶卷曲及花蕾坏死等。PLRV 侵染马铃薯引起明显的卷叶病症和植物硬直，还可以引发植物韧皮部坏死和叶片中糖类积累（图 2-171）。

图 2-171 PLRV 侵染寄主后症状（来源：www.plantwise.org）

箭头所指为感病植株

2. 寄主范围

PLRV 为全球性病毒，在全世界范围内的马铃薯种植区均有分布。PLRV 的易感寄主隶属于苋科、十字花科、马齿苋科和茄科植物，包括荠菜、曼陀罗、马铃薯、番茄等。

3. 传播途径

PLRV 可以由 10 种蚜虫通过持久性方式传播，其中桃蚜为最重要的蚜虫。幼虫的传毒效率高于成虫。蚜虫在寄主植物上取食 1d 有助于提高传毒效率。病毒存在约半天的潜伏期，蚜虫一旦获毒可终生持毒。PLRV 可以通过嫁接传播，但不能通过机械摩擦传播，不能通过种子和花粉传播。

4. 组织病理学特征

病毒分布限于植物韧皮部，其引起的病理变化与该属病毒引起的病理变化基本一致。

5. 病毒稳定性

PLRV 的热致死温度（10min）为 70℃，稀释限点为 10^{-4}。2℃的植物汁液中可以存活 4d，在 25℃的蚜虫提取物中可存活 12～24h。病毒可以稳定存在于添加还原剂的植物汁液中。

6. 病毒纯化方法

感病马铃薯叶片置于−70℃冰冻至少一周。取 500g 叶片，加入 1L 0.1mol/L 柠檬酸钠缓冲液（pH 6.0）及 0.5% 2-巯基乙醇和 1% Driselase，室温下磨碎叶片。25℃摇晃孵育 2～3h。用 0.2mol/L Na_2HPO_4 调 pH 为 7.0。加入 0.67 倍体积氯仿∶丁醇（1∶1），5000r/min 离心 15min。取上层水相，加入 8%的 PEG6000、0.2mol/L NaCl。4℃搅拌 1h，室温孵育 1～2h，15 000r/min 离心 15min。加入 100mL 0.02mol/L 磷酸钠缓冲液（pH 7.5），1% Triton X-100 悬浮沉淀，10 000r/min 离心 15min。用两个循环差速离心纯化，加入 2mL 磷酸缓冲液悬浮沉淀。用 10%～40%蔗糖浓度梯度离心纯化病毒粒子（孟清等，1987）。

7. 病毒检测方法

该病毒可通过 ELISA 方法进行检测。

8. 病毒防治方法

（1）培育、选用脱毒的马铃薯健康种薯，繁种过程中拔除带卷叶病的病株，防止蚜虫传毒，及时喷药灭虫。

（2）采用无毒种薯，各地要建立无毒种薯繁育基地，原种田应设在高纬度或高海拔地区，并通过各种检测方法汰除病薯，推广茎尖组织脱毒，生产田还可通过二季作或夏播获得种薯。

（3）培育或利用抗病或耐病品种。

9. 病毒核酸序列

PLRV 的 RNA 全长 5883nt（NCBI 登录号：KC456052.1）。

（四）本属其他重要蔬菜病毒

1. 甜菜褪绿病毒（*Beet chlorosis virus*，BChV）

甜菜褪绿病毒，最早于 1994 年在欧洲首次被报道，但并没有被认为是一种新的病毒。直到相关分子研究开展后才确认该病毒为一种新的病毒并命名。BChV 主要分布在欧洲和北美地区，甜菜感染该病毒后可造成 5%～40%的减产，其危害程度不亚于甜菜轻型黄化病毒（*Beet mild yellowing virus*，BMYV）。该病毒基因组是正义单链 RNA，全长 5742nt，编码蛋白与该属其他病毒类似。

（1）主要为害症状

该病毒侵染甜菜后导致甜菜叶黄化。

(2) 寄主范围

实验室测定 BChV 的寄主范围只有 2 个科 4 种植物，包括甜菜、菠菜等。测定的 25 种杂草中，BChV 仅能侵染其中 2 种(Hauser et al.，2002)。

(3) 传播途径

该病毒可以通过蚜虫以持久性方式传播。

(4) 病毒核酸序列

BChV 的 RNA 全长 5776nt(NCBI 登录号：NC_002766.1)。

2. 甜菜轻型黄化病毒(*Beet mild yellowing virus*，BMYV)

甜菜轻型黄化病毒于 1958 年在英国甜菜上首次报道，是甜菜主要病毒病之一，该病毒基因组是正义单链 RNA，全长 5722nt，拥有 6 个 ORF。编码蛋白与该属其他病毒类似。BMYV 分布范围广，亚洲、欧洲、非洲、南美洲和大洋洲都有发现。

(1) 主要为害症状

BMYV 通常从叶尖侵入，靠近叶尖、叶缘部分出现清晰的脉明，随着叶脉间组织失绿，边缘出现不明显的漩涡状鲜黄色斑，黄斑随后扩大连成片，向叶底部发展，除叶脉外其余部分变成具金属光泽的黄色，有时呈现类似大理石状斑纹，一天后全叶变成黄色，叶片变黄并增厚、僵硬，质地变脆，易折断(图 2-172)。

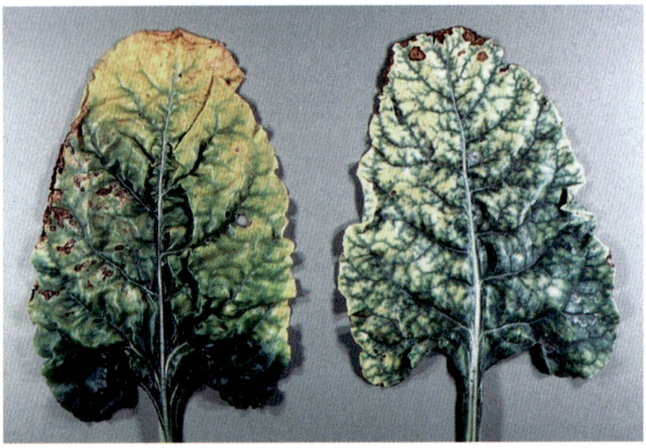

图 2-172　感染 BMYV 叶片症状(来源：IACR-Broom's Barn)

(2) 寄主范围

BMYV 可侵染多个科的数十种植物，其易感寄主隶属于苋科、石竹科、藜科、菊科、十字花科、葫芦科、唇形科、马齿苋科、茄科、番杏科及堇菜科；包括甜菜、荠菜、甘蓝、黄瓜、菠菜等(王丽等，2011)。

(3) 传播途径

BMYV 借助蚜虫以持久性方式传播，不能通过机械摩擦、嫁接、植株间接触、种子和花粉进行传毒。

(4) 组织病理学特征

BMYV 在甜菜叶部、叶柄、茎、筛管的柔膜细胞的细胞质中寄生，根细胞也有。病毒侵染后破坏细胞原有生理活动，破坏叶绿体，叶绿素含量急剧下降，光合作用受阻。

病毒在叶脉团聚，叶脉、叶柄输导组织维管束被堵塞、破坏，造成淀粉积累，利于交链孢菌等腐生菌的侵染，维管束坏死变黑，叶部光合产物不能输送到根部，使块根产量和含糖量增长受到抑制。

(5)病毒稳定性

BMYV 稀释限点为 10^{-4}，病毒的热致死温度(10min)为 52℃。该病毒侵染性在体外可保持 2～3d。

(6)病毒纯化方法

取 200g 植物组织碾碎，加入 400mL 0.1mol/L 柠檬酸钠，pH 6.0，使用前先加入 2mL 2-巯基乙醇、0.4g 裂解酶及 0.6g 纤维素酶。20～25℃轻摇 4h，加入 1/2 体积 1∶1 混合的氯仿/丁醇溶液，剧烈摇晃 30min。16 000g 离心 15min，取水相，加入终浓度分别为 0.4mol/L 及 8%的固体 NaCl 及聚乙二醇(相对分子质量为 6000～7500)，4℃静置过夜。16 000*g* 离心 15min，取上清，加入 50mL 0.01mol/L 硼酸钠(含 0.001mol/L 乙二胺四乙酸，pH 8.2)。6500*g* 离心 15min，取上清，沉淀加入 50mL 硼酸缓冲液进一步重悬。离心后将两次所得上清混合。等分溶液，每份约 25mL，置于 10mL 30%蔗糖之上，加入硼酸缓冲液，110 000*g* 离心 4h。沉淀加入 12mL 0.01mol/L 磷酸缓冲液，pH 7.4。将每份提纯所得产物混合，置于 10mL 30%蔗糖之上，加入磷酸缓冲液，110 000*g* 离心 4h。集合 800g 组织所得沉淀，加入 3mL 磷酸缓冲液，10 000*g* 离心 5min，1mL 上清在磷酸缓冲液中做 3 个 10%～40%蔗糖梯度。63 000*g* 梯度离心 2h，ISCO 180 密度梯度分馏器分解，ISCO UA2 紫外分光光度计 254nm 监测。病毒稀释 10 倍，110 000*g* 离心 4h，病毒粒子用小体积磷酸缓冲液重悬。

(7)病毒检测方法

该病毒可以通过 RT-PCR、ELISA 等技术进行检测。

(8)病毒防治方法

1)选用较抗病或耐病品种。

2)种植地域选择。采种母根区与原料甜菜地距离 1000m 以上，且采种地安排在下风头。

3)及时清除杂草，减少蚜虫发生量和毒源。

4)杀灭蚜虫。在蚜虫迁入甜菜地之前喷洒 50%抗蚜威可湿性粉剂 2000 倍液、10%吡虫啉可湿性粉剂 2000～3000 倍液。

5)施用抗病毒药剂。症状出现时，连续喷洒磷酸二氢钾或 20%毒克星可湿性粉剂 500 倍液、0.5%抗毒丰菇类蛋白多糖水剂(原抗毒剂 1 号水剂)250～300 倍液、20%病毒宁水溶性粉剂 500 倍液，隔 7d 施 1 次，促进叶片转绿、舒展，减轻危害。

(9)病毒核酸序列

BMYV 的 RNA 全长 5722nt(NCBI 登录号：NC_003491.1)。

3. 甜菜西方黄化病毒(*Beet western yellows virus*，BWYV)

甜菜西方黄化病毒，于 1960 年在北美首次被报道侵染甜菜和萝卜，最开始称其为萝卜枯萎病、萎黄病；随后在美国、日本、以色列和中国等地的甜菜上发现该种病毒；2013 年，以色列、土耳其、突尼斯和韩国等地的辣椒在自然条件下感染该种病毒(Buzkan et al.，2013)；2014 年，中国山东省首次在田间辣椒上检测到该种病毒。

该病毒基因组是正义单链 RNA，全长 5600nt，病毒粒子为等轴对称二十面体。5′端有一小段非翻译区，3′端无类似 tRNA 或者是 poly(A)结构，ORF2 和 ORF3 中都有约 200bp 的基因间非编码区。BWYV 共编码 6 个 ORF，ORF0 编码 P0 蛋白，与转录后基因沉默相关；ORF1 编码 P1 蛋白，含有蛋白酶结构和 VPg，ORF2 通过移码方式与 ORF1 共同编码一个携带以 RdRp 为主的融合蛋白；ORF3 和 ORF4 编码 CP 与 MP，参与病毒的复制和移动；ORF5 编码 RTD，与载体传递和病毒韧皮部性状有关(图 2-173)。

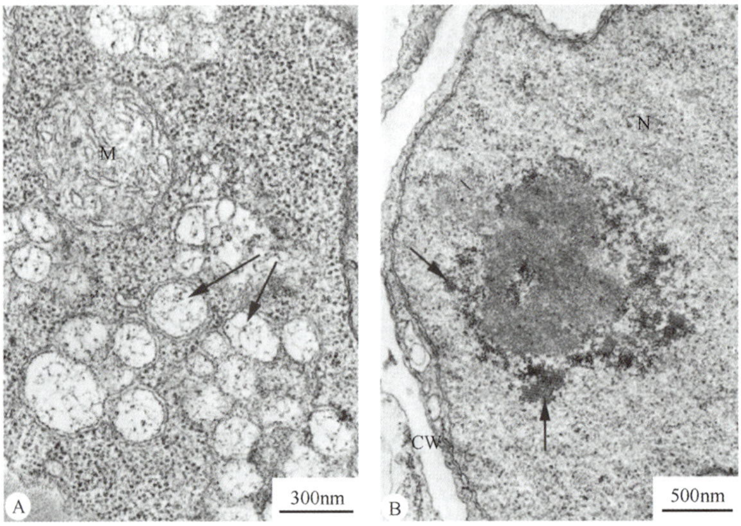

图 2-173　BWYV 粒子照片(Esau K 供图)

A. 感染 BWYV 的甜菜叶片韧皮部细胞，示许多含纤维状物质的小泡结构(箭头)；B. 细胞核中的 BWYV 粒子聚集体(箭头)。CW. 细胞壁；M. 线粒体；N. 细胞核

(1) 主要为害症状

生长延缓，叶绿素减少，侵染植株后，症状一般有 20～30d 的潜伏期，侵染后症状为叶片黄化或呈蓝紫色，叶脉深绿，中下部老叶表现褪绿，并持续扩展，直到叶片整体黄化和老叶变厚变脆易碎(图 2-174，图 2-175)。

图 2-174　BWYV 侵染油菜后的症状(1)(来源：www.agric.wa.gov.au)

图 2-175 BWYV 侵染油菜后的症状(2)(Jack Kelly Clark 供图)

(2)寄主范围

该病毒寄主范围广，可以侵染至少 23 个科 150 种双子叶植物，包括甜菜、辣椒、菠菜、豌豆、油菜、甘蓝和莴苣。BWYV 易感寄主隶属于苋科、石竹科、藜科、菊科、十字花科、葫芦科、大戟科、牻牛儿苗科、禾本科、豆科蝶形花亚科、锦葵科、柳叶菜科、罂粟科、花荵科、马齿苋科、茄科、番杏科、旱金莲科、伞形科及堇菜科(Duffus，1964；Russell，1965；Bjorling and Nilsson，1966；Duffus，1973；Beuve et al.，2008)。

(3)传播途径

该病毒可以通过蚜虫以持久性方式传播，桃蚜是其最主要的介体；同时可以经汁液机械接种传播。

(4)组织病理学特征

该病毒侵染寄主的韧皮组织，导致韧皮组织坏死。

(5)病毒稳定性

BWYV 在寄主汁液中的稀释限点为 1/8，热致死温度(10min)为 65℃。提取的病毒粒子 24℃在体外可保持侵染性 16d，反复冻融对病毒粒子侵染性没有影响，保持干燥的病毒粒子侵染性可以保持三年(Ashby et al.，1979)。

(6)病毒纯化方法

取病毒感染的植物用液氮冷冻，碾碎。转移冷冻组织，继续用液氮预冷。每克组织加入 2mL 磷酸缓冲液(0.1mol/L，pH 6.0 或 7.0)，0.1mol/L 柠檬酸钠缓冲液。加入组织裂解酶(终浓度为 0.1%或 0.2%)、2-巯基乙醇(终浓度为 0.1%)及叠氮化钠(终浓度为 0.02%)，搅拌或摇动直至成为均质。均质在室温下静置隔夜。加入 0.1% Triton X-100(终浓度)室温剧烈摇晃 3h，加入 1/6 倍体积氯仿：正丁醇(1：1)继续室温摇晃 10min。8500r/min，20min 低速离心，取上清，加入 PEG6000(终浓度为 8%)，以及 NaCl(终浓度为 1%)，摇晃直至溶解。4℃静置 1h，按上述方法低速离心，向沉淀中加入磷酸缓冲液(0.1mol/L，pH 7.0)重悬，每 50g 组织加入 10mL，最少加入 25mL。4℃，100r/min 摇动过夜，按上述方法低速离心，取上清，35 000r/min 离心 1.5h。4℃搅拌 1h 使沉淀在缓冲液中重悬，低速离心(10 000r/min 离心 20min)，取上清，加入 20%蔗糖，60 000r/min 离心 1h 使沉淀分层。按上述方法摇动沉淀，冻融法制备 10%～40%线性蔗糖密度梯度，使沉淀分层。38 000r/min 离心 1.5～2h，60 000r/min 离心 1h，收集病毒粒子(D'Arcy et al.，1989；Hauser et al.，2002)。

(7)病毒防治方法

1)种植抗病或耐病品种。

2)及时清除杂草，减少毒源。

3)防止蚜虫迁入并及时杀灭蚜虫，切断病毒传毒介体。

4)在蚜虫迁入甜菜地之前喷洒 50%抗蚜威可湿性粉剂 2000 倍液、10%吡虫啉可湿性粉剂 2000～3000 倍液。

4. 胡萝卜红叶病毒(*Carrot red leaf virus*，CRLV)

胡萝卜红叶病毒于 1964 年首先在英国发现，病毒颗粒为直径 25nm 的等轴二十面体，基因组是正义单链 RNA，占病毒粒子总质量的 28%，全长 5723nt，拥有 6 个 ORF，编码蛋白与该属其他病毒类似。CRLV 分布范围广，包括亚洲、欧洲、北美洲、南美洲和大洋洲。

(1)主要为害症状

CRLV 侵染胡萝卜后引起植株叶片红化、黄化及植株矮缩等症状。在自然状态下，常与胡萝卜斑驳病毒共同侵染，引起杂色和矮化(图 2-176)。

图 2-176　CRLV 侵染香菜后症状(来源：苏格兰作物研究所)

(2)寄主范围

CRLV 的易感寄主隶属于伞形科，包括芹菜、荠菜、曼陀罗、茼蒿、胡萝卜等。

(3)传播途径

该病毒借助蚜虫以持久性方式传播，不能通过机械摩擦传毒，不能通过种子和花粉传播。

(4)组织病理学特征

CRLV 粒子仅存在于韧皮部组织中，在伴胞和筛管中最为集中，韧皮部薄壁细胞中也有分布。病毒主要分布在细胞质与液泡中，细胞核内未见分布。

(5)病毒稳定性

纯化的病毒粒子在−15℃条件下侵染性可保持 30d。

(6)病毒纯化方法

接种 16～18d 后，取整株受感染植物(包括根)。取 100g 新鲜样品，加入 300mL 提取缓冲液，pH 6.0，含 0.1mol/L 柠檬酸钠、0.01mol/L EDTA 和 1%(*W*/*V*)甘油，在搅拌机中均质化。所得匀浆 3000*g* 离心 15min，弃上清。8000*g* 离心 15min 去除污染菌。加入 300mL 提取缓冲液悬浮沉淀(主要是纤维物质)，含有 0.02%(*W*/*V*)叠氮化钠和 1.5%(*W*/*V*)Driselase，28℃摇动 16h。经酶处理后，加入 Triton X-100 至 1%，室温搅拌 30min。2 个循环差速离心：每一个循环中，第一次 8000*g* 离心 15min，第二次加入约 1/4 离心管的 20%蔗糖，140 000*g* 离心 3～5h。加入 0.006mol/L 磷酸缓冲液，pH 7.0，高速离心悬浮沉淀。

(7)病毒检测方法

该病毒可以通过 RT-PCR、ELISA 等技术进行检测。

(8)病毒核酸序列

CRLV 的 RNA 全长 5723nt(NCBI 登录号：NC_006265.1)。

5. 南瓜蚜传黄化病毒(*Cucurbit aphid-borne yellows virus*，CABYV)

南瓜蚜传黄化病毒于 1992 年在法国首次报道，中国在 2001 年首次通过血清学的方法检测到该病毒，2008 年在国内 10 个省份再次被证实存在，之后在中国大部分地区都检测到该病毒。

该病毒基因组为线形正义单链 RNA，大小约为 5700nt，包含 6 个 ORF，5′端有一个基因组连接蛋白(VPg)，3′端既无 poly(A)结构，也无类似 tRNA 结构。5′端的 3 个 ORF(ORF0～ORF2)和 3′端的 3 个 ORF(ORF3～ORF5)被一个大约 200nt 的基因间区域(IR)隔开，该区域被认为是黄症病毒属内成员重组的热点区域(Guilley et al.，1994；Prüfer，1995)。P0 是一个转录后基因沉默(PTGS)的抑制子，通过靶定并降解 Argonaute1 蛋白发挥作用；P1 编码 VPg 并具有蛋白酶活性；P1 和 P2 是 ORF1 和 ORF2 通过–1 核糖体移码形成的融合蛋白，具有依赖于 RNA 的 RNA 聚合酶活性。以上 3 种蛋白均是从病毒基因组 RNA 翻译而来。P3 编码 CP；P4 通过渗漏扫描编码病毒的移动蛋白；P3～P5 的融合蛋白通过核糖体通读产生，可能是病毒粒子的次要成分，与蚜虫传播有关。这 3 种蛋白都是从亚基因组 RNA 翻译而来。

(1)主要为害症状

主要引起叶片黄化和增厚，在老叶上症状尤其明显。由于其症状与缺素及植株老化引起的症状相似，易被混淆(图 2-177，图 2-178)(Choi et al.，2015；吴洋等，2017)。

(2)寄主范围

该病毒主要以瓜类植物，如黄瓜、西瓜等为寄主。

(3)传播途径

该病毒可以通过蚜虫和嫁接传播，不能经汁液机械接种传播。

(4)组织病理学特征

病毒粒子分散于植物韧皮部。

图 2-177　CABYV 症状及在大棚中发生情况（Choi，2015）

A. 未感病甜瓜；B. 感病甜瓜；C～F. 大棚中发病症状

图 2-178　CABYV 典型症状及在甜瓜田间发生情况（吴洋，2017）

（5）病毒检测方法

该病毒可以通过 RT-PCR 进行检测，扩增产物大小为 1300bp（引物见表 2-54）（韩盛等，2016）。

表 2-54　RT-PCR 检测引物

引物	序列（5′→3′）
F	CGTCTACCTATTTSGGRTTN
R	TGYTCYGGTTTTGACTGG

（6）病毒核酸序列

CABYV 的 RNA 全长 5674nt（NCBI 登录号：NC_010809.1）。

6. 甜瓜蚜传黄化病毒(*Melonaphid-borne yellows virus*，MABYV)

甜瓜蚜传黄化病毒于 2008 年在中国首次报道，2015 年在中国山东的辣椒上检测到了该病毒的存在。该病毒基因组为线形正义单链 RNA，包含 6 个 ORF，5′-ORF 编码与病毒复制相关蛋白，其中 ORF0 编码的 P0 是病毒 RNA 沉默抑制子，3′-ORF 编码与病毒包装、运动及介体传毒相关蛋白。

(1)主要为害症状

主要引起叶片黄化和增厚，在老叶上症状尤其明显。由于其症状与缺素及植株老化引起的症状相似，易被混淆。

(2)寄主范围

该病毒主要以瓜类植物，如南瓜、西瓜等为寄主。

(3)传播途径

该病毒可以通过蚜虫和嫁接传播，不能经汁液机械接种传播。

(4)病毒检测方法

该病毒可以通过 RT-PCR 进行检测，扩增产物大小为 231bp(引物见表 2-55)。

表 2-55　RT-PCR 检测引物

引物	序列(5′→3′)
F	GAACCGTCGACGCACTTCAAAGAGTA
R	GATYTTATAYTCATGGTAGGCCTTGAG

(5)病毒核酸序列

MABYV 的 RNA 全长 5674nt(NC_010809.1)。

7. 辣椒黄脉病毒(*Pepper vein yellows virus*，PeVYV)

辣椒黄脉病毒最早于 1995 年在日本辣椒上报道，2013 年在印度、印度尼西亚、马里、菲律宾、泰国及我国台湾的辣椒上检测到该病毒；同年，土耳其、突尼斯和西班牙等地也有相关报道；2014 年该病毒在苏丹造成辣椒大面积呈现叶片卷曲、黄化、结小果等现象(Alfaro-Fernandez et al.，2014)；2015 年，中国的湖南和山东两地在田间辣椒上检测到该病毒，随后美国也在辣椒上检测到该种病毒(Alabi et al.，2015)。目前，辣椒黄脉病毒已经成为对全世界辣椒都存在潜在威胁的一种辣椒病毒，并且与其他辣椒病毒存在复合侵染辣椒的情况，加重辣椒的发病症状，降低辣椒的产量。

辣椒黄脉病毒基因组是正义单链 RNA，长 6244nt，其病毒粒子直径为 25～30nm。5′端是共价结合基因组连接蛋白(VPg)，3′端无 poly(A)尾。包含 6 个 ORF(Liu et al.，2015)，ORF0 编码的是 F-box 蛋白家族；ORF1 编码的是一个丝氨酸蛋白酶和 VPg；ORF2 编码依赖于 RNA 的 RNA 聚合酶；ORF3 编码衣壳蛋白(CP)；ORF4 编码移动蛋白，完全包含于 ORF3 中；ORF5 形成融合蛋白，称为通读蛋白(read-through domain，RTD)，与蚜虫传播和病毒粒子稳定性相关。

(1)主要为害症状

辣椒黄脉病毒侵染辣椒后的症状与辣椒黄化曲叶病毒(*Pepper yellow leaf curl virus*，

PYLCV）症状非常相似，叶片卷曲，叶脉黄化，茎节变短，植株矮化，果实变小并畸形（图 2-179～图 2-181）。

图 2-179　PeVYV 侵染甜椒引发的症状（Villanueva et al.，2013）
左侧图均为未感病甜椒；右侧图均为感病甜椒

图 2-180　PeVYV 侵染辣椒叶片症状（开花期）

图 2-181　PeVYV 侵染辣椒植株症状（生长后期）

（2）寄主范围

PeVYV 的寄主范围非常狭窄，目前只能侵染辣椒和龙秋葵，未在其他寄主上检测到该种病毒（Villanueva et al.，2013）。

（3）传播途径

该病毒不能通过种子和机械接种传播，只能通过嫁接或者蚜虫持久性传播，蚜虫以棉蚜（*Aphis gossypii*）和桃蚜（*Myzus persicae*）为主。

（4）病毒检测方法

该病毒可以通过 RT-PCR 进行检测，扩增产物大小为 500bp（引物见表 2-56），此外，还可以利用 RT-LAMP 方法进行检测（引物见表 2-57）（汤亚飞等，2016b）。

表 2-56　RT-PCR 检测引物

引物	序列（5′→3′）
P-F	GTAGTTCAAATTCAAGGATCCC
P-R	GCTGAGATCTTAAGGTAGACTAG

表 2-57　RT-LAMP 检测引物（反应温度为 65℃）

引物	序列（5′→3′）
F3	GATCACGTAACACCCGCC
B3	GCTCTCTGATAGAGACGGCC
FIP	GCCTCCATTTCGTCGTCTTCGAGTTCGCCCTGTCGTTGTG
BIP	TTGGAGGAAGGTCGAGCAACAGAAGGTGACAGATCCTGAGGA

（5）病毒核酸序列

PeVYV 的 RNA 全长 6244nt（NCBI 登录号：AB594828.1）。

8. 烟草扭脉病毒(*Tobacco vein distorting virus*，TVDV)

烟草扭脉病毒于1946年在津巴布韦的烟草上首次发现，它与烟草丛顶病毒(*Tobacco bushy top virus*，TBTV)复合侵染可以引起烟草丛顶病。其中，TVDV作为TBTV的辅助蛋白，TVDV的CP蛋白可分别包装TBTV和TVDV形成病毒粒子，这是两种病毒可以借助蚜虫传播的基础。烟草丛顶病最早在津巴布韦发生，目前该病仅在津巴布韦及其邻国南非、马拉维、赞比亚等南部非洲国家，以及亚洲的巴基斯坦、泰国和中国的云南发现。1993年，云南保山首次暴发流行烟草丛顶病，随后于1996年和1998年在云南省金沙江、怒江、澜沧江三江流域烟区再度大规模流行，给部分烟区造成毁灭性灾害。发病区域除涉及保山、大理、楚雄3个州市外，昆明、玉溪、红河、思茅、文山、西双版纳及怒江等州市也有零星发生。

(1)主要为害症状

烟草扭脉病毒通常与烟草丛顶病毒复合侵染，感病烟株叶色淡绿或黄化，并伴有系统坏死枯斑或坏死线纹，苗期感病烟株严重矮化、缩顶，叶片变小，而晚期感病的烟株腋芽过度增生，株型成为密生小叶、小枝的丛枝状塔形。烟草扭脉病毒单独侵染烟草植株时，烟草心叶顶端向右弯曲，随后这些症状消失而只能观察到部分叶脉轻微扭曲，未观察到丛顶症状(图2-182)。

图2-182 烟草扭脉病毒(TVDV)为害辣椒症状

(2)寄主范围

TVDV的易感寄主隶属于茄科。但由于很难获得单独的TVDV，目前尚不清楚该病毒的寄主范围。

(3)传播途径

TVDV只能通过介体昆虫传播而不能通过机械摩擦接种传播；由于摩擦接种发病的烟株不能再经蚜虫传播，说明在没有TVDV的帮助下，单独的TBTV不能通过蚜虫传播。

(4)病毒检测方法

该病毒可以通过 RT-PCR 进行检测(引物见表 2-58)，扩增片段长度为 600bp(张振甲等，2016)。

表 2-58　RT-PCR 检测引物

引物	序列(5′→3′)
TV-CP-F	ATGAATACGGGAGGAG
TV-CP-R	TCACTATTTGGGGTTGTGC

(5)病毒核酸序列

TVDV 的 RNA 全长 5920nt(NCBI 登录号：NC_010732.1)。

9. 芜菁黄化病毒(*Turnip yellows virus*，TuYV)

芜菁黄化病毒最早在英国油菜上发现，随后在德国、法国、捷克、奥地利及澳大利亚等国家也被检测到，并且感染水平日益增高。该病毒感染油菜是导致油菜产量下降的重要原因，甚至被一些研究人员认为是油菜产量无法达到遗传潜力的主要原因。早期研究中，由于该病毒与甜菜西方黄化病毒(*Beet western yellows virus*，BWYV)症状类似而被误认为是同一病毒，但随后研究发现，该病毒与 BWYV 的最显著区别在于 BWYV 可以侵染甜菜但该病毒不能侵染甜菜。

(1)主要为害症状

油菜植株感染 TuYV 后产生一系列症状，其中大部分由于症状类似于生长压力或者营养缺乏而容易被忽视，这包括叶缘和脉间变黄、变红等。许多感染 TuYV 的寄主植物可以显示脉间变黄或泛红，也可能伴随矮化症状。荠菜感染 TuYV 后会出现老叶黄化、卷曲并且易脆裂。菠菜叶片脉间区出现轻度发黄变色，在叶尖出现褪绿白斑，最后发展成严重的脉间黄化。叶子可能更厚更脆，植物也可能发育不良(图 2-183～图 2-185)(Stevens et al.，2008)。

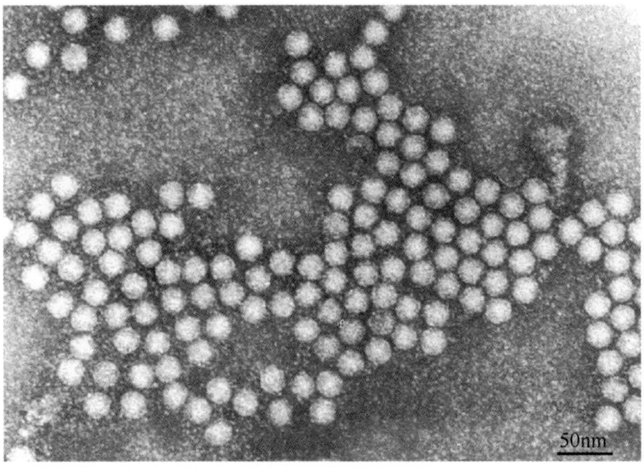

图 2-183　TuYV 粒子电镜图(Stevens et al.，2008)

图 2-184　TuYV 引发的症状（Stevens et al.，2008）

图 2-185　TuYV 侵染油菜引发的症状（Stevens et al.，2008）

(2)寄主范围

TuYV 寄主范围广泛，可侵染至少 13 个科的植物，包括许多重要农业作物，如油菜和生菜(Jay et al.，1999；Stevens et al.，2008)。TuYV 可以利用一些栽培植物和杂草越冬。

(3)传播途径

TuYV 可以借助多种蚜虫以持久性方式传播，桃蚜(*Myzus persicae*)是最主要的介体昆虫。该病毒不能通过机械摩擦或种子进行传播。

(4)组织病理学特征

TuYV 粒子仅分散于植物韧皮部。

(5)病毒检测方法

该病毒可以通过 RT-PCR 和 ELISA 进行检测。

(6)病毒核酸序列

TuYV 的 RNA 全长 5641nt(NCBI 登录号：NC_003743.1)。

(五)马铃薯卷叶病毒属病毒种类

马铃薯卷叶病毒属病毒种类如表 2-59 所示。

表 2-59　马铃薯卷叶病毒属病毒种类(King et al.，2012；洪健等，2014)

病毒中文名称	病毒英文名称	缩写
甜菜褪绿病毒	*Beet chlorosis virus*	BChV
甜菜轻型黄化病毒	*Beet mild yellowing virus*	BMYV
甜菜西方黄化病毒	*Beet western yellows virus*	BWYV
胡萝卜红叶病毒	*Carrot red leaf virus*	CRLV
禾谷类黄矮病毒-RPS	*Cereal yellow dwarf virus-RPS*	CYDV-RPS
禾谷类黄矮病毒-RPV	*Cereal yellow dwarf virus-RPV*	CYDV-RPV
鹰嘴豆褪绿矮化病毒	*Chickpea chlorotic stunt virus*	CpCSV
大豆矮缩病毒	*Cotton leafroll dwarf virus*	CLRDV
南瓜蚜传黄化病毒	*Cucurbit aphid-borne yellows virus*	CABYV
玉米黄矮病毒	*Maize yellow dwarf virus-RMV*	MYDV-RMV
甜瓜蚜传黄化病毒	*Melon aphid-borne yellows virus*	MABYV
辣椒黄脉病毒	*Pepper vein yellows virus*	PeVYV
马铃薯卷叶病毒	*Potato leafroll virus*	PLRV
丝瓜蚜传黄化病毒	*Suakwa aphid-borne yellows virus*	SABYV
甘蔗黄叶病毒	*Sugarcane yellow leaf virus*	ScYLV
烟草扭脉病毒	*Tobacco vein distorting virus*	TVDV
郁金香黄化病毒	*Turnip yellows virus*	TuYV

六、细胞核弹状病毒属（*Nucleorhabdovirus*）

细胞核弹状病毒属隶属于单分体负链 RNA 病毒目（*Mononegavirales*）弹状病毒科（*Rhabdoviridae*）。该属代表性病毒为马铃薯黄矮病毒（*Potato yellow dwarf virus*，PYDV），该属中苦苣菜黄网病毒（*Sonchus yellow net virus*，SYNV）和苦苣菜黄脉病毒（*Sowthistle yellow vein virus*，SYVV）可通过蚜虫传播（洪健等，2001）。

（一）生物学特性

1. 地理分布

PYDV 分布于美国、加拿大；玉米花叶病毒（*Maize mosaic virus*，MMV）广泛分布于夏威夷及古巴、委内瑞拉等加勒比海国家；SYNV 主要分布于美国；SYVV 主要分布于美国和英国，但有扩散趋势。

2. 寄主范围

PYDV 寄主范围广泛，可侵染茄科、菊科、十字花科、唇形科、豆科、藜科和玄参科等双子叶植物 60 余种；SYNV 可侵染茄科、藜科和菊科的 11 种植物；SYVV 仅侵染菊科的莴苣和苦苣菜。

3. 传播途径

该属多数病毒通过叶蝉以持久性方式传播，可在虫体内越冬。在实验室中可经汁液机械接种传毒。但 SYNV 和 SYVV 是该属中由蚜虫持久性传播的病毒。

4. 主要为害症状

该属病毒侵染寄主植物后，引起寄主植物叶片褪绿、黄化、矮缩、叶脉坏死、脉明等。

5. 组织病理学特征

病毒存在于寄主植物的叶片表皮、薄壁组织及花和果皮中，也在韧皮部薄壁细胞中观察到，但未在成熟的筛管和导管中观察到。免疫荧光标记显示，病毒抗原位于细胞核内，植物和介体昆虫体内病毒的组装部位在核内膜上，有的也发生核内组装，往往从核内膜分生，完整的病毒粒子积累在核周腔中，有时可在核质内观察到核衣壳，表明核衣壳是从核内膜获得包膜并进入核周腔的。核内结构常发生紊乱，包括染色质变淡和消失、核仁膨胀，以及出现病毒基质结构。感染后期也可在细胞质的内质网池中观察到病毒粒子。单个或成群的杆菌状粒子也在介体昆虫的唾液腺、消化道组织中观察到，位于核周腔及内质网池内。

6. 病毒粒子特征

病毒粒子形状和大小在未经固定时呈规则到多型性，在负染色前经固定后呈杆菌状，具包膜，长为 130～300nm，直径为 45～100nm，有清晰的表面突起分布在病毒粒子表面。核衣壳呈线状，具有明显的规则横带和轴芯，螺旋对称，螺距为 4.2～4.7nm。相对分子质量为 1100×10^6，标准沉降系数 S_{20W}=810～950S，在蔗糖中的浮力密度为 1.18g/cm^3（图 2-186）。

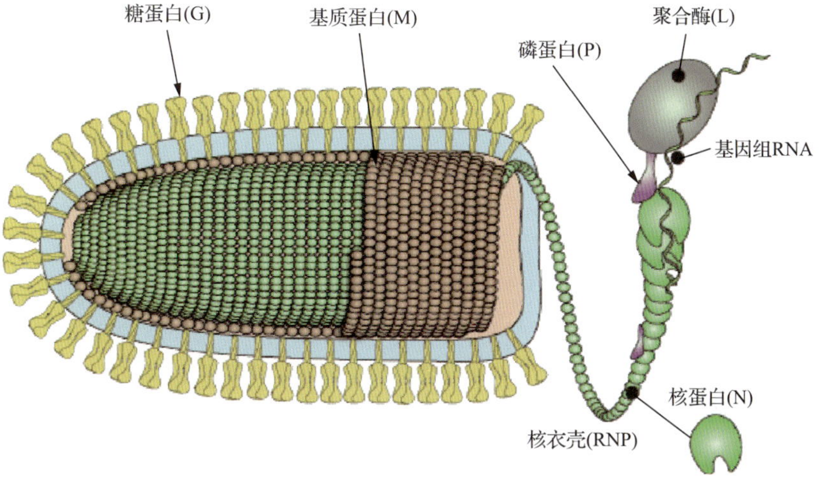

图 2-186 细胞核弹状病毒属病毒粒子模拟图(来源：Swiss Institute of Bioinformatics)

核酸约占病毒粒子质量的 1%，蛋白质约占病毒粒子质量的 70%，脂质约占病毒粒子质量的 20%，包含在脂蛋白包膜中，碳水化合物约占病毒粒子质量的 3%，与表面突起及糖脂结合。

（二）分子生物学特征

1. 核酸

该病毒属病毒的核酸为单分体线形负义单链 RNA，长 12～14kb。GC 含量为 41%。RNA 的 3′端为非编码前导序列，5′端非编码区存在与前导序列高度互补的区域。

2. 基因组

该属病毒为单分体基因组，在寄主植物的细胞核中增殖，核内形成的颗粒状内含体(病毒基质)可能是病毒复制的场所，病毒蛋白在不连续的聚腺苷酸化 mRNA 中合成，并在细胞核中聚集，病毒的形态发生在核内膜上，具包膜的完整粒子积累在核周腔内。感病原生质体用衣霉素处理，则病毒形态发生终止，而核衣壳聚集于核质中。基因组共含有 6 个或 7 个 ORF(沈加丽和龚祖埙，1997，1998)(图 2-187)。

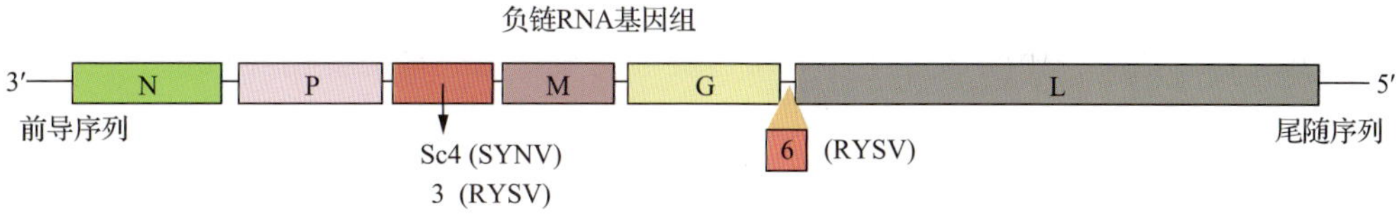

图 2-187 细胞核弹状病毒属基因组结构及表达产物(来源：Swiss Institute of Bioinformatics)

3. 抗原特性

该属病毒具有中等免疫原性。

（三）本属蚜传病毒种类

1. 苦苣菜黄网病毒（*Sonchus yellow net virus*，SYNV）

苦苣菜黄网病毒是细胞核弹状病毒属中的蚜传病毒之一，最早于 1974 年在美国苦苣菜上发现。其粒子呈弹状，长为 248nm，直径为 94nm（图 2-188）。具有明显的规则横带和轴芯，螺旋对称，螺距为 4.1nm，病毒粒子具包膜，包膜表面有约 6nm 的突起。基因组为一条负义单链 RNA，长度约为 13 700nt，RNA 本身不编码蛋白质，但其互补链编码 6 个蛋白质（N/P/Sc4/M/G/L）。完整的 SYNV 粒子包括自身编码的 5 种蛋白质（N/P/M/G/L），其中核衣壳蛋白（nucleocapsid protein，N）、磷蛋白（phosphoprotein，P）和 RNA 聚合酶大亚基（large polymerase protein，L）紧紧包裹病毒基因组 RNA，组成病毒复制的最小单元——核糖核蛋白复合体（ribonucleoprotein complex，RNP）。RNP 核心被基质蛋白（matrix protein，M）包裹，M 蛋白主要参与核衣壳的卷曲和折叠，粒子最外层是来源于寄主的脂质和穿插其中的病毒糖蛋白（glycoprotein，G），M 蛋白和 G 蛋白有助于病毒粒子的稳定。Sc4 蛋白定位于细胞质，可能在病毒细胞间运动中起作用。SYNV 可以由蚜虫以持久性方式传播，也可以通过汁液摩擦进行传毒。目前该病毒只在美国有报道（Jackson，1978；陈晓岚，2016）。

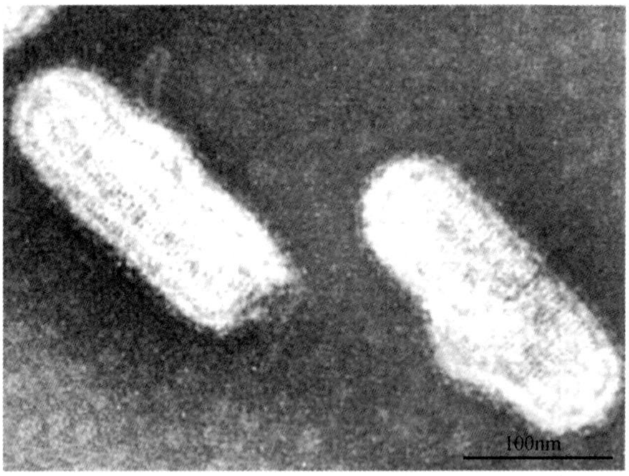

图 2-188　SYNV 粒子电镜图（来源：www.dpvweb.net）

（1）主要为害症状

SYNV 自然情况下常与鬼针草斑驳病毒复合侵染，造成寄主植物表现出不同程度的矮化与叶脉坏死、叶片黄化等。SYNV 在实验中单独侵染莴苣，导致严重矮化和花叶症状（图 2-189）。

（2）寄主范围

SYNV 目前已知的寄主包括菊科的 6 种植物、茄科的 4 种植物及藜科的 1 种植物。

（3）传播途径

SYNV 可以由蚜虫以持久性方式传播，蚜虫一旦获毒可终生持毒，病毒可在蚜虫体内繁殖。SYNV 可通过机械摩擦传播，但不能通过种子传播。

图 2-189　SYNV 侵染寄主引发的症状(来源：www.freshfromflorida.com)

(4)组织病理学特征

光学显微镜下可以观察到被 SYNV 侵染的寄主叶片细胞的细胞核内含体。大多数病毒粒子集中在细胞核及核周腔中，少数分散在细胞质中。在带毒蚜虫的细胞中也发现了病毒粒子。被侵染细胞中存在与病毒 RNA 互补的 RNA 序列，这些序列被认为是转录产生的 mRNA。

(5)病毒稳定性

SYNV 的稀释限点为 10^{-4}～10^{-3}，20℃条件下体外存活期不足 8h。

(6)病毒纯化方法

取系统侵染 9～12d 的烟草叶片，4℃储存或立即提取。加入 2 倍体积 0.1mol/L Tris-HCl 缓冲液(pH 8.4，含 0.01mol/L 醋酸镁、0.04mol/L Na_2SO_3 及 0.001mol/L $MgCl_2$)，研磨 1min 成匀浆。通过低速离心除去糊状物沉淀，上清加入由密度为 300mg/mL、600mg/mL 的蔗糖溶液组成的不连续梯度并进行离心。取 300mg/mL 和 600mg/mL 蔗糖层之间的澄清部分，经硅藻土垫过滤，50 000g 离心 30min 沉淀病毒。调提取缓冲液 pH 7.5，每 100g 组织加入 1mL 缓冲液。蔗糖密度梯度离心进一步纯化病毒，最终沉淀具有乳白色外观且基本上不含宿主膜或核糖体。病毒浓度很大程度上依赖于接种时植物的年龄、温室的光照与温度及接种时间。纯化过程中一个特别重要的变量是用于过滤的硅垫厚度，厚度超过 7.5mm 则病毒获得量降低，不到 2.5mm 则所得病毒易被叶绿体污染(Jackson and Christie，1977)。

(7)病毒检测方法

SYNV 可以利用其 P 蛋白单抗进行 ELISA 检测。

(8)病毒核酸序列

SYNV 的 RNA 全长 13 720nt(NCBI 登录号：L32603.1)。

2. 苦苣菜黄脉病毒(*Sowthistle yellow vein virus*，SYVV)

苦苣菜黄脉病毒是细胞核弹状病毒属中的蚜传病毒之一，最早在美国发现。其粒子呈弹状，长 230nm，直径 100nm(图 2-190)。SYVV 可以由蚜虫以持久性方式传播，不能通过汁液摩擦进行传毒。目前该病毒只在美国和英国有报道，但潜在分布范围可能很广(Duffus and Russell，1969)。

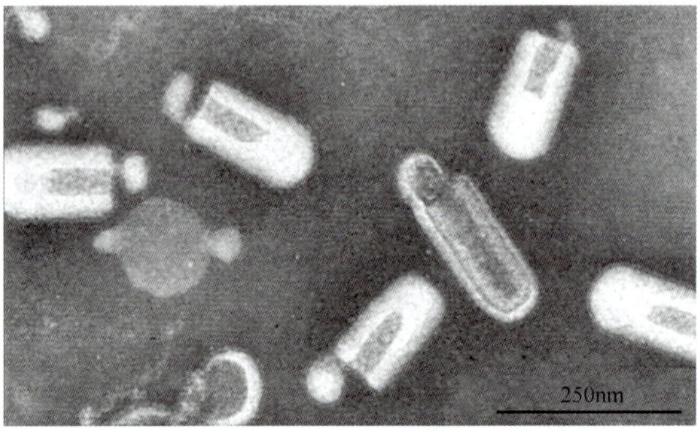

图 2-190　SYVV 粒子电镜图(Peters，1970)

(1)主要为害症状

SYVV 系统侵染苦苣菜，产生脉明、黄脉或引起叶片皱缩(图 2-191)。

图 2-191　SYVV 侵染苦苣菜引起的症状(来源：pests.agridata.cn)

(2)寄主范围

SYVV 可以侵染菊科的莴苣和苦苣菜(主要寄主植物)。

(3)传播途径

SYVV 可以由蚜虫以持久性方式传播，蚜虫一旦获毒可终生持毒，病毒可在蚜虫体内增殖，而且能经卵传毒。SYVV 有可能通过嫁接传毒，不能通过机械摩擦传播，也不能通过种子和花粉传播(Richardson and Sylvester，1968)。

(4)组织病理学特征

在蚜虫体内，病毒粒子分布于脑、咽下神经节、唾液腺、食道、胃、卵巢、脂肪体和肌肉细胞的细胞核及细胞质中。SYVV 侵染苦苣菜后，大多数病毒粒子集中在核周腔中(Richardson and Sylvester，1968)。

(5)病毒稳定性

SYVV 在 2℃下体外存活期可达数天。

(6)病毒纯化方法

叶片材料在含有 0.1mol/L 甘氨酸、0.01mmol/L $MgCl_2$ 和 0.01mol/L KCN 的 pH 8.1 的溶液中匀浆。将提取液的 pH 调整到 8.0，8000*g* 离心 5min。向上清液中添加硅藻土并将混合物通过硅藻土垫进行过滤。滤液 20 000*g* 离心 1h。病毒颗粒重悬于含有 0.1mol/L 甘氨酸、0.01mol/L $MgCl_2$、pH 7.0 的缓冲液中，在 0%～30%(*W*/*V*)密度梯度的蔗糖溶液中 22 500*g* 离心 18～25min 进一步离心纯化。利用蔗糖密度梯度法进行最终的纯化。所有的步骤均在 2℃下操作完成(Peters and Kitajima，1970)。

(7)病毒防治方法

1)及早灭蚜防病。抓准当地蚜虫迁飞期，在虫口密度较低时连续喷洒 10%吡虫啉乳油 1500～2000 倍液、50%辟蚜雾可湿性粉剂 2500～3000 倍液。

2)加强管理。苗期开始喷施多效好 4000 倍液或增产菌 30～50mL/亩(1 亩约合 667m^2，后文同)，兑水 75L，促使植株早生快发。

3)化学防治。症状出现时，连续喷洒磷酸二氢钾或 20%毒克星可湿性粉剂 500 倍液、0.5%抗毒剂 1 号水剂 250～300 倍液、20%病毒宁水溶性粉剂 500 倍液，隔 7d 一次，促进叶片转绿、舒展减轻危害。采收前 5d 停止用药。

(四)细胞核弹状病毒属病毒种类

细胞核弹状病毒属病毒种类如表 2-60 所示。

表 2-60　细胞核弹状病毒属病毒种类(King et al.，2012)

病毒中文名称	病毒英文名称	缩写
曼陀罗黄叶病毒	*Datura yellow vein virus*	DYVV
茄斑驳矮缩病毒	*Eggplant mottled dwarf virus*	EMDV
玉米细条纹病毒	*Maize fine streak virus*	MFSV
伊朗玉米花叶病毒	*Maize Iranian mosaic virus*	MIMV
玉米花叶病毒	*Maize mosaic virus*	MMV
马铃薯黄矮病毒	*Potato yellow dwarf virus*	PYDV
水稻黄矮病毒	*Rice yellow stunt virus*	RYSV
苦苣菜黄网病毒	*Sonchus yellow net virus*	SYNV
苦苣菜黄脉病毒	*Sowthistle yellow vein virus*	SYVV
芋叶脉缺绿病毒	*Taro vein chlorosis virus*	TaVCV

七、细胞质弹状病毒属（*Cytorhabdovirus*）

细胞质弹状病毒属隶属于单分体负链 RNA 病毒目（*Mononegavirales*）弹状病毒科（*Rhabdoviridae*）。该属代表性病毒为莴苣坏死黄化病毒（*Lettuce necrotic yellows virus*，LNYV）。该属中莴苣坏死黄化病毒（*Lettuce necrotic yellows virus*，LNYV）、苜蓿矮缩病毒（*Alfalfa dwarf virus*，ADV）、分枝花椰菜坏死黄化病毒（*Broccoli necrotic yellows virus*，BNYV）和草莓皱缩病毒（*Strawberry crinkle virus*，SCV）可通过蚜虫传播（洪健等，2001；Tidona and Darai，2011）。

（一）生物学特性

1. 地理分布

该属有的病毒分布是世界性的，有的分布有局限性。

2. 寄主范围

单个病毒的寄主范围较窄，但整个属的寄主范围较广。莴苣坏死黄化病毒的寄主限于藜科、菊科、豆科、百合科和茄科的一些植物。

3. 传播途径

该属病毒可通过蚜虫、叶蝉以持久性方式传播，病毒在昆虫体内增殖。部分病毒可经汁液机械接种传毒。LNYV、ADV、BNYV 和 SCV 是该属中由蚜虫持久性传播的病毒。

4. 主要为害症状

该属病毒侵染寄主植物后，引起寄主植物叶片褪绿、坏死、植株矮小等症状。

5. 组织病理学特征

病毒存在于寄主植物的叶肉、表皮、未成熟木质部及韧皮部组织中。感病细胞质内有发达的内质网系统，病毒从内质网膜芽生，成熟的病毒粒子积累在扩大的内质网池中，形成病毒粒子聚集体。病毒不在细胞核内或核周腔中，但有的病毒如莴苣坏死黄化病毒在感染早期细胞核发生变化，核外膜处产生许多小泡结构，细胞核和线粒体、叶绿体等在感染后期有瓦解迹象。有些病毒在细胞质中产生由细颗粒状或纤维状物质组成的病毒基质。无外壳或有外壳的粒子也在介体昆虫的肌肉、脂肪体、菌胞体、气管、表皮、唾液腺和消化道细胞中观察到。

6. 病毒粒子特征

病毒粒子在经过固定后大多为杆菌状，长 200～350nm，直径为 70～95nm，未固定样品呈弹状或多型性。病毒有包膜，表面具有长 5～10nm、直径约 3nm 的钉状突起，它们由病毒糖蛋白的二聚体组成。在包膜内是直径 30～70nm 的核衣壳，具有螺旋对称结构，螺距为 4.2～4.7nm，核衣壳含有转录酶活性和侵染性；解链的核衣壳呈线状，长约 70nm，直径为 20nm（图 2-192）。相对分子质量为 4.2×10^6～4.6×10^6，标准沉降系数 S_{20W}=940S，在蔗糖中的浮力密度为 1.20g/cm^3。

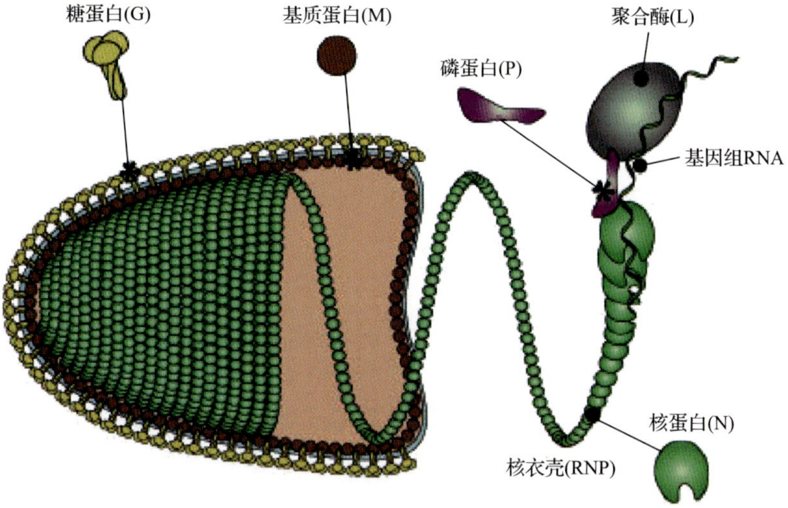

图 2-192 细胞质弹状病毒属病毒粒子模拟图(来源：Swiss Institute of Bioinformatics)

核酸约占病毒粒子质量的 1%，蛋白质约占病毒粒子质量的 70%，脂质约占病毒粒子质量的 25%，包含在脂蛋白包膜中，碳水化合物约占病毒粒子质量的 3%，与表面突起及糖脂结合(沈加丽和龚祖埙，1997，1998)。

(二)分子生物学特征

1. 核酸

该病毒属病毒的核酸为单分体线形负义单链 RNA，长 12～14kb。GC 含量为 41%。RNA 的 3′端为非编码前导序列，5′端非编码区存在与前导序列高度互补的区域。

2. 基因组

病毒为单分体基因组，在受侵染细胞的细胞质中复制，与纤维样结构的病毒基质有关，病毒的形态发生与内质网池有关，在病毒纯化时易检测到内源的转录酶活性。该属只有莴苣坏死黄化病毒在基因组水平有研究，但尚未得到全序列数据。其基因组结构与苦苣菜黄网病毒相似。3′端为 84nt 的前导序列，6 个基因产物均由全长正义模板 RNA 翻译，包括 *N* 基因(核衣壳蛋白基因)、*4a* 基因(推测为磷酸化蛋白 *P* 基因，并有另一个未知功能的基因)、*4b* 基因、*M* 基因(推测为基质蛋白基因)、*G* 基因(推测为糖蛋白基因)、*L* 基因(推测为转录酶基因)。基因间隔区含高度保守的同源序列，5′端的 187nt 非编码区与 3′端前导序列互补，各基因的顺序依次为 3′-*N*-*4a*-*4b*-*M*-*G*-*L*-5′(图 2-193)。目前只有莴苣坏死黄化病毒的外壳蛋白基因部分序列已被测定(沈加丽和龚祖埙，1997，1998)。

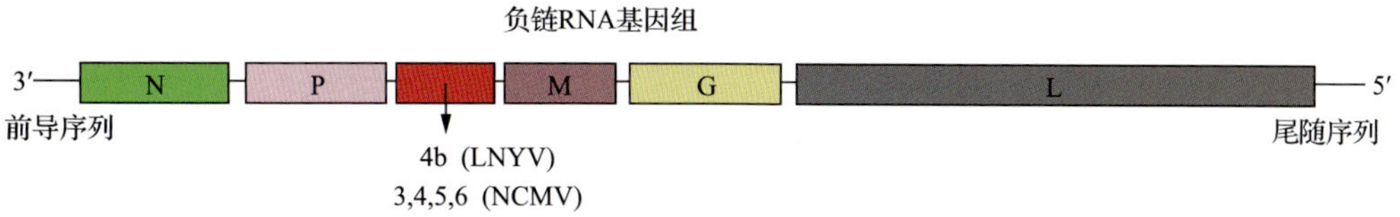

图 2-193 细胞质弹状病毒属基因组结构及表达产物(来源：Swiss Institute of Bioinformatics)

3. 抗原特性

免疫原性较弱。

（三）本属典型病毒

莴苣坏死黄化病毒（*Lettuce necrotic yellows virus*，LNYV）是细胞质弹状病毒属的代表性病毒，也是细胞质弹状病毒属中的蚜传病毒之一，最早于 1963 年在澳大利亚和新西兰莴苣上发现。其粒子呈杆状，杆状颗粒约为 227nm×68nm（图 2-194）。LNYV 可以由蚜虫以持久性方式传播，也可以通过汁液摩擦进行传毒，但不能种传。LNYV 在澳大利亚、新西兰均有报道（Atchison et al.，1969；Behncken，1983）。

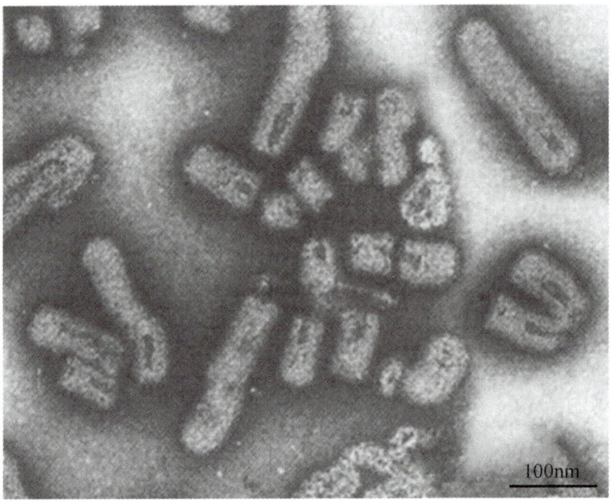

图 2-194　LNYV 粒子电镜图（Francki，1985）

1. 主要为害症状

LNYV 感染植株后，先出现暗绿色，然后褪绿，外叶无力，古铜色，有时坏死；植株矮小，后期感染的植物有头内坏死。感病植株症状会出现持续，或者在感染后很快消失（图 2-195）。

图 2-195　LNYV 侵染莴苣引起的症状（Koike 供图）

2. 寄主范围

LNYV 目前已知的寄主隶属于藜科、菊科、豆科、百合科和茄科，包括莴苣、苦苣菜、烟草、番茄、菠菜等植物。

3. 传播途径

LNYV 可以由蚜虫以持久性方式传播，蚜虫一旦获毒可终生持毒，病毒可在蚜虫体内繁殖，并传播到子代。LNYV 可通过机械摩擦传播，但不能通过种子传播。

4. 组织病理学特征

光学显微镜下可以观察到被 LNYV 侵染的寄主植物中，病毒粒子分布在叶肉、表皮，未成熟的木质部、韧皮部、毛细胞及筛管中。与感染相关的细胞变化首先出现在细胞核内，受感染细胞的外核膜形成小泡，随后病毒特异性 RNA 在细胞质中而不是细胞核中合成。在感染后期，细胞核、线粒体特别是叶绿体显示出退化迹象，叶绿体 70S 核糖体迅速丧失。随着症状的发展，叶片中蛋白质合成减少，同时可溶性氨基酸、胺和肽的含量普遍增加(Crowley，1967)。

5. 病毒稳定性

LNYV 的致死温度(10min)为 52℃，稀释限点为 10^{-2}，体外存活期为 8～12h。

6. 病毒纯化方法

从有明显感病症状的烟草或莴苣样品中取 50g 叶片材料，加入 50mL 的 0.2mol/L 磷酸氢二钠溶液匀浆。粗提液通过粗棉布过滤 2 次后并用 25mL 的 0.2mol/L 磷酸氢二钠冲洗粗棉布，获得的溶液与之前的滤液混合后 3000*g* 离心 5min 澄清提取物，使用带有 10mm 硅藻土垫的布氏漏斗过滤，如果提取液仍然是绿色，重复过滤一次。44 000*g* 离心 20min 浓缩病毒，在水中重悬浮沉淀颗粒并使用 pH 7.6 的 10mmol/L 的磷酸盐缓冲液平衡磷酸钙凝胶柱。用相同的缓冲液洗脱并收集包含病毒的乳白色馏分。44 000*g* 离心 20min 浓缩病毒，在 pH 7.6 的 10mmol/L 的磷酸盐缓冲液中重悬。在这个阶段，病毒已高度纯化，但还需进一步纯化。在 10%～40%蔗糖溶液中 37 000r/min 离心 30min。用 pH 7.6 的 10mmol/L 的磷酸盐缓冲液稀释重悬，44 000*g* 离心 30min 获得沉淀(Crowley et al.，1965；Mclean and Francki，1967)。

7. 病毒检测方法

该病毒可通过 ELISA 方法进行检测。

8. 病毒防治方法

1)及时治蚜。及时防治蚜虫，药剂可选用扑虱灵可湿性粉剂 2000～2500 倍液。

2)选用抗(耐)病品种，种植无病种子。

3)种子处理。先用清水浸种 2～3h，再用 10%磷酸三钠溶液浸泡 20～30min，清水淘洗干净后再催芽播种。

4)培育无病适龄壮苗。无病株采种，无病土育苗，适期播种。育苗阶段注意及时防治蚜虫，有条件的采用防虫网覆盖育苗或用银灰色遮阳网育苗避蚜防病。

5)加强栽培管理。发病初期应及时拔除病株并在田外销毁，清理田边杂草，减少病毒来源。合理密植，土壤施足腐熟有机肥，增施磷钾肥，使土层疏松肥沃，促进植株健壮生长，减轻病害。收获后及时清除病残体，深翻土壤，加速病残体的腐烂分解。

6）药剂防治。发病初期开始喷药保护，每隔 7～10d 喷药 1 次，连用 1～3 次，具体视病情发展而定。药剂可选用 2%菌克毒克水剂 200～250 倍液或 1.5%烷醇·硫酸铜 800 倍液喷雾或毒氟磷 500～1000 倍液喷雾防治。在定植前 10d，定植缓苗后喷 1 次 0.1%硫酸锌溶液，也有一定的预防效果。

9. 病毒核酸序列

LNYV 的 RNA 全长 12 807nt（NCBI 登录号：NC_007642.1）。

（四）本属其他重要蔬菜病毒

分枝花椰菜坏死黄化病毒（*Broccoli necrotic yellows virus*，BNYV）是一种包膜 RNA 病毒，为杆状颗粒（275nm×75nm），通过染色方法显色会出现子弹形（266nm×66nm）（图 2-196）。其寄主范围狭窄，由蚜虫传播，但很难通过汁液接种。目前在英国被发现，已传播至澳大利亚和美国（Hills and Campbell，1968）。

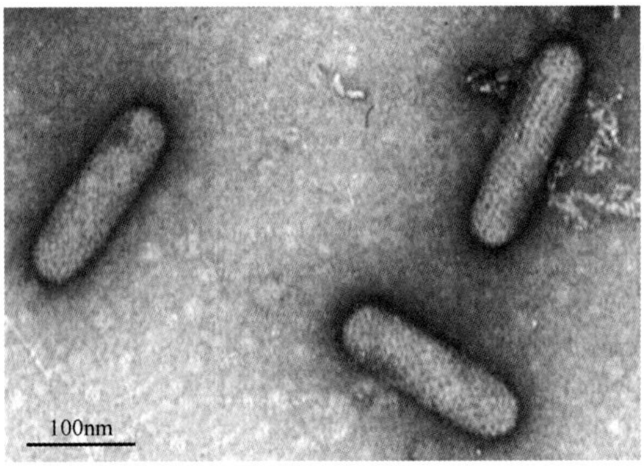

图 2-196　BNYV 粒子电镜图（来源：www.dpvweb.net）

1. 主要为害症状

BNYV 是否引起经济上的重大疾病目前尚未确定。在甘蓝和花椰菜上会产生病害病症，同时在甘蓝球芽上会发现病毒病症（图 2-197）。

2. 寄主范围

首次报道是在甘蓝型油菜上，实验感病的植物大都表现出黄化、坏死，有时无症状。甘蓝感病后出现脉明和卷叶，后无症状。曼陀罗感病后出现褪绿和局部坏死病症，然后呈现系统花叶并出现叶脉坏死。本氏烟感病后有时出现局部病症，然后呈现系统花叶。

3. 传播途径

通过载体昆虫甘蓝蚜传播。同时该病毒可通过机械接种传播，不能由种子传播。

4. 组织病理学特征

未发现内含体。病毒颗粒被封闭在薄壁细胞细胞质的膜界囊中，这些囊是由内质网形成的。病毒装配的最后阶段发生在不完整的粒子通过膜进入囊腔时。被感染的细胞缺失内含物，线粒体肿胀且嵴稀少(Lin and Campbell，1972)。

图 2-197　BNYV 侵染花椰菜引起的症状(Bartolo 拍摄，Bugwood.org)

5. 病毒稳定性

在曼陀罗汁液中，BNYV 的致死温度(10min)为 50℃，稀释限点为 10^{-4}～10^{-3}，4℃条件下体外存活期为 2d，23℃条件下体外存活期少于 24h。该病毒对乙醚和丁醇敏感。

6. 病毒纯化方法

在 0.2mol/L 磷酸钾缓冲液(pH 7.6)中研磨组织，通过低速离心澄清并用硅藻土过滤。重悬，通过一到两次差速离心(25 000r/min 离心 20min、4000r/min 离心 5min)沉淀并澄清，在 0.01mol/L 磷酸缓冲液中高速重悬获得病毒颗粒(pH 7.6)。采用蔗糖密度梯度离心法对羟磷灰石层析柱进一步纯化。

（五）细胞质弹状病毒属病毒种类

细胞质弹状病毒属病毒种类如表 2-61 所示。

表 2-61　细胞质弹状病毒属病毒种类(King et al.，2012)

病毒中文名称	病毒英文名称	缩写
苜蓿矮缩病毒	*Alfalfa dwarf virus*	ADV
大麦黄条点花叶病毒	*Barley yellow striate mosaic virus*	BYSMV
分枝花椰菜坏死黄化病毒	*Broccoli necrotic yellows virus*	BNYV
芋瘦小相关病毒	*Colocasia bobone disease-associated virus*	CBDaV
羊茅叶线条病毒	*Festuca leaf streak virus*	FLSV
莴苣坏死黄化病毒	*Lettuce necrotic yellows virus*	LNYV
水稻黄矮病毒	*Lettuce yellow mottle virus*	LYMoV
北方禾谷花叶病毒	*Northern cereal mosaic virus*	NCMV
苦苣菜病毒	*Sonchus virus*	SonV
草莓皱缩病毒	*Strawberry crinkle virus*	SCV
美洲小麦条点花叶病毒	*Wheat American striate mosaic virus*	WASMV

八、幽影病毒属（*Umbravirus*）

幽影病毒属隶属于番茄丛矮病毒科（*Tombusviridae*）。该属代表性病毒为胡萝卜斑驳病毒（*Carrot mottle virus*，CMoV）。该属中的所有病毒均可通过蚜虫传播（洪健等，2001；李凡等，2006）。

（一）生物学特性

1. 地理分布

该属有的病毒分布是世界性的，如胡萝卜斑驳病毒、胡萝卜拟斑驳病毒和豌豆耳突花叶病毒 2 号，在寄主种植区域均有发生；有的分布有局限性，如花生丛生病毒仅发生在非洲（李凡等，2006）。

2. 寄主范围

单个病毒的自然寄主局限于一种或几种植物，实验寄主范围较宽，但限于双子叶植物，包括苋科、藜科、蝶形花科、茄科和伞形科。

3. 传播途径

该属病毒可以通过机械接种传播，但有时较困难。自然条件下依赖于辅助病毒，如由黄症病毒科病毒辅助才能由蚜虫以持久性方式传播（Adams and Hull，1972）。

4. 主要为害症状

感病植物表现出斑驳或花叶症状，花生丛生病毒的症状很大程度上受卫星 RNA 影响。

5. 组织病理学特征

该属病毒即使在辅助病毒不存在的情况下，在植物体内也呈现快速系统扩散，感染整张叶片的细胞，在寄主细胞液泡中观察到直径约 52nm 粗糙的圆形有膜结构，往往靠近液泡膜处。在病毒接种 6d 后，叶肉细胞的细胞质中出现由细胞壁突起形成的鞘状物，伸到液泡或细胞核中，引起核内陷，光学显微镜下可看到细胞壁突起物。

6. 病毒粒子特征

该属病毒不形成普通的病毒粒子，胡萝卜拟斑驳病毒等 3 种序列已知病毒的基因组缺乏编码外壳蛋白的 ORF，要依靠辅助病毒（通常为黄症病毒科病毒）的外壳蛋白进行包裹，并由辅助病毒的介体进行传播。在胡萝卜斑驳病毒感染细胞的液泡内或存在局部提纯的样品中，可观察到直径约 52nm 的近圆形包膜结构，这些结构可能涉及病毒的复制，或者起着保护 RNA 的作用。类似的结构也在感染豌豆耳突花叶病毒、花生丛生病毒和莴苣小斑驳病毒的植物中观察到，但该属其他病毒的情况尚不清楚。局部提纯的胡萝卜斑驳病毒样品主要由细胞膜组成，但含有侵染性组分，其标准沉降系数 S_{20W}=270S，在氯化铯中的浮力密度为 1.15g/cm^3，在这种样品中也存在直径 52nm 的包膜结构。病叶抽提物在室温下可稳定数小时，在 5℃下可稳定几天，用有机溶剂处理则失去侵染性（图 2-198）。

提纯核酸时，病叶的酚抽提物常比缓冲液抽提物更具有侵染性，感染性组分是 ssRNA，

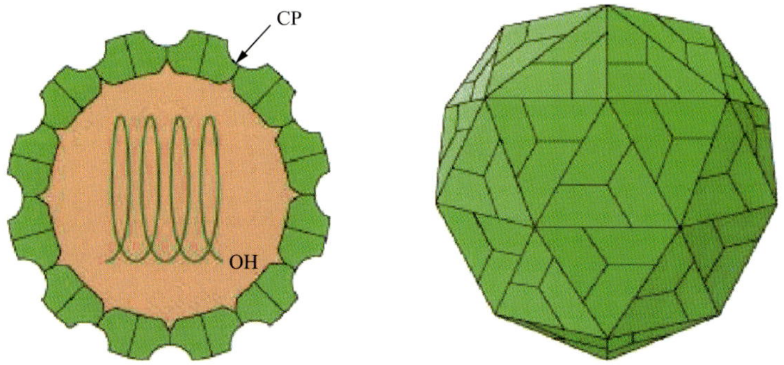

图 2-198 幽影病毒属病毒粒子模拟图(来源：Swiss Institute of Bioinformatics)

但提纯物中也含有大量 dsRNA。dsRNA 本身无感染性，但热变性后则具有感染性。尽管不形成通常的病毒粒子，但局部提纯样品中的侵染性组分对有机溶剂敏感，在氯化铯中的浮力密度较低，因此推测存在脂类，侵染性组分可能处在包膜结构中。目前还没有结构蛋白和碳水化合物的报道。

(二)分子生物学特征

1. 核酸

该病毒属病毒的核酸为单分体线形正义单链 RNA，长 4.0～4.2kb。

2. 基因组

病毒为单分体基因组，RNA 的 3′端没有 poly(A)结构，5′端也没有帽子结构。所有已测序病毒的基因组均含有 4 个 ORF。在 5′端 ORF1 前有一段短的非编码区，推测 ORF1 编码 31～37kDa 的蛋白质。ORF2 与 ORF1 末端稍有重叠，编码 64～65kDa 的蛋白质，在 ORF2 的近 5′端缺乏一个 AUG 起始密码子，然而紧靠 ORF1 的终止密码子前有一段 7nt 序列，此序列与在几种植物和动物病毒中发现的移码有关，很可能是 ORF1 和 ORF2 借助−1 移码机制翻译成一条 94～98kDa 的多肽，此多肽的 ORF2 区段含有 RdRp 特征性基序。一个短的非翻译区将 ORF2 与 ORF3、ORF4 分开，ORF3 和 ORF4 几乎完全重叠，但为不同的可读框，二者产生 26～29kDa 的推测产物，ORF4 的产物含有植物病毒胞间移动蛋白特征序列(图 2-199)。

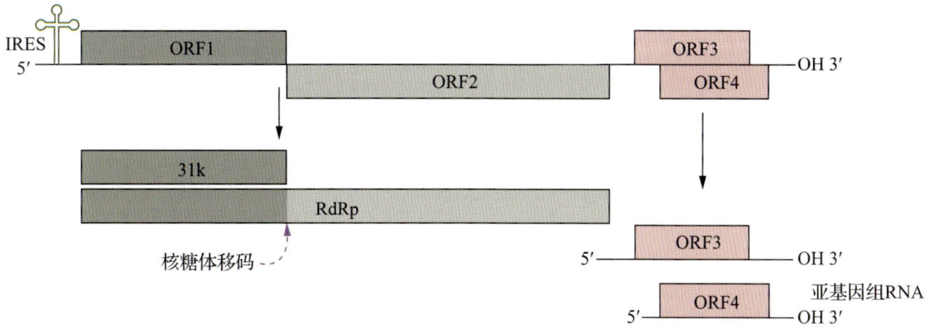

图 2-199 幽影病毒属基因组结构及表达产物(来源：Swiss Institute of Bioinformatics)

IRES. 内部核糖体进入位点

3. 抗原特性

无报道。

（三）本属典型病毒

胡萝卜斑驳病毒（*Carrot mottle virus*，CMoV）是幽影病毒属的代表性病毒，最早于1964年在英国胡萝卜上发现。CMoV自身不编码病毒外壳蛋白，病毒基因组为单分体线形正义单链RNA，长约4200nt，标准沉降系数S_{20w}=270S，在氯化铯中的浮力密度1.15g/cm^3。在辅助病毒存在的情况下，CMoV可以由蚜虫以持久性方式传播。CMoV侵染胡萝卜会造成胡萝卜严重减产，目前已经在澳大利亚、新西兰、日本、英国、美国、德国和加拿大有相关报道（Halk et al.，1979；Gungoosingh-Bunwaree et al.，2009）。

1. 主要为害症状

CMoV感染植株后，会出现叶片斑驳、叶脉蚀刻、植株严重矮化等症状（图2-200）。

图2-200　CMoV侵染烟草引起的症状（来源：www.dpvweb.net）

2. 寄主范围

CMoV的易感寄主隶属于苋科、藜科、豆科蝶形花亚科、茄科和伞形科。目前已知的寄主包括苋色藜、芫荽、胡萝卜、荷兰芹、菜豆等植物（Murant et al.，1973）。

3. 传播途径

CMoV在辅助病毒（胡萝卜红叶病毒，CRLV）存在的情况下可以由蚜虫以持久性方式传播，获毒蚜虫蜕皮后依然带毒，病毒在蚜虫体内不能繁殖，也不能传播到子代。CMoV可通过机械摩擦传播，但不能通过种子和花粉传播。

4. 组织病理学特征

在被CMoV和CtRLV侵染的芫荽和香芹中没有病毒样颗粒或超微结构的变化。但在被 CMoV 系统感染的烟草寄主细胞中出现明显病理变化。细胞质中没有发现病毒样颗粒，但接种后 8～9d 细胞液泡中的颗粒达到最大值。在接种后第 6 天一些与胞间连丝相关的小管出现在细胞质中，随后向液泡和细胞核延伸，造成塌陷。

5. 病毒稳定性

CMoV 的致死温度（10min）为 70℃，稀释限点为 10^{-3}，体外存活期为 9～24h。

6. 病毒纯化方法

含有病毒的组织液用膨润土澄清，然后用磷酸钙色谱柱对病毒进行部分纯化；采用蔗糖密度梯度离心进一步纯化（Murant et al.，1969）。

7. 病毒检测方法

该病毒可通过 RT-PCR 方法进行检测。RT-PCR 使用幽影病毒属通用引物（表 2-62），扩增长度 549bp。

表 2-62 RT-PCR 检测引物

引物	序列（5′→3′）
UmbraCS	CTTTGGAGTACACAACAACTCC
UmbraCAS	GC（A/G）TCIAGICCIACACA（A/G）ACTGG

注：I 代表次黄嘌呤核苷

8. 病毒核酸序列

CMoV 的 RNA 全长 4193nt（NCBI 登录号：NC_011515.1）。

（四）本属其他重要蔬菜病毒

花生丛生病毒（*Groundnut rosette virus*，GRV）最早于 1907 年在坦桑尼亚花生上发现，是非洲为害花生最严重的病毒。单独感染 GRV 的寄主植物中没有病毒样颗粒存在，病毒基因组为单分体线形正义单链 RNA，长约 4200nt，相对分子质量为 1.3×10^6。在辅助病毒存在的情况下，GRV 可以由蚜虫以持久性方式传播。早期感染导致严重或完全丧失产量，晚期感染会导致豆荚数量和大小的减少。GRV 分布在非洲地区，在撒哈拉以南的非洲国家均有分布（Watson and Okusanya，1967）。

1. 主要为害症状

GRV 侵染寄主后可引起植株叶片褪绿斑、系统黄化、植株矮化、节间缩短、叶片卷曲、深绿色花叶等症状（Kumar et al.，1991）（图 2-201）。

2. 寄主范围

GRV 的易感寄主隶属于藜科、豆科蝶形花亚科和茄科植物，包括花生、大豆等作物（Okusanya and Watson，1966）。

3. 传播途径

在花生丛簇辅助病毒（*Groundnut rosette assistor virus*，GRAV）存在的情况下，GRV

图 2-201　GRV 侵染寄主引起的症状(来源：www.dpvweb.net)

可以由蚜虫以持久性方式传播，获毒蚜虫蜕皮后依然带毒，病毒在蚜虫体内不能繁殖，也不能传播到子代。GRV 可通过机械摩擦和嫁接传播，但不能通过种子和花粉传播(Murant，1990)。

4. 病毒稳定性

GRV 在 pH 8.0、含 0.02mol/L 亚硫酸钠的 0.01mol/L Tris 缓冲液中，室温可存活 1d；4℃下存活 3d，甚至 15d 后还存在感染迹象。稀释限点为 10^{-3}(Murant and Kumar，1990；Olorunju et al.，1995)。

5. 病毒检测方法

该病毒可通过 ELISA 方法进行检测(Olorunju et al.，1992)。

6. 病毒防治方法

(1)农业防治

注意选用抗病品种，实行分级粒选，去除带毒种子；开花期发现病株要尽早拔除，切断田间传染源。

(2)药剂防治

药剂防治蚜虫，降低蚜虫密度可以显著降低病毒发生率。

7. 病毒核酸序列

GRV 的 RNA 全长 4019nt（NCBI 登录号：NC_003603.1）。

（五）幽影病毒属病毒种类

幽影病毒属病毒种类如表 2-63 所示。

表 2-63　幽影病毒属病毒种类（King et al.，2012）

病毒中文名称	病毒英文名称	缩写
胡萝卜拟斑驳病毒	*Carrot mottle mimic virus*	CMoMV
胡萝卜斑驳病毒	*Carrot mottle virus*	CMoV
埃塞俄比亚烟草丛顶病毒	*Ethiopian tobacco bushy top virus*	BNYV
花生丛生病毒	*Groundnut rosette virus*	GRV
莴苣小斑驳病毒	*Lettuce speckles mottle virus*	LSMV
罂粟花叶病毒	*Opium poppy mosaic virus*	OPMV
豌豆耳突花叶病毒 2 号	*Pea enation mosaic virus 2*	PEMV-2
烟草丛顶病毒	*Tobacco bushy top virus*	TBTV
烟草斑驳病毒	*Tobacco mottle virus*	TMoV

九、未分属病毒中可通过蚜虫持久性传播的病毒

目前报道的病毒中，仅黄症病毒科就存在 7 个未分属病毒，这些病毒可以通过蚜虫以持久性方式传播（表 2-64）。

表 2-64　未分属病毒中可通过蚜虫持久性传播的病毒（洪健等，2001；King et al.，2012）

病毒中文名称	病毒英文名称	缩写
大麦黄矮病毒-GPV	*Barley yellow dwarf virus-GPV*	BYDV-GPV
大麦黄矮病毒-SGV	*Barley yellow dwarf virus-SGV*	BYDV-SGV
鹰嘴豆矮化病伴随病毒	*Chickpea stunt disease associated virus*	CpSDaV
花生丛生辅助病毒	*Groundnut rosette assistor virus*	GRAV
印尼大豆矮缩病毒	*Indonesian soybean dwarf virus*	ISDV
甘薯叶斑点病毒	*Sweet potato leaf speckliug virus*	SPLSV
烟草坏死矮缩病毒	*Tobacco necrotic dwarf virus*	TNDV

（一）鹰嘴豆矮化病伴随病毒（*Chickpea stunt disease associated virus*，CpSDaV）

鹰嘴豆矮化病伴随病毒的病毒粒子为直径 28nm 的等轴粒子（图 2-202），编码 24.2kDa 的单一衣壳蛋白，病毒基因组为单分体线形正义单链 RNA，长度为 5kb（Naidu et al.，1997；Mukherjee et al.，2016）。

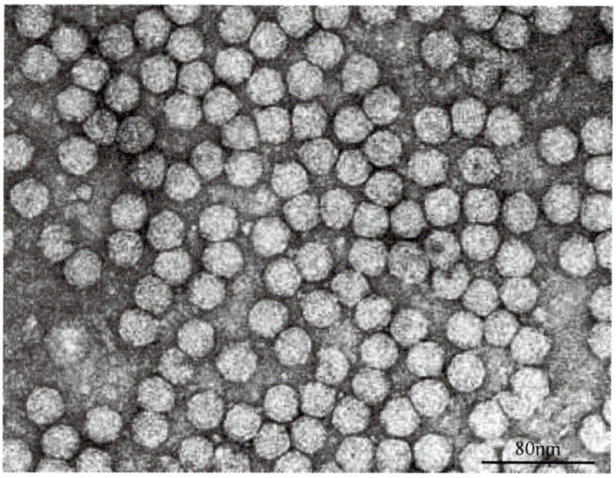

图 2-202　CpSDaV 粒子电镜图（Reddy and Kumar，2004）

1. 主要为害症状

CpSDaV 侵染鹰嘴豆后，病株出现矮小、叶片变红或黄化褪色及发育不良等症状。但是侵染其他寄主后没有明显的症状产生（图 2-203）。

图 2-203　CpSDaV 侵染鹰嘴豆引发的症状（Mukherjee，2016）

2. 寄主范围

CpSDaV 主要侵染苋科和豆科的至少 8 种植物，包括菜豌豆、蚕豆、鹰嘴豆和花生等。

3. 传播途径

CpSDaV 可以借助蚜虫以持久性方式传播，豆蚜（*Aphis craccivora*）和桃蚜（*Myzus persicae*）是最主要的介体昆虫（Reddy and Kumar，2004）。

4. 组织病理学特征

CpSDaV 粒子仅分散于植物韧皮部。

5. 病毒纯化方法

取 100g 植物组织，加入 4 倍体积 0.1mol/L 柠檬酸钠缓冲液，pH 6.0，含 0.5%乙醇、0.1%巯基乙酸和 3%纤维素酶，碾碎，搅拌 3h。用两层棉布过滤，加入 1∶1 混合的氯仿∶正丁醇溶液至终浓度为 50%，搅拌 10min。13 680*g* 离心 15min，收集水相。加入 NaCl 和聚乙二醇至终浓度为 0.2mol/L，每种达到 8%，室温搅拌 2h。混合液 13 680*g* 离心 20min，加 30mL 10mmol/L 磷酸缓冲液，pH 7.2，4℃过夜搅拌。7100*g* 离心 10min，取上清，加入 15mL 含有 30%蔗糖的磷酸缓冲液，185 500*g* 离心 4h。加入 1mL 磷酸缓冲液悬浮沉淀，蔗糖密度梯度离心(蔗糖 10%～40%，110 000*g* 离心 3h)，在梯度处光散射区不明显，因此梯度分为每部分 2.5mL 的 4 个部分，每部分用磷酸缓冲液稀释至 25mL，185 500*g* 离心 4h 分别进行浓缩。加入 200mL 磷酸缓冲液悬浮沉淀。

6. 病毒检测方法

该病毒可以通过 RT-PCR 进行检测(引物见表 2-65)，扩增片段长度为 600bp。此外，ELISA 也是检测该病毒的有效手段。

表 2-65　RT-PCR 检测引物

引物	序列(5′→3′)
CpSDaV-F	GCGACAAATAGTTAATGAATACGGT
CpSDaV-R	GTCTACCTATTTBGGRTTNTGGAA

(二)印尼大豆矮缩病毒(*Indonesian soybean dwarf virus*，ISDV)

印尼大豆矮缩病毒广泛分布于印度尼西亚，严重威胁大豆生产。ISDV 的病毒粒子为直径26nm的等轴粒子，与大豆矮缩病毒(*Soybean dwarf virus*，SbDV)无血清学关系。ISDV 主要分布在印度尼西亚和泰国(Iwaki et al.，1980)。

1. 主要为害症状

ISDV 侵染寄主后，出现叶片向上卷曲、皱缩、植株矮化及节间缩短等症状(图 2-204)。

图 2-204　ISDV 侵染大豆后症状(Iwaki et al.，1980)

2. 寄主范围

ISDV 主要侵染包括豆科在内的 6 个科至少 22 种植物，其易感寄主隶属于豆科蝶形花亚科，包括黄瓜、西葫芦、香豌豆、蚕豆、绿豆、豇豆等。

3. 传播途径

ISDV 可以借助蚜虫以持久性方式传播，大豆蚜(*Aphis glycines*)是最主要的介体昆虫。该病毒不能通过汁液摩擦传毒，也不能通过种子和花粉传毒。

4. 组织病理学特征

ISDV 颗粒晶体聚集在受感染的植物韧皮部及细胞的液泡中，在其他组织中未发现病毒粒子(图 2-205)。

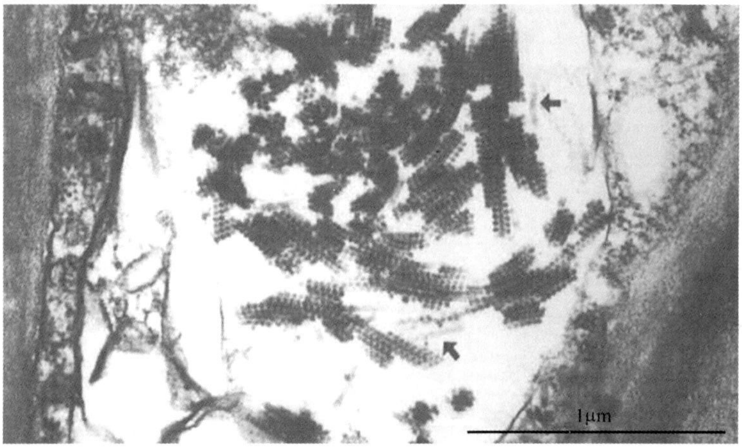

图 2-205　ISDV 粒子电镜图(Iwaki et al.，1980)

5. 病毒纯化方法

在受感染的植物组织中加入 0.1mol/L 柠檬酸缓冲液(pH 6.0，含 1.5% Driselase，0.1% 巯基乙酸和 0.033mol/L Na_2EDTA)，碾碎。28～30℃孵育 1.2h 后，冰浴混合物使其冷却，粗棉布过滤。加入 1/8 体积氯仿和 1/15 体积正丁醇，高速离心(9000*g* 离心 20min)使其破碎。100 000*g* 离心 70min，取上层水相。加入 0.02mol/L 磷酸缓冲液(pH 7.1，含 0.002mol/L Na_2EDTA)9000*g* 离心 10min。上清加入 0.25% Triton X-100 混合，进行一个循环超高速离心。沉淀为粗提病毒，置于 10%～40%线性蔗糖密度梯度的梯度仪中。24 000r/min 离心 150min 梯度离心。离心后，注射取出不透明区域的病毒，100 000*g* 离心 70min，沉淀可用于免疫及电镜检测。

(三)甘薯叶斑点病毒(*Sweet potato leaf speckling virus*，SPLSV)

甘薯叶斑点病毒在秘鲁北部农场中首次发现，其病毒粒子为直径 30nm 的等轴粒子(图 2-206)。该病毒在古巴也有发现。

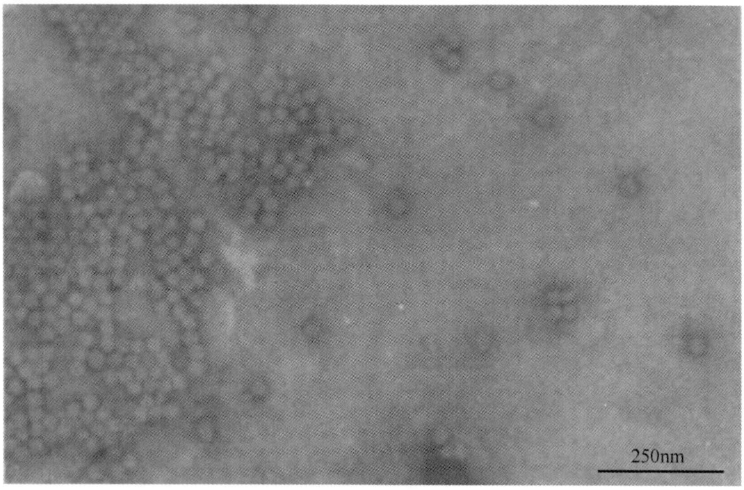

图 2-206　SPLSV 粒子电镜图（Fuentes et al.，1996）

1. 主要为害症状

SPLSV 侵染寄主后的主要症状为叶片上出现白色斑点、矮缩、叶片卷曲、褪绿和坏死斑（图 2-207）。

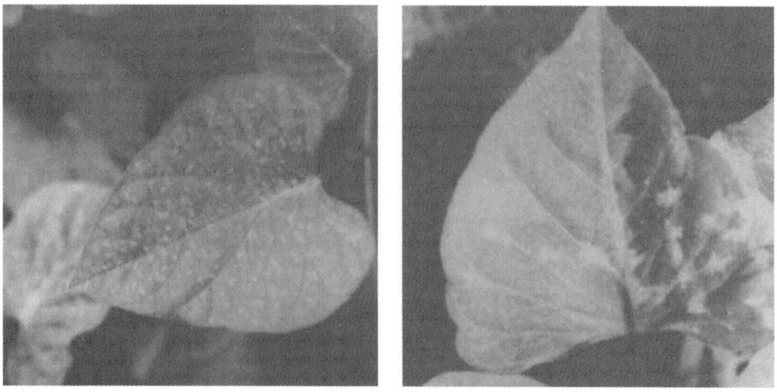

图 2-207　SPLSV 侵染寄主后引发的症状（Fuentes et al.，1996）

2. 寄主范围

SPLSV 主要侵染甘薯，也可以侵染牵牛花。

3. 传播途径

SPLSV 可以借助大戟长管蚜（*Macrosiphum euphorbiae*）以持久性方式传播，但桃蚜、棉蚜和粉虱不能传毒。该病毒不能通过汁液摩擦传毒但可以通过嫁接传毒。

4. 病毒纯化方法

该方法由马铃薯卷叶病毒粒子提纯方法改良而来，所以离心均在 15℃下进行，其他操作（除特定步骤外）均在室温下完成。用液氮将病叶病根碾成粉末，加入 5 倍体积 0.1mol/L 柠檬酸钠缓冲液（pH 6.0，含 10mmol/L EDTA、1%亚硫酸钠，以及 1.5%纤维素酶），混合物用 HCl 调 pH 为 5.2，搅拌过夜。匀浆用搅拌器搅拌 2min 为均质，用 NaOH 调 pH 为 7.0（可进行 10min 超声波破碎）。10 000*g* 离心 20min，上清加入 2 倍体积氯仿：正丁醇（1：1，*V*/*V*），搅拌 10min，10 000*g* 离心 20min，上清加入 1%（*V*/*V*）Triton X-100，搅拌 15min。加入 NaCl 至 0.4mol/L，加入聚乙二醇至 8%，混合物搅拌 2h，10 000*g* 离心 45min。加入磷酸缓冲液，pH 7.6，含 1% Triton X-100，4℃悬浮过夜。10 000*g* 离心取上清。加入 20%蔗糖垫溶液，152 200*g* 离心 3h，加入 Tritonfree 磷酸缓冲液，4℃悬浮过夜。蔗糖密度梯度离心进一步纯化。

5. 病毒检测方法

该病毒可以通过 RT-PCR 进行检测（引物见表 2-66），扩增片段长度为 500bp。此外，ELISA 也是检测该病毒的有效手段。

表 2-66 RT-PCR 检测引物

引物	序列（5′→3′）
F	CCCAGTGGTTRTGGTC
R	GTCTACCTATTTGG

（四）烟草坏死矮缩病毒（*Tobacco necrotic dwarf virus*，TNDV）

烟草坏死矮缩病毒于 1977 年在日本首先报道。TNDV 基因组为单链 RNA，相对分子质量约为 2×10^6。该病毒粒子为直径 25nm 的等轴颗粒，编码一种 2.57kDa 的衣壳蛋白，仅在日本有相关报道（图 2-208）。

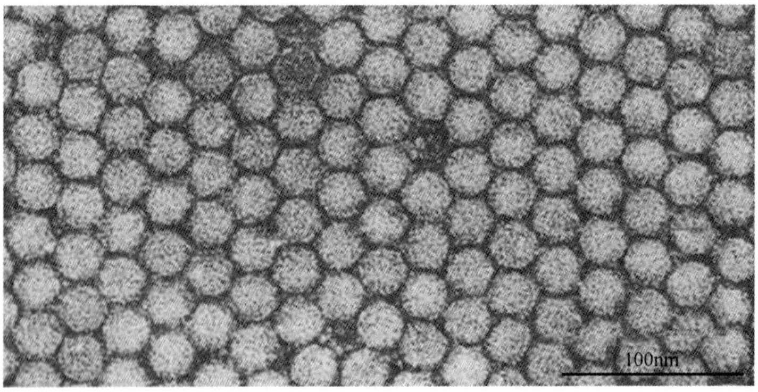

图 2-208 TNDV 粒子电镜图（Takanami and Kubo，1979）

1. 主要为害症状

TNDV 感染烟草后引起发育迟缓、黄化及中下部老叶坏死；侵染菠菜后引起叶脉黄化（图 2-209）。

2. 寄主范围

TNDV 寄主范围很窄，可侵染 5 科 20 种植物，茄科植物是其主要寄主。自然寄主是烟草、菠菜、荠菜，菠菜是主要的越冬寄主。TNDV 的易感寄主隶属于苋科、藜科、十字花科、马齿苋科和茄科。

图 2-209　被 TNDV 侵染的酸浆(来源：www.dpvweb.net)
左侧为健康植株；右侧为感病植株

3. 传播途径

TNDV 可以借助蚜虫以持久性方式传播，桃蚜为主要的传毒介体，嫁接也是该病毒的传播方式之一；不能通过汁液传播，也不能通过种子和花粉进行传播。

4. 组织病理学特征

TNDV 的病毒粒子分散于植物韧皮部的筛管、伴胞和韧皮薄壁组织中，在感染细胞的细胞质、细胞核及液泡中均有病毒粒子存在(图 2-210)。受感染细胞的细胞质呈纤维状，未发现病毒颗粒的晶体阵列。

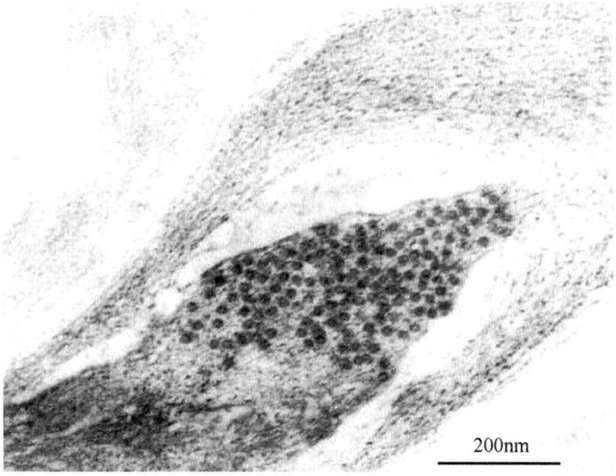

图 2-210　被 TNDV 侵染的酸浆细胞中的病毒粒子电镜图(来源：www.dpvweb.net)

5. 病毒稳定性

病毒侵染性在 4℃可以保持 6 个月以上，热致死温度(10min)为 80℃。

6. 病毒纯化方法

取被感染的叶片，加入 0.1mol/L 柠檬酸钠缓冲液(2mL/g 叶片)，pH 6.0，含 1% Driselase、0.1%巯基乙酸，放入搅拌机中碾碎。25～28℃摇动 2h，加入 0.5 倍体积 1∶1 混合的氯仿/正丁醇，使其乳化。低速离心。加入 PEG6000 至终浓度为 8%，加入 NaCl 溶液至 0.4mol/L，沉淀水相中的病毒粒子。加入 0.01mol/L 硼酸缓冲液，pH 8.0，悬浮病毒，加入 0.01mol/L 磷酸缓冲液，pH 7.6～8.0，两循环差速离心，浓缩病毒粒子。蔗糖密度梯度离心进一步纯化(Takanami and Kubo，1979)。

7. 病毒检测方法

该病毒可以通过 DAS-ELISA 进行检测。

第三节　蚜虫半持久性传播的蔬菜病毒

一、长线形病毒属(*Closterovirus*)

长线形病毒属是长线形病毒科(*Closteroviridae*)下的一个属，该科病毒可以感染多种重要经济作物并引发严重病害，除长线形病毒属外，该科其他 3 个属分别为毛形病毒属(*Crinivirus*)、隐症病毒属(*Velarivirus*)和葡萄卷叶病毒属(*Ampelovirus*)，其中葡萄卷叶病毒属的病毒多由粉蚧传播，而毛形病毒属的病毒由烟粉虱和白粉虱传播，只有长线形病毒属的病毒由蚜虫以半持久性方式传播。该属下有 11 个确定种和 16 个暂定种，该属病毒的基因组为单分体基因组。该属的病毒都是由蚜虫以半持久性方式传播，病毒非常长。长线形病毒属的病毒是所有正义 RNA 植物病毒中最大的。病毒为丝状，无包膜，具有非常弯曲的颗粒，长 950～2000nm，直径 10～13nm，有一个不同于其他病毒的粒子尾巴，螺旋对称，间距为 3.4～3.7nm。病毒粒子由 5%的核酸组成。基因组为单链线形正义 RNA，长 15 000～20 000nt(Bar-Joseph et al.，1979；Dolja et al.，1994；Agranovsky，1996)。

(一)甜菜黄化病毒(*Beet yellows virus*，BYV)

甜菜黄化病毒属于长线形病毒科(*Closteroviridae*)长线形病毒属(*Closterovirus*)，BYV 粒子为弯曲丝状颗粒，长 1250nm，直径 10nm，具有 3～4nm 的核(图 2-211)。病毒粒子的螺旋结构每转包含 8.5 个 CP 亚基，且每两转重复。由两个相关的 CP、p24 和 p22 构成，形成分别为 75nm 和 1290nm(图 2-212)的病毒体节段，每个 RNA 分子由 200～3800 个亚基组成(“响尾蛇”结构)。病毒粒子是 14.5kb 的单一正义 ssRNA 分子，含有两种外壳蛋白，外壳蛋白 p22 和小外壳蛋白 p24 分别为 22.3kDa 和 24.0kDa。病毒粒子的沉降系数 S_{20W} 为 110～130S，在 CsCl 中的浮力密度为 1.33～1.34g/cm^3。260nm 处的吸光度为 2.5。纯化的病毒粒子的紫外(UV)吸收光谱是异常的，A_{260}/A_{280} 为 1.44。病毒粒子相当不稳定，并且对 RNA 酶敏感。BYV 可以通过多种类的蚜虫以半持久性方式传播(Carpenter et al.，1977；Agranovsky et al.，1995)。

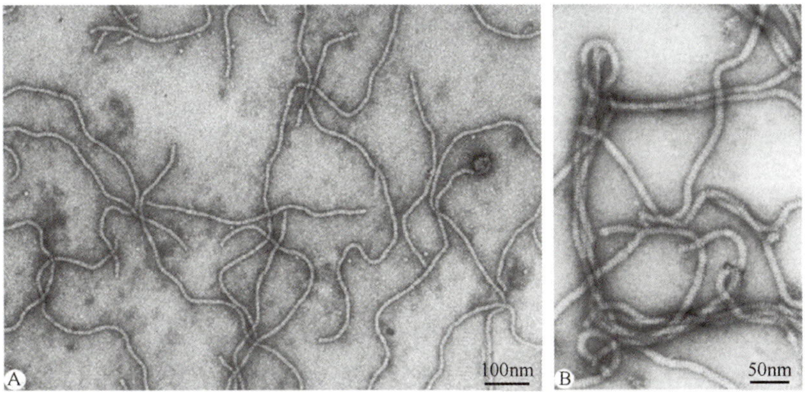

图 2-211　BYV 粒子电镜图

A. 提纯的甜菜黄化病毒(BYV)，由 Russell G E 供图；B. 乙酸铀负染色的 BYV 粒子，由 Milne G 供图

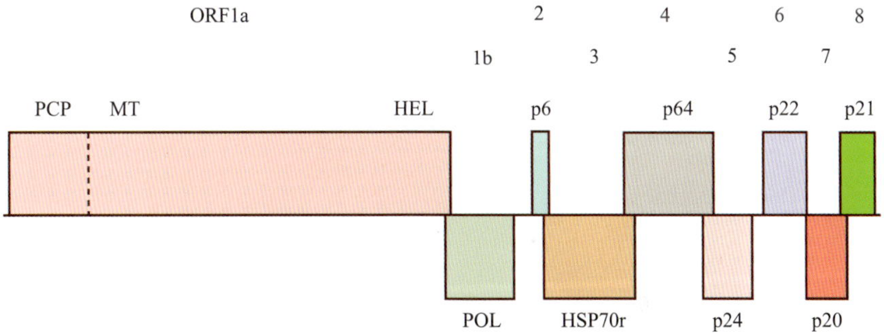

图 2-212　BYV 的基因组结构

PCP. 木瓜蛋白酶样半胱氨酸蛋白酶(具有由虚线表示的切割位点)；MT. 甲基转移酶；HEL. 解旋酶；POL. RNA 依赖性的 RNA 聚合酶；HSP70r. HSP70 相关的 65kDa(运动)蛋白；p24. 次要衣壳蛋白；p22. 主要衣壳蛋白；p6. 疏水蛋白；p64. 64kDa 蛋白；p21. 21kDa 蛋白；p20. 20kDa 蛋白

1. 主要为害症状

温室甜菜嫩叶感病后通常显示脉明和蚀纹(图 2-213)，老叶感病后变黄、增厚和脆弱，

图 2-213　甜菜嫩叶侵染症状

通常有许多小的红色或棕色坏死斑点(图 2-214)。番杏科植物感病后嫩叶发育迟缓，畸变和脉明(图 2-215)，通常会过早死亡。马齿苋科植物老叶感病后显示系统性红斑和褪绿。人工接种的植物在接种的叶中发展为红色坏死病变，但不会全身感染(Fuchs et al., 1979)。

图 2-214　田间感染的甜菜成熟叶

图 2-215　番杏科植物感病症状

2. 寄主范围

该病毒能够侵染 15 科 121 种植物，包括藜科、苋科、石竹科和番杏科，广泛分布在世界各地的甜菜生长区，主要侵染甜菜、苋科或番杏科，在甜菜和菠菜中引起黄斑病，且已发现可侵染至少 10 种双子叶植物(He et al., 1997)。

3. 病毒纯化方法

将接种后 3～7 周感染的幼叶在含有 0.02mol/L EDTA 和 0.02mol/L DIECA 的 0.1mol/L 乙酸铵缓冲液(pH 7.2)中匀浆。过滤后 5000*g* 离心 15min。添加 2.5% Triton X-100，轻轻搅拌混合物 30min，100 000*g* 离心 90min 来沉淀病毒，并将沉淀物重悬在 1/20 初始液体体积的 0.01mol/L 硼酸钠缓冲液(pH 7.8，缓冲液 B)中过夜。8000*g* 离心 10min，并转移到 30mL 离心管中，加入 5mL 蔗糖混合液(30%蔗糖，7.5% PEG 和 0.1mmol/L NaCl 的缓冲液)。100 000*g* 离心 120min 来沉淀病毒。用蒸馏水短暂冲洗沉淀，重悬于缓冲液 B 中，然后低速离心。重复高速和低速离心步骤。将最终沉淀重悬在 2～3mL 缓冲液 B 中，并在 4℃下储存，或加入 50%甘油，在–20℃下更长时间储存。对于 RNA 提取，可将病毒颗粒重悬于 pH 7.0 的 0.02mol/L 磷酸钠中，整个过程在 4℃或冰上进行。该方法可以从 100g 侵染的番杏科植物叶片中提出 15～30mg 纯化的病毒颗粒(Kassanis et al.，1977；Rogov et al.，2010)。

4. 组织病理学特征

病毒主要存在于韧皮部，并在韧皮部产生大量的病毒粒子聚集体(图 2-216)，经常形成带状包裹体。病毒侵染诱导膜上的组分形成特征性囊泡(图 2-217)。这些结构被称为甜菜黄化病毒型(BYV 型)囊泡，对 BYV 和长线形病毒属的其他病毒具有诊断价值。囊泡含有类似双链核酸的细小纤维(图 2-217)和编码 ORF1a 的类似于甲基转移酶和解旋酶的蛋白质，这表明病毒复制与囊泡膜有关(Esau and Hoefert，1971)。

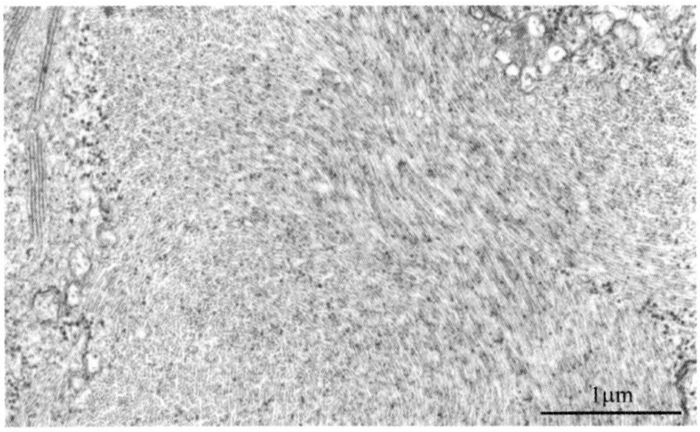

图 2-216　藜属感染细胞由 BYV 诱导的细胞学变化——韧皮部薄壁细胞中丝状颗粒的大量聚集体

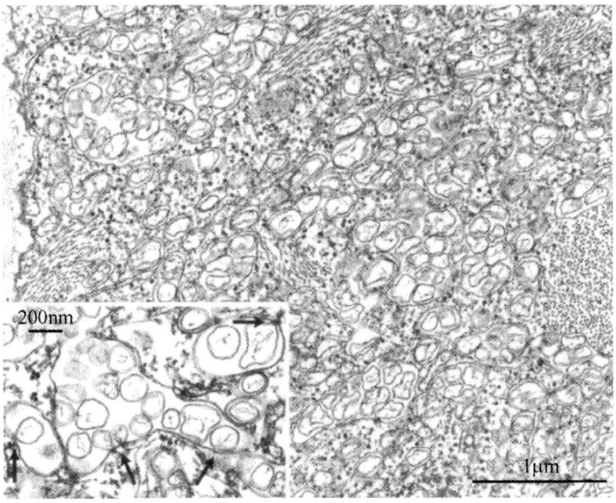

图 2-217　BYV 侵染导致的细胞学变化——叶薄壁细胞中的 BYV 型囊泡

5. 病害流行学

目前没有 BYV 可以种传的报道。超过 22 种蚜虫可传播该病毒，桃蚜和豆蚜是主要的传播介体。蚜虫以半持久性方式传播病毒，所有的龄期都可以获取并传播病毒，但成虫的传毒效率最高。病毒在蚜虫体内最多可存留 3d，半衰期为 8h。蚜虫获毒后至少 6h 才可以进行传毒，而获毒大于 12h 才能达到最佳的传毒效果。该病毒在蚜虫体内可能没有潜伏期，且不能传到蚜虫的后代，在蚜虫蜕皮后不能保留病毒。菟丝子的一些品种可以感染并传播病毒。蚜虫可以从生长在感病植物上的菟丝子取食获得病毒而进行传播(Karasev et al.，1989)。

6. 作物品种对 BYV 的抗性

目前尚未发现对 BYV 有抗性的品种。

7. 病毒株系

已经从感病的甜菜中分离出许多病毒株系，发病甜菜的症状从非常轻微的黄化到非常严重的坏死。不同株系在不同寄主上侵染症状不同，所有这些都显然与血清学相关，并且株系之间存在完全的交叉保护作用。

8. 病毒分子生物学

(1)基因组

从乌克兰和加利福尼亚的分离株系上获得了完整的核苷酸序列。这两个地方的株系显示出 99.4%的同源性。基因组包含 9 个 ORF 的正义 ssRNA 的单一线形分子。该序列 2/3 的 5′端包含部分重叠的 ORF1a 和 ORF1b，编码相对分子质量分别为 295、48 的产物。1a 产物包括木瓜蛋白酶样半胱氨酸蛋白酶、甲基转移酶和解旋酶的保守结构域，而 1b 产物含有 RNA 依赖性的 RNA 聚合酶结构域。ORF2～8 分别编码以下蛋白质：p6(疏水蛋白，6.4kDa)、p65(与细胞伴侣的 HSP70 家族同源，65kDa)、p64(64kDa)、p24(CP，24kDa)、p22(CP，22kDa)、p20(20kDa)和 p21(21kDa)。在 ORF1a 和 ORF1b 中编码的复制相关的结构域在真核病毒的“alphavirus-like”超家族中是保守的；在 ORF1a 中编码的蛋白酶结构域和 ORF2～6 的产物在相关的线形病毒中是保守的；ORF7 和 ORF8 编码独特的蛋白质。以下蛋白质在病毒侵染过程中的功能已经确定：1a 和 1b 结构域是 RNA 复制必需的；前导蛋白酶和 p21 是 RNA 扩增的增强子；p65 在体外具有 ATP 酶的性质而在体内具有病毒运动蛋白的活性。p6、p64、p24 和 p22 对于病毒从细胞到细胞的运动也是必需的(Agranovsky et al.，1991a，1991b；Zinovkin et al.，1999；Napuli et al.，2003)。

基因组的表达是非常复杂的，其中以下关键因素已经明确：①ORF1b 可能由+1 核糖体移码产生的 1a/1b 融合产物表达；②蛋白酶结构域介导 N 端 66kDa 前导蛋白从 295kDa 的 1a 多蛋白释放，并且 1a 产物的 C 端部分被进一步加工成至少 3 个片段；③内部基因(ORF2～8)通过至少 6 个亚基因组 RNA 的嵌套集合表达。

(2)核酸

单一种类的线形正义 ssRNA，包含颗粒质量的 5%～6%。RNA 可能被加帽，并且不含 VPg、poly(A)或 tRNA 样结构。序列显示核苷酸频率有轻微偏差，富含 29%的尿苷。

(3)蛋白质

在来自纯化的颗粒制剂蛋白质的 PAGE 中，能够检测到 22kDa 的单个蛋白质(p22)，而少量存在的 24kDa 蛋白(p24)在蛋白质电泳检测中检测不到。p22 具有低含量的芳香族氨基酸，这解释了病毒粒子异常的紫外吸收光谱。在 4℃储存纯化的病毒粒子后，p22 是稳定的，不易降解（Vinogradova et al.，2011）。

9. 病毒检测方法

血清学检测：在间接 ELISA 中产生病毒滴度为 1.9×10^6 的多克隆抗血清，适用于检测感病的甜菜叶、根及带毒的蚜虫。此外，根据细菌表达的衣壳蛋白 p22、p24 和由病毒编码的重组非结构蛋白，研发了兔多克隆抗体和小鼠单克隆抗体（Agranovsky et al.，1994）。

10. 病毒防治方法

该病毒是造成甜菜产量严重损失的原因，不能通过种子传播和汁液摩擦传播。由于其通过蚜虫以半持久性模式传播，病毒具有在长距离上传播的潜力。然而目前研究表明，病毒主要扩散到与病毒源相邻的区域。病毒的发生率与野外存在越冬甜菜及蚜虫数量密切相关。研究表明，一些措施对于病毒病的防治是非常有效的，这些措施包括清除越冬甜菜、早播和高密度间隔，以及应用杀虫剂控制蚜虫等。

（二）甜菜黄矮病毒（*Beet yellow stunt virus*，BYSV）

甜菜黄矮病毒属于长线形病毒科（*Closteroviridae*）长线形病毒属（*Closterovirus*），是具有弯曲丝状颗粒的病毒，长 1400nm，直径 12.5nm（图 2-218）。BYSV 通过蚜虫以半持久性方式传播，不能通过汁液摩擦传播。可感染藜科、菊科和其他几个科的物种，偶尔侵染莴苣（Chevallier et al.，1983）。

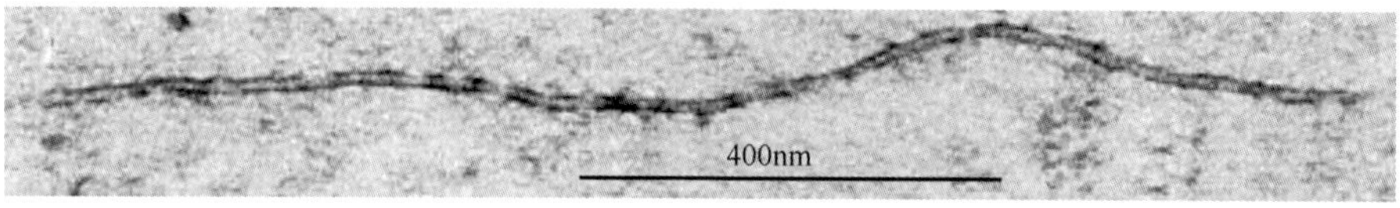

图 2-218　BYSV 粒子电镜图

1. 寄主范围和主要为害症状

侵染茄科、藜科、菊科、牻牛儿苗科和马齿苋科的双子叶植物。导致甜菜（*Beta vulgaris*）变黄、扭曲（图 2-219～图 2-221）；莴苣（*Lactuca sativa*）严重缺绿和塌陷；苦苣菜（*Sonchus oleraceus*）以明亮的红色或黄色在叶间着色。受侵染植物通常显示下部或中间叶的间质黄化或变红；一些寄主表现为发育迟缓、坏死和死亡的极端严重的症状（Esau and Hoefert，1981）。

甜菜：最初中间的叶片严重扭曲，叶柄缩短，叶斑驳，黄色，后期植物严重发育不良，可能萎缩并死亡（图 2-219，图 2-220）（Hoefert et al.，1970）。

藜：下部叶片叶脉变红，类似于 BYV 侵染的症状，但没有脉明和蚀纹。

莴苣：表现为严重发育迟缓和缺绿症，老叶会过早地塌陷并坏死，嫩叶感染的植物有时会在发芽前塌陷并死亡。可在现场通过纵向切割感病的植物而做出快速诊断，患病植物的韧皮部严重坏死，组织变成棕色并延伸到不同的区域（图 2-222）。

苦苣菜：深红色，有时叶间变黄（Duffus，1972）。

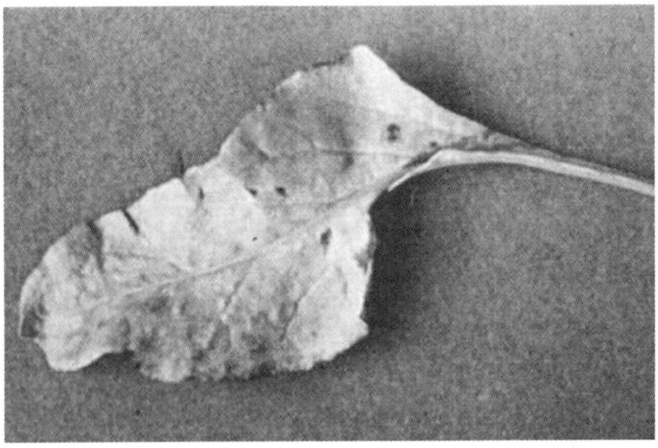

图 2-219　感病的甜菜表现出扭曲和脉间褪绿

图 2-220　感病的甜菜表现出发育迟缓、扭曲

图 2-221　田间发病甜菜

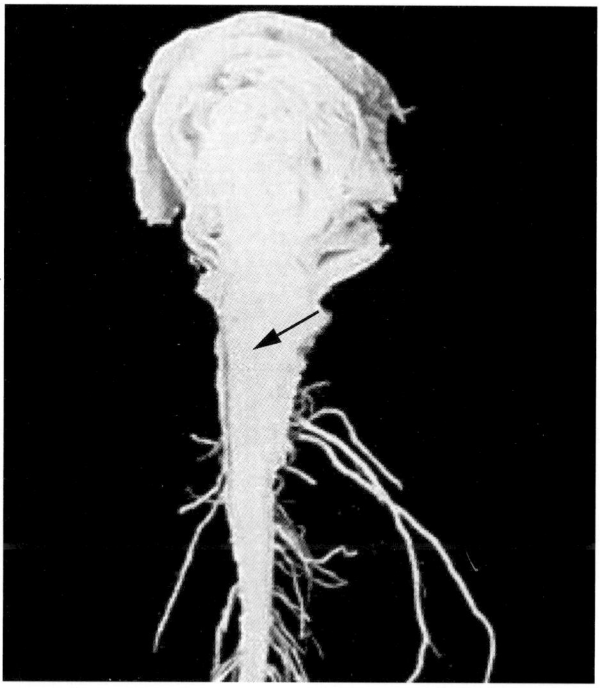

图 2-222　田间发病莴苣纵向切割显示韧皮部坏死(箭头)

2. 组织病理学特征

在甜菜和苦苣菜中，病毒粒子仅存在于维管组织的细胞中，通常在细胞质中，并且形成各种大小的聚集体(图 2-223)。在叶肉和叶韧带的叶绿体及筛管的质体中可发生退化，一些韧皮部细胞会遭到完全破坏。

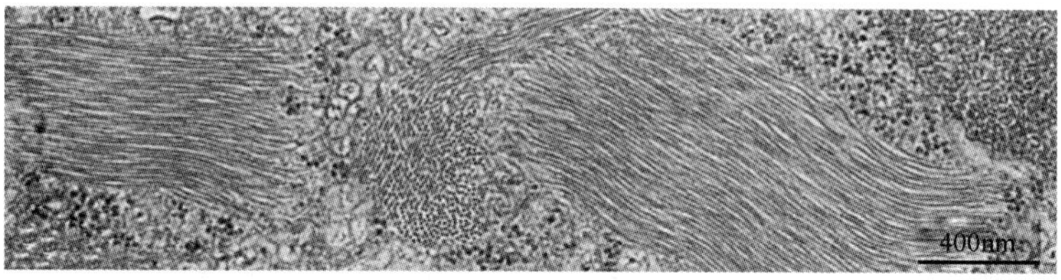

图 2-223　病毒粒子聚集的幼叶韧皮部细胞

3. 病毒粒子的提纯

可以通过差速离心在感病的汁液中进行纯化。

4. 病害流行学

莴苣超瘤蚜(*Hyperomyzus lactucae*)是最有效的载体，它通常生活在藜上，只在莴苣上短暂地取食，很少在甜菜上。桃蚜(*Myzus persicae*)和大戟长管蚜(*Macrosiphum euphorbiae*)传毒效率较低。大多数蚜虫在获毒后 1～2d 停止传毒，但少数蚜虫传毒长达 4d；蚜虫蜕皮后病毒消失。单头蚜虫能够获得并失去病毒，连续循环 3 次(Esau，1979)。

5. 作物品种对 BYSV 的抗性

目前尚未发现对 BYSV 有抗性的品种。

6. 病毒株系

未见报道。

7. 分子生物学特征

该病毒的特征是含有与 HSP70 热激蛋白同源的编码区及重复的外壳蛋白基因。RNA 的 5′端可能为甲基化帽子结构，3′端既无 poly(A)又不形成 tRNA 样结构，但 3′端序列可能形成发夹结构。基因组包括靠近 3′端的 CP 和衣壳蛋白类似物(CPd)。CPd 位于 CP 的上游，该病毒 ORF 编码的 6kDa 小亲水蛋白、HSP70 热激蛋白同源物、55～64kDa 产物、CP 及 CPd 构成了保守的 5 基因组件系统。基因组的表达策略是基于对 ORF1a 编码产物的切割加工、ORF1b 编码的 RdRp 结构域+1 核糖体移码翻译表达及通过形成一系列重叠 3′端亚基因组 RNA 来表达下游的 ORF。dsRNA 的形式非常复杂，反映了病毒之间存在不同数目和大小的 ORF。病毒的复制发生在细胞质中，可能与膜状小囊泡及囊泡化线粒体有关，感病细胞内有密集的病毒聚集体，常形成带状内含体(Karasev et al.，1996，1998；Agranovsky et al.，1997，1998；Medina et al.，1999)。

8. 病毒检测方法

血清学：该病毒具有中等免疫原性，可以用感染的甜菜和莴苣的汁液进行肌内注射获得抗血清(Erokhina et al.，2000)。

9. 病毒防治方法

对该病毒的防治措施主要是清除田间残留植物，进行早播、高密度间隔，以及应用杀虫剂控制蚜虫等。

二、花椰菜花叶病毒属(*Caulimovirus*)

花椰菜花叶病毒属是花椰菜花叶病毒科(*Caulimoviridae*)的 1 个属，其在具有双链 DNA 的植物病毒中是非常独特的。花椰菜花叶病毒属(花椰菜花叶病毒组)的病毒具有直径为 45～50nm 的二十面体颗粒。在感染的植物细胞中产生特征病毒，并且是病毒复制和病毒粒子装配的位点。病毒粒子等轴状，无包膜，没有明显的表面结构。病毒体外壳为多层结构。病毒粒子由 16%的核酸组成。基因组是开放的双链 DNA，7800～8200bp，为单分体基因组，基因组 DNA 两条链上均有缺口，其中转录链含有一个、非转录链含有 1～3 个。基因组含有 7 个 ORF。病毒是有效的免疫源。大多数病毒的自然寄主范围窄，系统症状通常为花叶和斑驳。该属的病毒都是由蚜虫以半持久性方式传播的，无特殊病毒。花椰菜花叶病毒(*Cauliflower mosaic virus*，CaMV)是该属的代表性病毒(Shepherd et al.，1970；Olszewski et al.，2015)。

花椰菜花叶病毒是一种直径约 50nm 的小球形颗粒病毒，含有单分子的环状双链 DNA (图 2-224)。DNA 在感染的细胞核中作为质粒复制，颗粒在细胞质中组装。该病毒寄主范围有限，在世界范围内的温带地区广泛分布。由蚜虫以半持久性方式传播(Favali et al.，1973)。

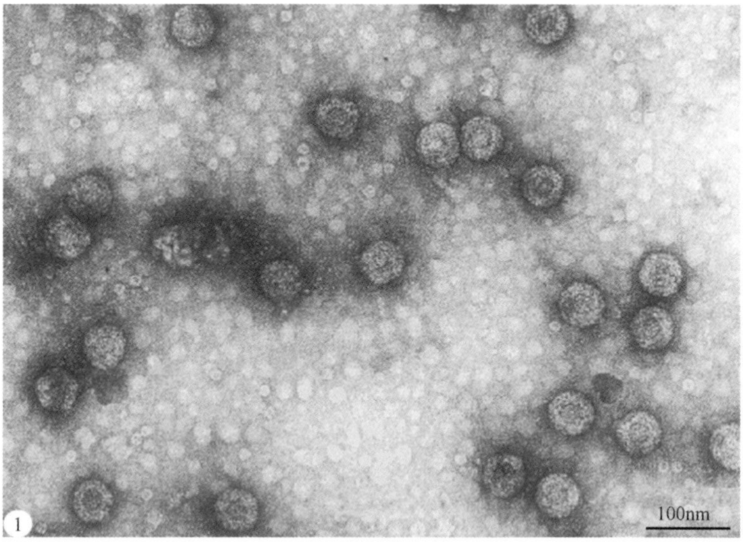

图 2-224　花椰菜花叶病毒粒子

CaMV 为双链 DNA 病毒，直径为 50nm，在 0.15mol/L NaCl、0.015mol/L 柠檬酸盐(pH 7.0)中，G+C=43%；T_m=87.2℃，病毒沉降系数 S_{20W} 为 200～220S，用二苯胺方法测定病毒中 DNA 含量，为 16%～18%；在 CsCl 中的浮力密度为 1.702g/cm^3；与甲醛不反应，伸直长度为 2.31μm 或 2.47μm。与其他反转录病毒一样，CaMV 依靠反转录酶完成自己基因组的复制，但它不把自身 DNA 序列整合到寄主染色体内，而是以大约 100 个微型染色体(mini-chromosome)的形式聚集在寄主细胞核内。特别是其表达调控机制与高等植物有许多相似之处，加之其结构比较简单，已逐渐成为研究生物表达调控的模式材料。它有 7 个 ORF，其中 6 个可各自编码一种蛋白质产物(表 2-67)。35S 启动子区域含有 3 个转录因子专一的结合位点；RNA 多腺苷化位点具有 AAUAAA 特征序列，它和其上游序列对 35S RNA 的加工和翻译有影响作用；下游 ORF I 在转录激活子存在时可被翻译(Bassi et al.，1974；Marco and Howell，1984；Schoelz et al.，2016)。

表 2-67　CaMV 六个可读框(ORF)的产物及其功能

可读框	编码产物	功能
ORF I	SYS	为一种运动蛋白，与病毒的系统侵染有关
ORF II	ITF	相对分子质量为 18 000，参与蚜虫的传播
ORF III	DBP	为一种 DNA 结合蛋白，具有半胱氨酸酶活性，与病毒核酸的折叠和被衣壳包装有关
ORF IV	GAG	相对分子质量为 57 000，功能蛋白多肽，后被加工为相对分子质量为 43 000 的外壳蛋白，具有 ssDNA 结合特性
ORF V	POL/PRO	编码聚合酶和蛋白酶，其中的天冬氨酸蛋白酶与外壳蛋白的成熟有关
ORF VI	TAV	相对分子质量为 62 000，是植物体内亚细胞内含体的成分，还具有转录激活因子的功能

1. 主要为害症状

花椰菜：接种的叶片通常无症状，系统侵染叶片最初显示脉明，逐渐演变成绿色的脉条带(图 2-225)。微弱的脉明在一些品种中仍然是唯一的症状，且这种症状可能在高温下消失。

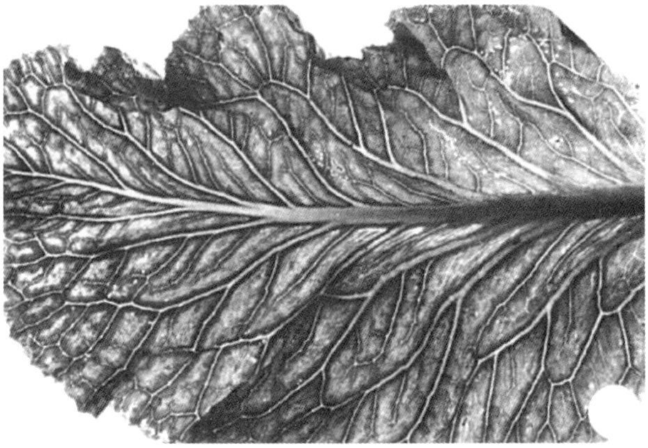

图 2-225　花椰菜感病症状

芸薹族(芜菁或嫩叶芥菜)：一些接种的叶片在凉爽条件下形成褪色局部病变，系统侵染叶片先是脉明，随后是褪绿斑驳(图 2-226，图 2-227)。

图 2-226　萝卜感病症状

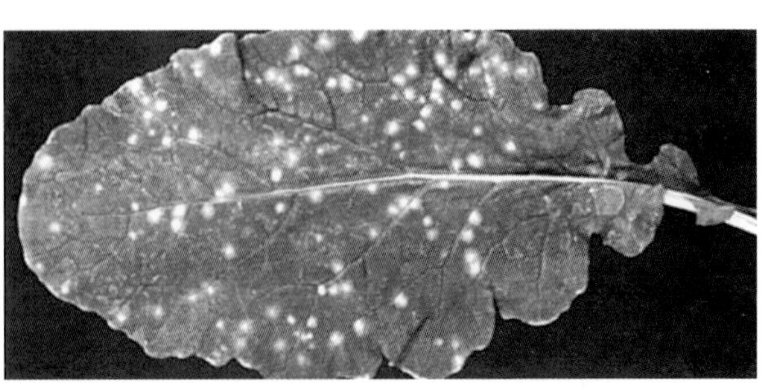

图 2-227　芜菁发病病斑

2. 寄主范围

侵染许多十字花科植物和观赏植物，特别是野油菜和甘蓝的各种栽培品种。此外，烟草和曼陀罗也是已经发现的寄主，该病毒经常与芜菁花叶病毒复合侵染(Lung and Pirone，1972)。

3. 组织病理学特征

在 CaMV 侵染的细胞质中会形成独特的内含体，可将表皮剥离后用 1%酚红染色，并且用光学显微镜观察。这些内含体是由病毒粒子嵌入后形成的致密基质。细胞中的大多数病毒粒子都与内含体相连。内含体的大小与病毒不同，它们的直径可能超过 20μm。它们首先在细胞质中形成颗粒状的致密基质，并随着病毒侵染而生长。“基质蛋白”构成这些内含体的大部分，用锇染色后可明确其强度。病毒粒子嵌入基质或填充液泡，如同它们在内含物内组装一样。经过修饰的内含体可以从致密基质上分离下来。虽然大量的病毒 RNA 可以在细胞核中转录，但在细胞核中没有发现病毒粒子。游离病毒粒子在内含体附近的细胞质中少量存在，在浆细胞中也很少。在侵染组织中可见到与囊泡和褶皱小管相关的细胞壁突起。对感染 CaMV 的油菜叶片超薄切片进行电镜观察，发现存在直径为 15～18μm 的小颗粒，呈晶格排列(Guilfoyle，1980)。

4. 病毒纯化方法

方法 1：将组织在 0.5mol/L 磷酸盐(pH 7.5)中匀浆，加入正丁醇至 8.5%(*V*/*V*)，8000*g* 离心，保留上清液，通过 2～3 个循环的差速离心，用水作为溶剂浓缩病毒，大体积的提取物可以先加入氯化钠(至 0.05mol/L)和 PEG6000(100g/L 提取物)，然后将其重悬浮于水中来沉淀病毒，最后通过密度梯度离心或在 CsCl 梯度中离心至平衡来纯化病毒。

方法 2：在含有 0.75%亚硫酸钠的 0.5mol/L 磷酸盐(pH 7)中研磨叶片(1g/mL 缓冲液)，过滤并加入 Triton X-100 至 2.5%(*W*/*V*)，加尿素至 1mol/L。将匀浆在 4℃下搅拌过夜，并差速离心浓缩病毒，重悬于水中。通过在蔗糖中梯度离心来完成纯化病毒。在 Triton+尿素中过夜孵育对于许多株系是必要的，可以从内含体中释放病毒粒子。对于一些株系，如 CM4-184，内含体在加入 Triton+尿素后会迅速分解。

方法 3：使用 Brinkman Polytron 匀浆器将冷冻组织在 0.02mol/L Tris(pH 7.0)、0.02mol/L EDTA 和 1.5mol/L 尿素中匀浆。加 Triton X-100 至 2%(*W*/*V*)，进行差速离心，将高速沉淀重悬于 0.1mol/L Tris(pH 7.4)加 2.5mmol/L $MgCl_2$ 中，将细胞 DNA 用 DNA 酶(10μg/mL)在 37℃下消化 10min，65℃条件下在 1%十二烷基硫酸钠中用蛋白酶 K 处理病毒。在苯酚提取和用乙醇沉淀后，病毒 DNA(溶于 10mmol/L Tris+0.1mmol/L EDTA，pH 8.0)可用于酶切或分子克隆，通过该程序可以一次性获得相当于每千克组织 20～40mg 病毒的 DNA 量。

5. 病害流行学

该病毒不能种传，已报道至少 27 种蚜虫能够传播该病毒。所有龄期的蚜虫都可以传毒，没有潜伏期。蚜虫可以在 1～2min 内获得病毒，随后立即在不到 1min 内传到植物上。病毒在蚜虫体内存留几小时或长达 3d。传毒受体可能是病毒诱导的非结构蛋白，其在蚜虫获毒或接毒过程中起作用(Chalfant and Chapman，1962；Gardner，1973)。

6. 作物品种对 CaMV 的抗性

目前尚未发现对 CaMV 有抗性的品种。

7. 病毒株系

该病毒的株系可以通过其在花椰菜或芜菁中的毒力来区分。严重的株系侵染导致发育迟缓和死亡；轻度的株系侵染几乎不诱发症状，一些非典型株系可导致叶脉的坏死。在自然界中，通常是多种株系的混合发生，其中一些在芜菁上产生萎黄病变，而其他没有症状。还有一些菌株不能靠蚜虫传播(Shalla et al.，1980)。

8. 病毒检测方法

该病毒可以用 ELISA 检测：在酶联免疫吸附试验中，用酶联抗体可检测到少至 5ng/mL，或用放射性同位素标记的抗体检测少至 1ng/mL(Gardner and Shepherd，1980；Giband et al.，1984)。

9. 病毒防治方法

一些生产上常用的措施对于病毒病的防治是非常有效的，包括清除田间残留植物、早播和高密度间隔，以及应用杀虫剂控制蚜虫等。

参考文献

白松, 丁元明. 1996. 百合病毒病及其检测防治方法. 植物医生, (1): 4-7.

蔡丽, 许泽永, 陈坤荣, 等. 2005. 芜菁花叶病毒研究进展. 中国油料作物学报, 27(1): 104-110.

陈栋. 2008. 北疆大蒜病毒病的调查和洋葱黄矮病毒的鉴定及序列分析. 石河子: 石河子大学硕士学位论文.

陈集双. 2001. 黄瓜花叶病毒及其卫星 RNA 的分子生态学研究. 杭州: 浙江大学博士学位论文.

陈集双, 周雪平. 1995. 九种 Potyviruses 柱状内含体结构的比较研究. 电子显微学报, (1): 39-46.

陈坤荣, 许泽永, 张宗义, 等. 1998. 花生矮化病毒株系致病力分化及其区域分布. 中国油料作物学报, 20(3): 77-81.

陈瑞泰. 1997. 台湾省烟草病毒病害简要综述. 中国烟草科学, 18(1): 29-33.

陈晓岚. 2016. 苦苣菜黄网病毒基因组末端顺式作用元件突变分析. 杭州: 浙江大学硕士学位论文.

陈远超. 2014. 湖南小西葫芦黄花叶病毒的检测及株系进化分析. 长沙: 湖南农业大学硕士学位论文.

陈浙, 宋革, 周雪平, 等. 2016. 西瓜花叶病毒(WMV)单克隆抗体的制备及其应用. 中国农业科学, 49(14): 2711-2724.

崔晓燕, 魏太云, 陈新. 2012. 马铃薯 Y 病毒属病毒的细胞生物学研究进展. 中国农业科学, 45(7): 1293-1302.

崔燕华. 2011. 新疆加工番茄顶端黄化病因分析及马铃薯 M 病毒的鉴定. 石河子: 石河子大学硕士学位论文.

代欢欢, 陈舜胜, 杨翠云, 等. 2011. 花生矮化病毒 3 种 PCR 检测方法的建立和比较. 上海交通大学学报(农业科学版), 29(3): 57-61.

丁广洲, 李永刚, 赵春雷, 等. 2015. 我国甜菜花叶病毒基因与马铃薯 Y 病毒属其它家族序列的比较与分析. 中国糖料, 37(6): 1-4.
龚殿. 2012. 辣椒环斑病毒(chilli ringspot virus)全基因组克隆及序列分析. 海口: 海南大学硕士学位论文.
公政, 王莹. 2016. 西瓜花叶病毒 RT-LAMP 检测方法的建立. 贵州农业科学, 44(12): 63-67.
郭兴启, 李向东, 朱汉城, 等. 2000. 马铃薯 Y 病毒(PVY)的侵染对烟草叶片光合作用的影响. 植物病理学报, 30(1): 94-95.
韩盛, 韩成贵, 玉山江·麦麦提, 等. 2016. 新疆吐鲁番地区三种甜瓜病毒病的发生与分子鉴定. 新疆农业科学, 53(10): 1829-1842.
洪健, 陈集双, 周雪平, 等. 1999. 植物病毒的电镜诊断. 电子显微学报, 18(3): 274-289.
洪健, 李德葆, 周雪平. 2001. 植物病毒分类图谱. 北京: 科学出版社: 1-245.
洪健, 王卫兵, 周雪平. 2005. 蚕豆萎蔫病毒感染豌豆叶细胞后引起的线粒体增生和聚集. 实验生物学报, 38(6): 527-535.
洪健, 徐颖, 黎军英, 等. 2002. 芜菁花叶病毒(TuMV)侵染对寄主植物光合作用的影响. 电子显微学报, 21(2): 110-113.
洪健, 周雪平. 2014. ICTV 第九次报告以来的植物病毒分类系统. 植物病理学报, 44(6): 561-572.
胡新喜, 何长征, 熊兴耀, 等. 2009. 马铃薯 Y 病毒研究进展. 中国马铃薯, 23(5): 293-300.
贾娟. 2013. LSV 感染百合生理生化检测及病理学观察. 大连: 大连理工大学硕士学位论文.
金圣塔. 2011. 一株番茄不孕病毒全基因组序列与侵染性克隆研究. 杭州: 浙江理工大学硕士学位论文.
兰玉菲, 刘金亮, 高瑞. 2007. 烟草脉带花叶病毒 *cp* 基因的原核表达及抗血清制备. 植物病理学报, 37(5): 461-466.
李爱民, 薛林宝, 张永泰, 等. 2004. 黄瓜花叶病毒病防治策略研究进展. 长江蔬菜, (3): 38-42.
李凡, 林奇英, 陈海如, 等. 2006. 幽影病毒属病毒的研究现状与展望. 微生物学报, 46: 1033-1037.
李凤梅, 崔崇士, 张耀伟. 2002. 西瓜花叶病毒的研究进展. 东北农业大学学报, 33(4): 407-411.
李浩戈, 吴元华. 1999. 马铃薯 Y 病毒的 RT-PCR 检测. 沈阳农业大学学报, 30(3): 244-246.
李守丽, 石雷, 张金政, 等. 2006. 百合育种研究进展. 园艺学报, 33(1): 203-210.
李向东, 李怀方, 范在丰. 1999. 马铃薯 Y 病毒属病毒的分子生物学研究进展. 微生物学通报, 26(4): 283-285.
李向东, 于晓庆, 古勤生, 等. 2006. 马铃薯 Y 病毒属病毒基因功能研究进展. 山东科学, 19(3): 1-6.
梁洁, 王健华, 章绍延, 等. 2015. 甜椒脉斑驳病毒(PVMV)在海南的发现与检测. 热带作物学报, 36(5): 966-971.
林林. 2009. 胡葱黄条病毒陕西洋葱分离物分子生物学研究. 咸阳: 西北农林科技大学博士学位论文.
刘洪义, 辛言言, 刘忠梅, 等. 2015. 马铃薯 A 病毒 RT-LAMP 检测方法的建立. 中国农学通报, 31(11): 143-147.
刘佳, 黄丛林, 吴忠义, 等. 2010. 环介导等温扩增技术检测菊花中番茄不孕病毒. 中国农业科学, 43(6): 1288-1294.
刘健, 张德咏, 张松柏, 等. 2016. 湖南和福建辣椒上辣椒脉斑驳病毒的检测及系统发育分析. 江苏农业科学, 44(5): 184-185.
刘双清. 2008. 大麦黄矮病毒三种株系的特异性检测及株系的群体遗传变异. 长沙: 湖南农业大学硕士学位论文.

刘媛媛. 2009. 黄瓜花叶病毒和花生斑驳病毒分子变异分析. 泰安: 山东农业大学硕士学位论文.
刘媛媛, 侯珊珊, 常文程, 等. 2010. 花生斑驳病毒青岛分离物 *cp* 基因序列克隆与分析. 植物病理学报, 40(6): 647-650.
鲁宇文. 2006. 侵染大蒜的线状植物病毒的外壳蛋白基因原核表达、抗血清制备及检测应用. 杭州: 浙江大学硕士学位论文.
陆建英, 杨晓明. 2013. 豌豆种传花叶病毒病研究综述. 甘肃农业科技, (9): 50-53.
马德芳, 邱并生, 田波, 等. 1983. 侵染菜豆的番茄不孕病毒的研究简报. 植物保护学报, (3): 215-217.
孟清, 杨永嘉. 1994. 甘薯羽状斑驳病毒的分离与提纯. 植物病理学报, (3): 227-232.
孟清, 张鹤龄. 1987. 马铃薯卷叶病毒的提纯. 病毒学报, (2): 151-155.
孟清, 张鹤龄. 1995. 甘薯病毒研究进展. 中国病毒学, (2): 97-103.
沈加丽, 龚祖埙. 1997. 弹状病毒研究的新进展: Ⅰ.病毒的基因结构. 中国病毒学, 12(2): 103-111.
沈加丽, 龚祖埙. 1998. 弹状病毒研究的新进展: Ⅱ.病毒的结构蛋白, 转录, 复制和核衣壳化的研究. 中国病毒学, 13(4): 281-291.
沈良, 崔瑾, 夏妍, 等. 2014. 一种新发现的侵染绿豆的菜豆普通花叶病毒分子鉴定. 华北农学报, 29(4): 164-168.
施曼玲. 2005. 芜菁花叶病毒单克隆抗体制备及病毒基因组变异研究. 杭州: 浙江大学博士学位论文.
谭钟, 闻伟刚, 张吉红, 等. 2009. 番茄不孕病毒实时荧光 RT-PCR 检测方法研究. 安徽农业大学学报, 36(4): 655-658.
汤亚飞, 何自福, 佘小漫, 等. 2016a. 一种检测辣椒环斑病毒的 RT-LAMP 引物和试剂盒及方法: CN201610380654.0.
汤亚飞, 何自福, 佘小漫, 等. 2016b. 辣椒黄脉病毒 RT-LAMP 快速检测方法的建立. 植物保护, 42(6): 100-104.
唐前君, 戴良英, 刘湘宁, 等. 2016. 检测辣椒环斑病毒的 RT-PCR 引物对及方法: CN201610006204.5.
王达新, 王健华, 赵焕阁, 等. 2007. 辣椒叶脉斑驳病毒研究进展. 华南热带农业大学学报, 13(2): 32-36.
王红艳. 2008. 芜菁花叶病毒与烟草脉带花叶病毒全基因组序列测定及分析. 泰安: 山东农业大学硕士学位论文.
王建光, 陈海如, 苏云松, 等. 2009. 云南鬼针草上发现鬼针草斑驳病毒. 中国农业科学, 42(5): 1849-1853.
王健华, 章绍延, 龚殿, 等. 2012. 辣椒环斑病毒分子检测方法的建立及应用. 热带作物学报, 33(2): 342-345.
王杰. 2005. 干种子中大豆花叶病毒(SMV)和菜豆普通花叶病毒(BCMV)的分子检测技术研究. 咸阳: 西北农林科技大学硕士学位论文.
王靖惠. 2016. 中国马铃薯S病毒安第斯和普通株系的RT-PCR分型及分子和病理学鉴定. 北京: 中国农业大学硕士学位论文.
王丽, 王振东, 乔奇, 等. 2013. 甘薯羽状斑驳病毒实时荧光定量 PCR 检测方法的建立. 沈阳农业大学学报, 44(2): 129-135.
王丽, 郑毅, 卞桂杰. 2011. 甜菜黄化病毒病的研究进展. 中国糖料, (2): 52-54.
王威麟, 张昊, 于祥泉, 等. 2010. 侵染西瓜的 5 种病毒 ZYMV, WMV, TMV, SqMV 和 CMV 的多重

RT-PCR 检测体系的建立与检测应用. 植物病理学报, 40(1): 27-32.
韦传宝, 姚厚军, 杨宇, 等. 2011. 侵染浙贝母的百合斑驳病毒 *cp* 基因的原核表达及抗血清制备. 中药材, 34(8): 1182-1186.
魏梅生, 尤佳, 马洁, 等. 2014. 莴苣花叶病毒胶体金免疫层析试纸条的研制. 黑龙江农业科学, (11): 74-77.
吴丽萍. 2006. 马铃薯两种病毒的 RT-PCR 和 ELISA 检测技术的研究. 兰州: 甘肃农业大学硕士学位论文.
吴兴泉, 时妍, 杨庆东. 2011. 我国马铃薯病毒的种类及脱毒种薯生产过程中病毒的检测. 中国马铃薯, 25(6): 363-366.
吴洋, 刘莉铭, 彭斌, 等. 2017. 新疆、甘肃和河南部分地区甜瓜瓜类蚜传黄化病毒分子变异初步分析. 园艺学报, 44(44): 777-783.
吴育鹏. 2010. 辣椒脉斑驳病毒文昌分离物全基因组序列分析和抗血清的制备. 海口: 海南大学硕士学位论文.
吴云峰, 魏宁生. 1995. 马铃薯 Y 病毒组两病毒辅助成分的纯化及其传毒专化性的研究. 中国病毒学, 10(3): 269-270.
武占敏. 2011. 烟草种质资源对蚀纹病及脉斑病的田间抗病性研究. 咸阳: 西北农林科技大学硕士学位论文.
肖洋. 2010. 花生矮化病毒病抗性的遗传分析及抗性分子标记研究. 北京: 中国农业科学院硕士学位论文.
徐慧民, 韦石泉. 1986. 侵染长豇豆的虹豆蚜传花叶病毒的鉴定. 病毒学报, 2(4): 329-334.
许泽永, 陈坤荣. 2008. 油料作物病毒和病毒病. 北京: 化学工业出版社: 1-315.
许泽永, 张宗义, 陈坤荣, 等. 1992. 花生矮化病毒株系寄主反应及对花生致病力研究. 中国油料作物学报, (4): 25-29.
杨崇良, 路兴波, 王升吉, 等. 2001. 甘薯羽状斑驳病毒(SPFMV)生物学性状研究. 山东农业科学, (1): 26-29.
姚彦垚. 2013. 湖北省烟草蚀纹病毒病调查及毒源检测. 武汉: 华中农业大学硕士学位论文.
余澍琼, 陈先锋, 张吉红, 等. 2014. 百合无症病毒实时荧光 RT-PCR 检测方法的建立. 浙江农业学报, 26(1): 127-130.
张鹤龄, 郭素华, 张秀华, 等. 1981. 马铃薯种薯生产的研究. 微生物学报, 21(2): 208-213.
张鹤龄. 1996. 马铃薯卷叶病毒(PLRV)基因组研究进展. 中国病毒学, (1): 1-8.
张建新. 2007. 西瓜花叶病毒基因组全序列分析及其蚜虫体内受体蛋白的分离与鉴定. 咸阳: 西北农林科技大学博士学位论文.
张威, 张匀华, 李学湛, 等. 2008. 应用 RT-PCR 分子检测技术快速检测大蒜普通潜隐病毒. 植物保护, 34(1): 133-137.
张维. 2013. 马铃薯 A 病毒湖南分离物株系鉴定. 长沙: 湖南农业大学硕士学位论文.
张振甲, 王德亚, 于成明, 等. 2016. 2 种类型的烟草扭脉病毒外壳蛋白基因的序列和结构分析. 植物病理学报, 46(2): 241-246.
张宗义, 陈坤荣, 许泽永, 等. 1998. 刺槐上分离的花生矮化病毒的研究. 中国病理学, 13(3): 271-274.
章绍延, 王健华, 谭老喜, 等. 2013. 辣椒环斑病毒提纯及抗血清制备. 热带作物学报, 34(3): 534-537.
赵玖华, 尚佑芬, 杨崇良, 等. 2000. RT-PCR 技术检测大豆花叶病毒的研究. 山东农业科学, (4): 34-35.

郑国华, 明艳林. 2005. 分子检测韭葱黄条病毒的研究. 植物病理学报, 35(6): 105-107.
郑红英, 陈炯, 侯明生, 等. 2002. 菜豆普通花叶病毒研究进展. 浙江农业学报, 14(1): 55-60.
郑红英, 史雨红, 陈炯, 等. 2006. 一个侵染山东大葱的胡葱黄条病毒分离物的鉴定. 病毒学报, 22(1): 50-53.
郑耘, 陈富华, 洪崇高, 等. 2005. 从进境的唐菖蒲中检出菜豆黄花叶病毒. 植物检疫, 19(6): 357-359.
周雪平, 李德葆. 1996. 蚕豆萎蔫病毒纯化和病毒蛋白质及 RNA 组份分析. 病毒学报, 12(4): 367-373.
周雪平, 濮祖芹. 1991. 侵染豌豆的莴苣花叶病毒(LMV)研究. 江苏农业学报, 7(2): 44-47.
周雪平, 戚益军, 李凡, 等. 2001. 蚕豆萎蔫病毒 2 中国分离物全基因组结构及可能的基因表达方式. 生物化学与生物物理学报(英文), 33(1): 44-52.
祝富祥. 2016. 芜菁花叶病毒的分子变异及其 P3 蛋白在病毒与寄主互作中的功能研究. 长春: 吉林大学硕士学位论文.
祝雯. 2001. 马铃薯 Y 病毒的核酸点杂交检测试剂盒的研制. 福州: 福建农林大学硕士学位论文.
邹承武, 蒙姣荣, 韦本辉, 等. 2012. 利用深度测序技术鉴定淮山药病毒病新病原//中国植物病理学会 2012 年学术年会论文集: 225.
Abo El-Nil M M, Zettler F W, Hiebert E. 1977. Purification, serology and some physical properties of dasheen mosaic virus. Phytopathology, 77(12): 1445-1450.
Abraham A, Menzel W, Vetten H J, et al. 2011. Analysis of the tomato mild mottle virus genome indicates that it is the most divergent member of the genus *Ipomovirus* (family *Potyviridae*). Archives of Virology, 157(2): 353-357.
Abraham A D, Bencharki B, Torok V, et al. 2010. Two distinct *Nanovirus* species infecting faba bean in Morocco. Archives of Virology, 155(1): 37-46.
Abraham A D, Varrelmann M, Vetten H J. 2012. Three distinct Nanoviruses, one of which represents a new species, infect faba bean in Ethiopia. Plant Disease, 96(7): 1045-1053.
Adams A N, Hull R. 1972. Tobacco yellow vein, a virus dependent on assistor viruses for its transmission by aphids. Annals of Applied Biology, 71(2): 135-140.
Adams M J, Antoniw J F, Bar-Joseph M, et al. 2004. The new plant virus family *Flexiviridae* and assessment of molecular criteria for species demarcation. Archives of Virology, 149(8): 1045-1060.
Adams M J, Antoniw J F, Beaudoin F. 2005. Overview and analysis of the polyprotein cleavage sites in the family *Potyviridae*. Molecular Plant Pathology, 6(4): 471-487.
Agranovsky A A. 1996. Principles of molecular organization, expression, and evolution of closteroviruses: over the barriers. Advances in Virus Research, 47(2): 119-158.
Agranovsky A A, Boyko V P, Karasev A V, et al. 1991a. Nucleotide sequence of the 3′-terminal half of beet yellows closterovirus RNA genome: unique arrangement of eight virus genes. Journal of General Virology, 72(1): 15.
Agranovsky A A, Boyko V P, Karasev A V, et al. 1991b. Putative 65kDa protein of beet yellows closterovirus is a homologue of HSP70 heat shock proteins. Journal of Molecular Biology, 217(4): 603-610.
Agranovsky A A, Folimonov A S, Syu F, et al. 1998. Beet yellows closterovirus HSP70-like protein mediates the cell-to-cell movement of a potexvirus transport-deficient mutant and a hordeivirus-based chimeric

virus. Journal of General Virology, 79 (4) : 889.

Agranovsky A A, Folimonova S Y, Folimonov A S, et al. 1997. The beet yellows closterovirus p65 homologue of HSP70 chaperones has ATPase activity associated with its conserved N-terminal domain but does not interact with unfolded protein chains. Journal of General Virology, 78 (3) : 535-542.

Agranovsky A A, Koonin E V, Boyko V P, et al. 1994. Beet yellows closterovirus: complete genome structure and identification of a leader papain-like thiol protease. Virology, 198 (1) : 311-324.

Agranovsky A A, Lesemann D E, Maiss E, et al. 1995. "Rattlesnake" structure of a filamentous plant RNA virus built of two capsid proteins. Proceedings of the National Academy of Sciences of the United States of America, 92 (7) : 2470-2473.

Ahmed A A, Soliman A M, Waziri H M, et al. 2012. Occurrence of carrot virus Y *Potyvirus* in Egypt. Egyptian Journal of Virology, (9) : 60-79.

Alabi O J, Al Rwahnih M, Jifon J L, et al. 2015. First report of pepper vein yellows virus infecting pepper (*Capsicum* spp.) in the United States. Plant Disease, 99: 1656.

Alegbejo M D, Abo M E. 2002. Ecology, epidemiology and control of pepper veinal mottle virus (PVMV), genus *Potyvirus*, in West Africa. Journal of Sustainable Agriculture, 20 (2) : 5-16.

Alfaro-Fernández A, El Shafie E E, Ali M A, et al. 2014. First report of pepper vein yellows virus infecting hot pepper in Sudan. Plant Disease, 98 (10) : 1446.

Aronson M N, Complainville A, Clérot D, et al. 2002. In planta protein-protein interactions assessed using a nanovirus-based replication and expression system. Plant Journal, 31 (6) : 767-775.

Ashby J W, Bos L, Huijberts N. 1979. Yellows of lettuce and some other vegetable crops in the Netherlands caused by beet western yellows virus. Netherlands Journal of Plant Pathology, 85 (3) : 99-111.

Ashby J W, Huttinga H. 1979. Purification and some properties of pea leaf roll virus. Netherlands Journal of Plant Pathology, 85 (3) : 113-123.

Ashoub A, Rhode W, Pruefer D. 1998. In planta transcription of a second subgenomic RNA increases the complexity of the subgroup 2 luteovirus genome. Nucleic Acids Research, 26 (2) : 420-426.

Asjes C J, Blom B G J, Schadewijk A R V. 2002. Effect of seasonal detection of lily symptomless virus and lily mottle virus on aphid-borne virus spread in *Lilium* in the Netherlands. Acta Horticulturae, 568 (568) : 201-207.

Asjes C J, des Vos N P D, Slogteren D H M V. 1973. Brown ring formation and streak mottle, two distinct syndromes in lilies associated with complex infections of lily symptomless virus and tulip breaking virus. Netherlands Journal of Plant Pathology, 79 (1) : 23-35.

Atchison B A, Francki R I B, Crowley N C. 1969. Inactivation of lettuce necrotic yellows by chelating agents. Virology, 37 (3) : 396-403.

Badge J, Brunt A, Carson R, et al. 1996. A Carlavirus-specific PCR primer and partial nucleotide sequence provides further evidence for the recognition of cowpea mild mottle virus as a whitefly-transmitted *Carlavirus*. European Journal of Plant Pathology, 102 (3) : 305-310.

Badge J, Robinson D J, Brunt A A, et al. 1997. 3′-Terminal sequences of the RNA genomes of narcissus latent and Maclura mosaic viruses suggest that they represent a new genus of the *Potyviridae*. Journal of

General Virology, 78(1): 253-257.

Baker C A, Rosskopf E N, Irey M S, et al. 2008. Bidens mottle virus and apium virus Y identified in *Ammi majus* in Florida. Plant Disease, 92(6): 975.

Bar-Joseph M, Garnsey S M, Gonsalves D. 1979. The closteroviruses: a distinct group of elongated plant viruses. Advances in Virus Research, 25(25): 93-168.

Barjoseph M, Loebenstein G, Cohen J. 1972. Further purification and characterization of threadlike particles associated with the citrus tristeza disease. Virology, 50(3): 821-828.

Barrett A J, Rawlings N D, Woessner J F. 1998. The Handbook of Proteolytic Enzymes. London: Academic Press: 1-1666.

Barrollier J, Watzke E, Gibian H. 1958. Simple apparatus for support-free preparative filter electrophoresis. Zeitschrift Fur Naturforschung Section B-a Journal of Chemical Sciences, 13B: 754-755.

Bassi M, Favali M A, Conti G G. 1974. Cell wall protrusions induced by cauliflower mosaic virus in Chinese cabbage leaves: a cytochemical and autoradiographic study. Virology, 60(2): 353-358.

Behncken G M. 1983. A disease of chickpea caused by lettuce necrotic yellows virus. Australas Plant Pathol, 12(4): 64-65.

Bejerman N, Giolitti F, de Breuil S, et al. 2016. Complete genome sequence of a new enamovirus from Argentina infecting alfalfa plants showing dwarfism symptoms. Archives of Virology, 161(7): 2029-2032.

Bejerman N, Giolitti F, de Breuil S, et al. 2015. Complete genome sequence and integrated protein localization and interaction map for alfalfa dwarf virus, which combines properties of both cytoplasmic and nuclear plant rhabdoviruses. Virology, 483: 275-283.

Bejerman N, Nome C, Giolitti F, et al. 2011. First report of a rhabdovirus infecting alfalfa in Argentina. Plant Disease, 95(95): 771.

Belintani P, Gaspar J O, Targon M L P N, et al. 2002. Evidence supporting the recognition of cole latent virus as a distinct carlavirus. Journal of Phytopathology, 150(6): 330-333.

Bernal J J, Moriones E, Garcia-Arenal F. 1991. Evolutionary relationships in the cucumoviruses: nucleotide sequence of tomato aspermy virus RNA 1. Journal of General Virology, 72(9): 2191-2195.

Beuve M, Stevens M, Liu H Y, et al. 2008. Biological and molecular characterization of an American sugar beet-infecting beet western yellows virus isolate. Plant Disease, 92(1): 51-60.

Bjorling K, Nilsson B. 1966. Observation on host range and vector relations of beet mild yellowing virus. Socker, 21: 1-14.

Blencowe J W, Caldwell J. 1949. Aspermy, a new virus disease of the tomato. Annals of Applied Biology, 36(3): 320-326.

Bock K R. 1973. East African strains of cowpea aphid-borne mosaic virus. Annals of Applied Biology, 74(1): 75-83.

Boevink P, Chu P W, Keese P. 1995. Sequence of subterranean clover stunt virus DNA: affinities with the geminiviruses. Virology, 207(2): 354-361.

Bokx J A D, Cuperus C. 1987. Detection of potato virus Y in early-harvested potato tubers by cDNA hybridization and three modifications of ELISA. Eppo Bulletin, 17(1): 73-79.

Bokx J A D, Piron P G M. 1990. Relative efficiency of a number of aphid species in the transmission of potato virus YN in the Netherlands. Netherlands Journal of Plant Pathology, 96(4): 237-246.

Bol J F. 2005. Replication of alfamo- and ilarviruses: role of the coat protein. Annual Review of Phytopathology, 43: 39-62.

Bos L, Huijberts N, Huttinga H, et al. 1978. Leek yellow stripe virus and its relationship to onion yellow dwarf virus; characterization, ecology and possible control. Netherlands Journal of Plant Pathology, 84(5): 185-204.

Bos L, Maat D Z, Markov M. 1972. A biologically highly deviating strain of red clover vein mosaic virus, usually latent in pea (*Pisum sativum*), and its differentiation from pea streak virus. Netherlands Journal of Plant Pathology, 78(4): 125-152.

Bos L, Rubio-Huertos M. 1972. Light and electron microscopy of pea streak virus in crude sap and tissues of pea (*Pisum sativum*). Netherlands Journal of Plant Pathology, 78(6): 247-257.

Bouwen I, Vlugt R A A. 2000. Natural infection of *Alstroemeria brasiliensis* with lily mottle virus. Plant Disease, 84(1): 103.

Boyko V P, Karasev A V, Agranovsky A A, et al. 1992. Coat protein gene duplication in a filamentous RNA virus of plants. Proceedings of the National Academy of Sciences of the United States of America, 89(19): 9156-9160.

Brandes J, Bercks R. 1965. Gross morphology and serology as a basis for classification of elongated plant viruses. Advances in Virus Research, 11(11): 1-24.

Brattey C, Badge J L, Burns R, et al. 2002. Potato latent virus: a proposed new species in the genus *Carlavirus*. Plant Pathology, 51(4): 495-505.

Brunt A A. 1977. Some hosts and properties of narcissus latent virus, a carlavirus commonly infecting narcissus and bulbous iris. Annals of Applied Biology, 87(3): 355-364.

Brunt A A. 1992. The general properties of potyviruses. Archives of Virology, 5(9): 3-16.

Brunt A A, Atkey P T, Frost C, et al. 1994. Cytoplasmic inclusions induced by narcissus latent virus. Acta Horticulturae, 377: 275-280.

Brunt A A, Crabtree K, Dallwitz M J, et al. 1996. Viruses of Plants. Wallingford: CAB International.

Brunt A A, Kenten R H. 1971. Pepper veinal mottle virus—a new member of the potato virus Y group from peppers (*Capsicum annuum* L. and *C. frutescens* L.) in Ghana. Annals of Applied Biology, 69(3): 235-243.

Brunt A A, Kenten R H, Phillips S. 1978. Symptomatologically distinct strains of pepper veinal mottle virus from four West African solanaceous crops. Annals of Applied Biology, 88(1): 115-119.

Burns T M, Harding R M, Dale J L. 1995. The genome organization of banana bunchy top virus: analysis of six ssDNA components. Journal of General Virology, 76(6): 1471-1482.

Buzkan N, Arpaci B B, Simon V, et al. 2013. High prevalence of poleroviruses in field-grown pepper in Turkey and Tunisia. Archives of Virology, 158(4): 881-885.

Carpenter J M, Kassanis B, White R F. 1977. The protein and nucleic acid of beet yellows virus. Virology,

77(1): 101-109.

Cavileer T D, Halpern B T, Lawrence D M, et al. 1994. Nucleotide sequence of the carlavirus associated with blueberry scorch and similar diseases. Journal of General Virology, 75(4): 711-720.

Chalfant R B, Chapman K R. 1962. Transmission of cabbage viruses A and B by the cabbage aphid and the green peach aphid. Journal of Experimental Botany, 55(55): 584-590.

Chang C A, Chen C C, Hsu H T. 2002. Partial characterization of two potyviruses associated with golden spider lily severe mosaic disease. Acta Horticulturae, 568(568): 127-134.

Chen J, Chen J P, Adams M J. 2002. Characterisation of some carla-and potyviruses from bulb crops in China. Archives of Virology, 147(2): 419-428.

Chen J, Chen J P, Chen J S, et al. 2001. Molecular characterisation of an isolate of dasheen mosaic virus from *Zantedeschia aethiopica* in China and comparisons in the genus *Potyvirus*. Archives of Virology, 146(9): 1821-1829.

Chevallier D, Engel A, Wurtz M, et al. 1983. structure and characterization of a closterovirus, beet yellows virus, and a luteovirus, beet mild yellowing virus, by scanning transmission electron microscopy, optical diffraction of electron images and acrylamide gel electrophoresis. Journal of General Virology, 64(10): 2289-2293.

Chin W T. 1972. Tobacco vein-banding mosaic virus. Taiwan Plant Protection Bulletin, 14(3): 116-124.

Chin W T. 1980. Relation of aphid populations on field spread of tobacco vein-banding mosaic virus in Taichung. Bulletin of the Tobacco Research Institute Taiwan Tobacco & Wine Monopoly Bureau, 12: 57-63.

Choi S K, Yoon J Y, Choi G S. 2015. Biological and molecular characterization of a Korean isolate of cucurbit aphid-borne yellows virus infecting *Cucumis* species in Korea. Plant Pathology Journal, 31(4): 371-378.

Chu P W G, Helms K. 1988. Novel virus-like particles containing circular single-stranded DNA associated with subterranean clover stunt disease. Virology, 167(1): 38-49.

Chung B Y W, Miller W A, Atkins J F, et al. 2008. An overlapping essential gene in the *Potyviridae*. Proceedings of the National Academy of Sciences of the United States of America, 105(15): 5897-5902.

Cockbain A J, Gibbs A J. 1973. Host range and overwintering sources of bean leaf roll and pea enation mosaic viruses in England. Annals of Applied Biology, 73: 177-187.

Crowley N C. 1967. Factors affecting the local lesion response of *Nicotiana glutinosa* to lettuce necrotic yellows virus. Virology, 31(1): 107-113.

Crowley N C, Harrison B D, Francki R L B. 1965. Partial purification of lettuce necrotic yellows virus. Virology, 26(2): 290-296.

D'Arcy C J, Burnett P A. 1995. Barley Yellow Dwarf Virus: 40 Years of Progress. Minnesota: APS Press.

D'Arcy C J, Martin R R, Spiegel S. 1989. A comparative study of luteovirus purification methods. Canadian Journal of Plant Pathology, 11(3): 251-255.

Damsteegt V D, Stone A L, Smith O P, et al. 2013. A previously undescribed potyvirus isolated and characterized from arborescent *Brugmansia*. Archives of Virology, 158(6): 1235-1244.

De M S, Cupertino F P, Kitajima E W, et al. 1987. Biological properties and electron microscopy of cole latent virus. Fitopatologia Brasileira, 12(4): 353-360.

de Miranda J R, Stevens M, de Bruyne E, et al. 1995. Sequence comparison and classification of beet luteovirus isolates. Archives of Virology, 140(12): 2183-2200.

Dekker E L, Derks A F, Asjes C J, et al. 1993. Characterization of potyviruses from tulip and lily which cause flower-breaking. Journal of General Virology, 74(5): 881-887.

Demler S A, Borkhsenious O N, Rucker D G, et al. 1994. Assessment of the autonomy of replicative and structural functions encoded by the luteo-phase of pea enation mosaic virus. Journal of General Virology, 75(5): 997-1007.

Demler S A, Zoeten G A D, Adam G, et al. 1996. Pea enation mosaic enamovirus: properties and aphid transmission // Harrison B D, Murant A F. Polyhedral Virions and Bipartite RNA Genomes. New York: Springer: 303-344.

Diaz-Ruiz J R, Kaper J M. 1983. Nucleotide sequence relationships among thirty peanut stunt virus isolates determined by competition hybridization. Archives of Virology, 75(4): 277-281.

Ding S W, Shi B J, Li W X, et al. 1996. An interspecies hybrid RNA virus is significantly more virulent than either parental virus. Proceedings of the National Academy of Sciences of the United States of America, 93(15): 7470-7474.

Dixon A F G. 1998. Aphid Ecology—An Optimization Approach. 2nd. London: Springer: 1-316.

Dolja V V, Karasev A V, Koonin E V. 1994. Molecular biology and evolution of closteroviruses: sophisticated build-up of large RNA genomes. Annu Rev Phytopathol, 32(1): 261-285.

Dougherty W G, Carrington J C. 2003. Expression and function of potyviral gene products. Annual Review of Phytopathology, 26(26): 123-143.

Dougherty W G, Hiebertt E. 1980. Translation of potyvirus, RNA in a rabbit reticulocyte lysate: reaction conditions and identification of capsid protein as one of the products of *in vitro* translation of tobacco etch and pepper mottle viral RNAs. Virology, 101(2): 466-474.

Douine L, Quiot J B, Marchoux G, et al. 1979. Revised list of plant species susceptible to cucumber mosaic virus (CMV). Bibliographic study. Annales de Phytopathologie, 11: 439-475.

Drijfhout E, Silbernagel M J, Burke D W. 1978. Differentiation of strains of bean common mosaic virus. Netherlands Journal of Plant Pathology, 84(1): 13-25.

Duffus J E. 1964. Host relationship of beet western yellows virus strains. Phytopathology, 54(6): 736-768.

Duffus J E. 1972. Beet yellow stunt, a potentially destructive virus disease of sugar beet and lettuce. Phytopathology, 62(1): 161-165.

Duffus J E. 1973. The yellowing viruses of beet. Advances in Virus Research, 18: 347-386.

Duffus J E, Russell G E. 1969. Sowthistle yellow vein virus in England. Plant Pathol, 18: 144.

Eastwell K C, Glass J R, Seymour L M, et al. 2008. First report of infection of poison hemlock and celery by apium virus Y in Washington State. Plant Disease, 92(12): 1710.

Edwardson J R. 1974. Some Properties of the Potato Virus Y-group. Monograph Series 4. Florida: Florida

Agriculture Experiment Stations: 1-398.

Edwardson J R, Christie R G. 1984. Potyvirus cylindrical inclusion subdivision 4. Phytopathology, 74(9): 1111-1114.

Edwardson J R, Christie R G. 1997. Viruses Infecting Peppers and Other Solanaceous Crops. Volume 2. Florida: Florida Agricultural Experiment Station: 1-336.

Elbeshehy E K, Elazzazy A M, Aggelis G. 2015. Silver nanoparticles synthesis mediated by new isolates of *Bacillus* spp., nanoparticle characterization and their activity against bean yellow mosaic virus and human pathogens. Frontiers in Microbiology, 6(6): 453.

Erokhina T N, Zinovkin R A, Vitushkina M V, et al. 2000. Detection of beet yellows closterovirus methyltransferase-like and helicase-like proteins *in vivo* using monoclonal antibodies. Journal of General Virology, 81(3): 597-603.

Esau K. 1979. Beet yellow stunt virus in cells of *Sonchus oleraceus* L. and its relation to host mitochondria. Virology, 98(1): 1-8.

Esau K, Hoefert L L. 1971. Cytology of beet yellows virus infection in Tetragonia. Protoplasma, 72(2-3): 459-476.

Esau K, Hoefert L L. 1981. Beet yellow stunt virus in the phloem of *Sonchus oleraceus* L. Journal of Ultrastructure Research, 75(3): 326-338.

Favali M A, Bassi M, Conti G G. 1973. A quantitative autoradiographic study of intracellular sites for replication of cauliflower mosaic virus. Virology, 53(1): 115-119.

Ferreira S A, Trujillo E E, Ogata D Y. 1997. Banana Bunchy Top Virus. College of Tropical Agriculture & Human Resources University of Hawaii at Manoa (CTAHR). Available online: www.ctahr.hawaii.edu/oc/freepubs/pdf/PD-12.pdf [2016-10-22].

Foster G D. 1992. The structure and expression of the genome of carlaviruses. Research in Virology, 143: 103-112.

Foster G D, Mills P R. 1990. Evidence for the role of subgenomic RNAs in the production of potato virus S coat protein during *in vitro* translation. Journal of General Virology, 71(5): 1247-1249.

Foster G D, Mills P R. 1991. Evidence for subgenomic RNAs in leaves infected with an Andean strain of potato virus S. Acta Virologica, 35(3): 260-267.

Foster G D, Mills P R. 1992. Translation of potato virus S RNA *in vitro*: evidence of protein processing. Virus Genes, 6(1): 47-52.

Francki R I B, Milne R G, Hatta T. 1985. Atlas of Plant Viruses Vol. 1. Florida: CRC Press: 73-100.

Franz A, Makkouk K M, Vetten H J. 1997. Host range of faba bean necrotic yellows virus and potential yield loss in infected faba bean. Phytopathologia Mediterranea, 36(2): 94-103.

Franz A, Makkouk K M, Vetten H J. 1998. Acquisition, retention and transmission of faba bean necrotic yellows virus by two of its aphid vectors, *Aphis craccivora* (Koch) and *Acyrthosiphon pisum* (Harris). Journal of Phytopathology, 146(7): 347-355.

Fribourg C E, Zoeten G A D. 1970. Antiserum preparation and partial purification of potato virus A. Phytopathology, 60(10): 1415-1421.

Frowd J A, Tomlinson J A. 1972. The isolation and identification of parsley viruses occurring in Britain. Annals of Applied Biology, 72(2): 177-188.

Fu H C, Hu J M, Hung T H, et al. 2009. Unusual events involved in banana bunchy top virus strain evolution. Phytopatholog, 99(7): 812-822.

Fuchs E, Opel H, Hartleb H. 1979. Nachweisverfahren für das Nekrotische Rübenvergilbungs-Virus (beet yellows virus) -Vergleichende Untersuchungen an *Beta vulgaris* L. var. *altissima* Doell. aus dem Freiland und dem Gewächshaus. Archiv Für Pflanzenschutz, 15(2): 73-80.

Fuentes S, Mayo M A, Jolly C A, et al. 1996. A novel Luteovirus from sweet potato, sweet potato leaf speckling virus. The Annals of Applied Biology, 128(3): 491-504.

Fukumoto F, Tochihara H. 1978. Chinese yam necrotic mosaic virus. Annals of the Phytopathological Society of Japan, 44(1): 1-5.

Gaafar Y, Grausgruber-Groger S, Ziebell H. 2016. *Vicia faba*, *V. sativa* and *Lens culinaris* as new hosts for pea necrotic yellow dwarf virus in Germany and Austria. New Disease Reports, 34: 28.

Gaafar Y, Timchenko T, Ziebell H. 2017. First report of pea necrotic yellow dwarf virus in the Netherlands. New Disease Reports, 35: 23.

Gal-On A. 2007. Zucchini yellow mosaic virus: insect transmission and pathogenicity-the tails of two proteins. Molecular Plant Pathology, 8(2): 139-150.

García-Arenal F, Palukaitis P. 1999. Structure and functional relationships of satellite RNAs of cucumber mosaic virus. Current Topics in Microbiology & Immunology, 239(239): 37-63.

Gardner R C, Shepherd R J. 1980. A procedure for rapid isolation and analysis of cauliflower mosaic virus DNA. Virology, 106(1): 159-161.

Gardner W. 1973. Representation and estimation of cyclostationary processes (Ph. D. Thesis abstr.). IEEE Transactions on Information Theory, 19(3): 376.

Gergerich R C, Scott H A. 1996. Comoviruses: transmission, epidemiology, and control//Harrison B D, Murant A F. The Plant Viruses (Vol.5). New York: Springer: 77-98.

Ghosh A, Das A, Vijayanandraj S, et al. 2015. Cardamom bushy dwarf virus infection in large cardamom alters plant selection preference, life stages, and fecundity of aphid vector, *Micromyzus kalimpongensis* (Hemiptera: Aphididae). Environ Entomol, 45(1): 178-184.

Giband M, Stoeckel M E, Lebeurier G. 1984. Use of the immuno-gold technique for *in situ* localization of cauliflower mosaic virus (CaMV) particles and the major protein of the inclusion bodies. Journal of Virological Methods, 9: 277-281.

Gonsalves D, Trujillo E, Hoch H C. 1986. Purification and some properties of a virus associated with cardamom mosaic, a new member of potyvirus group. Plant Disease, 70(1): 65-69.

Gooding G V, Tsakiridis J P. 1971. Sodium azide as a protectant of serological activity of plant viruses. Phytopathology, 61(8): 943-944.

Gorsane F, Fakhfakh H, Tourneur C, et al. 2001. Nucleotide sequence comparison of the 3′ terminal region of the genome of pepper veinal mottle virus isolates from Tunisia and Ivory Coast. Archives of Virology, 146: 611-618.

Goth R W, Ellis P J, De Villiers G, et al. 1999. Characteristics and distribution of potato latent carlavirus (red la soda virus) in North America. Plant Disease, 83 (8) : 751-753.

Govier D A. 1987. Purification and partial characterisation of beet mild yellowing virus and its serological detection in plants and aphids. Annals of Applied Biology, 107 (3) : 439-447.

Gray S, Gildow F E. 2003. Luteovirus-aphid interactions. Annu Review of Phytopathol, 41 (41) : 539-566.

Green S K, Hiskias Y, Lesemann D E, et al. 1999. Characterization of chilli veinal mottle virus as a potyvirus distinct from pepper veinal mottle virus. Petria, 9: 332.

Grigoras I, Ginzo A I, Martin D P, et al. 2014. Genome diversity and evidence of recombination and reassortment in nanoviruses from Europe. Journal of General Virology, 95 (5) : 1178-1191.

Grigoras I, Gronenborn B, Vetten H J. 2010. First report of a nanovirus disease of pea in Germany. Plant Disease, 94 (5) : 642.

Grigoras I, Timchenko T, Katul L, et al. 2009. Reconstitution of authentic nanovirus from multiple cloned DNAs. Journal of Virology, 83 (20) : 10778-10787.

Gronenborn B. 2004. Nanoviruses: genome organisation and protein function. Veterinary Microbiology, 98 (2) : 103-109.

Grylls N E, Butler F C. 1959. Subterranean clover stunt, a virus disease of pasture legumes. Australian Journal of Agricultural Research, 10 (2) : 145-159.

Guilfoyle T J. 1980. Transcription of the cauliflower mosaic virus genome in isolated nuclei from turnip leaves. Virology, 107 (1) : 71-80.

Guilley H, Wipfscheibel C, Richards K, et al. 1994. Nucleotide sequence of cucurbit aphid-borne yellows luteovirus. Virology, 202 (2) : 1012-1017.

Gungoosingh-Bunwaree A, Menzel W, Winter S, et al. 2009. First report of carrot red leaf virus and carrot mottle virus, causal agents of carrot motley dwarf, in carrot in Mauritius. Plant Disease, 93 (11) : 1218.

Gutierrez A P, Morgan D J, Havenstein D E. 1971. The ecology of *Aphis craccivora* Koch and SCSV. I. The phenology of aphid populations and the epidemiology of virus inpastures in South-East Australia. Journal of Applied Ecology, 8 (3) : 699-721.

Habili N, Francki R I. 1974. Comparative studies on tomato aspermy and cucumber mosaic viruses. I. Physical and chemical properties. Virology, 57: 392-401.

Hagedorn D J, Walker J C. 1954. Virus diseases of canning peas in Wisconsin. Res Bull Agric Exp Stn Univ Wis, 185: 1-31.

Halk E L, Robinson D J, Murant A F. 1979. Molecular weight of the infective RNA from leaves infected with carrot mottle virus. Journal of General Virology, 45 (2) : 383-388.

Hampton R O, Mink G I, Hamilton R I, et al. 1976. Occurrence of pea seed borne mosaic virus in North American pea breeding lines, and procedures for its elimination. Plant Disease Reporter, 60 (6) : 455-459.

Hampton R, Beczner L, Hagedorn D, et al. 1978. Host reactions of mechanically transmissible legume viruses of the Northern Temperate Zone. Phytopathology, 68 (7) : 989-997.

Harding R M, Burns T M, Dale J L. 1991. Virus-like particles associated with banana bunchy top disease contain small single-stranded DNA. Journal of General Virology, 72 (2) : 225-230.

Harding R M, Burns T M, Hafner G, et al. 1993. Nucleotide sequence of one component of the banana bunchy top virus genome contains a putative replicase gene. Journal of General Virology, 74(3): 323-328.

Harrington R, Gibson R W. 1989. Transmission of potato virus Y by aphids trapped in potato crops in southern England. Potato Research, 32(2): 167-174.

Hatta T, Francki R I. 1979. Enzyme cytochemical method for identification of cucumber mosaic virus particles in infected cells. Virology, 93(1): 265-268.

Hauser S, Stevens M, Beuve M, et al. 2002. Biological properties and molecular characterization of beet chlorosis virus (BChV). Archives of Virology, 147(4): 745-762.

He X H, Rao A, Creamer R. 1997. Characterization of beet yellows closterovirus-specific RNAs in infected plants and protoplasts. Phytopathology, 87(3): 347.

Hiebert E, McDonald J G. 1973. Characterization of some proteins associated with viruses in the potato Y group. Virology, 56(1): 349-361.

Hills G J, Campbell R N. 1968. Morphology of broccoli necrotic yellows virus. Journal of Ultrastructure Research, 24(1): 134-144.

Hoefert L L, Esau K, Düffus J E. 1970. Electron microscopy of beta leaves infected with beet yellow stunt virus. Virology, 42(4): 814-824.

Hollings M, Nariani T K. 1965. Some properties of clover yellow vein, a virus from *Trifolium repens* L. Annals of Applied Biology, 56(1): 99-109.

Howell W E, Mink G I. 1976. Host range, purification and properties of a flexuous rod shaped virus isolated from carrot. Phytopathology, 66(8): 949-953.

Howell W E, Mink G I. 1977. Role of aphids in the epidemiology of carrot virus diseases in central Washington. Plant Disease Reporter, 61(10): 841-844.

Howell W E, Mink G I. 1985. Properties of asparagus virus 1 isolated from Washington State asparagus. Plant Disease, 69(12): 1044-1046.

Hu J M, Fu H C, Lin C H, et al. 2007. Reassortment and concerted evolution in banana bunchy top virus genomes. Journal of Virology, 81(4): 1746-1761.

Hull R. 1969. Alfalfa mosaic virus. Advances in Virus Research, 15(15): 365-433.

Huttinga H. 1973. Properties of viruses of the potyvirus group. 1. A simple method to purify bean yellow mosaic virus, pea mosaic virus, lettuce mosaic virus and potato virus YN. Netherlands Journal of Plant Pathology, 79(4): 125-129.

Ikegami M, Kawashima H, Natsuaki T, et al. 1998. Complete nucleotide sequence of the genome organization of RNA2 of patchouli mild mosaic virus, a new fabavirus. Archives of Virology, 143(12): 2431-2434.

Iwaki M, Roechan M, Hibino H, et al. 1980. A persistent aphidborne virus of soybean, indonesian soybean dwarf virus. Plant Disease, 1980(11): 1027-1030.

Jackson A O. 1978. Partial characterization of the structural proteins of sonchus yellow netvirus. Virology, 87(1): 172-181.

Jackson A O, Christie S R. 1977. Purification and some physicochemical properties of sonchus yellow net virus. Virology, 77(1): 344-355.

Jackson A O, Dietzgen R G, Goodin M M, et al. 2005. Biology of plant rhabdoviruses. Annual Review of Phytopathology, 43 (1): 623-660.

Jay C N, Rossall S, Smith H G. 1999. Effects of beet western yellows virus on growth and yield of oilseed rape (*Brassica napus*). Journal of Agricultural Science, 133 (2): 131-139.

Johnstone G R, Ashby J W, Gibbs A J, et al. 1984. The host ranges, classification and identification of eight persistent aphid-transmitted viruses causing diseases in legumes. Netherlands Journal of Plant Pathology, 90 (6): 225-245.

Jones R A C, Smith L J, Gajda B E, et al. 2005. Further studies on carrot virus Y: hosts, symptomatology, search for resistance, and tests for seed transmissibility. Crop & Pasture Science, 56 (8): 859-868.

Jordan R, Hammond J. 1991. Comparison and differentiation of potyvirus isolates and identification of strain-, virus-, subgroup-specific and potyvirus group-common epitopes using monoclonal antibodies. Journal of General Virology, 72 (1): 25-36.

Kang D K, Kondo T, Shin J H, et al. 2003. Chinese yam necrotic mosaic virus isolated from Chinese yam in Korea. Research in Plant Disease, 9 (3): 107-115.

Karasev A V, Agranovsky A A, Rogov V V, et al. 1989. Virion RNA of beet yellows closterovirus: cell-free translation and some properties. Journal of General Virology, 70 (1): 241-245.

Karasev A V, Nikolaeva O V, Lee R F, et al. 1998. Characterization of the beet yellow stunt virus coat protein gene. Phytopathology, 88 (10): 1040-1045.

Karasev A V, Nikolaeva O V, Mushegian A R, et al. 1996. Organization of the 3′-terminal half of beet yellow stunt virus genome and implications for the evolution of closteroviruses. Virology, 221 (1): 199.

Kassanis B. 1955. Some properties of four viruses isolated from carnation plants. Annals of Applied Biology, 43 (1): 103-113.

Kassanis B, Carpenter J M, White R F, et al. 1977. Purification and some properties of beet yellow virus. Virology, 77 (1): 95-100.

Katul L, Vetten H J, Maiss E, et al. 1993. Characterisation and serology of virus-like particles associated with faba bean necrotic yellows. Annals of Applied Biology, 123 (3): 629-647.

Kennedy J S, Day M F, Eastop V F. 1962. A Conspectus of Aphids as Vectors of Plant Viruses. London: Commonwealth Institute of Entomology: 1-114.

King A M Q, Adams M J, Carstens E B, et al. 2012. Virus Taxonomy: Ninth Report of the International Committee on Taxonomy of Viruses. SanDiego: Elsevier Academic Press: 1-1327.

Klinkowski M, Schmelzer K. 1957. Beiträge zur Kenntnis des Virus der Tabak-Rippenbräune. Phytopathologische Zeitschrift, 28: 285-306.

Knesek J E, Mink G I, Hampton R O. 1974. Purification and properties of pea seed-borne mosaic virus. Phytopathology, 64 (8): 1076-1081.

Knierim D, Deng T C, Tsai W S, et al. 2010. Molecular identification of three distinct polerovirus species and a recombinant cucurbit aphid-borne yellows virus strain infecting cucurbit crops in Taiwan. Plant Pathology, 59 (5): 991-1002.

Kobayashi Y O, Kobayashi A, Hagiwara K, et al. 2005. Gentian mosaic virus: a new species in the genus

Fabavirus. Phytopathology, 95(2): 192-197.

Koh L H, Cooper J I, Wong S M. 2001. Complete sequences and phylogenetic analyses of a Singapore isolate of broad bean wilt fabavirus. Archives of Virology, 146(1): 135-147.

Koike S T, Liu H Y, Sears J, et al. 2012. Distribution, cultivar susceptibility, and epidemiology of apium virus Y on celery in coastal California. Plant Disease, 96(5): 612-617.

Kojima M, Tamada T. 1976. Purification and serology of soybean dwarf virus. Journal of Phytopathology, 85(3): 237-250.

Kondo T, Kogawa K, Ito K. 2015. Evaluation of cross protection by an attenuated strain of Chinese yam necrotic mosaic virus in Chinese yam. Journal of General Plant Pathology, 81(1): 42-48.

Kubo S, Takanami Y. 1979. Infection of tobacco mesophyll protoplasts with tobacco necrotic dwarf virus, a phloem-limited virus. Journal of General Virology, 42(2): 387-398.

Kuhn C W. 1965. Symptomatology, host range and effect on yield of a seed-transmitted peanut virus. Phytopathology, 55(8): 880-884.

Kuhn G B, Lin M T, Costa C L. 1980. Transmission, host range and symptoms of bidens mosaic virus. Fitopatologia Brasileira, 5: 39-50.

Kumar L I K, Murant A F, Robinson D J. 1991. A variant of the satellite RNA of groundnut rosette virus that induces brilliant yellow blotch mosaic symptoms in *Nicotiana benthamiana*. Annals of Applied Biology, 118(3): 555-564.

Kwak H R, Kim M K, Lee Y J, et al. 2013. Molecular characterization and variation of the broad bean wilt virus 2 isolates based on analyses of complete genome sequences. Plant Pathology Journal, 29(4): 397-409.

Kwon S J, Cho I S, Choi S K, et al. 2016. Complete sequence analysis of a Korean isolate of Chinese yam necrotic mosaic virus and generation of the virus specific primers for molecular detection. Research in Plant Disease, 22(3): 194-197.

Kwon S J, Tan S H, Vidalakis G. 2014. Complete nucleotide sequence and genome organization of an endornavirus from bottle gourd (*Lagenaria siceraria*) in California, U.S.A. Virus Genes, 49(1): 163-168.

Lageix S, Catrice O, Deragon J M, et al. 2007. The nanovirus-encoded clink protein affects plant cell cycle regulation through interaction with the retinoblastoma-related protein. Journal of Virology, 81(8): 4177-4185.

Lana A F, Lohuis H, Bos L. 1988. Relationships among strains of bean common mosaic virus and blackeye cowpea mosaic virus—members of the potyvirus group. Annals of Applied Biology, 113(3): 493-505.

Larsen R C, Wyatt S D, Druffel K L. 2009. The complete nucleotide sequence and genome organization of red clover vein mosaic virus (genus *Carlavirus*). Archives of Virology, 154(5): 891-894.

Latham L J, Jones R A. 2004. Carrot virus Y: symptoms, losses, incidence, epidemiology and control. Virus Research, 100(1): 89-99.

Lawrence D M, Rozanov M N, Hillman B I. 1995. Autocatalytic processing of the 223-kDa protein of blueberry scorch carlavirus by a papain-like proteinase. Virology, 207(1): 127-135.

Lawson R H. 1967. Relationships among tomato aspermy, aspermy-related viruses from chrysanthemum, and two strains of cucumber mosaic virus. Virology, 32: 357-362.

Lawson R H. 1981. Controlling virus diseases in major international flower and bulb crops. Plant Disease, 65(10): 780-786.

Leiser R M, Richter J. 1978. Reinigung und einige Eigenschaften des Kartoffel-Y-Virus. Archiv für Phytopathologie und Pflanzenschutz, 14(6): 337-350.

Lima J A A, Purcifull D E, Hiebert E. 1979. Purification, partial characterization, and serology of blackeye cowpea mosaic virus. Phytopathology, 69(12): 1252-1258.

Lin M T, Campbell R N. 1972. Characterization of broccoli necrotic yellows virus. Virology, 48(1): 30-40.

Lin Y H, Abad J A, Maroon-Lango C J, et al. 2014. Molecular characterization of domestic and exotic potato virus S isolates and a global analysis of genomic sequences. Archives of Virology, 159(8): 2115-2122.

Lisa V, Boccardo G. 1996. Fabaviruses: broad bean wilt virus and allied viruses // Harrison B D, Murant A F. The Plant Viruses. Volume 5: Polyhedral Virion and Bipartite RNA Genomes. New York: Plenum Press: 229-250.

Liu M Y, Liu X N, Zhang D Y, et al. 2015. Complete genome sequence of a Chinese isolate of pepper vein yellows virus and evolutionary analysis based on the CP, MP and RdRp coding regions. Archives of Virology, 161(3): 1-7.

Lot H, Marrou J, Quiot J B, et al. 1972. Contribution a l'etude du virus de la mosaique du concombre (CMV). II. Methode de purification rapide du virus. Annales de Phytopathologie, 4: 25-28.

Lovisolo O, Lisa V. 1976. Characterization of a virus isolated from *Amaranthus deflexus*, serologically related to bean yellow mosaic virus. Agricultural Scientist, (39): 553-559.

Lovisolo O, Lisa V. 1979. Studies on amaranthus leaf mottle virus (ALMV) in the Mediterranean region. Phytopathologia Mediterranea, (18): 89-93.

Lucinda N, Inoue-Nagata A K, Kitajima E W, et al. 2010. Complete genome sequence of brugmansia suaveolens mottle virus, a potyvirus from an ornamental shrub. Archives of Virology, 155(10): 1729-1732.

Lucinda N, Nagata T, Inoue-Nagata A K, et al. 2008. Brugmansia suaveolens mottle virus, a novel potyvirus causing leaf mottling of *Brugmansia suaveolens* in Brazil. Archives of Virology, 153(10): 1971-1976.

Lung M C Y, Pirone T P. 1972. *Datura stramonium*, a local lesion host for certain isolates of cauliflower mosaic virus. Phytopathology, 62(12): 1473-1474.

Majumder S, Baranwal V K. 2009. First report of garlic common latent virus in Garlic from India. Plant Disease, 93(1): 106.

Mandal B. 2010. Advances in small isometric multicomponent ssDNA viruses infecting plants. Indian Journal of Virology, 21(1): 18-30.

Mandal B, Mandal S, Pun K B, et al. 2004. First report of the association of a nanovirus with foorkey disease of large cardamom in India. Plant Disease, 88(4): 428.

Mansoor S, Qazi J, Amin I, et al. 2005. A PCR-based method, with internal control, for the detection of banana bunchy top virus in banana. Molecular Biotechnology, 30(2): 167-170.

Marco Y, Howell S H. 1984. Intracellular forms of viral DNA consistent with a model of reverse transcriptional replication of the cauliflower mosaic virus genome. Nucleic Acids Research, 12(3): 1517-1528.

Martelli G P, Adams M J, Kreuze J F, et al. 2007. Family *Flexiviridae*: a case study in virion and genome plasticity. Annual Review of Phytopathology, 45(45): 73-100.

Mayo M A, Ziegler-Graff V. 1996. Molecular biology of luteoviruses. Advancesin in Virus Research, 46(4): 413-460.

McLaughlin M R. 1988. Virus diseases of seven species of forage legumes in the southeastern United States. Plant Disease, 72(6): 539-542.

Mclean G D, Francki R I B. 1967. Purification of lettuce necrotic yellows virus by column chromatography on calcium phosphate gel. Virology, 31(4): 585-591.

Medina V, Peremyslov V V, Hagiwara Y, et al. 1999. Subcellular localization of the HSP70-homolog encoded by beet yellows closterovirus. Virology, 260(1): 173-181.

Milbrath G M, Tolin S A. 1977. Identification, host range and serology of peanut stunt virus isolated form soybean. Plant Disease Reporter, 61(8): 637-640.

Miller L I, Troutman J L. 1966. Stunt disease of peanuts in Virginia. Plant Disease, 50(3): 139-143.

Miller W A, Dinesh-Kumar S P, Paul C P. 1995. Luteovirus gene expression. Critical Reviews in Plant Science, 14(3): 179-211.

Miller W A, Liu S, Beckett R. 2002. Barley yellow dwarf virus: *Luteoviridae* or *Tombusviridae*? Molecular Plant Pathology, 3(4): 177-183.

Miller W A, Rasochová L. 1997. Barley yellow dwarf viruses. Annual Review of Phytopathology, 35(1): 167-190.

Miller W A, White K A. 2006. Long-distance RNA-RNA interactions in plant virus gene expression and replication. Annual Review of Phytopathology, 44(44): 447-467.

Milne R G. 1988. The Plant Viruses. Boston: Springer.

Milošević D, Marjanović-Jeromela A, Jovičić D, et al. 2015. First report of alfalfa mosaic virus on safflower in Serbia. Plant Disease, 99(6): 896.

Morales F J. 1979. Purfication and serology of bean common mosaic virus. Turrialba, 29(4): 320-324.

Morales F J. 2006. Common beans // Loebenstein G, Carr J P. Natural Resistance Mechanisms of Plants to Viruses. Netherlands: Springer: 367-382.

Moran J, Van Rijswijk B, Traicevski V, et al. 2002. Potyviruses, novel and known, in cultivated and wild species of the family *Apiaceae* in Australia. Archives of Virology, 147(10): 1855-1867.

Mukherjee A K, Mukherjee P K, Kranthi S. 2016. Genetic similarity between cotton leafroll dwarf virus and chickpea stunt disease associated virus in India. Plant Pathology Journal, 32(6): 580-583.

Murakami R, Nakashima N, Hinomoto N, et al. 2011. The genome sequence of pepper vein yellows virus (family *Luteoviridae*, genus *Polerovirus*). Archives of Virology, 156(5): 921-923.

Murant A F. 1990. Dependence of groundnut rosette virus on its satellite RNA as well as on groundnut rosette assistor luteovirus for transmission by *Aphis craccivora*. Journal of General Virology, 71(9):

2163-2166.

Murant A F, Goold R A, Roberts I M. 1973. Cytopathological changes and extractable infectivity in *Nicotiana clevelandii* leaves infected with carrot mottle virus. Journal of General Virology, 21(2): 269-283.

Murant A F, Goold R A, Roberts I M, et al. 1969. Carrot mottle a persistent aphid borne virus with unusual properties and particles. Journal of General Virology, 4(3): 329-341.

Murant A F, Kumar I K. 1990. Different variants of the satellite RNA of groundnut rosette virus are responsible for the chlorotic and green forms of groundnut rosette disease. Annals of Applied Biology, 117(1): 85-92.

Naidu R A, Mayo M A, Reddy S V, et al. 1997. Diversity among the coat proteins of luteoviruses associated with chickpea stunt disease in India. The Annals of Applied Biology, 130: 37-47.

Nakamura S, Iwai T, Honkura R. 1998. Complete nucleotide sequence and genome organization of broad bean wilt virus 2. Japanese Journal of Phytopathology, 64(6): 565-568.

Napuli A J, Alzhanova D V, Doneanu C E, et al. 2003. The 64-kilodalton capsid protein homolog of beet yellows virus is required for assembly of virion tails. Journal of Virology, 77(4): 2377.

Napuli A J, Falk B W, Dolja V V. 2000. Interaction between HSP70 homolog and filamentous virions of the beet yellows virus. Virology, 274(1): 232-239.

Neison S C. 2008. Dasheen mosaic of edible and ornamental aroids. Plant Disease, 8: 44.

Nelson S C. 2004. Banana bunchy top: detailed signs and symptom. Cooperative Extension Service, College of Tropical Agriculture and Human Resources, University of Hawaii at Manoa: 22.

Nemchinov L G, Hammond J, Jordan R, et al. 2004. The complete nucleotide sequence, genome organization, and specific detection of beet mosaic virus. Archives of Virology, 149(6): 1201-1214.

Nie X. 2009. The complete nucleotide sequence and genome structure of potato latent virus. Archives of Virology, 154(2): 361-364.

Niimi Y, Han D S, Mori S, et al. 2003. Detection of cucumber mosaic virus, lily symptomless virus and lily mottle virus in *Lilium* species by RT-PCR technique. Scientia Horticulturae, 97(1): 57-63.

Okusanya B A M, Watson M A. 1966. Host range and some properties of groundnut rosette virus. Annals of Applied Biology, 58(3): 377-387.

Olorunju P E, Kuhn C W, Ansa O A, et al. 1995. Mechanical inoculation procedure to screen for resistance to groundnut rosette virus in peanut. Peanut Science, 22(1): 56-58.

Olorunju P E, Kuhn C W, Demski J W, et al. 1992. Inheritance of resistance in peanut to mixed infections of groundnut rosette virus (GRV) and groundnut rosette assistor virus and a single infection of GRV. Plant Disease, 76(1): 95-100.

O'Loughlin G T. 1958. Cloverstunt virus: a resistant variety of subterranean clover. Journal of the Department of Agriculture of Victoria, 56: 385-387, 393.

Olszewski N, Hagen G, Guilfoyle T J. 2015. A transcriptionally active, covalently closed minichromosome of cauliflower mosaic virus DNA isolated from infected turnip leaves. Cell, 29: 395-402.

Ong C A, Varghese G, Ting W P. 1979. Aetiological investigations on a veinal mottle virus of chill (*Capsicum annuum* L.) newly recorded from peninsula Malaysia. Mardi Research Bulletin, 7: 78-88.

Paguio O R, Kuhn C W. 1973a. Purification of a mild mottle strain of peanut mottle virus. Phytopathology, 63: 720-724.

Paguio O R, Kuhn C W. 1973b. Strains of peanut mottle virus. Phytopathology, 63 (8) : 976-980.

Palukaitis P, García-Arenal F. 2003. Cucumoviruses. Advances in Virus Research, 62 (4) : 241-323.

Park C Y, Kim B S, Nam M, et al. 2014. Characterization of brugmansia mosaic virus isolated from *Brugmansia* spp. in Korea. Korean Society of Plant Pathology, 20 (4) : 307-313.

Peiffer M L, Gildow F E, Gray S M. 1997. Two distinct mechanisms regulate luteovirus transmission efficiency and specificity at the aphid salivary gland. Journal of General Virology, 78 (3) : 495-503.

Peters D, Kitajima E W. 1970. Purification and electron microscopy of sowthistle yellow vein virus. Virology, 41 (1) : 135-150.

Pierce W H. 1934. Resistance to common bean mosaic in the great northern field bean. Journal of Agricultural Research, 49 (3) : 183-188.

Plese N, Koenig R, Lesemann D E, et al. 1979. Maclura mosaic virus—an elongated plant virus of uncertain classification. Phytopathology, 69 (5) : 471-475.

Plese N, Milicic D. 1973. Two viruses isolated from *Maclura pomifera*. Phytopathologische Zeitschrift, 77 (2) : 178-183.

Pramesh D, Baranwal V K. 2013. Molecular characterization of coat protein gene of garlic common latent virus isolates from India: an evidence for distinct phylogeny and recombination. Virus Genes, 47 (1) : 189-193.

Prasath D, Venugopal M N, Parthasarathy V A. 2010. Inheritance of cardamom mosaic virus (CdMV) resistance in cardamom. Scientia Horticulturae, 125 (3) : 539-541.

Priscila B, Gaspar O J. 2003. Coat protein and RNAs of cole latent virus are not present within chloroplasts of *Chenopodium quinoa*-infected cells. Tropical Plant Pathology, 28 (1) : 84-88.

Prüfer D, Wipf-Scheibel C, Richards K, et al. 1995. Synthesis of a full-length infectious cDNA clone of cucurbit aphid-borne yellows virus and its use in gene exchange experiments with structural proteins from other luteoviruses. Virology, 214 (1) : 150-158.

Purcifull D E, Christie S R, Batchelor D L. 1975. Preservations of plant virus antigens by freeze-drying. Phytopathology, 65 (11) : 1202-1205.

Qazi J. 2016. Banana bunchy top virus and the bunchy top disease. Journal of General Plant Pathology, 82: 2-11.

Radwan D E, Lu G, Fayez K A, et al. 2008. Protective action of salicylic acid against bean yellow mosaic virus infection in *Vicia faba* leaves. Journal of Plant Physiology, 165 (8) : 845-857.

Reddy S V, Kumar P L. 2004. Transmission and properties of a new luteovirus associated with chickpea stunt disease in India. Current Science, 86 (86) : 1157-1161.

Regenmortel M H V V. 1982. Virus identification-serology and immunochemistry of plant viruses-8 // Regenmortel M H V V. Serology and Immunochemistry of Plant Viruses. New York: Academic Press: 144-173.

Richardson J, Sylvester E S. 1968. Further evidence of multiplication of sowthistle yellow vein virus in its aphid vector, *Hyperomyzus lactucae*. Virology, 35 (3) : 347-355.

Riley M B, Williamson M R, Maloy O. 2002. Plant disease diagnosis. The Plant Health Instructor. DOI: 10.1094/PHI-I-2002-1021-01.

Robertson N L, French R, Gray S M. 1991. Use of group specific primers and the polymerase chain reaction for the detection and identification of luteoviruses. Journal of General Virology, 72 (6) : 1473-1477.

Roggero P, Accotto G P, Ciuffo M, et al. 2000. First report of tobacco vein banding mosaic virus in China (Xian, Shaanxi Province) in *Datura stramonium* and tobacco. Plant Disease, 84 (10) : 1151-1156.

Rogov V V, Karasev A V, Agranovsky A A. 2010. Purification and some properties of an isolate of beet yellows virus from Ukraine. Journal of Phytopathology, 137 (1) : 79-88.

Rogov V V, Karasev A V, Agranovsky A A, et al. 1991. Characterization of an isolate of beet mosaic virus from South Kazakhstan. Plant Pathology, 40 (4) : 515-523.

Russell G E. 1965. The host range of some English isolates of beet yellowing viruses. Annals of Applied Biology, 55 (2) : 245-252.

Sanches M M, Spadotti D M D A, Marchi B R D, et al. 2010. Bidens mosaic virus detection by RT-PCR and identification of *Galinsoga parviflora* as a new natural host of the virus. Summa Phytopathologica, 36 (4) : 346-347.

Sanfaçon H, Wellink J, Le Gall O, et al. 2009. *Secoviridae*: a proposed family of plant viruses within the order *Picornavirales* that combines the families *Sequiviridae* and *Comoviridae*, the unassigned genera *Cheravirus* and *Sadwavirus*, and the proposed genus *Torradovirus*. Archives of Virology, 154 (5) : 899-907.

Saruta M, Takada Y, Kikuchi A, et al. 2012. Screening and genetic analysis of resistance to peanut stunt virus in soybean: identification of the putative *Rpsv1* resistance gene. Breeding Science, 61 (5) : 625-630.

Schmidt H B, Richter J, Hertzsch W, et al. 2010. Untersuchungen über einevirusbedingte Nekrose an Futtergräsern. Journal of Phytopathology, 47 (1) : 66-72.

Schoelz J E, Angel C A, Nelson R S, et al. 2016. A model for intracellular movement of cauliflower mosaic virus: the concept of the mobile virion factory. Journal of Economic Entomology, 67 (7) : 2039.

Segundo E, Lesemann D E, Martín G, et al. 2007. amaranthus leaf mottle virus: 3′-end RNA sequence proves classification as distinct virus and reveals affinities within the genus *Potyvirus*. European Journal of Plant Pathology, 117 (1) : 81-87.

Shalla T A, Shepherd R J, Petersen L J. 1980. Comparative cytology of nine isolates of cauliflower mosaic virus. Virology, 102 (2) : 381-388.

Sharman M, Thomas J E, Dietzgen R G. 2000. Development of a multipleximmunocapture PCR with colourimetric detection for viruses of banana. Journal of Virology Methods, 89 (1-2) : 75-88.

Sharman M, Thomas J E, Skabo S, et al. 2008. Abaca bunchy topvirus, a new member of the genus *Babuvirus* (family *Nanoviridae*). Archives of Virology, 153 (1) : 135-147.

Shepherd R J, Bruening G E, Wakeman R J. 1970. Double-stranded DNA from cauliflower mosaic virus. Virology, 41 (2) : 339-347.

Shepherd R J, Pound G S. 1960. Purification of turnip mosaic virus. Phytopathology, 50 (11) : 797-803.

Shi B J, Ding S W, Symons R H. 1997b. *In vivo* expression of an overlapping gene encoded by the cucumoviruses. Journal of General Virology, 78 (1): 237-241.

Shi B J, Palukaitis P, Symons R H. 2002. Differential virulence by strains of cucumber mosaic virus is mediated by the *2b* gene. Mol Plant Microbe Interact, 15 (9): 947-955.

Shi B, Ding S, Symons R H. 1997a. Two novel subgenomic RNAs derived from RNA 3 of tomato aspermy cucumovirus. Journal of General Virology, 78 (3): 505-510.

Shirasawa-Seo N, Sano Y, Nakamura S, et al. 2005. Characteristics of the promoters derived from the single-stranded DNA components of milk vetch dwarf virus in transgenic tobacco. Journal of General Virology, 86 (6): 1851-1860.

Shukla D D, Ward C W, Brunt A A. 1994. The *Potyviridae*. Wallingford: CAB International.

Shukla D D, Ward C W, Brunt A A, et al. 1998. The *Potyviridae*. AAB Descriptions of Plant Viruses, No. 366.

Siljo A, Bhat A I, Biju C N. 2013. Analysis of variability in cardamom mosaic virus isolates occurring in India using symptomatology and coat protein gene sequence. Journal of Spices & Aromatic Crops, 22 (1): 70-75.

Singh M, Singh R P. 1995. Digoxigenin labeled cDNA porbes for the detection of potato virus Y in dormant potato tubesr. Journal of Virological Methods, 52 (1-2): 133-143.

Smith H G, Barker H. 1999. The *Luteoviridae*. Wallingford: CABI Publishing.

Smith K M. 1972. A Textbook of Plant Virus Diseases. 3rd. London: Longman: 1-684.

Smith P R. 1966. A disease of French beans (*Phaseolus vulgaris* L.) caused by subterranean clover stunt virus. Australian Journal of Agricultural Research, 17 (6): 875-883.

Stephan D, Maiss E. 2006. Biological properties of beet mild yellowing virus derived from a full-length cDNA clone. Journal of General Virology, 87 (2): 445-449.

Stevens M, Mcgrann G, Clark B. 2008. Turnip yellows virus (syn beet western yellows virus): an emerging threat to European oilseed rape production? HGCA, 69: 1-36.

Stewart V B, Reddick D. 1917. Bean mosaic. Phytopathology, 7: 61.

Stubbs L L, Grogan R G. 1963. Necrotic yellows: a newly recognised virus disease of lettuce. Australian Journal of Agricultural Research, 14: 439-459.

Takanami Y, Kubo S. 1979. Enzyme assisted purification of two phloem-limited plant viruses: tobacco necrotic dwarf and potato leafroll. The Annals of Applied Biology, 44 (1): 153-159.

Tang J, Clover G R, Alexander B J R. 2007. First report of apium virus Y in celery in New Zealand. Plant Disease, 91 (12): 1682.

Thomas J E, Dietzgen R G. 1991. Purification, characterization and serological detection of virus-like particles associated with banana bunchy top disease in Australia. Journal of General Virology, 72: 217-224.

Thomson D, Dietzgen R G. 1995. Detection of DNA and RNA plant viruses by PCR and RT-PCR using a rapid virus release protocol without tissue homogenization. Journal of Virology Methods, 54 (2-3): 85-95.

Tian T, Liu H Y, Koike S T. 2008. First report of apium virus Y on cilantro, celery, and parsley in California. Plant Disease, 92 (8): 1254.

Tidona C, Darai G. 2011. The Springer Index of Viruses. 2nd. New York: Springer-Verlag: 1-2110.

Tiwari S, Peter A, Phadnis S. 2016. Serological detection of cardamom mosaic virus infecting small cardamom, *Elettaria cardamomum* L. International Journal of Life-Sciences Scientific Research, 2(4): 333-338.

Tolin S A. 1969. Purification and specific infectivity of peanut stunt virus. Phytopathology, 59: 1560.

Tomassoli L, Zaccaria A, Tiberini A. 2007. Use of one step RT-PCR for detection of asparagus virus 1. Journal of Plant Pathology, 89(3): 413-415.

Tomlinson J A, Carter A L. 1970. Studies on the seed transmission of cucumber mosaic virus. Annals of Applied Biology, 66(3): 381-386.

Tougou M, Furutani N, Yamagishi N, et al. 2006. Development of resistant transgenic soybeans with inverted repeat-coat protein genes of soybean dwarf virus. Plant Cell Reports, 25(11): 1213-1218.

Tsai W S, Huang Y C, Zhang D Y, et al. 2008. Molecular characterization of the *CP* gene and 3′-UTR of chilli veinal mottle virus from South and Southeast Asia. Plant Pathology, 57(3): 408-416.

Valmalette J C, Dombrovsky A, Brat P, et al. 2012. Light-induced electron transfer and ATP synthesis in a carotene synthesizing insect. Scientific Reports, 2(2): 579.

Valverde R A, Fulton J P. 1996. Comoviruses: identification and diseases caused // Harrison B D, Murant A F. The Plant Viruses. Volume 5. New York: Springer: 17-34.

van den Heuvel J F, Bruyere A, Hougenhout S A, et al. 1997. The N-terminal region of the luteovirus readthrough domain determines virus binding to *Buchnera* GroEL, and is essential for virus persistence in the aphid. Journal of Virology, 71(10): 7258-7265.

Varma A, Gibbs A J, Woods R D. 1970. A comparative study of red clover vein mosaic virus and some other plant viruses. Journal of General Virology, 8(1): 21-32.

Veerisetty V, Brakke M K. 1978. Purification of some legume carlaviruses. Phytopathology, 68(1): 59-64.

Venugopal M N. 2002. Viral diseases of cardamom // Ravindran P N, Madhusoodanan K J. Cardamom: The Genus *Elettaria*. London and New York: Taylor and Francis: 143-159.

Villanueva F, Castillo P, Font M I, et al. 2013. First report of pepper vein yellows virus infecting sweet pepper in Spain. Plant Disease, 97(9): 1261-1262.

Vinogradova S V, Kamionskaya A M, Rakitin A L, et al. 2011. Testing the 3′-untranslated RNA regions of beet necrotic yellow vein virus and beet yellows virus as inducers of posttranscriptional gene silencing. Doklady Biochemistry & Biophysics, 439(1): 195.

Vloten-Doting L V, Jaspars E M. 1972. The uncoating of alfalfa mosaic virus by its own RNA. Virology, 48(3): 699-708.

Walsh J A, Jenner C E. 2002. Turnip mosaic virus and the quest for durable resistance. Molecular Plant Pathology, 3(5): 289-300.

Wang J, Liu Z, Niu S, et al. 2006. Natural occurrence of chilli veinal mottle virus on *Capsicum chinense* in China. Plant Disease, 90(3): 377.

Wang R L, Ding L W, Sun Q Y, et al. 2008. Genome sequence and characterization of a new virus infecting *Mikania micrantha* H.B.K. Archives of Virology, 153(9): 1765-1770.

Watson M A, Okusanya B A M. 1967. Studies on the transmission of groundnut rosette virus by *Aphis craccivora* Koch. Annals of Applied Biology, 60(2): 199-208.

Weintraub M, Ragetli H W, Lo E. 1974. Potato virus Y particles in plasmodesmata of tobacco leaf cells. Journal of Ultrastructure Research, 46(1): 131-148.

Wetter C, Paul H L. 1961. The preparation of carnation latent virus in highly purified form. Phytopathologische Zeitschrift, 43(2): 207-212.

Whitfield A E, Falk B W, Rotenberg D. 2015. Insect vector-mediated transmission of plant viruses. Virology, 479-480: 278-289.

Wijs J J D, Suda-Bachmann F. 1979. The long-term preservation of potato virus Y and watermelon mosaic virus in liquid nitrogen in comparison to other preservation methods. Netherlands Journal of Plant Pathology, 85(1): 23-29.

Worrall E A, Wamonje F O, Mukeshimana G, et al. 2015. Bean common mosaic virus and bean common mosaic necrosis virus: relationships, biology, and prospects for control. Advances in Virus Research, 93: 1-46.

Xu D, Liu H Y, Li F, et al. 2014. Characterizations of carrot thin leaf virus based on host reactions and complete genomic sequences. European Journal of Plant Pathology, 138(1): 15-22.

Xu Z Y, Barnett O W, Gibson P B. 1986. Characterization of peanut stunt virus strains by host reactions, serology and RNA patterns. Phytopathology, 76(4): 390-395.

Yamagishi N, Terauchi H, Honda K, et al. 2006. Discrimination of four soybean dwarf virus strains by dot-blot hybridization with specific probes. Journal of Virological Methods, 133(2): 219-222.

Yamaji Y, Lu X Y, Kagiwada S, et al. 2001. Molecular evidence that a lily-infecting strain of tulip breaking virus from Japan is a strain of lily mottle virus. Jornal of Plant Pathology, 107(8): 833-837.

Yamashita Y, Takeuchi T, Ohnishi S, et al. 2013. Fine mapping of the major soybean dwarf virus resistance gene *Rsdv1* of the soybean cultivar 'Wilis'. Breeding Science, 63(4): 417-422.

Yang Y, Gong J, Li H, et al. 2011. Identification of a novel soybean mosaic virus isolate in China that contains a unique 5′-terminus sharing high sequence homology with bean common mosaic virus. Virus Research, 157(1): 13-18.

Yeh H H, Su H J, Chao Y C. 1994. Genome characterization and identification of viral-associated dsDNA component of banana bunchy topvirus. Virology, 198(2): 645-652.

Zavriev S K, Kanyuka K V, Levay K E. 1991. The genome organization of potato virus M RNA. Journal of General Virology, 72(1): 9-14.

Zettler F W, Foxe M J, Hartman R D, et al. 1970. Filamentous viruses infecting dasheen and other araceous plants. Phytopathology, 60(6): 983-987.

Zhang S B, Zhao Z B, Zheng L M, et al. 2016. First report of pepper veinal mottle virus infecting pepper in Mainland China. Plant Disease, 100(5): 1025.

Zhao F, Lim S, Yoo R H, et al. 2013. Complete genome sequence of a South Korean isolate of brugmansia mosaic virus. Archives of Virology, 158(9): 2019-2022.

Zheng H Y, Chen J, Zhao M F, et al. 2003. Occurrence and sequences of lily mottle virus and lily symptomless virus in plants grown from imported bulbs in Zhejiang Province, China. Archives of Virology, 148(12): 2419-2428.

Zhou C J, Xiang H Y, Zhuo T, et al. 2011. A novel strain of beet western yellows virus infecting sugar beet with two distinct genotypes differing in the 5′-terminal half of genome. Virus Genes, 42(1): 141-149.

Zhuang M, Wang X W, Zheng W G, et al. 2002. Quick detection of TuMV in crucifer vegetable crops using RT-PCR. China Vegetables, 1(5): 10-11.

Zinovkin R A, Jelkmann W, Agranovsky A A. 1999. The minor coat protein of beet yellows closterovirus encapsidates the 5′-terminus of RNA in virions. Journal of General Virology, 80(1): 269-272.

第三章　粉虱传播的蔬菜病毒

粉虱，昆虫纲，同翅目，粉虱亚目，科名出自希腊文，意思为面粉状的。目前，全世界已记录粉虱科 3 亚科，161 属，1556 种。粉虱的一龄若虫足发达，可动，触角 4 节。从第二龄起，足及触角退化，营固定生活，体变硬，分类上称为“蛹壳”，是一个重要的分类阶段。粉虱包括很多种，如茶树黑刺粉虱、棉粉虱、烟粉虱、银叶粉虱、白粉虱等，生产上危害最严重的是烟粉虱和白粉虱。

烟粉虱[*Bemisia tabaci*(Gennadius)]属于同翅目粉虱科，是世界上危害最大的入侵物种之一，被世界自然保护联盟(IUCN)列为全球 100 种最具威胁的入侵物种之一，全球每年由烟粉虱造成的经济损失达数十亿美元(De Barro et al.，2000；Navas-Castillo et al.，2015)。

烟粉虱的生活周期有卵、若虫和成虫 3 个虫态，一年发生的世代数因地而异，在热带和亚热带地区每年发生 11～15 代，在温带地区露地每年可发生 4～6 代，世代重叠明显(图 3-1)。田间发生世代重叠极为严重。虫体淡黄白色到白色，复眼红色，肾形，单眼两个，触角发达(7 节)。翅白色无斑点，被有蜡粉。停息时左右翅合拢呈屋脊状，前翅翅脉分叉(Costa and Brown，1991)。

图 3-1　烟粉虱及其产于寄主叶片表面的卵

烟粉虱可通过不同途径为害寄主植物：一是直接刺吸植物汁液，导致植株衰弱；二是若虫和成虫可以分泌蜜露，诱发煤污病的产生，密度高时叶片呈现黑色，严重影响光合作用；三是传播植物病毒，引起植物病毒病。烟粉虱是一类快速进化的复合种(或生物型)，个体之间对宿主的适应性、对化学物质的抗性及传播病毒的能力皆有区别。烟粉虱复合种中 B 型和 Q 型在世界范围内最为重要，也就是近年来分别被命名的 MEAM1 和 MED 种。

烟粉虱可以传播110多种植物病毒，其中许多病毒对植物和农业生产的影响重大，它们分属于菜豆金色黄花叶病毒属（*Begomovirus*）、毛形病毒属（*Crinivirus*）、甘薯病毒属（*Ipomovirus*）、香石竹潜隐病毒属（*Carlavirus*）和番茄灼烧病毒属（*Torradovirus*）。其中，约有10%的病毒分属于毛形病毒属（*Crinivirus*）、甘薯病毒属（*Ipomovirus*）、香石竹潜隐病毒属（*Carlavirus*）和番茄灼烧病毒属（*Torradovirus*），它们由烟粉虱以非持久、半持久或持久性方式传播。烟粉虱传播的病毒中，90%属于菜豆金色黄花叶病毒属，对农作物的威胁较大。据估计，有约2000万hm^2作物和1500万农民受到烟粉虱的直接影响。

温室白粉虱（*Trialeurodes vaporariorum*）成虫体长1～1.5mm，淡黄色。翅面覆盖白蜡粉，停息时双翅在体上平展，前翅翅脉不分叉，翅端半圆状遮住整个腹部，翅脉简单，沿翅外缘有一排小颗粒。白粉虱传播的病毒种类较少，其中危害较大的是毛形病毒属的病毒，由白粉虱以半持久性方式传播。

第一节　粉虱非持久性传播的蔬菜病毒

烟粉虱非持久性传播的病毒主要是香石竹潜隐病毒属（*Carlavirus*），属于芜菁黄花叶病毒目（*Tymovirales*），乙型线状病毒科（*Betaflexiviridae*），当前报道有40多种，其中包括马铃薯卷叶病毒（*Potato leaf roll virus*，PLRV）、马铃薯A病毒（*Potato virus A*，PVA）、马铃薯M病毒（*Potato virus M*，PVM）、马铃薯S病毒（*Potato virus S*，PVS）等，其中只有豇豆轻型斑驳病毒（*Cowpea mild mottle virus*，CPMMV）由烟粉虱以非持久性方式传播，该属其他病毒都是由蚜虫以非持久性方式传播的（Bock，1973；Bock and Conti，1974）。目前为止没有发现可通过白粉虱以非持久性方式传播的病毒。

香石竹潜隐病毒属的典型病毒为豇豆轻型斑驳病毒（*Cowpea mild mottle virus*，CPMMV）。该病毒长约650nm，宽约13nm，丝线状粒子分布于寄主体内，在一些豆科寄主内由种子携带病毒，并且可以通过汁液机械摩擦接种，已知该类病毒经蚜虫或菟丝子传播，其中蚜虫传播的方式为非持久性传播（Kassanis and Govier，1971a，1971b），目前报道只有CPMMV可由烟粉虱以非持久性方式传播（Chant，1959；Brunt and Kenten，1973）。香石竹潜隐病毒属病毒当前研究较少，但是在世界各国均有报道。

一、主要为害症状

CPMMV在自然条件下侵染豇豆，造成叶面轻微斑点，偶尔有严重的病状，出现褪绿和坏死病征甚至整株矮化，在叶片、茎秆和豆荚上表现出症状；病毒的致病力不同，不同作物对病毒的敏感性不一，环境条件的多变造成CPMMV侵染作物后表现出不同的症状（图3-2～图3-6）。据调查，其能造成花生田间损失10%～100%，实验条件下在花生开花期间被CPMMV侵染可造成高达60%的产量损失。

图 3-2 豇豆感病症状

图 3-3 大豆感病症状

图 3-4 藜感病症状

图 3-5 甜菜感病症状

图 3-6 可可感病症状

二、寄主范围

其常见寄主为菜豆、豇豆、黄豆、花生等 5 科 11 种植物，该属其他病毒可以侵染马铃薯、菊花、康乃馨、百合等农作物和园艺作物。

CPMMV 首次在加纳报道，为一种区域性的病毒，目前该病毒已经传播到东非、印度、东南亚、美国和欧洲等地区。

三、病毒稳定性

CPMMV 稀释限点为 10^{-5}，在 80～85℃热失活，体外存活约 24h。病毒沉降系数为 136S。外壳蛋白在聚丙烯酰胺凝胶电泳时有两条带，分别由分子质量为 34 300～37 000Da 和 32 800～34 000Da 的两条蛋白质组成。RNA 的分子质量为 2.84×10^6Da。病毒粒子的平均浮力密度为 1.306g/cm^3，A_{260}/A_{280}值为 1.16（Anon，1951）。

四、病毒纯化方法

香石竹潜隐病毒属的提纯方法：大豆和烟草是提纯病毒的最佳毒源。可通过使用低摩尔浓度的碱性缓冲液来减少由不可逆的颗粒聚集引起的病毒损失。在 0.5mol/L 硼酸盐缓冲液（pH 7.8）中将感染病毒的叶片进行研磨，加入 EDTA（0.005mol/L）和巯基乙酸（0.1%）以（1∶1）～（2∶1）的体积比混合的溶液。将上述溶液转移到烧杯中，用等体积的乙醚轻轻搅拌。在 4℃、5000*g* 下离心 20min，将上清液转移到新鲜烧杯中。在 6% PEG 中缓慢搅拌，并在 4℃下继续搅拌过夜。在 10 000*g* 下离心 15min，收集所得沉淀，重悬于含有 Triton X-100(0.5%)的 0.5mol/L 硼酸盐缓冲液中。低速离心(10 000g、15min)，并将上清液转移至新试管。通过高速离心(30 000g、90min)沉淀病毒并重悬，所得沉淀物在含有 1%Triton X-100 的 0.05mol/L 硼酸盐缓冲液中超声处理 20s，使悬浮液进行进一步的低速和高速离心循环。在氯化铯(0.439g/mL)中离心(5℃、110 000g、20h)纯化病毒。从铯梯度收集病毒带，至少用 0.005mol/L 硼酸盐缓冲液稀释两倍。通过离心(40 000g、90min)收集病毒，并在 0.5mL 无菌蒸馏水中重悬细胞沉淀(Gumpf et al.，1981；Barjoseph et al.，1985)。随后可立即得到病毒，在 4℃下储存 1～2d，或置于–20℃下用于长期储存(图 3-7)。在大豆叶片病变组织超薄切片下观察，可发现成束的线状病毒粒子聚集在细胞质内(图 3-8)。

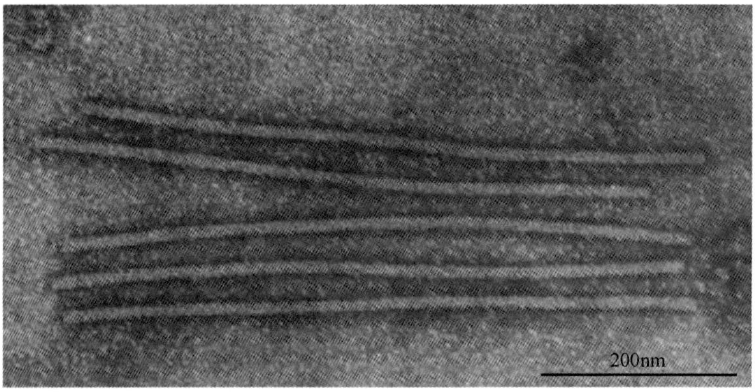

图 3-7　在磷钨酸盐中的病毒粒子

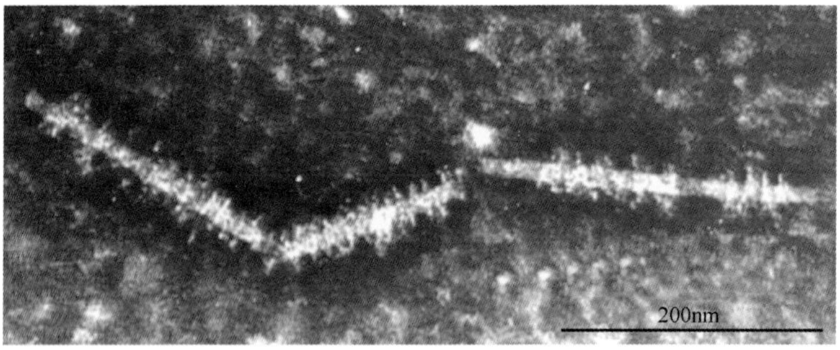

图 3-8　感病豇豆中获取的病毒粒子的外部螺旋

五、病害流行学和传播途径

CPMMV 的流行病学还有待全面调查。杂草和种子传播是该病毒的重要传播媒介，尤其是发病区域种子的调运造成病毒在非病毒区的意外扩散。在约旦、肯尼亚、尼日利亚和印度，自然感染 CPMMV 的多年生杂草可能是番茄和豆科作物的重要感染源。因此，种子可能是造成病毒传播和暴发的主要来源，而烟粉虱的活动导致病毒在周围易感病作物和杂草之间的传播。但是该病毒在豇豆和普通豆中通过种子传播的特性并未在大豆中得到证实，这一现象极有可能导致 CPMMV 在一定地区范围和国际上传播流行。

六、作物品种对 CPMMV 的抗性

目前对 CPMMV 并无有效的抗性豆科作物品种。

七、病毒株系

科特迪瓦的花椰菜病毒、*Psophocarpus* 坏死斑驳病毒和 *Voandzeia* 花叶病毒，以色列的番茄淡黄病毒，尼日利亚的番茄叶脉模糊病毒和巴西的豆角花叶病毒显示出与 CPMMV 在血清学上密切相关，因此被归为同一名称的 CPMMV。

从血清学看，约旦和以色列茄科寄主物种的病毒分离株类似西非与印度豆科植物分离株的生物学特性，但是被认为是不同的菌株，这说明我们需要更多信息来确认这些分离株/菌株的特性和分类学。

八、分子生物学特征

CPMMV 是单链 RNA(ssRNA)病毒，CPMMV 分离株的 RNA 基因组序列大小约为 8000nt，不考虑 3′端 poly(A)尾，病毒衣壳蛋白单体的大小为 32～36kDa。病毒基因组编码 6 个 ORF，病毒基因组分析显示 CPMMV 基因发生重组，目前检测主要发生在聚合酶基因中，在基因组的其他区域中较少发生。

来自约旦和以色列茄科寄主的 CPMMV 分离株非常相似，但是与来自印度和西非的豆科分离株不同。研究表明，来自巴西的 CPMMV 豆科分离物在血清学上与另外两种豆科分离物差距较远，但与约旦分离物显著不同。

对具有 120nt 的 3′端非翻译区比对发现，与 GenBank 中 CPMMV 序列的 7 个分离株共有 78%～92%的同源性。此外，在印度感染大豆的 CPMMV 分离株与其他 7 种已知分离株仅具有 75%～79%的同源性。

通过香石竹潜隐病毒属的氨基酸序列预测比较，表明 CPMMV 与 8 种蚜传的香石竹潜隐病毒具有 46%～59%的同源性，这低于物种分界低于 80%的分界线，这一证据支持了 CPMMV(作为香石竹潜隐病毒属的一种)发生在巴西大豆中的分离株的复制酶基因与加纳分离株仅有 60%～61%的序列同源性。

九、病毒检测方法

CPMMV 检测主要使用血清学和分子生物学方法。使用酶联免疫吸附测定、蛋白质印迹法和 RT-PCR 检测基于 CPMMV 的 Cp 蛋白基因序列。Gaspar 等(2008)开发了简化的引物，其有助于扩增 3 种不同的香石竹潜隐病毒 3′端的一部分。

十、病毒防治方法

CPMMV 的防治应使用综合防治的方法。

1. 媒介昆虫的控制

因为该病毒的传播介体主要是烟粉虱，所以适当使用杀虫剂去除烟粉虱可以控制病毒的传播和暴发；同时，有效地利用天敌昆虫可以控制烟粉虱数量，从而控制病毒

的传播和暴发。

2. 控制种子调运

由于该病毒可以通过种子带毒传播，因此控制病区种子向非病区的调运，病区使用消毒后的种子可以抑制病毒的暴发。

3. 清理病毒中间寄主

该病毒可以寄生在田间杂草(茄科杂草)，保持田间清洁和清除杂草可以有效地去除传染源。

4. 抗病品种的选育

加强抗病品种的选育和筛选工作。

5. 加强种子检验检疫

由于该病毒可以通过种子传播，应对种子植物检疫规程进行全面修订，通过法律法规的方式降低种子传播病毒的概率。

十一、该属的特殊病毒

香石竹潜隐病毒属病毒目前只有 CPMMV 是由烟粉虱以非持久性方式传播病毒的，该属其他病毒都是由蚜虫以非持久性方式传播，如香石竹潜隐病毒(CLV)、菊花 B 病毒(CVB)、啤酒花潜隐病毒(HpLV)、啤酒花花叶病毒(HpMV)和马铃薯 S 病毒(PVS)等。

第二节　粉虱半持久性传播的蔬菜病毒

烟粉虱和白粉虱半持久性传播的病毒主要是长线形病毒科(*Closteroviridae*)，该科病毒可以感染多种经济重要作物并引发严重病害，包含 3 个属，分别为毛形病毒属(*Crinivirus*)、长线形病毒属(*Closterovirus*)和葡萄卷叶病毒属(*Ampelovirus*)，其中长线形病毒属的病毒多由蚜虫传播，而葡萄卷叶病毒属的一部分病毒由粉蚧传播，只有毛形病毒属的病毒由烟粉虱和白粉虱传播，该属包括 12 个病毒种，包括莴苣侵染性黄化病毒(*Lettuce infectious yellows virus*，LIYV)、番茄褪绿病毒(*Tomato chlorosis virus*，ToCV)、黄瓜黄脉病毒(*Cucumber vein yellowing virus*，CVYV)和南瓜黄色矮化失调病毒(*Cucurbit yellow stunting disorder virus*，CYSDV)等蔬菜病毒。

具有代表性的病毒为 ToCV 和 LIYV，该属病毒因其具有双组分的基因组而与单组分的长线形病毒不同，也正因为该属病毒特殊的基因组结构，其病毒粒体长度仅为报道的长线形病毒粒体长度的一半。该属病毒病的发生及其对蔬菜病害的影响主要依赖于病毒与几个因素的互作关系，如病毒本身特性、病毒寄主的广泛性、与粉虱特异性互作、蔬菜的种植模式和气候条件等(Klaassen et al.，1994，1995，1996；Karasev，2000；Martelli et al.，2002；Ng and Falk，2006；Ng and Chen，2011)。

毛形病毒属病毒与烟粉虱传播的双生病毒不同，该属病毒能够被多种烟粉虱传播。但该属病毒又不同于烟粉虱传播的双生病毒，一方面是有些病毒成员能够被多种生物型烟粉虱传播，但是传播效率不同；另一方面是该属病毒为半持久性传播病毒，而双生病毒为持久性传播病毒。昆虫在持久性传播病毒过程中，通常从植物的韧皮部获取病毒，病毒可穿过昆虫肠道进入血淋巴系统和唾液腺，伴随着昆虫分泌的唾液将病毒传给健康植物。对于半持久性病毒，昆虫取食时间与昆虫获取病毒的能力呈正相关，毛形病毒属病毒在昆虫介体内的滞留时间为 1～9d，因此，对于该属病毒和烟粉虱互作关系的研究将有利于田间防范该病毒病害的发生(Wisler et al.，1998；Johnson et al.，2002；王富等，2016)。

半持久性病毒的获毒时间和传毒时间均较非持久性病毒的长，原因可能是大多数半持久性病毒被限制分布于韧皮部，而非持久性病毒多数为非组织特异性分布。因此，如果半持久性病毒侵染的寄主植物同时也是介体昆虫的最适取食寄主，则非常有利于病毒的获取和传播。非持久性病毒和半持久性病毒的共同点是病毒不需要经过唾液腺组织，且介体昆虫不能将人工注射到血淋巴的病毒传播到健康植物中(田晓等，2013)。

一、番茄褪绿病毒

(一)主要为害症状

ToCV 是近 20 年来暴发的新病毒病害。病害发病初期容易与植物缺素症状混淆，常常因误诊而延误防治，给番茄生产造成严重的经济损失。目前该病毒在北京、河北、山东、云南等地区已经处于暴发趋势。ToCV 于 1998 年在美国佛罗里达州首次被报道发现，在自然条件下，可以通过 A 型烟粉虱、B 型烟粉虱、Q 型烟粉虱、温室白粉虱、银叶粉虱和纹翅粉虱等介体传播，是唯一能通过 4 种分属于两个属的粉虱传播的病毒，可以侵染茄科(番茄、甜椒和烟草等)、番杏科、苋科、夹竹桃科、藜科、菊科和白花丹科等植物(图 3-9)(赵汝娜等，2014)。2013 年，该病毒引起的蔬菜病害在山东省大面积暴发，给广大种植户造成了严重的经济损失。该病的流行暴发将给番茄生产造成巨大的经济损失。

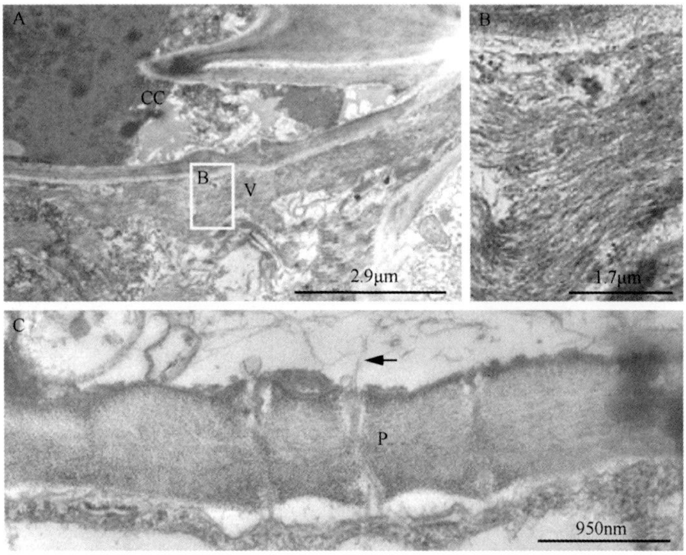

图 3-9　ToCV 感染的番茄

A. 番茄叶片维管组织中的番茄褪绿病毒(ToCV)；B. 细胞质中充满 ToCV 粒子；C. 通过胞间连丝和细胞壁的 ToCV 粒子(引自 Vicente Medina)。CC. 伴胞；P. 胞间连丝；V. 病毒粒子

ToCV 感染番茄后的症状主要分为三个阶段，包括苗期症状、开花期症状和结果期症状(图 3-10～图 3-14)。苗期症状：叶片叶脉间表现局部褪绿斑点，症状不明显，较难辨认。番茄定植后 15d，若条件适宜，即能表现发病症状，主要表现为植株滞育、矮小瘦弱、顶部叶片黄化、下部成熟叶片叶脉间轻微褪绿。开花期症状：番茄定植后 40～50d，进入开花期，该病毒开始在番茄上表现明显的症状。中下部叶片首先出现症状并逐渐向上发展，中部叶片叶脉间轻微褪绿黄化，底部叶片出现明显的褪绿黄化，叶脉深绿，感病叶片变脆且易折，叶片黄化疑似营养缺素症。结果期症状：番茄定植后 60d，进入结果期，该病毒在番茄上的症状进一步加重，感病的番茄整株表现褪绿黄化症状，果实小、颜色偏白，不能正常膨大。叶片也表现明显的脉间褪绿黄化症状，边缘轻微上卷，且局部出现红褐色坏死小斑点。后期叶脉浓绿，脉间褪绿黄化，变厚变脆且易折，最后叶片干枯脱落；果实小，并开始转色成熟，使番茄失去商品价值，严重时造成绝产(王志荣等，2016)。

图 3-10　番茄早期感染 ToCV 的症状

图 3-11　番茄开花期感染 ToCV 的症状

图 3-12　番茄结果期感染 ToCV 的症状

图 3-13　番茄果实感染 ToCV 的症状

图 3-14　番茄感染 ToCV 的后期症状

（二）病害流行学

番茄在山东省属于周年生产作物，该病毒在山东省周年发生。通过 3 年的调查发现：越冬和早春栽培，4～5 月是番茄褪绿病毒病发生的高峰期；秋延迟栽培，8～9 月是番茄褪绿病毒病发生的高峰期。山东省 4～5 月气温快速回升、降雨较少，使得番茄容易感染该病毒，并且此阶段气候条件也利于病毒传播介体烟粉虱和白粉虱的大量繁殖，成为番茄褪绿病毒的发生高峰期；6～7 月，降雨增多，该病毒进入低发期；8～9 月，气温高、降雨减少，该病毒又进入高发期；10 月至翌年 3 月，气温低，也是该病毒的低发期(刘永光等，2014)。调查发现，烟粉虱和白粉虱等的发生情况与番茄褪绿病毒的发生有直接关系，烟粉虱和白粉虱等发生严重时，番茄褪绿病毒病的发生也相应加重。日光温室中前、后放风口及大棚门口处是室外粉虱迁入的主要通道，附近的番茄发病相对早且重，而且室外的干热风直吹也加重了番茄褪绿病毒的发生(周涛等，2014；王子崇和杨红丽，2015；孔亚丽和王勇，2016)。

（三）作物品种对番茄褪绿病毒的抗性

对 ToCV 的防控措施主要围绕媒介昆虫来开展。目前国际上尚没有针对番茄褪绿病毒的抗病品种，国内设施番茄生产上主要栽培的品种均为抗番茄黄化曲叶病毒的品种，根据对寿光种植区的调查，大部分番茄品种不抗番茄褪绿病毒。在湖南省蔬菜研究所的品种中，有两个品种表现出高抗甚至免疫(图 3-15，图 3-16)。由于番茄褪绿病毒病是最近暴发的新病害，又多在设施蔬菜生产中发生、为害，其发病规律、田间诊断及防治措施目前经验较少，生产上迫切需要加强对该病毒的深入研究。

图 3-15　钻红美丽(抗 ToCV)

图 3-16　小公主(高抗 ToCV)

(四)分子生物学特征

长线形病毒属病毒的基因组为正义单链 RNA 病毒，基因组分为 RNA1 和 RNA2，分别被包裹成丝状病毒粒子。其中，RNA1 主要编码与病毒复制相关的蛋白质，RNA2 编码多达 10 个蛋白质，主要是参与病毒包裹、胞间运动和介体传毒相关的蛋白质。RNA1 的首个 ORF 被命名为 ORF1a，编码 RNA 复制酶，是一个包含有蛋白酶、甲基转移酶和螺旋酶区域的多蛋白。ORF1b 编码 RdRp。RNA2 主要编码包裹病毒粒体的外壳蛋白、运动蛋白、RNA 沉默抑制子和烟粉虱传毒相关的蛋白质。

ToCV 基因组总长约 16.8kb，其中 RNA1 长为 8594nt(GenBank：KC887998.1)，RNA2 长为 8242nt(GenBank：KC887999.1)。共含有 13 个可读框，RNA1 包含 4 个可读框，RNA2 包含 9 个可读框。RNA 的 5′端可能有一个甲基化帽子结构，3′端既无 poly(A)，又不形成 tRNA 样结构，可能形成发夹结构。病毒粒子弯曲长线形(图 3-17)，长 800～850nm，

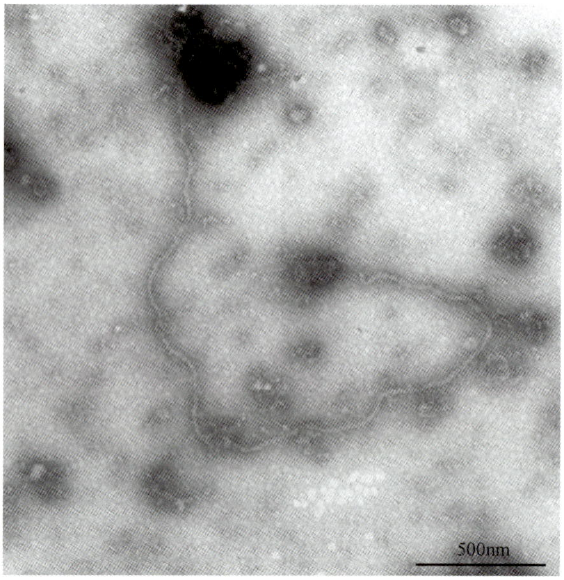

图 3-17　ToCV 粒子(呈线形)

直径约为 12nm，呈螺旋对称结构，螺距为 3.4～3.8nm。ToCV 的特征是含有重复的 CP 基因及与 HSP70 同源的编码区。HSP70 作为该科病毒最保守的蛋白质之一，它的主要功能是作为分子伴侣参与新生肽链的正确折叠，多亚基复合体的组装、解离、跨膜运输，以及提高细胞对各种恶劣环境的耐受性(赵黎明等，2014)。

(五)病毒检测方法

已经建立检测 ToCV 的 RT-PCR 方法及其相关的引物(表 3-1)。主要通过提取感病植物体内的 RNA，将其反转录成 cDNA，利用 ToCV 外壳蛋白和热激蛋白的特异性引物进行 RT-PCR 检测。经测序后与已登录的番茄褪绿病毒分离物序列信息进行比对分析，来确定被检测物是否为 ToCV 粒子。RT-PCR 检测是从核酸水平检测病毒，比血清学检测方法的灵敏度更高、特异性更强，检测病毒的范围也更广(Papayiannis et al.，2011)。

表 3-1　ToCV RT-PCR 检测引物

引物	序列(5′→3′)
F	AAACTGCCTGCATGAAAAGTCTC
R	AAACTGCCTGCATGAAAAGTCTC

组织印迹杂交检测方法，是以新鲜叶柄或茎的横截面为杂交样品印压到带正电荷的尼龙膜上，与 ToCV 特异探针进行杂交，来检测不同番茄材料是否含 ToCV 及其相对含量。虽然组织印迹不是一个定量技术(确定病毒积累)，但它在鉴定具有不同程度抗病性材料中病毒的相对含量时有用。组织印迹杂交法检测结果与 RT-PCR 法结果相近。此外，血清学检测技术也可应用于 ToCV 的检测。

(六)病毒防治方法

番茄褪绿病毒病具有暴发性和流行性，可能成为继番茄黄化曲叶病毒病之后的又一种重要病害。以“预防为主，综合防治”为指导思想，根据番茄褪绿病毒病和传毒媒介昆虫的发生规律及为害特点，从保护生物多样性、优化生产环境、尽可能消灭和减少病毒来源、种植抗病优质品种、减少化学农药的使用角度开展综合防控，实现蔬菜生产安全、蔬菜生态环境安全和蔬菜产品质量安全。

1. 农业防治

(1)选择抗病或耐病品种

选用适宜种植的抗病或耐病品种。目前工作中只发现两个抗病品种，分别为湖南省蔬菜研究所培育的钻红美丽和小公主。

(2)棚室清洁

育苗及定植前彻底清除棚内的枯枝落叶、杂草和自生苗等，并用 20%辣根素水乳剂 1～1.5L/hm^2 常温烟雾，或用 10%异丙威烟剂 7.5～9kg/hm^2 熏蒸，使用过程按照 GB8321 规定执行。

(3) 培育无病壮苗

采用 72 孔育苗盘基质育苗，早春茬白天温度控制在 23～32℃，夜间温度控制在 12～17℃。定植前进行低温炼苗，炼苗温度控制在 2～8℃，持续 7d。苗期全程用 60 目防虫网覆盖，育苗盘上方悬挂香精黄板。

(4) 诱虫植物种植

番茄定植 1 周后，温室主要通风处及两侧种植烟草，每隔 5～10m 种植 1 棵，对烟草使用内吸性杀虫剂进行灌根，对粉虱进行集中诱杀。

前风口是烟粉虱主要迁入通道，6 月下旬在前通风口外侧种植玉米，一是降低前风口处的温度，减少烟粉虱发生；二是对烟粉虱起到驱避作用。

(5) 延迟栽培

将番茄定植时间延后，避开由高温引起的烟粉虱盛发期。

2. 物理防治

(1) 高温闷棚及土壤熏蒸

6 月底 7 月初，棚内地面覆膜，膜下随水冲施 35%威百亩 40～60kg/亩熏蒸处理土壤，密闭棚膜闷棚 15～20d。

(2) 双网驱避

定植前 1 周内，温室顶部通风口、前通风口罩遮光率为 50%～70%的黑色遮阳网，起到驱避烟粉虱的作用。

(3) 降温处理

定植前 1 周内，将降温剂均匀喷洒于棚膜外侧，降低棚内温度，每亩用量为 15～20kg。

(4) 香精黄板防治

定植后，温室内悬挂香精黄板(20～30 片/亩)，挂置高度比植物顶端高 5～10cm。本标准采用 100mm、200mm、240mm 的香精黄板。

3. 生物防治

(1) 定植前施用

播种前用生物制剂沼泽红假单胞菌(有效活菌数≥2×10^8 个/mL) 300mL 兑水 30kg 浸种 15min。

(2) 定植后灌根

定植后，第 2～3 天缓苗后用生物制剂枯草芽孢杆菌(有效活菌数≥8×10^8 个/mL) 150～200 倍液灌根，每亩用量为 5L。

(3) 苗期、花期、幼果期喷施

用生物制剂沼泽红假单胞菌(有效活菌数≥5×10^8 个/mL) 以 1∶300 稀释喷雾，在番茄苗期、花期、幼果期集中喷施 2 或 3 次。

4. 化学防治

(1) 病毒病初期防控

番茄病毒病发病初期可喷施 2%宁南霉素水剂 250～300 倍液或 1.5%烷醇·硫酸铜

1000～1500 倍液、20%吗啉胍 500～1000 倍液、0.5%菇类蛋白多糖水剂 300～500 倍液等，每隔 5～7d 喷 1 次，连续喷 2～3 次。喷施时可以结合叶面肥、五丰盛等一起使用，提高效果。

(2)粉虱防控

番茄移栽时将 5%吡虫啉片剂(60～80g/亩)施入深 8cm 左右的定植穴内，确保施药点在根部周围，定植完成后浇水。

在番茄的生长前期、生长中期、生长后期分别用 22.4%螺虫乙酯悬浮剂 1000～2000 倍液、25%噻虫嗪水分散粒剂 2000～3000 倍液、77.2%霜霉威盐酸盐 2500～3000 倍液，分 3 次进行灌根处理，灌根量为 200mL/株。

在粉虱密度较低时(2～5 头/株)，可选用 22.4%螺虫乙酯悬浮剂 1000～2000 倍液、25%噻虫嗪水分散粒剂 2000～3000 倍液、30%啶虫脒微乳剂 4000～6000 倍液、70%吡虫啉水分散粒剂 2500～5000 倍液等交替施用进行防控。间隔 10～15d 喷施 1 次。

二、莴苣侵染性黄化病毒

莴苣侵染性黄化病毒(LIYV)属于长线形病毒科(*Closteroviridae*)毛形病毒属(*Crinivirus*)，是正义单链二分体 RNA 病毒，由甘薯粉虱(*Bemisia tabaci*，biotype A)特异性传播(Duffus et al.，1986；Cohen et al.，1992)。

(一)主要为害症状

该病毒在不同的寄主上发病严重程度不同，症状一般表现为叶脉间褪绿或变红(图 3-18)，叶缘卷曲增加组织脆性。

图 3-18　LIYV 在本氏烟(A)、生菜(B)及田间(C)发病症状

（二）寄主范围

LIYV 可以侵染茄科、葫芦科、藜科和菊科等 15 科至少 45 种植物，包括重要的经济作物和一些田间常见杂草。

（三）传播途径

LIYV 不能通过机械摩擦接种，该病毒以半持久非循环方式由甘薯粉虱（A 型）传播。粉虱获毒至少需 10min，持毒时间约为 3d。用高浓度的 LIYV 粒子饲喂粉虱后，会影响粉虱获得同属的莴苣褪绿病毒（*Lettuce chlorosis virus*，LCV）。

（四）组织病理学特征

LIYV 粒子严格限制在韧皮部，只存在于筛管、薄壁细胞、伴胞细胞中，偶尔也可在维管束鞘细胞检测到病毒（图 3-19）。感染 LIYV 后，寄主细胞内大量的细胞膜增生，叶绿体形态发生改变，线粒体增大，形成甜菜黄化病毒型的囊泡，长线形的病毒粒子积累，电子致密沉积在细胞膜上。

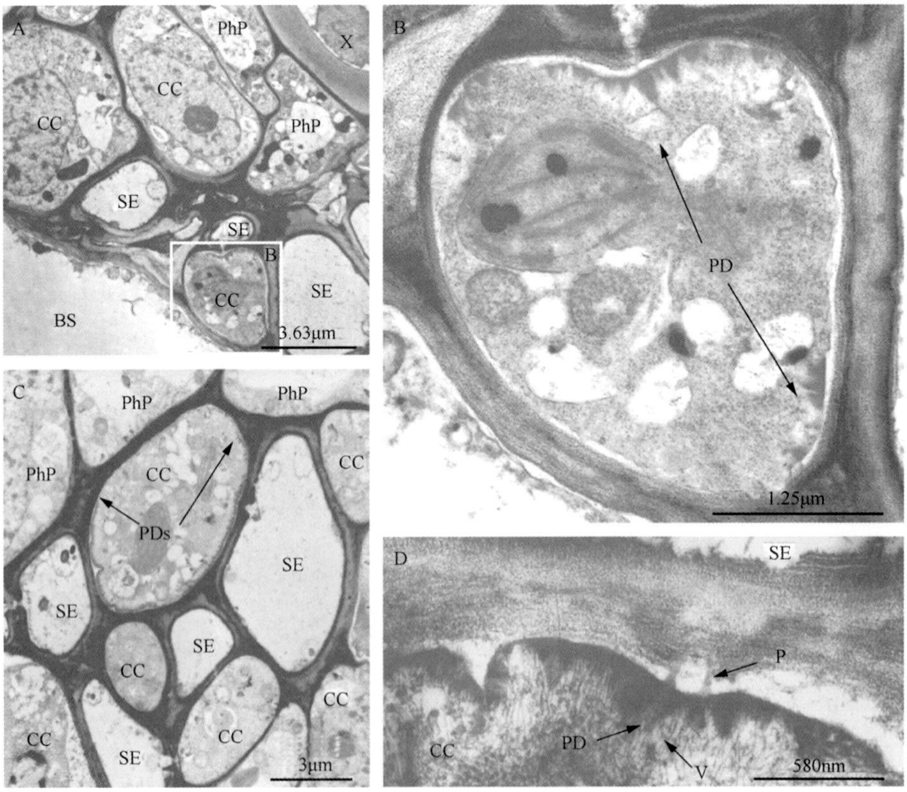

图 3-19　LIYV 在侵染植物内的分布

A. 本氏烟叶脉最细处维管组织中的 LIYV；B. 伴胞细胞细胞膜处存在 LIYV 聚集；C. 主叶脉维管组织；D. LIYV 粒子主要聚集于胞间连丝处（引自 Vicente Medina）。BS. 维管束；CC. 伴胞；P. 胞间连丝；PD. 细胞膜沉积物；PhP. 韧皮部薄壁细胞；SE. 筛分子；V. 病毒粒子；X. 木质部

（五）病毒粒子特性

LIYV 粒子呈长线形，长 1800～2000nm，宽 13～14nm，纯化的病毒粒子 A_{260}/A_{280}=1.28。利用 CP 及 CPm 蛋白的抗体进行免疫电镜（图 3-20），可观察到病毒粒子呈“响尾蛇”结构，CPm 蛋白分布在病毒粒子的一端，包裹着基因组 RNA 的 5′端（Hoefert et al.，1988）。

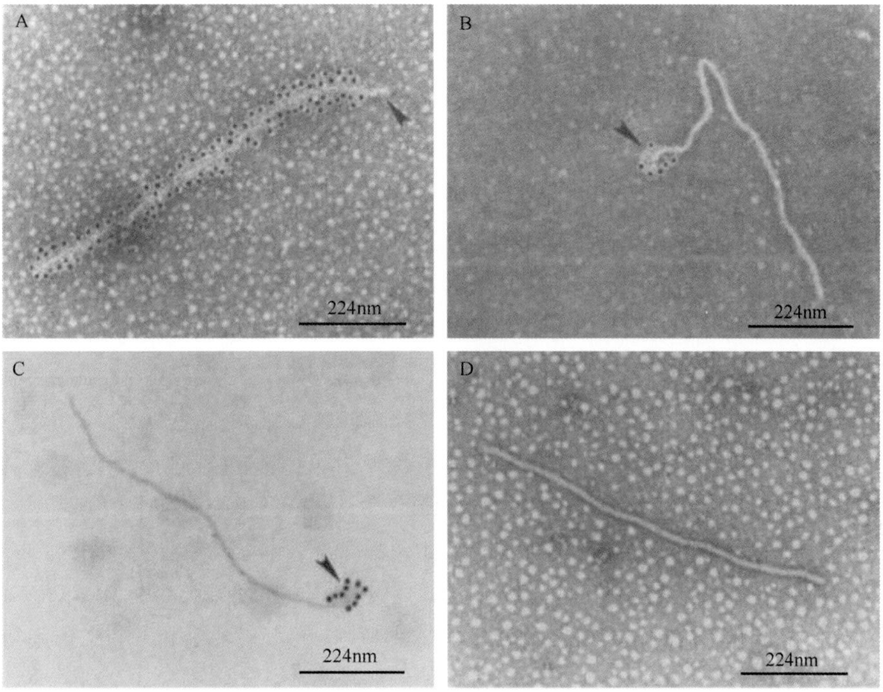

图 3-20 提纯的 LIYV 粒子的电镜及免疫标记分析（Tian et al.，1999）

A. 用 LIYV CP 蛋白的抗体标记；B，C. 用 LIYV CPm 蛋白的抗体标记；D. 用免疫前的血清标记。用连接 10nm 胶体金的羊抗兔来检测标记

（六）病毒纯化方法

取 100g 感染 LIYV 的植物组织，液氮研碎，将粉末加入 500mL 0.1mol/L Tris-HCl（pH 7.4，含 0.5% Na_2SO_3 和 0.5% 2-巯基乙醇）中，搅拌 10min。纱布过滤，向滤液中加入终浓度为 2%（*V*/*V*）的 Triton X-100，4℃搅拌 1h。混合物 10 000*g* 离心 10min。将上清液加在 4mL 20%（*V*/*V*）的蔗糖溶液顶部，蔗糖溶液溶剂为 TE（0.01mol/L Tris-HCl，pH 7.4，1mmol/L EDTA），93 000*g* 离心 2h。将沉淀加入 3mL TE 溶液中，过夜重悬浮。重悬浮液于 8000*g* 离心 10min。上清液加在 20%～60%（*V*/*V*）的蔗糖溶液中顶层，140 000*g* 进行密度梯度离心 5h，收集含有病毒粒子的蔗糖层，在 TE 溶液中进行透析。

（七）病害流行学

LIYV 在北美洲发生严重。20 世纪 80 年代末，美国加利福尼亚甘薯粉虱的密度达到 20 年代末首次报道以来的最高值，随之多种病毒病大面积发生，1982 年 LIYV 作为一种新病毒被报道，并在哈密瓜、胡萝卜、黄瓜、生菜、甜瓜、南瓜、红花、甜菜、西瓜和向日葵上均检测到该病毒。由于是初次出现，该病毒造成美国西南部沙漠地区的生菜 100%染病，造成产量损失 50%～75%。该病毒在甜菜、甜瓜和南瓜上的发病率一样高。粉虱密度迅速增加的原因并不明确，有可能是因为当年气温较高，杀虫剂的大量使用导致粉虱产生抗性，以及苗木的调运。1990 年初，甘薯粉虱渐渐被银叶粉虱（B 型）所取代，B 型粉虱传播 LIYV 的效率非常低。由于传播介体的转变及秋季瓜类作物的缺少，LIYV 逐渐消失。

（八）分子生物学特性（包括基因组结构）

LIYV 基因组由两条 RNA 链组成，RNA1 长约 8.1kb，RNA2 长 7.2kb。RNA1 包括 3 个 ORF，编码病毒复制相关蛋白，可单独进行复制，ORF1a 编码类木瓜蛋白酶（papain-like protease）、解旋酶（helicase）和甲基转移酶（methyltransferase）。ORF1b 通过+1 移码翻译，生成依赖于 RNA 的 RNA 聚合酶。ORF2 编码一个 34kDa 的蛋白质，该蛋白质能与 RNA 结合，与 RNA2 的高效复制相关，但与 RNA1 的复制无关（Yeh et al.，2000，2001；Wang et al.，2009b，2010）。RNA2 编码 7 个蛋白质，分别为 P5、热休克蛋白（the 70 kiloDalton heat shock protein，HSP70）、P59、P9、CP、CPm 及 P26（图 3-21）。其中 P5、HSP70h、P59、CP 和 CPm 被称为长线形病毒属特征基因模块（hallmark *Closterovirus* gene array）。预测 P5 是一个具有跨膜结构域的疏水蛋白，其余 4 个蛋白质均是病毒的结构蛋白，CPm 蛋白与粉虱传播 LIYV 有关，突变后粉虱不能传播，但不影响病毒在植株中的系统扩散。P26 蛋白诱导 LIYV 独特的病理性状、细胞膜沉积（PLD），且该蛋白质可与自身互作（Stewart et al.，2009a，2009b，2010）。

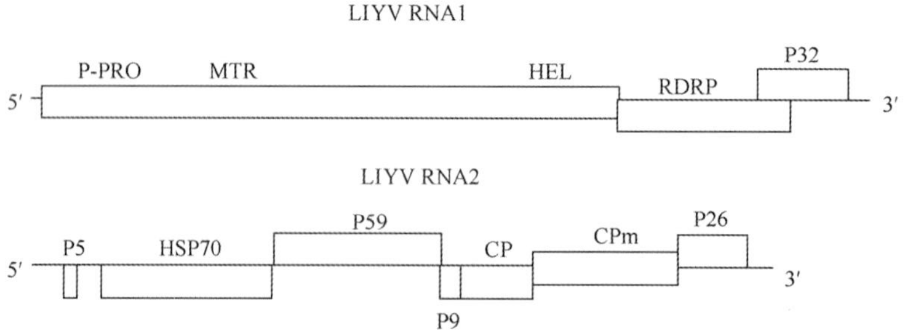

图 3-21　LIYV 基因组结构

1996 年，Klaassen 等构建 LIYV 的侵染性克隆，可侵染本氏烟原生质体，Wang 等（2009a）利用农杆菌使 LIYV 侵染性克隆成功侵染烟草植株并表现症状。烟草原生质体接种 LIYV 侵染性克隆后 12h，可检测到 RNA1 的子代及亚基因组 RNA，接种后 24h 其复制达到最高水平，RNA2 的复制晚于 RNA1。

（九）病毒防治方法

避免在 7～8 月粉虱高发期种植莴苣及培育甜菜、胡萝卜苗，以减少带毒粉虱的量；种植抗 LIYV 的品种。1998 年，James 等发现抗 LIYV 的甜瓜品种 PI313970（McCreight，1998，2000）。

第三节　粉虱持久性传播的蔬菜病毒

粉虱传播的持久性蔬菜病毒主要是双生病毒科（*Geminiviridae*）菜豆金色黄花叶病毒属（*Begomovirus*）的成员，主要由烟粉虱传播，白粉虱未见报道。菜豆金色黄花叶病毒属是双生病毒中为害群体大、地理分布广、侵染寄主多的一个属，是一类具有孪生颗粒形态的单链环状 DNA 病毒。该属病毒在番茄、木薯、棉花等经济作物上引起严重危害，给世界农业生产造成巨大损失。该属病毒传播的持久性蔬菜病毒主要是番茄黄化曲叶病毒（*Tomato yellow leaf curl virus*，TYLCV）和南瓜曲叶病毒（*Squash leaf curl virus*，SLCV）。

菜豆金色黄花叶病毒属隶属于双生病毒科。大多数具有经济重要性的双生病毒都为菜豆金色黄花叶病毒属病毒，该属现有 322 种。该属病毒在世界范围内广泛分布，是双生病毒科中最大、在生产上危害最严重的一个属。其中，TYLCV 最为典型与复杂。

该属是双生病毒科最具有经济价值的一个属，一般由烟粉虱以持久性方式传播，因而也被称为粉虱传双生病毒（*Whitefly transmitted geminivirus*，WTG）。随着近年来全球气候的日益变暖、经济社会的发展、耕作制度的改变、全球一体化和农产品国际贸易的增长及人类活动的扩展，其传播介体烟粉虱赖以越冬的地域不断北移，最终造成双生病毒病害在全球范围内大面积暴发，成为全球性的植物病毒病害。据报道，目前已有 50 多个国家的作物遭受此类病毒的严重为害，给棉花、番茄、木薯、烟草等经济作物的生产造成了巨大的经济损失。

下面重点介绍番茄黄化曲叶病毒。

双生病毒病是世界上许多地区番茄上的重要病害，发病田块可造成巨大的经济损失。近年来研究发现双生病毒科共包括 200 多个病毒种，其成员既可以侵染单子叶植物，又可以侵染双子叶植物。双生病毒引起的云南烟草曲叶病害在局部田块病株率可高达 70%，使得烟草产量及质量严重下降。在广东和广西一些地区，双生病毒引起的病毒病害普遍发生在番茄、番木瓜上，一些发病严重地区病株率高达 30%～50%。而在所有侵染番茄的双生病毒中，*Begomovirus* 的 TYLCV 发现最早，且危害最为严重，在最重要的 10 种植物病毒中排第三位，目前在非洲、亚洲、欧洲、美洲等世界各地都有发生。

在我国，由双生病毒引起的番茄黄化曲叶病是近几年番茄上发生面积最大、发展速度最快、危害最严重的病毒病。20 世纪 80 年代，双生病毒造成的危害首次在我国被注意。自 2006 年在上海市番茄上发现 TYLCV 后（张穗等，2006），此后 5 年间，江苏省、山东省、北京市、河北省相继报道该病毒的发生(Zhang et al., 2008; Zhou et al., 2010)。该病害发展凶猛，并呈现由南向北扩散蔓延的趋势，造成了严重的经济损失，已经成为影响全世界番茄生产的主要限制因素之一。据各地植保部门不完全统计，目前我国 TYLCV 每年的发生面积超过 6.7 万 hm^2，发病地块减产严重，个别严重的发病地块甚至绝收，经济损失超过 20 亿美元。该病害主要为害番茄，发病的番茄叶片黄化、卷曲、完全皱缩，因病害侵染时期和植株生长状态减产 20%～100%。除为害番茄外，已有为害辣椒(*Capsicum frutescens*)、烟草(*Nicotiana tabacum*)和南瓜(*Cucurbita moschata*)的报道。

(一) 主要为害症状

感染 TYLCV 的病株症状与病毒分离物、寄主的遗传背景、环境条件及植株的生长阶段有关。一般情况下，会出现顶部叶片边缘上卷、叶片皱缩卷曲、叶片黄化、植株生长迟滞或矮化等症状。发病初期的症状主要表现为植株上部叶片变小，顶端叶片边缘轻微黄化上卷，叶脉间叶肉发黄，整个叶片褶皱、萎缩；后期发病症状主要表现为叶脉变紫，叶片变形焦枯，开花结果异常，严重影响产量和品质(图 3-22，图 3-23)。

图 3-22　番茄感染 TYLCV 的症状

图 3-23　番茄黄化曲叶病毒泰国分离物(TYLCTHV)为害的番茄

（二）寄主范围

TYLCV 的寄主十分广泛，该病毒除可以侵染各种茄科作物外，还可以侵染豆科、葫芦科、十字花科等多种作物，而苋科、大戟科等多种杂草(作为 TYLCV 的中间寄主)成为此病毒的重要侵染源。

（三）传播途径

烟粉虱(B 型)是番茄黄化曲叶病毒病的主要传毒介体，其获毒后可终生传毒，而且烟粉虱通过产卵可以将该病毒传播到其后代，这些后代在病毒的非寄主植物上发育至成虫后，可以迁移到新的寄主植物上传播病毒，使后者感染病毒发病。

成虫一般在顶叶背面活动，传播病害，植株中下部叶片多为卵虫和幼虫，番茄种子不传毒。机械摩擦和种子不传毒，嫁接可导致病毒传播。

（四）病毒粒子特性

菜豆金色黄花叶病毒属的病毒粒子为双联体结构，每个粒子大小为 18nm×30nm，无包膜，由两个不完整的二十面体组成，共有 22 个五聚体壳粒，是有效的免疫源。其相对分子质量为 2.6×10^6～4.2×10^6，标准沉降系数 S_{20W}=69～76S(图 3-24)。

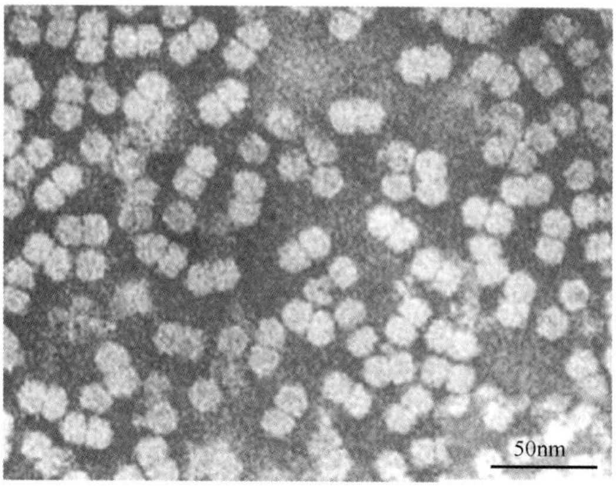

图 3-24　番茄金色黄花叶病毒粒子形态

（五）组织病理学特征

该属病毒在寄主植物中的分布局限于韧皮部及相邻的薄壁细胞，病毒侵染后细胞核呈现明显的病理变化，核膨大并形成颗粒状结构和纤维状结构，纤维状物质可浓缩成各种大小的环(图 3-25)。病毒粒子在细胞核中形成大的聚集体，有的呈结晶状排列，有的几乎充满整个细胞核，病毒样颗粒也在成熟韧皮部筛管中或未成熟韧皮部分裂的细胞核中观察到。细胞化学实验证明核中的颗粒状物质主要是核糖核蛋白，纤维状物质主要是脱氧核糖核蛋白，纤维环可能是病毒复制装配的场所。

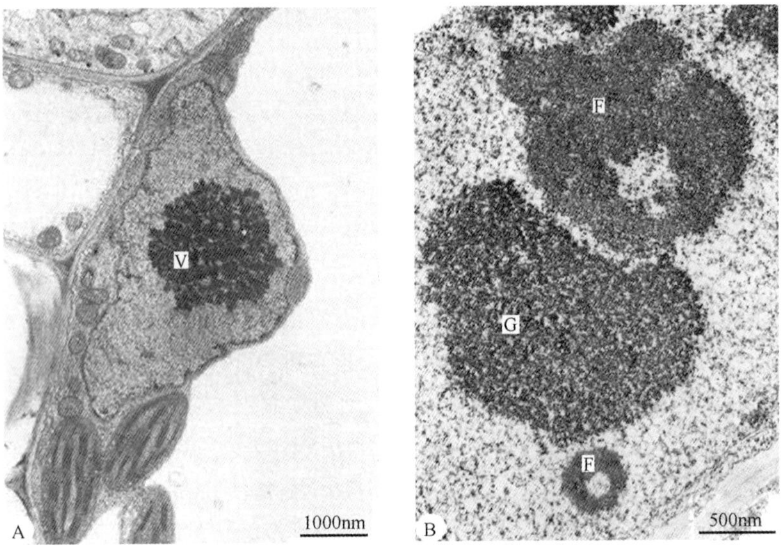

图 3-25　感染菜豆金色黄花叶病毒的菜豆叶片细胞

图示细胞核中的电子致密物质菜豆金色黄花叶病毒引起的细胞核内颗粒状结构和纤维状环；F. 纤维状环；G. 颗粒状结构；V. 病毒粒子

(六)病害流行学

早在 20 世纪 60 年代到 70 年代末，这种由烟粉虱介导传播的病毒病就开始在中东地区的许多国家流行；80 年代末 90 年代初，非洲、欧洲、美洲和亚洲的许多国家也相继发现 TYLCV。目前，TYLCV 已经成为全世界番茄生产的主要限制因素之一。我国于 2005 年开始，在广东、广西、江苏、上海、浙江、河南、山东等地的番茄主产区大面积暴发番茄黄化曲叶病毒病，给番茄生产造成巨大的经济损失。

该病毒的主要传播途径有两条，人为因素和自然因素。其中，B 型烟粉虱是造成 TYLCV 大面积传播蔓延的主要途径。烟粉虱是 TYLCV 的主要传毒介体，隶属于半翅目粉虱科小粉虱属。我国的双生病毒主要由 B 型烟粉虱传播。人为因素传播：带毒苗远距离异地种植传播。机械摩擦不传毒，种子和嫁接可以导致病毒传播。自然因素传播：以带毒 B 型烟粉虱为传播媒介，一旦刺吸为害感染病毒的番茄后，再取食健康植株时即能把病毒传入健康植株。烟粉虱各龄期均能获取和传播病毒。一般情况下，在感病植株刺吸 5～15min 即可染毒，获毒 30min 后具备传毒能力且可连续传毒 20d，单头虫传毒可导致 18.5%植株发病。低密度的烟粉虱就能导致病毒的扩散与流行，B 型烟粉虱一旦获毒终生带毒，除可通过带毒植株向健康植株传毒外，还可以通过交配造成烟粉虱之间交叉平行传播，同时还可以通过生殖行为传播给下一代，即垂直传播。烟粉虱繁殖力超强、扩散迅速，每代 15～40d，具有迁飞性、暴发性、毁灭性特征。B 型烟粉虱虫口数量增长快且传毒能力强，是导致近年来烟粉虱暴发、番茄黄化曲叶病毒病流行的主要原因。

(七)作物品种对 TYLCV 的抗性

随着 B 型烟粉虱的扩散传播，番茄黄化曲叶病毒病在我国有逐年加重蔓延的趋势，选育抗 TYLCV 的品种是当务之急。实践表明，选育抗病品种是防治 TYLCV 最为经济、环保、有效的方法。普通栽培番茄中不具有 TYLCV 的抗病基因，对野生番茄的抗病筛选结果表明，在醋栗番茄、秘鲁番茄、多毛番茄、智利番茄及契斯曼尼番茄中均存在抗病基因。目前，已经对一些抗 TYLCV 的主效基因进行了定位并建立了分子标记，分子标记辅助育种的应用必将加快抗 TYLCV 番茄品种的选育进程（杨悦俭等，2011）。

在所有野生番茄中，醋栗番茄是最适于育种的，因为它们与栽培种杂交无障碍，并且果实大小可以通过连续回交得以恢复。虽然在醋栗番茄中筛选到了抗病材料，但目前为止其并没有成为育种的主要抗性资源。秘鲁番茄、多毛番茄和智利番茄中的一些材料以较强的抗病性在育种中应用最多。智利番茄作为非常重要的抗病资源，已经从中定位了 2 个主效基因并建立了分子标记，目前市场上推广的抗病品种大多含有来自智利番茄中的抗病基因。目前许多公司已经将 *Ty-1* 基因导入商品种中。Ji 等（2007）在智利番茄 LA2779 中定位了另一个抗 TYLCV 的主效基因 *Ty-3*，定位于第 6 染色体标记 CLEG-31-P16（20cM）和 T1079（27cM）之间，该基因表现出加显效应。Ji 等（2009）在智利番茄 LA1932 第 3 染色体标记 C2_At4g17300（81.0cM）和 C2_At5g60160（83.3cM）之间又定位了抗 TYLCV 的基因 *Ty-4*。目前多毛番茄中已经筛选到大量抗 TYLCV 的材料，如 LA0386、LA1252、LA1295、LA1352、LA1393、LA1624、LA1691、LA1777、B6013 等，并从中选育出重要的育种材料 Ih902、FAVI9 和 H24。*Ty-2* 是亚洲蔬菜研究与发展中心（AVRDC）最先应用在育种上的抗病基因，亚洲及其他地方的种子公司也已经将该基因应用到育种上。

由于 TYLCV 对番茄生产存在严重威胁，而选育抗病品种是防治这一病害最有效的方法，因此全世界的育种家正在积极选育抗病品种、育种材料，或筛选适合当地的品种，目前已经取得了一定进展。国外多家种子公司已经释放了抗（耐）TYLCV 的番茄品种，如以色列海泽拉公司已经陆续推出适于露地和温室种植的抗（耐）TYLCV 品种，有无限生长型的品种 Bonity、Tracie、Tyler、Corazon、V1、V3 和 Felicity 等，有限生长型的品种 Christy、Annan、Shanty（HA）3073 等；美国圣尼斯公司推出的抗（耐）TYLCV 番茄品种 Tygress；以色列泽文种子有限公司推出了 Hawai、iToviKing、ToviPlum、ToviRoca、Amaretto、Rosario、VT-60774 和 Zumuruda 等抗（耐）TYLCV 番茄品种。我国的王冬生等（2006）对 15 个栽培品种的田间调查表明，只有串红番茄品种 Ym1 和 Tmp1 未见发病，表现为抗（耐）TYLCV，湖南省蔬菜研究所张战弘等通过从国外引进番茄资源，结合我国自有资源，选育出“钻红”系列高抗 TYLCV 的番茄新品种。另外，国内引进的抗（耐）病番茄品种大红番茄 SQ9、中小型红番茄 SQ10 和红樱桃番茄 SQ13 等在生产上具有明显的抗病性。王旭强等（2008）从法国利马格兰集团引进并筛选出抗 TYLCV 品种 CLX37235，取名佳美。江苏省农业科学院蔬菜研究所利用 *Ty-2* 抗病基因，成功地培育出高抗番茄黄化曲叶病的番茄新品种苏红 9 号（赵统敏等，2009），该品种的果实产量高且品质好，还不易感病。此外，中国农业科学院蔬菜花卉研究所、上海市农业科学院等单位正在积极选育抗 TYLCV 的品种，并有望近期在生产上推广应用。

(八)病毒株系

Czosnek 和 Laterrot(1997)以以色列 TYLCV-ISR 分离物的序列为探针，与来自 25 个国家 45 个地点采集的感染 TYLCV 的番茄样本进行杂交，结果表明，来自中东地区的 6 个国家及古巴和多米尼加共和国的病毒分离物与 TYLCV-ISR 分离物亲缘关系较近，表明这些国家的 TYLCV 可能是由同一病毒分离物侵染致病的。同时，对来自 11 个国家的 14 个 TYLCV 分离物的 CP、复制相关蛋白(REP)及基因间隔区(IR)的氨基酸序列进行进化树分析，结果将病毒分为 3 个群体，群 1 来自非洲、中东和地中海地区；群 2 来自印度、远东和澳大利亚地区；群 3 来自美洲地区。

目前，对 TYLCV 分离物的鉴定结果表明，大多数地区或国家的分离物都与来自以色列和意大利撒丁岛的分离物 TYLCV-IS、TYLCV-SAR 的亲缘关系较近，或是这两种分离物的变异。有学者将古巴的 TYLCV 分离物分成 2 种，一种与 TYLCV-IS 亲缘关系近，另一种比 TYLCV-IS 分离物的分子质量小(Zubiaur et al.，1996；Accotto et al.，2003)。1998 年日本静冈县和爱知县首次发现 TYLCV，同源比对发现，与来自以色列的分离物 TYLCV-IS-M 同源关系达到 98%(Kato et al.，1998)。截至 2004 年，日本已经发现 8 个 TYLCV 分离物，全序列测定将这些分离物分成 3 组，分别是来自静冈县的 TYLCV-SZ、爱知县的 TYLCV-AI 和长崎县的 TYLCV-NG 分离物，其中 AI 和 SZ 分离物与 TYLCV-IS-MID 亲缘关系最近，而 NG 与 TYLCV-IS 亲缘关系最近(Ueda et al.，2004)。大多数 TYLCV 分离物都是单组分的双生病毒，除泰国的分离物外，泰国主要有 3 种分离物，分别是来自泰国清迈、廊开府和色军的 TYLCTHV-CM、TYLCTHV-NK 和 TYLCTHV-SK。对我国的一些分离物研究表明，广西 TYLCV 分离物 TYLCV-CHI 可能是一种新的双生病毒，与其他国家的 TYLCV 同源性低(刘玉乐和蔡健和，1998)；广东番茄曲叶病毒病与中国台湾的番茄曲叶病毒病(TOLCTWV) DNA-A 的序列一致性达到 97.7%，而与目前中国大陆所有报道的双生病毒存在明显的差异，由此表明广东番茄曲叶病毒病是由 TYLCV 的 1 个分离物侵染引起的(何自福等，2007)；对上海分离物 TYLCV-SH10 的分析表明，其与中国 TYLCC-NV 分离物亲缘关系较远，而与美国的分离物 TYLCV-USA 有 99.28%的同源性，表明该小种是美国或非洲 TYLCV 的一个分离物(Zhang et al.，2008)。

(九)分子生物学特征

菜豆金色黄花叶病毒属病毒可分为双组分和单组分两类，双组分双生病毒的基因组含有 2 条大小为 2.5～3.0kb 的基因组，即 DNA-A 和 DNA-B；而单组分双生病毒的基因组只含有 1 条大小为 2.5～3.0kb 的基因组，其基因组结构类似于双组分双生病毒的 DNA-A。其中 DNA-A 编码与病毒的复制、包裹及基因表达调控相关的蛋白质，DNA-B 编码与病毒运动有关的蛋白质。除泰国 TYLCV 分离物属于双组分的双生病毒外，其他的 TYLCV 分离物均属于单组分双生病毒，如来自以色列、萨丁岛、西西里岛、埃及和西班牙等地的 TYLCV 分离物都只含有 2.7～2.8kb 的单组分 DNA-A；而来自泰国的 TYLCV 分离物则含有 DNA-A 和 DNA-B 双组分的 2.8kb 的分子。近年来对中国番茄黄化曲叶病毒病(TYLCCNV)和烟草曲茎病毒(TbCSV)、巴基斯坦棉花曲叶病毒(CLCuV)及秋葵黄脉花叶病毒(BYVMV)等的研究发现，这类单组分双生病毒伴随着一类新型的卫星分子，称为 DNAβ。DNAβ 对于这些病害诱导典型症状是必需的，它的复制、包裹、移动和介体传播等都依赖辅助病毒的 DNA-A，如中国番茄黄化曲叶病毒病分离物 TYLCCNV-Y10 的 DNA-A 能够在植物中产生系统侵染，但并不产生任何症状，而 DNAβ 对于 TYLCCNV-Y10 在烟草和番茄等寄主上诱导的曲叶症状是必需的。DNAβ 与辅助病毒复合侵染引起的复合体病害通常会给作物造成毁灭性的危害(Mansoor et al.，2006)。DNAβ 的基因组大小约为 1.3kb，约为其辅助病毒基因组的一半。DNAβ 的互补链上编码一个位置和序列都比较保守的 βC1 蛋白。前人对 βC1 进行突变分析发现，突变的 DNAβ 与辅助病毒共同接种植物后，不再诱导植物产生典型的病害症状，而表达 βC1 的转基因植物却能够引起寄主植物产生类似病毒感染的症状，这表明 βC1 蛋白是症状决定因子。并且，βC1 还能够参与病毒的运动(Saeed et al.，2007)。同时，βC1 还能够抑制寄主的茉莉酸(jasmonic acid，JA)信号转导途径，并且可以作为 RNA 沉默抑制子抑制寄主的 RNA 沉默防卫反应(Cui et al.，2005；Yang et al.，2008；李方方，2014；Li et al.，2014)。

(十)病毒检测方法

目前对 TYLCV 的鉴定主要有以下几种方法。

1. 昆虫介体接种法

由于 TYLCV 不能通过人工摩擦接种和机械传毒，因此，必须利用烟粉虱进行接种，然后调查植株的症状以鉴定 TYLCV(Picó et al.，1998)。此方法是常用的鉴定方法，但会受到生长条件、气候、土壤等外界环境的影响。

2. 血清学检测

利用已知的病毒抗体对感病样本进行检测，观察抗体抗原反应来鉴定 TYLCV 的分离物，此方法能有效地检测纯化的 TYLCV 分离物，但对粗提物的检测不是很准确。ELISA 方法主要有双抗体夹心 ELISA 法(DAS-ELISA)、三抗体夹心 ELISA 法(TAS-ELISA)等(Accotto and Noris，2007)。

3. TYLCV 特异 DNA 探针分子杂交

此方法灵敏度高，可以对低浓度的 TYLCV 进行检测。分子杂交方法可以利用带有标记的 DNA 探针对 TYLCV 整个基因组或部分基因组进行检测和鉴定。此法可以区分 TYLCV 的不同株系，并且快速简便，在 TYLCV 的鉴定及基因序列同源性分析、TYLCV 大规模流行病研究和抗 TYLCV 育种等方面得到广泛的应用(Rubio et al.，2003)。

4. PCR 法

近年来，PCR 分子检测技术以其灵敏性高、无放射性等优点，正广泛地应用于番茄植株和介体烟粉虱体内 TYLCV 的检测。

5. 第二代测序法

第二代测序由于其具有测序准确快速、高通量等优点，其在病毒学的研究中也有着十分广泛的应用，其中最重要的应用之一是将第二代测序应用于病毒资源的挖掘和鉴定中。基于第二代测序技术鉴定病毒的检测手段主要是利用宏基因组测序技术及小 RNA 深度测序(small RNA deep sequencing)技术。胡浅浅(2016)利用宏基因组测序技术，在云南、浙江、山东地区采集的烟粉虱样品中均检测到中国番茄黄化曲叶病毒 TYLCCNV。

（十一）病毒防治方法

粉虱是 TYLCV 的主要传播媒介，防病的主要途径是防止烟粉虱的侵入。目前对于 TYLCV 的防治主要有以下几种方法(何自福等，2007；吴永汉等，2007)。

1. 化学防治

国内番茄生产上应用的主要抗病毒药剂有 20%毒克星、2%菌克毒克、50%消菌灵和高锰酸钾等，但防治效果不明显，至今还未发现可以抵制该病毒的有效药物。另外可以选择的杀虫剂主要有阿克泰、吡虫啉和蚊蝇醚等。

2. 物理防治

物理防治包括防虫网覆盖栽培，挂黄板诱杀，清除周围杂草及寄主植物，摘除老叶病叶，减少虫口密度，调整种植时期，选择冬春等不适于烟粉虱繁殖的低温季节播种等。

3. 生物防治

利用烟粉虱的寄生性或捕食性天敌对其进行防治。覆盖防虫网能够有效地控制烟粉虱的带毒传播，使用 50～60 目防虫网配合杀虫剂可在一定范围内控制该病害。另外，种植番茄应尽量避免烟粉虱的高发期，错开其种群的高峰期，对于控制该类病害有极好的效果。

4. 田间管理

培育无虫无病壮苗是关键。烟粉虱特别偏嗜番茄幼苗，番茄植株受害愈早发病愈重，所以防病要从幼苗抓起，做到早防早控，力争少发病或不发病。因此培育无虫苗是防治烟粉虱及 TYLCV 的关键措施。同时要尽量避免与茄科蔬菜连作，有研究表明番茄间作菜用大豆、玉米、红薯和黄瓜等对 TYLCV 有一定防效。然后要加强肥水管理，以增强植株抗病能力。对换茬大棚在栽种前要清除烧毁上茬的残枝、落叶，使用磷酸三钠、敌敌畏、甲醛等对大棚进行全面消毒，并闭棚 3d 以上，减少烟粉虱虫口数量，防止番茄黄化曲叶病毒病对下茬的传染。

5. 选用抗病或耐病优良品种

目前生产上推广的番茄品种多数为感病品种，因此，加强培育适合当地栽培的抗、耐病番茄品种是防治的关键措施之一。红果品种选先正达的齐达利、拉比，海泽拉的飞天；粉果品种选圣尼斯的欧冠，先正达的迪芬尼，法国的宝丽、金棚 11 号等。筛选使用抗病品种是防治 TYLCV 最经济、环保、有效的方法。

6. 遗传工程防治

通过转基因的方法转入病毒的正向或反向基因，从而使植物产生对 TYLCV 的抗性，目前有学者已经将 TYLCV 的 CP、复制相关蛋白(REP)、非编码保守区等的基因进行了功能验证，实验结果表明这些基因可以改善番茄对 TYLCV 的抗性。

参 考 文 献

何自福, 虞皓, 毛明杰, 等. 2007. 中国台湾番茄曲叶病毒侵染引起广东番茄黄化曲叶病. 农业生物技术学报, 15(1): 119-123.

胡浅浅. 2016. 宏基因组测序研究介体烟粉虱中的双生病毒多样性. 杭州: 浙江大学硕士学位论文.

孔亚丽, 王勇. 2016. 保护地番茄褪绿病毒病的发生及其防控措施. 农业科技通讯, (4): 202-203.

李方方. 2014. 中国番茄黄化曲叶病毒卫星DNA抑制转录后基因沉默的机理研究. 杭州: 浙江大学博士学位论文.

刘永光, 魏家鹏, 乔宁, 等. 2014. 番茄褪绿病毒在山东暴发及其防治措施. 中国蔬菜, 1(5): 67-69.

刘玉乐, 蔡健和. 1998. 中国番茄黄化曲叶病毒——双生病毒的一个新种. 中国科学: C辑, 28(2): 148-153.

田晓, 李玲娣, 刘金香. 2013. 半持久性病毒的介体传播机制研究进展. 生物技术通报, (7): 48-53.

王冬生, 匡开源, 张穗, 等. 2006. 上海温室番茄黄化曲叶病毒病的发生与防治. 长江蔬菜, (10): 25-26.

王富, 李文丽, 王辉. 2016. 番茄褪绿病毒病与黄化曲叶病毒病的区别及防控. 长江蔬菜, (5): 45-46.

王旭强, 徐金和, 陈志东. 2008. 番茄抗黄化曲叶病毒品种筛选初报. 上海蔬菜, (1): 22-23.

王志荣, 王孝宣, 杜永臣, 等. 2016. 番茄褪绿病毒病研究进展. 园艺学报, 43(9): 1735-1742.

王子崇, 杨红丽. 2015. 番茄褪绿病毒病的发生与防治. 长江蔬菜, (15): 55-56.

吴永汉, 张纯胄, 许方程, 等. 2007. 温州地区番茄曲叶病毒病发生与防治. 中国蔬菜, (5): 57-58.

杨悦俭, 周国治, 王荣青, 等. 2011. 抗番茄黄化曲叶病毒病品种种植中的问题与对策. 中国蔬菜, (21): 1-4.

张穗, 王冬生, 瞿培荣, 等. 2006. 上海市番茄黄化曲叶病毒(TYLCV)病的初步鉴定. 上海农业学报, 22(3): 126.

赵黎明, 李刚, 刘永杰, 等. 2014. 侵染番茄的番茄褪绿病毒山东泰安分离物的分子鉴定和序列分析. 植物保护, (5): 34-39.

赵汝娜, 王蓉, 师迎春, 等. 2014. 侵染甜椒的番茄褪绿病毒的分子鉴定. 植物保护, 40(1): 128-130.

赵统敏, 余文贵, 赵丽萍, 等. 2009. 抗番茄黄化曲叶病毒病优质高产杂交番茄新品种——苏红9号. 江苏农业学报, 25(2): 259.

周涛, 杨普云, 赵汝娜, 等. 2014. 警惕番茄褪绿病毒在我国的传播和危害. 植物保护, (5): 196-199.

Accotto G P, Bragaloni M, Luison D, et al. 2003. First report of tomato yellow leaf curl virus (TYLCV) in Italy. Plant Pathology, 52(6): 799.

Accotto G P, Noris E. 2007. Detection methods for TYLCV and TYLCSV // Czosnek H. Tomato Yellow Leaf Curl Virus Disease. Netherlands: Springer: 241-249.

Anon. 1951. Capsid research: chemical control. Annual Report of West African Cocoa Research Institute, 1949-50: 40-42.

Barjoseph M, Gumpf D J, Dodds J A, et al. 1985. A simple purification method for citrus tristeza virus and estimation of its genome size. Phytopathology, 75(2): 195-198.

Bock K R, Conti M. 1974. Cowpea aphid-borne mosaic virus. CMI/AAB Descriptions of Plant Viruses, 134: 4.

Bock K R. 1973. Peanut mottle virus in East Africa. Annals of Applied Biology, 74(2): 171-179.

Brunt A A, Kenten R H. 1973. Cowpea mild mottle, a newly recognized virus infecting cowpeas (*Vigna unguiculata*) in Ghana. Annals of Applied Biology, 74(1): 67-74.

Chant S R. 1959. Viruses of cowpea, *Vigna unguiculata* L. (Walp.), in Nigeria. Annals of Applied Biology, 47: 565.

Cohen S, Duffus J E, Liu H Y. 1992. A new *Bemisia tabaci* biotype in the southwestern United States and its role in silverleaf of squash and transmission of lettuce infectious yellows virus. Phytopathology, 82: 86-90.

Costa H S, Brown J K. 1991. Variation in biological characteristics and esterase patterns among populations of *Bemisia tabaci*, and the association of one population with silverleaf symptom induction. Entomologia Experimentalis et Applicata, 61 (3) : 211-219.

Cui X, Li G, Wang D, et al. 2005. A begomovirus DNA β-encoded protein binds DNA, functions as a suppressor of RNA silencing, and targets the cell nucleus. Journal of virology, 79 (16) : 10764-10775.

Czosnek H, Laterrot H. 1997. A worldwide survey of tomato yellow leaf curl viruses. Archives of Virology, 142 (7) : 1391-1406.

De Barro P J, Driver F, Trueman J W, et al. 2000. Phylogenetic relationships of world populations of *Bemisia tabaci* (Gennadius) using ribosomal ITS1. Molecular Phylogenetics and Evolution, 16 (1) : 29-36.

Duffus J E, Duffus J E, Flock R A. 1982. Whitefly-transmitted disease complex of the Desert Southwest. California Agriculture, 36: 4-6.

Duffus J E, Larsen R C, Liu H Y. 1986. Lettuce infectious yellows virus—a new type of whitefly-transmitted virus. Phytopathology, 76 (1) : 97-100.

Gaspar J O, Belintani P, Almeida A M, et al. 2008. A degenerate primer allows amplification of part of the 3′-terminus of three distinct carlavirus species. Journal of Virological Methods, 148 (1-2) : 283-285.

Gibbs A, Ohshima K. 2010. Potyviruses and the digital revolution. Annual Review of Phytopathology, 48: 205-223.

Gumpf D J, Barjoseph M, Dodds J A. 1981. Purification of citrus tristeza virus on sucrose-Cs_2SO_4 cushion gradients and estimation of its RNA size. Phytopathology, 71: 878.

Hoefert L L, Pinto R L, Fail G L. 1988. Ultrastructural effects of lettuce infectious yellows virus in *Lactuca sativa* L. Journal of Ultrastructure and Molecular Structure Research, 98: 243-253.

Ji Y F, Schuster D J, Scott J W. 2007. *Ty-3*, a begomovirus resistance locus near the tomato yellow leaf curl virus resistance locus *Ty-1* on chromosome 6 of tomato. Molecular Breeding, 20 (3) : 271-284.

Ji Y F, Scott J W, Schuster D J, et al. 2009. Molecular mapping of *Ty-4*, a new tomato yellow leaf curl virus resistance locus on chromosome 3 of tomato. Journal of the American Society for Horticultural Science American Society for Horticultural Science, 134 (2) : 281-288.

Johnson D D, Walker G P, Creamer R. 2002. Stylet penetration behavior resulting in inoculation of a semipersistently transmitted closterovirus by the whitefly *Bemisia argentifolii*. Entomologia Experimentalis et Applicata, 102 (2) : 115-123.

Karasev A V. 2000. Genetic diversity and evolution of closteroviruses. Annual Review of Phytopathology, 38: 293-324.

Kassanis B, Govier D A. 1971a. Role of the helper virus in aphid transmission of potato aucuba mosaic virus and potato virus C. Journal of General Virology, 13 (2) : 221-228.

Kassanis B, Govier D A. 1971b. New evidence on the mechanism of transmission of potato C and potato aucuba mosaic viruses. Journal of General Virology, 10: 99-101.

Kato K, Onuki M, Fuji S, et al. 1998. The first occurrence of tomato yellow leaf curl virus in tomato (*Lycopersicon esculentum* Mill.) in Japan. Japanese Journal of Phytopathology, 64 (6) : 552-559.

Klaassen V A, Boeshore M L, Koonin E V, et al. 1995. Genome structure and phylogenetic analysis of lettuce infectious yellows virus, a whitefly-transmitted, bipartite closterovirus. Virology, 208 (1) : 99-110.

Klaassen V A, Boeshore M, Dolja V V, et al. 1994. Partial characterization of the lettuce infectious yellows virus genomic RNAs, identification of the coat protein gene and comparison of its amino acid sequence with those of other filamentous RNA plant viruses. Journal of General Virology, 75(7): 1525-1533.

Klaassen V A, Mayhew D, Fisher D, et al. 1996. *In vitro* transcripts from cloned cDNAs of the lettuce infectious yellows closterovirus bipartite genomic RNAs are competent for replication in *Nicotiana benthamiana* protoplasts. Virology, 222(1): 169-175.

Lamptey P, Hamilton R I. 1970. Studies on Ghanaian and American cowpea viruses. Phytoprotection, 51: 151.

Li F, Huang C, Li Z, et al. 2014. Suppression of RNA silencing by a plant DNA virus satellite requires a host calmodulin-like protein to repress RDR6 expression. PLoS Pathogens, 10(2): e1003921.

Lister R M, Thresh J M. 1955. A mosaic disease of leguminous plants caused by a strain of tobacco mosaic virus. Nature, 175: 1047.

Mansoor S, Zafar Y, Briddon R W. 2006. Geminivirus disease complexes: the threat is spreading. Trends in Plant Science, 11(5): 209-212.

Martelli G P, Agranovsky A A, Bar-Joseph M, et al. 2002. The family *Closteroviridae* revised. Archives of Virology, 147(10): 2039-2044.

McCreight J D. 1998. Resistance to lettuce infectious yellows virus in Melon. Hortscience A Publication of the American Society for Horticultural Science, 33(3): 534.

McCreight J D. 2000. Inheritance of resistance to lettuce infectious yellows virus in melon. Hortscience A Publication of the American Society for Horticultural Science, 35(6): 1118-1120.

Medina V, Rodrigo G, Tian T, et al. 2003. Comparative cytopathology of crinivirus infections in different plant hosts. Annals of Applied Biology, 143: 99-110.

Moffat A S. 1999. Geminiviruses emerge as serious crop threat. Science, 286(5446): 1835.

Navas-Castillo J, López-Moya J J, Aranda M A. 2015. Whitefly-transmitted RNA viruses that affect intensive vegetable production. Annals of Applied Biology, 165(2): 155-171.

Ng J C, Chen A Y. 2011. Acquisition of lettuce infectious yellows virus by *Bemisia tabaci* perturbs the transmission of lettuce chlorosis virus. Virus Research, 156(1-2): 64-71.

Ng J C, Falk B W. 2006. Virus-vector interactions mediating nonpersistent and semipersistent transmission of plant viruses. Annual Review of Phytopathology, 44(1): 183-212.

Papayiannis L C, Harkou I S, Markou Y M, et al. 2011. Rapid discrimination of tomato chlorosis virus, tomato infectious chlorosis virus and co-amplification of plant internal control using real-time RT-PCR. Journal of Virological Methods, 176(1): 53-59.

Picó B, Díez M J, Nuez F. 1998. Evaluation of whitefly-mediated inoculation techniques to screen *Lycopersicon esculentum* and wild relatives for resistance to tomato yellow leaf curl virus. Euphytica, 101(3): 259-271.

Pinto R L, Hoefert L L, Fail G L. 1988. Plasmalemma deposits in tissues infected with lettuce infectious yellows virus. Journal of Ultrastructure and Molecular Structure Research, 100(3): 245-254.

Polston J E, McGovern R J, Brown L G. 1999. Introduction of tomato yellow leaf curl virus in Florida and implications for the spread of this and other geminiviruses of tomato. Plant Disease, 83(11): 984-988.

Polston J E, Rosebrock T R, Sherwood T, et al. 2002. Appearance of tomato yellow leaf curl virus in North Carolina. Plant Disease, 86(1): 73.

Rubio L, Herrero J R, Sarrio J, et al. 2003. A new approach to evaluate relative resistance and tolerance of tomato cultivars to begomoviruses causing the tomato yellow leaf curl disease in Spain. Plant Pathology, 52(6): 763-769.

Saeed M, Zafar Y, Randles J W, et al. 2007. A monopartite begomovirus-associated DNA β satellite substitutes for the DNA β of a bipartite begomovirus to permit systemic infection. Journal of General Virology, 88(10): 2881-2889.

Scholthof K B G, Adkins S, Czosnek H, et al. 2011. Top 10 plant viruses in molecular plant pathology. Molecular Plant Pathology, 12(9): 938-954.

Stewart L R, Hwang M S, Falk B W. 2009a. Two crinivirus-specific proteins of lettuce infectious yellows virus (LIYV), P26 and P9, are self-interacting. Virus Research, 145(2): 293-299.

Stewart L R, Medina V, Sudarshana M R, et al. 2009b. lettuce infectious yellows virus-encoded P26 induces plasmalemma deposit cytopathology. Virology, 388(1): 212-220.

Stewart L R, Medina V, Tian T Y, et al. 2010. A mutation in the lettuce infectious yellows virus minor coat protein disrupts whitefly transmission but not in planta systemic movement. Journal of Virology, 84(23): 12165-12173.

Tian T, Rubio L, Yeh H H, et al. 1999. Lettuce infectious yellows virus: *in vitro* acquisition analysis using partially purified virions and the whitefly *Bemisia tabaci*. Journal of General Virology, 80(3): 1111-1117.

Ueda S, Kimura T, Onuki M, et al. 2004. Three distinct groups of isolates of tomato yellow leaf curl virus in Japan and construction of an infectious clone. Journal of General Plant Pathology, 70(4): 232-238.

Ueda S, Takeuchi S, Okabayashi M, et al. 2005. Evidence of a new tomato yellow leaf curl virus in Japan and its detection using PCR. Journal of General Plant Pathology, 71(4): 319-325.

Wang J, Stewart L R, Kiss Z, et al. 2010. Lettuce infectious yellows virus (LIYV) RNA 1-encoded P34 is an RNA-binding protein and exhibits perinuclear localization. Virology, 403(1): 67-77.

Wang J, Turina M, Stewart L R, et al. 2009a. Agroinoculation of the crinivirus, lettuce infectious yellows virus, for systemic plant infection. Virology, 392(1): 131-136.

Wang J, Yeh H H, Falk B W. 2009b. *cis*, preferential replication of lettuce infectious yellows virus, (LIYV) RNA 1: the initial step in the asynchronous replication of the LIYV genomic RNAs. Virology, 386(1): 217-223.

Wisler G C, Duffus J E, Liu H Y, et al. 1998. Ecology and epidemiology of whitefly-transmitted closteroviruses. Plant Disease, 82(3): 270-280.

Yang J Y, Iwasaki M, Machida C, et al. 2008. βC1, the pathogenicity factor of TYLCCNV, interacts with AS1 to alter leaf development and suppress selective jasmonic acid responses. Genes and Development, 22(18): 2564-2577.

Yeh H H, Tian T, Medina V, et al. 2001. Green fluorescent protein expression from recombinant lettuce infectious yellows virus-defective RNAs originating from RNA 2. Virology, 289: 54-62.

Yeh H H, Tian T, Rubio L, et al. 2000. Asynchronous accumulation of lettuce infectious yellows virus RNAs 1 and 2 and identification of an RNA 1 trans enhancer of RNA 2 accumulation. Journal of Virology, 74(13): 5762-5768.

Zhang A H, Zhang S M, Liu S, et al. 2010. Occurrence and distribution of tomato yellow leaf curl disease in Hebei Province. Plant Protection, 4: 32.

Zhang Y, Zhu W, Cui H, et al. 2008. Molecular identification and the complete nucleotide sequence of TYLCV isolate from Shanghai of China. Virus Genes, 36(3): 547-551.

Zhou T, Shi Y C, Chen X Y, et al. 2010. Identification and control of tomato yellow leaf curl virus disease in Beijing. Plant Protection, 2: 30.

Zubiaur Y M, Zabalgogeazcoa I, Blas C D, et al. 1996. Geminiviruses associated with diseased tomatoes in Cuba. Journal of Phytopathology, 144 (5): 277-279.

第四章 蓟马持久性传播的蔬菜病毒

蓟马为昆虫纲缨翅目的统称。幼虫呈白色、黄色或橘色，成虫呈黄色、棕色或黑色；取食植物汁液或真菌。体微小，体长 0.5～2mm，很少超过 7mm；体色呈黑色、褐色或黄色；头略呈后口式，口器锉吸式，能锉破植物表皮，吸吮汁液；触角 6～9 节，线状，略呈念珠状，一些节上有感觉器；翅狭长，边缘有长而整齐的缘毛，脉纹最多有两条纵脉；足的末端有泡状的中垫，爪退化；雌性腹部末端圆锥形，腹面有锯齿状产卵器，或呈圆柱形，无产卵器(图 4-1)。

图 4-1　西花蓟马及其为害图

蓟马所传播的植物病毒已经给大范围的农作物和园艺作物带来了重要威胁。目前已报道有 15 种蓟马能传播植物病毒，均属于蓟马科蓟马亚科，且 10 种传毒蓟马在我国不同省份已有分布。

蓟马传播的植物病毒涉及番茄斑萎病毒属(*Tospovirus*)、等轴不稳环斑病毒属(*Ilarvirus*)、玉米褪绿斑驳病毒属(*Machlomovirus*，自然寄主为玉米，中国尚无报道)(谢永辉等，2013)。

一、番茄斑萎病毒属

番茄斑萎病毒属属于布尼亚病毒科(*Bnuyaviridae*)，是该科唯一侵染植物的一个病毒属，属名由该属内发现的第一个病毒——番茄斑萎病毒(*Tomato spotted wilt virus*，TSWV)命名而成(Francki et al.，1995)。一般由蓟马以持久性方式传播。番茄斑萎病毒属病毒为世界性分布，寄主范围广泛，是一类对农作物生产造成严重为害的植物病毒。每年在世界范围内造成数亿美元的经济损失，被列为世界为害最大的 10 种植物病毒之一。

目前番茄斑萎病毒属中经系统鉴定和命名的植物病毒有 14 种，即 TSWV、花生芽坏死病毒(*Peanut bud necrosis virus*，PBNV)、花生环斑病毒(*Groundnut ringspot virus*，GRSV)、花生黄斑病毒(*Peanut yellow spot virus*，PYSV)、花生褪绿扇形斑病毒(*Peanut chlorotic fan-spot virus*，PCFV)、西瓜银色斑驳病毒(*Watermelon silver mottle virus*，WSMoV)、西瓜芽枯病毒(*Watermelon bud necrosis virus*，WBNV)、甜瓜黄斑病毒(*Melon yellow spot virus*，MYSV)、西葫芦致死褪绿病毒(*Zucchini lethal chlorosis virus*，ZLCV)、鸢尾黄斑病毒(*Iris yellow spot virus*，IYSV)、菊花茎坏死病毒(*Chrysanthemum stem *necrosis virus*，CSNV）、凤仙花坏死斑病毒（*Impatiens necrotic spot virus*，INSV）、番茄褪绿斑点病毒（*Tomato chlorosis spot virus*，TCSV）。

（一）寄主范围

番茄斑萎病毒属病毒寄主范围十分广泛，可侵染 100 多科 1000 多种植物，可系统侵染番茄、花生、辣椒、烟草、莴苣等，对农业造成严重的经济损失。

（二）主要为害症状

在不同寄主植物上，该属病毒有不同的表现症状（有的表现花叶，有的表现枯斑），有时因品种、营养状况、环境条件和生育期的不同，即使在同一种寄主植物上，表现症状也会有所不同。

（三）组织病理学特征

病毒存在于寄主植物的根、茎、叶和花瓣中，在一些金莲花（*Tropaeolum majus*）植物中，仅在花药室内壁发现，而不在绒毡层或花粉细胞中。直径约 80nm 近圆形的病毒粒子分布于感病植物的细胞质中，常成簇分布在广泛延伸的内质网池内，有的也出现在膨胀的核膜空隙中，其他细胞器内未见病毒粒子。在感染早期的细胞质中可见无定形电子致密病毒基质，是核衣壳物质，有时较大的病毒基质出现在细胞核附近，具包膜的病毒粒子也出现在病毒基质中。在细胞质内还观察到许多特殊的病理性管状膜结构，有的还看到成束的长线状物分散在细胞质中（洪健等，2001）。

（四）病毒粒子的提纯方法

该属病毒粒子的提纯方法可参照 Marjolein 等（1997）。收集系统发病样品，按每克样品加 3mL 的比例加入 0.01mol/L 的磷酸缓冲液（0.1mol/L 的磷酸缓冲液，pH 7.0，含 0.1mol/L Na_2SO_3）和 1% β-巯基乙醇，研浆机研碎，三层纱布过滤，4℃下 10 000*g* 离心 15min；将上清与沉淀分开，沉淀用 1mL 0.01mol/L 的磷酸缓冲液 4℃悬浮 1h，4℃下 8000*g* 离心 15min；将两步收集的上清在 100 000*g* 下离心 30min；弃上清，沉淀用 1mL 0.01mol/L 的磷酸缓冲液充分悬浮 3h 或过夜；悬浮液用 10%～50%蔗糖梯度在 4℃下 28 000*g* 密度梯度离心 45min；吸出含有病毒的液层，用等体积的 0.01mol/L 的磷酸缓冲液稀释，4℃下 42 000r/min 离心 1h，收集沉淀，加入 1mL 灭菌的双蒸水溶解，–70℃保存备用。

（五）病毒粒子的结构及理化性质

该属病毒粒子为球形，直径为 80～120nm，表面有一层膜包裹，膜外层由 5nm 厚几乎连续的突起层组成，染色较包膜要深，纯化的病毒粒子有时出现尾巴状的挤出物（图 4-2）。

（六）病毒传播与流行学

可通过汁液机械摩擦进行传播，也有报道称番茄的种子也可带毒传播，在田间最主要的传播方式是通过传毒介体（主要是蓟马）进行传播。目前，据报道可以传播 TSWV 的传播介体有 12 种蓟马，首先报道的是西花蓟马（*Frankliniella occidentalis*）、烟蓟马

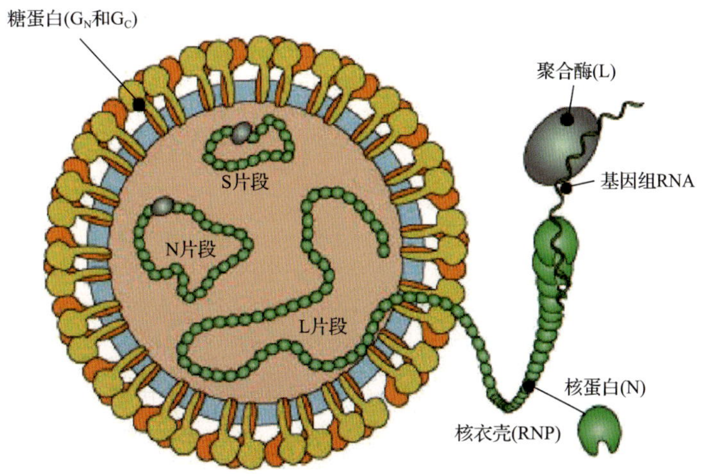

图 4-2 番茄斑萎病毒属病毒粒子模拟图(来源：https://viralzone.expasy.org/253)

(*Thrips tabaci*)和棉芽蓟马(*Frankliniella schultzei*)，随后烟草褐蓟马(*Frankliniella fusca*)、茶黄蓟马(*Scirtothrips dorsalis*)、棕黄蓟马(*Thrips palmi*)、豆蓟马(*Thrips setosus*)、花蓟马(*Frankliniella intonsa*)及梳缺花蓟马(*Frankliniella schultzei* Trybom)也随之报道。其中以持久性方式进行传播的西花蓟马是最主要的传播介体。

(七)病毒核酸结构及分子生物学特征

该属病毒包裹三分体线形 ssRNA，基因组总长约为 16 600nt，其中 ssRNA-L 长约 8900nt，ssRNA-M 长约 4800nt，ssRNA-S 长约 3000nt，核酸占病毒粒子质量的 1%～2%。

该属病毒为三分体基因组，其中 ssRNA-L 为负义，ssRNA-M 和 ssRNA-S 为双义，各个基因组片段具共有末端序列，在 3′端是 UCUCGUUA…，在 5′端是 AGAGCAAU…，区域互补而形成锅柄状结构。番茄斑萎病毒的 L 片段编码一个 332kDa 的多聚酶；M 片段的互补链 RNA 编码两个糖蛋白 G1 和 G2，病毒链 RNA 编码 33.6kDa 非结构蛋白 NSm；S 片段的互补链 RNA 编码 28.8kDa 外壳蛋白，病毒链 RNA 编码 52.4kDa 非结构蛋白 NS。NSm 蛋白在病毒系统侵染中起到胞间运动的作用，NS 在寄主细胞中可形成拟结晶状或纤维状内含体。

(八)抗原特性

血细胞凝集和中和抗原决定簇主要存在于糖蛋白上，补体结合抗原决定簇主要与外壳蛋白有关。番茄斑萎病毒的免疫原性较差，用感病汁液加热 70℃处理作为抗原，制得抗血清的滴度仅 1/10。

(九)典型病毒

该属典型病毒有 TSWV、PBNV、GRSV、PYSV、PCFV、WSMoV、WBNV、MYSV、ZLCV、IYSV、CSNV、INSV、TCSV 等。

1. 番茄斑萎病毒(*Tomato spotted wilt virus*，TSWV)

番茄斑萎病毒是植物三分体单链 RNA 病毒，病毒粒体为球形，直径约 80nm，表面有一层膜包裹，膜外层由 5nm 厚几乎连续的突起层组成。TSWV 基因组为三分体，总长约 16 600nt，其中 ssRNA-L 为负义，长约 8890nt，ssRNA-M 和 ssRNA-S 为双义，长度分别约为 4820nt 和 2910nt。

自然条件下，TSWV 主要通过多种蓟马传播，而且能够在蓟马体内复制和增殖。TSWV 也可以通过汁液传播。TSWV 的寄主范围很广，近年来，TSWV 在世界范围内持续扩展蔓延，对作物的为害日益严重，是目前世界上最具破坏性的植物病毒之一，给世界重要农业经济作物造成极为严重的经济损失。2011 年，《分子植物病理》(*Molecular Plant Pathology*)根据病毒的经济重要性及其在分子生物学研究中的重要性，将 TSWV 列为十大最重要的植物病毒之二(Scholthof et al.，2011)。近年来，由于病毒传播介体西花蓟马的入侵和暴发，TSWV 在我国云南等地番茄、辣椒等蔬菜作物(图 4-3～图 4-12)，以及烟草、花卉等其他经济作物上反复暴发流行，给当地造成严重的损失。

图 4-3　TSWV 侵染生菜症状

图 4-4　莴苣受 TSWV 侵染症状

图 4-5　TSWV 侵染豇豆(左)、豌豆(右)症状

图 4-6　TSWV 与烟草丛顶病毒(TBTV)复合侵染番茄叶片症状

图 4-7　TSWV 与烟草丛顶病毒(TBTV)复合侵染番茄植株症状

图 4-8　TSWV 侵染的番茄果实

图 4-9　TSWV 侵染的番茄植株

图 4-10　TSWV 为害的番茄果实

图 4-11　TSWV 为害的辣椒果实

图 4-12　TSWV 为害的辣椒植株及果实

（1）主要为害症状

番茄：若苗期感病，新长出的叶片呈青铜色、卷曲，出现坏死条纹和斑点，茎干、叶柄和茎尖上也产生暗褐色条纹。植株明显矮化。若结果期被侵染感病，幼小果实会产生浅色环斑，未成熟果实的果面局部会隆起，形成斑驳、淡绿色环纹，成熟的果实畸形，果皮表面会有暗红色或黄色环斑。为害严重时植株死亡（图 4-13）。TSWV 侵染番茄果实的典型症状表现为：果皮表面出现以白色至黄色为中心突起而形成的同心环纹，果面不平，成熟果实上的黄色环纹，是诊断该病毒病的重要特征。

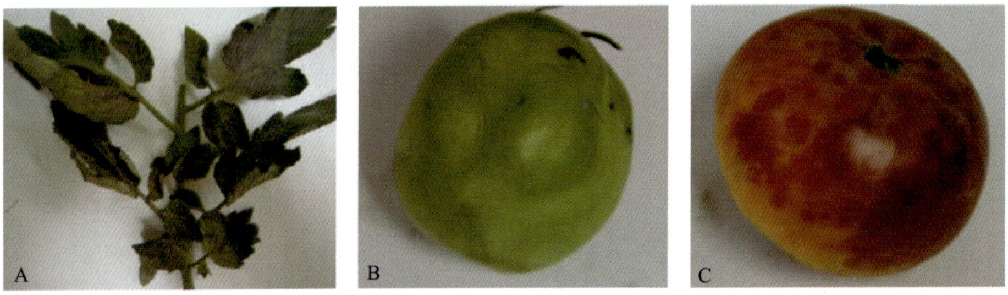

图 4-13　番茄斑萎病毒病在番茄上的症状

A. 叶片发病症状；B. 幼果发病症状；C. 成熟果实发病症状

辣椒：叶片花叶或形成褪绿同心轮纹，并常常伴有坏死斑。在辣椒果实上会产生坏死斑点或条纹，有时会出现黄化现象（图 4-14）。

图 4-14　番茄斑萎病毒病在辣椒上的症状

A. 叶片发病症状；B. 果实发病症状

(2)寄主范围

TSWV 寄主范围广泛，能侵染 90 多科 1090 种植物，是目前已知寄主范围最广的植物病毒，除禾本科作物中未发现外，侵染、为害马铃薯、蔬菜、烟草、花卉及观赏植物等多种重要作物，造成严重的经济损失(Adkins，2000)。

(3)组织病理学特征

TSWV 主要分布于寄主植物的根、茎、叶、花、果实等器官中。在细胞中 TSWV 主要分布于细胞质内和细胞壁附近，病毒原质中有单外膜包被的病毒颗粒(singly enveloped particle，SEP)和双外膜包被的病毒颗粒(doubly enveloped particle，DEP)，且 SEP 和 DEP 也散布于细胞质中。TSWV 侵染的样品细胞中有较多大小不同的囊泡，在感染后期能观察到质壁分离现象，细胞质内的线粒体和叶绿体等亚细胞结构崩解，叶绿体内淀粉粒膨大，基质片层散乱分布于细胞质中。

(4)病毒粒子的提纯方法

TSWV 的提纯方法可参照 Marjolein 等(1997)的方法。收集系统发病样品，按每克样品加 3mL 的比例加入 0.01mol/L 的磷酸缓冲液(0.1mol/L 的磷酸缓冲液，pH 7.0，含 0.1mol/L Na_2SO_3)和 1%β-巯基乙醇，研浆机研碎，三层纱布过滤，4℃下 10 000*g* 离心 15min；将上清与沉淀分开，沉淀用 1mL 0.01mol/L 的磷酸缓冲液 4℃悬浮 1h，4℃下 8000*g* 离心 15min；将两步收集的上清在 100 000*g* 下离心 30min；弃上清，沉淀用 1mL 0.01mol/L 的磷酸缓冲液充分悬浮 3h 或过夜；悬浮液用 10%～50%蔗糖梯度(Beckman SW28)在 4℃下 28 000*g* 密度梯度离心 45min；吸出含有病毒的液层，用等体积的 0.01mol/L 的磷酸缓冲液稀释，4℃下 42 000r/min 离心 1h，收集沉淀，加入 1mL 灭菌的双蒸水溶解，–70℃保存备用。

TSWV 粒子为表面具有包膜的球形病毒，膜外围由 5nm 突起组成，病毒直径为 80～120nm(图 4-15，图 4-16)。

(5)病毒粒子的理化性质

TSWV 的标准沉降系数 S_{20W}=530S、583S。

(6)病害流行学

TSWV 可通过介体昆虫蓟马和汁液机械摩擦传播，其中介体传播是自然条件下最主要的途径。目前已报道有 12 种蓟马可以传播该病毒，包括西花蓟马、棉芽蓟马、烟蓟马、花蓟马、梳缺花蓟马和烟草褐蓟马，其中西花蓟马是最为重要的传播介体。

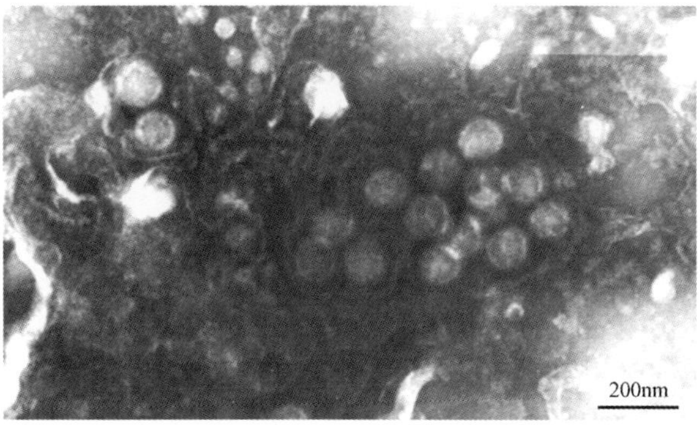

图 4-15　经原位固定负染色的番茄斑萎病毒

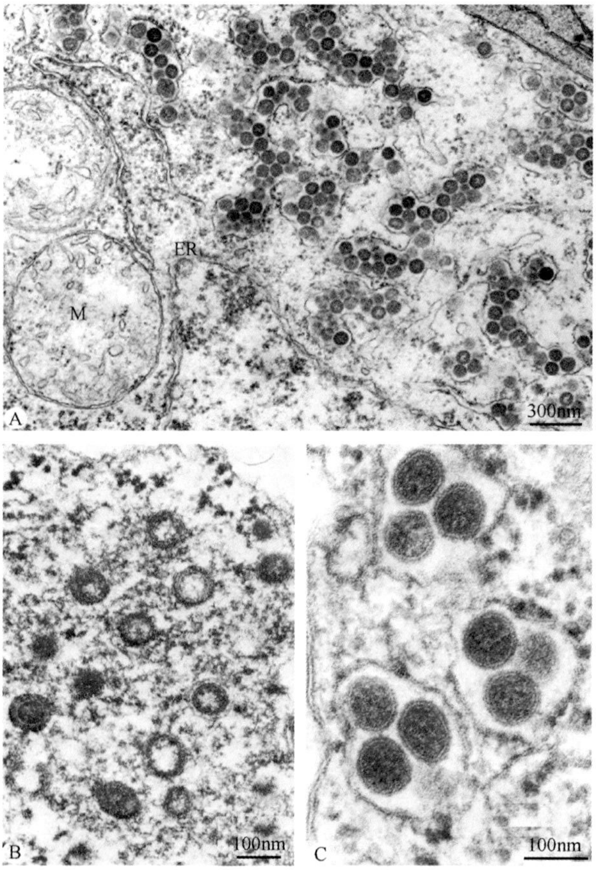

图 4-16　TSWV 粒子

A. 感染番茄斑萎病毒(TSWV)的曼陀罗叶片细胞，示成熟的病毒粒子成簇分布在广泛延伸的内质网池中；B. 感染 TSWV 早期的番茄叶片细胞，一些具双层包膜的粒子处在疏松的病毒基质中，未见成熟粒子；C. 感染 TSWV 后期的番茄叶片细胞，成熟的病毒粒子处在内质网池中。A，B 由洪健供图，C 由 Francki RIB 供图。ER. 内质网；M. 线粒体

在过去近 20 年(1990～2018 年)，随着全球农业耕作方式、气候变化及全球农产品贸易的不断增加，西花蓟马不断扩散蔓延，通过蓟马传播的植物病毒也在不同地理区域暴发流行，初步统计这类超级介体传播的病毒包括 5 属 31 个确定种和 50 个暂定种。由于西花蓟马具有广泛的杂食性，其可以通过口针取食 60 余科 500 多种栽培或非栽培植物。随着广谱杀虫剂的使用，蓟马抗药性种群扩张，由于其相对较短的生命周期、雌虫较长的生活史等有利的特性，西花蓟马驱动着 TSWV 在全球的暴发与进化。

(7) 番茄和辣椒品种对 TSWV 的抗性

1) 番茄品种对 TSWV 的抗性。

TSWV 传播迅速，为害严重，国内外多年来一直尝试通过物理、化学和生物的方法控制蓟马来间接防治 TSWV，但并不能完全有效地抑制病毒的传播和为害。鉴定和选育抗病品种是防治 TSWV 最为经济和有效的途径，国内外学者在抗 TSWV 植物种质资源的筛选与鉴定、抗病基因的发掘与利用、抗病基因分子标记的开发及在育种上的应用等

方面进行了大量的尝试，除在番茄上发现一些有效的抗性资源外，其他蔬菜作物中很少看到成功筛选到抗性品种的报道。

在栽培番茄和野生番茄中均有抗 TSWV 的遗传资源。利用抗病品种中质量抗病基因及连锁的分子标记，国内外学者对抗 TSWV 品种/品系材料开展了大量的筛选或选育工作，并对这些抗性材料中的 TSWV 抗性基因进行了分子标记和鉴定等研究工作。

i. 阿根廷栽培番茄品种抗性资源

早期研究发现，2 个阿根廷栽培番茄品种（Rey de los Tempranos 和 Manzana）对 TSWV 表现出一定抗性，后来研究证实品种 Rey de los Tempranos 的确存在一个抗性基因，但该基因只对一个特定的 TSWV 分离物表现为显性抗性，对其他大部分的 TSWV 分离物表现为隐性抗性或没有抗性。Finlay（1953）在不同栽培番茄中鉴定出了 *Sw1a*、*Sw1b*、*Sw2*、*Sw3* 和 *Sw4* 等 5 个抗性基因，但这些基因仅对部分 TSWV 株系/分离物有抗性，当有新的 TSWV 株系/分离物出现时，抗性很快被克服，因此目前在商业育种上很少用到这 5 个基因。总体而言，栽培番茄中的抗性水平相对较低，且不同地区的抗性表现不同，推测是由不同地区病毒的分离物不同造成的。

ii. 秘鲁和智利野生番茄品种抗性资源

研究发现，秘鲁番茄（*Solanum peruvianum*）和智利番茄（*Solanum chilense*）等野生番茄是主要的抗 TSWV 自然资源。

研究认为，秘鲁番茄是最佳的 TSWV 抗性遗传资源。许多材料对 TSWV 表现出抗病或免疫。1944 年 Smith 发现野生秘鲁番茄对 TSWV 具有免疫的表现。1989 年 Paterson 等鉴定出 8 份具有田间抗性的秘鲁番茄材料，在随后的研究中被广泛应用于番茄抗病品种选育中的 *Sw-5*，就是 Stevens 等于 1991 年从这些秘鲁番茄材料中鉴定出来的。*Sw-5* 基因对 TSWV 不同株系/分离物具有高水平的广谱抗性，而且对番茄斑萎病毒属其他病毒如番茄褪绿斑点病毒（*Tomato chlorotic spot virus*，TCSV）和 GRSV 等也有抵抗作用（Lee et al.，2015）。含有 *Sw-5* 基因的番茄可以限制病毒在寄主植物体内的广泛传播，仅表现为轻微的过敏反应。van Zijl 等（1986）和 Stevens 等（1991）已将 *Sw-5* 转育到栽培番茄品种 Stevens 中，该品种除抗 TSWV 外，对尖孢镰刀菌（*Fusarium oxysporum*）1 号生理小种和大丽轮枝菌（*Verticillium dahliae*）也有抵抗作用。随着 *Sw-5* 的克隆，特别是分子标记辅助手段在番茄育种中的广泛应用，国外很快育成了一批抗 TSWV 的品种。这些品种多数为加工番茄和樱桃番茄，如 Crista、Red Defender、Mt Glory、PrimoRed、Nico、Plum Regal、Mt Magic、Fletcher、Bella Rosa、Quincy、Talladega、Redline、Mountain Glory、Finish Line 等（Funderburk et al.，2011）。尽管 *Sw-5* 被广泛认为是抗性最稳定的，且对不同病毒分离物具有广谱抗性，但是越来越多的研究发现有新的 TSWV 分离物可以克服这些抗性，这给 TSWV 抗病育种提出了新的挑战（López et al.，2011）。

Roselló 等（1998）在秘鲁番茄材料 UPV32 中鉴定到另外一个 TSWV 抗性基因 *Sw-6*，该基因与 *Sw-5* 独立遗传，但 *Sw-6* 基因抗性不如 *Sw-5* 强，而且在致病性强的 TSWV 分离物接种下或蓟马介导的接种下仅表现为部分抗性及不完全显性。尽管如此，目前尚未发现 *Sw-6* 基因出现如 *Sw1a*、*Sw1b*、*Sw2*、*Sw3* 和 *Sw4* 那样完全丧失抗性的现象，因此可以将 *Sw-6* 基因与其他基因联合利用，达到提高抗性水平及持久抗性的目的。同时，

Roselló 等(1998)还在秘鲁番茄材料 UPV1 中发现另外一种抗性性状，该抗性性状与 *Sw-6* 基因独立遗传。

Krishna-Kumar 等(1993)发现智利番茄来源材料的 LA2931 对 TSWV 表现为免疫，但其免疫遗传基础尚不清楚。Canady 等(2001)发现从智利番茄 LA1938 中选育出的品系 Y118 在田间自然发病下对 TSWV 表现出抗性，将 Y118 与栽培番茄杂交后多代选择仍能获得抗性材料。Stevens 等(1994)也在智利番茄中发现一系列不同的抗性材料。Price 等(2007)从智利番茄 LA1938 中鉴定出一个由单基因控制的显性抗病基因 *Sw-7*，该基因与发现于秘鲁番茄的抗病基因 *Sw-5* 不连锁，抗性机制不同，而且对那些能克服 *Sw-5* 基因的 TSWV 株系有抗性，抗病毒效果较强。但目前 *Sw-7* 基因的研究尚处于起步阶段，有关该基因的分子标记、定位及克隆等工作还鲜有报道。

iii. 醋栗番茄和多毛番茄抗性资源

在醋栗番茄(*Solanum pimpinellifolium*)和多毛番茄(*Solanum habrochaites*)中也发现一些抗性材料，但抗性效果不够理想。

人们利用来自醋栗番茄的抗性材料育成了第一个抗 TSWV 的商业品种 Pearl Harbor，但这个品种仅在局部地区表现出抗病。Finlay(1953)将醋栗番茄与感病栽培番茄杂交后，发现对大部分 TSWV 分离物表现出抗病或延迟发病，但这些抗性材料具有 TSWV 分离物的特异性，很快因新的 TSWV 分离物出现而丧失抗性。

Maluf 等(1991)发现多毛番茄来源材料 PI-127826 和 PI-134417 在田间自然发病条件下无症状或有轻微症状。Kumar 和 Irulappan(1992)通过将 PI-127826 和 LA-1223 杂交，获得了由几个隐性基因控制的抗性材料，但将其抗性转入栽培番茄中抗性有所降低。此外，Krishna-Kumar 等(1995)在多毛番茄材料中还发现了对传播介体蓟马具有抗性的材料，但未见后续研究与利用。

iv. 国内抗 TSWV 的番茄品种选育工作进展

国内学者也对抗 TSWV 的番茄品种/品系选育开展了大量的研究。邱树亮等(2012)从供试的 442 份番茄材料中筛选出 24 份含有 *Sw-5* 基因的材料，其中 16 份含有 *Sw-5* 基因且农艺性状优良，在 TSWV 自然发生时均表现出较强抗性，可以用于抗 TSWV 番茄的育种中。莫云容等(2016b)以选育的番茄品种拉比作为亲本，经过连续 7 代自交，选育出纯合自交系 YNAU335，该自交系对 TSWV 表现为免疫，且农艺性状良好，有望用于今后抗 TSWV 番茄的育种中。已证实 YNAU335 对 TSWV 的抗性并不是由 *Sw-5* 基因控制，尚不清楚 YNAU335 对 TSWV 的抗性是否是由 *Sw-7* 基因控制。

综上所述，目前已从不同番茄材料中发现和鉴定了 *Sw1a*、*Sw1b*、*Sw2*、*Sw3*、*Sw4*、*Sw-5*、*Sw-6* 和 *Sw-7* 等 8 个 TSWV 抗性基因。*Sw1a*、*Sw1b*、*Sw2*、*Sw3*、*Sw4* 等 5 个抗性基因来自醋栗番茄，这些基因由于仅对特定的 TSWV 分离物有抗性，且很快被克服，因此在商业育种上很少应用；*Sw-5* 和 *Sw-6* 抗性基因来自秘鲁番茄，其中 *Sw-5* 是目前研究较多且在商业育种上应用最多的基因，*Sw-6* 基因抗性不如 *Sw-5* 基因强，但其抗性机制与 *Sw-5* 基因不同，可以与 *Sw-5* 基因结合使用以提供持久抗性；*Sw-7* 是来自智利番茄新发现的 TSWV 抗性基因，目前还没有得到广泛的应用。随着 TSWV 抗性基因研究的推广和深入，期待有更多新的抗性基因被发掘和用于番茄抗病育种中。

2)辣椒品种对 TSWV 的抗性。

目前国内外在辣椒品种对 TSWV 的抗性方面的研究报道较少。近年来，以湖南省植物保护研究所为主持单位的公益性行业(农业)科研专项“蔬菜主要病毒病防控技术研究与示范”项目组发现，小米辣和朝天椒对 TSWV 都具有非常高的抗性(图 4-17)，但是具体抗性机制尚有待进一步研究。

图 4-17　小米辣和朝天椒对 TSWV 的抗病性田间效果图

A. 小米辣；B. 朝天椒

(8)病毒株系

根据发病症状的差异，不同研究者将 TSWV 分为不同的株系，Norris(1946)将其分为 TB(tip blight)、N(necrotic)、R(ringspot)、M(mild)和 VM(very mild)株系。Best(1968)分为 A、B、C1、C2、D 和 E 株系；Fawcett(1940)和 Kitajima(1965)划分出 vira-cabeça 株系；McWhorter(1935，1938)分出 tomato tip blight 株系；巴西 CNPH 中心研究人员 de Ávila(1990)对 TSWV BR-01 株系的病毒全基因序列、病理学、分子生物学及传播介体进行了深入的研究，该株系也成为 TSWV 的参照株系并用于相关研究。

近年来，随着 TSWV 全基因组序列大量被报道，通过病毒 L、M、S 片段进行病毒种以内进化分析，可以清晰地区分不同地理区域采集样品的差异，同一区域获得的病毒分离物通常具有较为紧密的系统进化关系，此外也可以了解不同地区病毒分离物间的传播、进化及重组和重配的关系(Tsompana et al.，2005；Lian et al.，2013)。

(9)病毒基因组结构与分子生物学特征

TSWV 的基因组为负义单链 RNA 三分体病毒，三个片段按照长度大小依次被称为 L RNA、M RNA 和 S RNA。在每个片段的末端均有高度保守的 8nt，并且具有由 65nt 互补形成的一个锅柄状结构。其中大小约 9000nt 的 L RNA 为负链，有一个 ORF 编码依赖于 RNA 的 RNA 聚合酶(RdRp)，该蛋白质大小约为 331kDa。约 4800nt 的 M RNA 为双义 RNA，有两个反向相连的 ORF，编码 34kDa 的运动蛋白(NSm)和高度保守的 G_N/G_C 多糖蛋白。NSm 与刺激原生质体中管状体的形成和病毒细胞间的运动有关。而 G_N/G_C 多糖蛋白与蓟马传播病毒的特性有关。同为双义 RNA 的 S RNA 大小约为 3000nt，编码 29kDa 的外壳蛋白和 54kDa 的非结构蛋白 NS。编码外壳蛋白的 N 基因高度保守，常被作为判断株系和血清划分的重要因素。非结构蛋白 NS 通常被认为是基因沉默的抑制子。

TSWV 的基因组结构及其表达策略见图 4-18。

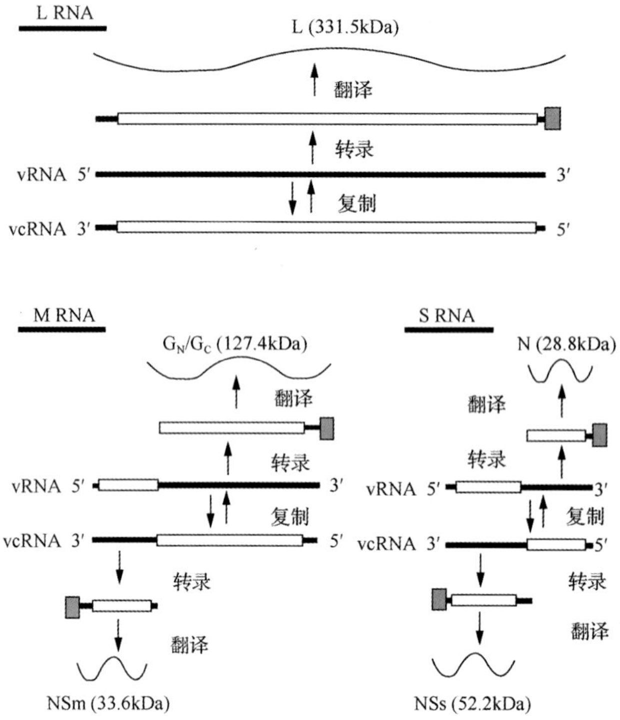

图 4-18　TSWV 的基因组结构及其表达策略(Whitfield et al.，2005)

(10)TSWV 的检测技术

由于传播介体蓟马的发生和扩展，TSWV 目前已在世界上多个国家和地区广泛分布，除侵染番茄、辣椒、烟草、大豆、马铃薯、花生、莴苣、菊花、凤仙花等多种作物外，还感染一些常见的杂草如鬼针草、蒲公英等，成为其越冬寄主，同时为 TSWV 的传播提供初侵染源，导致 TSWV 在美洲、欧洲、非洲、大洋洲、亚洲多个国家(包括我国)的番茄、辣椒、花生和烟草等作物中出现经常性、破坏性和流行性发生，危害巨大，严重的甚至造成绝产。除介体蓟马传播外，带毒种苗的国际贸易也是 TSWV 远距离传播的主要方式。在 2007 年发布的《中华人民共和国进境植物检疫性有害生物名录》中，已将 TSWV 列为我国进境植物检疫性有害生物。目前还没有一种对 TSWV 具有较理想治疗效果的农药，抗病品种的选育虽然在局部地区部分作物上取得了进展，但由于 TSWV 株系较多、变异大，尚未得到大范围的应用。因此，在防范 TSWV 的传入和扩散乃至 TSWV 引起病害的防控中，加强 TSWV 在作物、杂草、传播介体及种子种苗等繁殖材料上的检测显得至关重要。

与其他病毒的检测技术类似，常见的 TSWV 检测技术主要包括生物学检测、电子显微镜检测、血清学检测及分子生物学检测等。

1)生物学检测技术。

作为植物病毒鉴定最为基础的生物学检测技术，也是检测植物病毒的传统方法。该技术包括直接观察田间症状和指示植物检测两个方面。TSWV 田间检验的标准方法是根据症状特点来判断植株是否感染了该病毒，如 TSWV 在很多蔬菜作物如辣椒、豇豆、芹菜的叶片上产生明显的环状褪绿斑或坏死斑，在多数番茄和辣椒品种的果实上也会产生这些环状褪绿斑或坏死斑。但 TSWV 在一些蔬菜作物上产生的症状如褪绿、坏死等与其他病毒产生的症状相似，无法通过直接观察进行准确判断。而指示植物检测主要是利用 TSWV 在特定的指示植物上具有敏感反应，一旦被感染能很快表现出明显症状而得以鉴别。TSWV 的指示植物主要有矮牵牛、心叶烟、本氏烟、三生烟等，其中矮牵牛是 TSWV 的枯斑寄主，属于非系统侵染，在心叶烟、本氏烟、三生烟等植物上则显示伴随着系统侵染的环状坏死。

2) 电子显微镜检测技术。

电子显微镜检测技术主要根据观察到的病毒粒子形态及其在细胞内形成的特异性病理结构确认病毒感染。电子显微镜检测技术可以对一些特定的病毒属如烟草花叶病毒属(*Tobamovirus*)、*Potyvirus*、*Tospovirus* 等进行鉴定，但不能精确到种，不过通过电子显微镜观察可以为后续利用其他检测技术提供基础。番茄斑萎病毒属病毒是唯一具有包膜的球状植物病毒，在寄主细胞质内聚集于内质网池，是该属病毒最重要的细胞病理特征，因此，该属成员可以通过感病植株组织在电子显微镜下观察来鉴定。TSWV 粒体近圆形，具外膜，在形态学上明显区别于其他属的植物病毒，而且在受侵染的寄主细胞中多个核壳体聚集于不规则的膜内，并在细胞质内形成聚集的有膜包被的病毒内含体，是 TSWV 鉴定的重要特征。

i. 负染色法

负染色法快速简便，可以直接观察病毒的形态、大小、表面结构、有无包膜等。在电子显微镜下可观察到 TSWV 典型粒为近圆球形，直径 80～85nm，包被膜厚度为 20～25nm，有的外膜厚度较大，有的则消失或变形，厚度超过 30nm、核壳体大小较稳定，直径为 60nm(张仲凯等，2000)。利用负染色法，云南省农业科学院生物技术与种质资源研究所张仲凯研究团队成功诊断出侵染番茄、魔芋、烟草、水鬼蕉、花朱顶红、蝴蝶兰及康乃馨的 TSWV 或其他番茄斑萎病毒属病毒(张仲凯等，2000；方琦等，2001；程晓非等，2008)。

ii. 超薄切片法

经过几十年的发展，电镜超薄切片技术已经达到病毒的体内定位和体内复制及侵染过程的动态研究水平，并能直观病毒生物大分子的亚基单位，已经从细胞水平发展到分子水平。应用超薄切片对病毒感染的植物细胞病理特征进行观察，分析病毒粒体在细胞中的分布特点、因病毒侵染产生的特征性内含体等，可在负染色法的基础上进一步鉴定番茄斑萎病毒属病毒种的归属。

张仲凯等(2005)发现，处于 TSWV 侵染后期的葫芦科(南瓜)和茄科(马铃薯、烟草)寄主细胞中普遍存在质壁分离现象，而在其他病毒侵染寄主的细胞病理中未见这一现象，认为可将这种质壁分离作为 TSWV 侵染的一个细胞病理诊断特征。尚卫娜等(2016)发现，虽然 TSWV 侵染烟草、曼陀罗和辣椒的症状差异较大，但 TSWV 在不同寄主植物细胞内的形态是一致的，细胞病理变化也基本相似。TSWV 为直径 80～120nm 的球形病毒粒子，主要分布在细胞质内，大部分聚集在内质网池中，叶绿体内部或叶绿体膜附近出现囊泡化现象，有的叶绿体片层疏松紊乱甚至崩解，内质网池膨大，形状不规则，内含已包装完成的成熟病毒粒子。同样，虽然番茄环纹斑点病毒（*Tomato zonate spot virus*，TZSV）侵染寄主产生的症状与TSWV差异很大，但二者在侵染细胞中的病理变化特征基本相似，只是 TZSV 侵染细胞的病变程度更为严重，叶绿体产生大的囊泡，片层结构被破坏，线粒体也发生囊泡化，而 TSWV 侵染的细胞内线粒体保存相对完好。这可能是田间 TZSV 对作物造成的危害比 TSWV 更加严重的主要原因。

iii. 免疫电镜术

免疫电镜术是将电镜技术与免疫学技术结合，利用抗原抗体的亲和性与吸附性这一特点，通过更为灵敏和特异的免疫吸附，可以更加准确直观地检测病毒病原并对病毒在植物细胞内的分布进行定位。目前常用的有诱捕法和双修饰法，都可用于 TSWV 的检测。免疫电镜术的出现促进了电镜技术在 TSWV 检测上的应用，使得电镜检测结果更加灵敏和准确。

3）血清学检测技术。

生物学检测主要依靠 TSWV 在寄主植物上的典型症状来进行判断，如叶片或果实上是否有褪绿或坏死的环状条纹或斑块等，该方法直观便捷，但典型症状未出现或仅出现与其他病毒具有类似症状时较难判断，而且也无法区分复合侵染的病毒种类。电镜检测可以直接观察 TSWV 粒体的形态结构，以及 TSWV 侵染寄主植物后所引起的病理超微结构变化，但该方法对于番茄斑萎病毒属病毒的分类和归属较难判定，如前所述的 TSWV 和 TZSV。

血清学检测是将抗原抗体特异性的免疫反应和酶的高效催化反应有机结合的方法，比起传统的生物学检测和电镜检测技术，该技术具有特异性强、灵敏度高、方法简单、一次可检测大量样品等优点，目前该方法被广泛用于植物病毒检测，尤其是大批量样品的病毒检测。目前已经衍生的血清学技术包括酶联免疫吸附测定、组织印迹法、免疫胶体金技术等检测技术。

i. 酶联免疫吸附测定

酶联免疫吸附测定（ELISA）是目前检测、诊断植物和传播介体蓟马体内 TSWV 最为常用的方法，ELISA 检测快速、准确、灵敏度高、成本低，而且可测定出 TSWV 在植物和蓟马体内的浓度。国外早在 20 世纪 80 年代就已经开始采用 ELISA 法检测 TSWV，经过多年的发展已经成为检测 TSWV 的常规方法。1986 年 Gonsalves 和 Trujillo 开始推广 TSWV 的 ELISA 检测；1989 年 Sherwood 等制备出 TSWV 的单克隆抗体；1996 年 Roggero 等应用 TAS-ELISA 成功地检测到西花蓟马携带的 TSWV。

目前主要采用 DAS-ELISA 和 TAS-ELISA 进行检测，并有商业化的 TSWV 专用检测试剂及试剂盒，大大地推动了血清学技术在 TSWV 检测上的应用。

番茄斑萎病毒属病毒之间有着复杂的血清学关系，利用单克隆和多克隆抗体的 ELISA，可以将番茄斑萎病毒属病毒划分成多个血清组或血清型：包括含有数种病毒的番茄斑萎病毒血清组、西瓜银色斑驳病毒血清组、鸢尾黄斑病毒（*Iris yellow spot virus*，IYSV）血清组等 3 个血清组，以及与属内其他病毒无血清学相关性、只含有一种病毒的

INSV、GYSV、花生褪绿扇形斑病毒(*Groundnut chlorotic fan-spot virus*，GCFV)和甜瓜黄斑病毒4个单一血清型。其中，番茄斑萎病毒血清组中包含TSWV、GRSV、TCSV、CSNV、西葫芦致死褪绿病毒(*Zucchini lethal chlorosis virus*，ZLCV)等5种病毒。同一血清组中不同病毒之间有血清学交叉反应，因此这些病毒很难用抗血清进行准确的种的归属鉴定，其进一步分类还有待于分子检测。

ii. 组织印迹法

组织印迹法是在ELISA基础上发展起来的检测技术，该方法与ELISA法最大的不同之处是先将待检样品印迹在硝酸纤维素膜上，再进行特异性的抗原抗体反应，该方法特别适用于植物病毒的大规模检测。1991年Hsu和Lawson利用组织印迹法从凤仙花中检测到TSWV，并且发现组织印迹法的灵敏度比ELISA法高8倍，可以从无症状的凤仙花叶或茎中检测到TSWV。2003年Whitfield等也利用组织印迹法从处于休眠状态的花毛茛块根中检测到TSWV，同时该方法也可以从秋海棠、菊花、洋桔梗、凤仙花、锦葵、千里光、旱金莲等观赏植物中检测到TSWV。近年来，以湖南省植物保护研究所为主持单位的公益性行业(农业)科研专项“蔬菜主要病毒病防控技术研究与示范”项目组，利用浙江大学周雪平教授团队建立的TSWV单克隆抗体dot-ELISA法，对国内31个省市区的茄科、葫芦科、豆科和十字花科蔬菜作物上TSWV的发生情况开展了全面检测，发现目前TSWV已在辽宁、天津、安徽、福建、河南、海南、云南、贵州、四川、重庆、山西、甘肃、上海、山东等14个省市的辣椒、番茄、茄子、南瓜、黄瓜、丝瓜、菜豆和豇豆等除十字花科外的蔬菜作物上被发现(图4-19)。TSWV已从国内最初被发现的四川和云南向国内其他省市快速扩散，而且越来越多的TSWV新寄主被发现，说明TSWV的寄主适应性非常强，传播效率非常高。TSWV目前已成为云南番茄和辣椒上造成绝产的主要病毒。

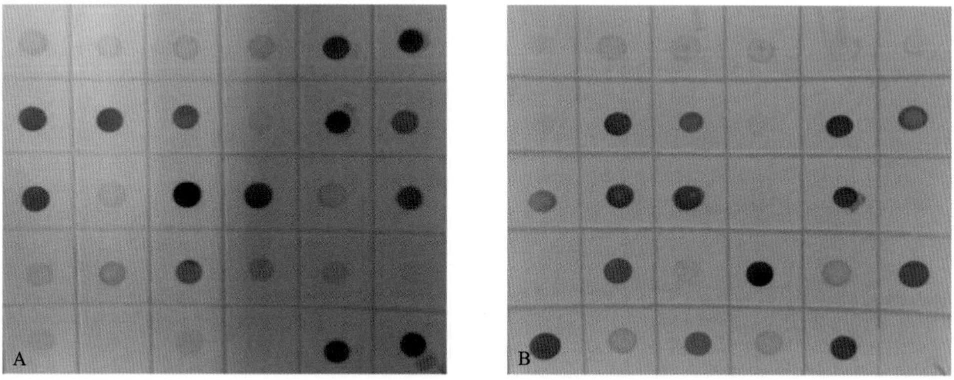

图4-19　番茄和辣椒上TSWV的dot-ELISA检测

A. 番茄样品；B. 辣椒样品

iii. 免疫胶体金技术

免疫胶体金技术是以胶体金作为示踪标志物应用于抗原抗体的一种新型免疫标记技术。该技术于1983年首次被用来检测植物病毒。随后，在此基础上又发展出了更为简易快速的胶体金免疫层析试纸条技术。这种技术具有与ELISA法相似的特异性和灵敏度，它是胶体金标记技术和快速免疫斑点法相结合的产物，具有快速、灵敏、简单、成本低等特点，并且不需要专门的技术人员和昂贵的仪器，通常在几分钟之内就能通过肉眼看到颜色鲜明的检测结果。在 TSWV 检测方面，美国 Agdia 公司有专门的 TSWV 试纸条成品出售，目前国内一些科研院所如浙江大学、南京农业大学和湖南省植物保护研究所等机构也在开展 TSWV 试纸条的研究和产品研发工作。胶体金免疫试纸条适于基层推广使用，但由于该方法的灵敏度和定量水平低，只适于在病毒浓度较高的情况下检测。

4) 分子生物学检测技术。

植物病毒的生物学检测方法简单、易行，不需要昂贵的设备，但检测速度慢，受人为因素及环境和季节的影响较大，目前运用较少。电子显微镜检测法广谱、直观，但需要特殊的电子显微镜等昂贵设备，不适于基层科研单位进行检测。血清学检测技术快速、准确、灵敏度高、成本低，是目前最常用的植物病毒检测方法之一，但也受病毒种类、抗血清质量、寄主植物种类等因素的影响。分子生物学检测技术灵敏度高、检测速度快、重复性好，现已成为 TSWV 诊断与检测的一种常规手段，主要包括 RT-PCR 技术和 RT-LAMP 技术，其中 RT-PCR 技术又包括常规 RT-PCR、多重 RT-PCR、免疫捕获 RT-PCR 和实时荧光定量 RT-PCR 技术等。

i. RT-PCR 技术

RT-PCR 技术目前已成为检测鉴定 TSWV 的重要方法，具有特异、快速、灵敏、简便等优点。采用 RT-PCR 技术，国内外学者建立了很多 TSWV 的分子检测技术，甚至可以非常灵敏地检测到单头蓟马体内的 TSWV。研究者在 RT-PCR 技术的基础上建立了多重 RT-PCR 检测方法，如 Okuda 和 Hanada 等（2001）成功应用多重 RT-PCR 技术区分出 TSWV、INSV、WSMoV、甜瓜黄斑病毒（*Melon yellow spot virus*，MYSV）和 IYSV 等 5 种番茄斑萎病毒属病毒。代欢欢等（2012）建立了可以从 16μg 感病植株组织中同步检测 TSWV、INSV 和 IYSV 等 3 种番茄斑萎病毒属病毒的多重 RT-PCR 方法，具有较高的特异性和准确性。杨英华（2012）根据番茄斑萎病毒属中 6 种病毒 S RNA 上 N 基因的保守序列，建立了可同时特异性地检测 TZSV、MYSV、IYSV、INSV、TSWV 和 TCSV 等 6 种番茄斑萎病毒属病毒的多重 PCR 体系。

免疫捕捉反转录 PCR 技术（IC-RT-PCR）是将 RT-PCR 的高灵敏度与 ELISA 的高特异性相结合，此法既综合了两种技术的优点，又避免了 RT-PCR 中提取核酸的烦琐步骤，以及 ELISA 中易出现假阳性的不足。IC-RT-PCR 技术通过吸附在反应管壁上的抗血清来诱捕植物或传毒介体昆虫组织中的病毒粒体来合成 cDNA，再进行 PCR 反应。IC-PCR 可大大地减少操作过程中污染的机会，并且有捕捉和富集标本中病毒的作用，提高了 PCR 的检测特异性和灵敏度，结果比较可靠。Fuji 和 Nakama（1998）应用 IC-RT-PCR 技术成功地从菊花中检测到 TSWV。

实时荧光定量 RT-PCR（real-time fluorescent quantitative RT-PCR，qRT-PCR）是在 PCR 体系中加入荧光基团，利用荧光信号积累实时监测整个 PCR 进程，由于在 PCR 扩增的指数时期模板的 Ct 值和该模板的起始拷贝数存在线性关系，因此最后可以通过标准曲线对未知模板进行定量分析。在 TSWV 检测方面，Boonham 等（2002）、Debreczenia 等（2011）

均成功运用 TaqMan 探针标记的实时荧光定量 RT-PCR 技术从单头蓟马及番茄和辣椒等作物中检测到 TSWV。qRT-PCR 检测灵敏度远远高于常规 RT-PCR，通常比常规 RT-PCR 高 100 倍左右，qRT-PCR 技术不仅能定性，更能直接定量，还能有效地防止扩增过程中出现交叉污染和假阳性，且整个过程只需 1～2h，该技术不仅加快了检测速度，还有效地提高了检测的灵敏度和准确度，特别适于在早期病毒含量较低时进行检测，这项技术已成为植物病原鉴定和病害诊断的标准方法。但是由于该技术对核酸质量的要求高、仪器设备昂贵等因素，因此影响了该技术的广泛应用。

ii. RT-LAMP 技术

RT-LAMP 技术是 Notomi 等于 2000 年开发出来的一种在等温条件下短时间(通常是 1h)内扩增核酸的方法。与常规 PCR 相比，LAMP 技术不需要模板的热变性、温度循环、电泳及紫外观察等过程，具有简单、快速、特异性强等特点，其灵敏度、特异性和检测范围等指标能媲美甚至优于 PCR 技术，而且不依赖任何专门的仪器设备即可实现现场高通量快速检测，检测成本远低于荧光定量 PCR。Fukuta 等(2004)建立了可以从菊花中高灵敏度、重复性强地检测 TSWV 的 IC/RT-LAMP 技术。Matsuura(2009)也运用 RT-LAMP 技术成功地从多种作物和西花蓟马中检测到 TSWV。

(11) TSWV 的防治方法

与其他植物病毒病一样，防治 TSWV 引起的病毒病也非常困难，目前还没有对 TSWV 直接有效的防治措施，主要还是通过农业防治、使用抗病品种和防治其传毒介体蓟马等措施对 TSWV 引起的病毒病进行防控。

1) 农业防治。

农业防治，主要是适时播种，采用合理的轮作和间作等栽培方式，尤其是与禾谷类作物间作、合理密植等可减轻病害发生。另外，加强管理，保持田园清洁，及时清除残枝落叶和田间杂草，远离烟田，以减少毒源和 TSWV 及其媒介昆虫寄生的寄主。

2) 使用抗病品种。

培育和使用抗病品种是防治 TSWV 引起的病毒病最经济有效、最安全简便的方法。但如前所述，目前除在番茄上发现一些有效的抗性资源外，在其他蔬菜作物中很少看到成功筛选到抗性品种的报道。目前已从不同番茄材料中发现和鉴定到 *Sw1a*、*Sw1b*、*Sw2*、*Sw3*、*Sw4*、*Sw-5*、*Sw-6* 和 *Sw-7* 等 8 个 TSWV 抗性基因，其中 *Sw-5* 是目前研究较多且在商业育种上应用最多的基因。随着 TSWV 抗性基因研究的推广和深入，期待有更多新的抗性基因被发掘和用于番茄抗病育种中。

3) 以防治 TSWV 的传毒介体蓟马为主的防控措施。

目前，生产上对 TSWV 引起的病毒病最为有效的防控，仍然是采取“预防为主，治虫防病”的综合措施，尤其是对 TSWV 的传毒介体蓟马的各项防控措施的综合运用。

i. 物理防治

黏虫色板是减少虫口密度的一种物理防治技术，根据害虫对颜色的趋性，将对某种颜色有趋性的害虫引诱来，利用其表面的无公害黏虫胶将其黏住，从而起到防治害虫的作用。黏虫色板能减少化学农药的使用量，降低农药在作物中的残留量，减少农药对环境的污染，也有利于保护害虫天敌的种群增长，具有安全有效、操作简便、成本低廉等特点，且不易受到外界因素的干扰。目前黏虫色板已经是一种很重要的监测和防治害虫的手段，已被广泛用于田间和温室中，防治方面所涉及的害虫有蓟马、蚜虫、粉虱、叶蝉、盲蝽等。利用蓟马对颜色的趋性，在温室、大棚乃至大田中，可悬挂黄色、蓝色黏虫板对蓟马进行防控。研究表明，蓟马对蓝色比对黄色更加敏感，具有更强烈的趋蓝性，蓝板诱杀蓟马的效果优于黄板的诱杀效果，而且在蓟马发生的初期悬挂黏虫板可有效地控制蓟马成虫的数量，有效地降低虫口密度，达到控制蓟马的目的(杜玉宁等，2015)。利用铝膜覆盖番茄也是减少蓟马及其传播的 TSWV 对番茄为害的主要措施之一，进而降低 TSWV 在番茄上的发病率。另外，在苗期使用 100 目以上的防虫网覆盖育苗，可有效地阻隔蓟马传毒为害，降低苗期的带毒率，显著减轻后期 TSWV 对蔬菜作物造成的危害。

ii. 化学防治

可选择一些化学药剂对蓟马进行防治，用于防治蓟马的化学药剂有多杀霉素、辛硫磷、二嗪农、乙基多杀菌素、黎芦碱、苦参碱、鱼藤酮、印楝素、联苯菊酯及噻虫啉等。每隔 10d 左右用药 1 次，连续用药 3 次。辅之喷洒菌毒清、增抗剂、植物病毒钝化剂等。温室大棚还可在使用前以熏蒸的方式进行杀虫。

iii. 生物防治

由于 TSWV 的传毒介体蓟马个体小，具有隐匿性，繁殖快、发育期短，对杀虫剂极易产生抗药性，给防治带来了很大的困难，同时大量使用化学农药会带来环境污染、食品安全和有害生物再猖獗等一系列严重问题。因此，利用生物制剂如白僵菌、绿僵菌、寄生性线虫及昆虫天敌等防治蓟马越来越成为国内外研究的热点，其中利用天敌昆虫捕食螨防治蓟马具有很好的防治效果，而且效果比较持久。捕食螨作为重要的生防产品之一，其商品化程度较高，在田间、果园、茶园、林区及温室定植即能迅速地建立种群并自然扩散，且具有无毒、无农药残留、对人畜安全和保护生态环境等特点。目前已商品化的捕食螨主要有胡瓜钝绥螨、斯氏钝绥螨、尼氏钝绥螨、巴氏钝绥螨和东方钝绥螨等，广泛用于防治叶螨、西花蓟马、烟粉虱及木虱等害虫。福建艳璇生物防治技术有限公司已成为国内规模最大的商品化生产捕食螨的天敌商业企业，经营农林有害生物的天敌捕食螨、生防菌类的生产和销售。

王恩东等(2009)发现释放胡瓜钝绥螨和拟长毛钝绥螨后，对温室大棚茄子上西花蓟马和温室白粉虱的种群数量具有一定的控制作用。释放巴氏钝绥螨或剑毛帕厉螨都对彩椒上蓟马的种群数量具有一定的控制作用，可抑制蓟马种群数量的增加，特别是联合释放巴氏钝绥螨和剑毛帕厉螨效果更好，但在后期对蓟马的控制作用明显下降(谷培云等，2013)。在温室中定期释放钝绥螨或小花蝽，对西花蓟马有很好的控制效果，进而可控制造成的危害。王静等(2010)还发现，白僵菌分生孢子悬乳剂对西花蓟马的成虫及幼虫都具有良好的防治作用，白僵菌与巴氏新小绥螨两者结合对西花蓟马的控制效果更佳。捕食螨在田间应用时，可通过提前释放捕食螨，并辅助施用花粉，使捕食螨比猎物提前在作物上建立种群，可有效地控制蓟马在作物上的繁殖数量。目前对捕食螨的利用还存在很多问题，如高效捕食螨新品种的筛选、规模化生产、运输和释放技术，捕食螨与植物、有害生物的相互作用，农药对捕食螨的影响及二者的配合使用，捕食螨饲养繁殖过程中食料猎物会不会导致捕食性的退化，捕食螨与田间其他害虫天敌之间的关系，以及引进外来优势种捕食螨对本地捕食螨有无影响、能否适应本地环境等，还需进一步的研究(穆青等，2016)。

4) 番茄上 TSWV 的综合防控技术。

自 2013 年以来，以湖南省植物保护研究所为主持单位的公益性行业(农业)科研专项“蔬菜主要病毒病防控技术研究与示范”项目组连续多年在云南昆明、楚雄等地，对番茄上 TSWV 的综合防控技术开展了相关研究，形成了一套以苗期物理隔离防虫、移栽前种苗带毒率检测(无毒苗种植)为核心，清除种植地周围的鬼针草等杂草，生长期黄板和蓝板诱虫，生防杀虫，抗病毒药剂、微肥施用，及时清除病株(病枝)等番茄上 TSWV 的综合防控技术体系，防控效果达到 80%以上，显著降低了示范区番茄上 TSWV 的危害程度，得到了国内同行专家的高度认可，并在设施和露地栽培条件下对相关技术进行了示范推广(图 4-20)。

图 4-20　番茄上 TSWV 综合防控技术示范现场

i. 育苗期无毒种苗栽培措施

育苗阶段，用 100 目防虫网覆盖育苗，或者在温室大棚的侧面通风口处用 100 目纱网覆盖，出入口用双层 100 目纱网封口，并悬挂黄板和蓝板防控蓟马为害及传毒。移栽前利用 dot-ELISA 或 RT-PCR 进行 TSWV 检测，剔除染病幼苗，确保没有感染 TSWV(图 4-21)。

图 4-21　无毒种苗栽培

左图示育苗盘用 100 目纱网覆盖；右图示育苗温室悬挂黄板诱吸蓟马

ii. 大田期综合防控措施

大田期防控措施包括物理防控、生物防治、化学防治及田间管理等综合措施。

物理防治措施：包括悬挂黄板和蓝板(25cm×20cm)，20 张/亩，在大棚或田间均匀分布，挂于番茄植株的中上部，每张 1.5～2 月更换一次，也可以根据黏虫情况及时更换，连续更换 3 或 4 次(图 4-22 左)。另外，在大棚的侧面通风口处用 100 目纱网覆盖，出入口处用双层 100 目纱网封口(图 4-22 右)。

图 4-22　大田期番茄上 TSWV 的物理防控措施

左图示番茄植株中上部悬挂蓝板诱吸蓟马；右图示大棚侧面通风口处纱网防止蓟马进入

生物防治措施：将植物诱导抗病性制剂——光合细菌菌剂(商品名益农)300 倍液于苗期(4～5 片叶)、初花期(每株有 1～2 个花蕾)、盛花期(每株有 4～5 朵盛开的花)分别喷施 1 次，共喷施 3 次，第 1 次平均每株喷药液 15～20mL，第 2 次平均每株喷药液 80～100mL，第 3 次平均每株喷药液 150～200mL。

化学防治措施：番茄移栽后用赤·吲乙·芸苔、安融乐、14%满素可锌或 8%宁南霉素喷施，定植后 3～4d 喷第 1 次(图 4-23)，10d 后喷第 2 次，20d 后喷第 3 次，共 3 次。

图 4-23　番茄苗定植后的第 1 次药剂防治

田间管理措施：发现病株及时送科研单位进行 TSWV 的检测，并及时清除病株(病枝)，集中销毁。

2. 花生芽坏死病毒

花生芽坏死病毒(PBNV)是番茄斑萎病毒属的一个重要病毒(Reddy et al., 1992)。主要分布在南亚和东南亚国家,包括印度、尼泊尔、斯里兰卡、缅甸、泰国,以及中国(Reddy et al., 1995)。可以侵染多种植物并引起严重的经济损失。PBNV 的发生在主要的花生种植区可引起高达 50%的产量损失,在早期就感染 PBNV 的作物上可引起超过 80%的产量损失(Reddy, 1991)。

(1)主要为害症状

该病毒引起花生初期顶叶出现褪绿斑,后发展成枯斑,叶片、顶芽枯死,植株严重矮化,不结荚果,甚至整株枯死。在有的花生品种上还可表现出花叶、顶部芽坏死和严重坏死等症状。

(2)寄主范围

自然寄主有番茄、黄瓜、西瓜、甜椒、茄子、豌豆、豇豆、绿豆、马铃薯、落花生、棉花、黄麻和芋等植物。

(3)组织病理学特征

在植物组织细胞质中可观察到球状病毒粒体,大小约为 100nm,病毒粒体外有包膜层。

(4)病毒粒子的提纯方法

病毒的粗提物是不稳定的。

(5)病害流行学特征

PBNV 可通过棕榈蓟马(*Thrips palmi* Karny)传播。

(6)作物品种对 PBNV 的抗性

国际半干旱热带作物研究所对超过 8000 个种质资源进行了 PBNV 的抗性鉴定,未发现持久抗性(Dwivedi et al., 1995)。少数花生野生品种对 PBNV 表现出较高的抗性,但是它们与花生栽培品种杂交产量很低(Able et al., 2001)。

(7)PBNV 基因组结构与分子生物学特征

PBNV 的基因组为三分体基因组。3 个片段按照长度大小依次被称为 L RNA、M RNA 和 S RNA。约 4800nt 的 M RNA 为双义 RNA,有 2 个反向相连的 ORF,编码运动蛋白 NSm(34kDa)和 GP 蛋白(127kDa)。同为双义的 S RNA 编码 NSs(49kDa)和 N 蛋白(30kDa)。

(8)PBNV 的检测方法

PBNV 的检测方法主要有 PCR 检测法、RNA 印迹法、ELISA 法等。

(9)病毒防治方法

与其他植物病毒病一样,防治 PBNV 引起的病毒病也非常困难,目前还没有对 PBNV 直接有效的防治措施,主要还是通过农业防治(作物轮作和去除田间寄主杂草)、使用抗病品种、防治其传毒介体蓟马和培育抗性品种等措施对 PBNV 引起的病毒病进行防控。

3. 花生环斑病毒

花生环斑病毒(GRSV)为番茄斑萎病毒属病毒之一,为负义单链 RNA 病毒。2009 年在佛罗里达州南部最先在番茄上检测到 GRSV,随后在辣椒、茄子上也检测到

GRSV（Webster et al.，2010，2011）。GRSV 还可以侵染花生。目前在中国云南的马铃薯上检测到 GRSV（丁铭等，2004）。GRSV 在南美、北美、南非等地引起严重的经济损失（Webster et al.，2015）。

（1）主要为害症状

可表现出矮化、茎叶坏死、环斑和局部褪绿等症状（图 4-24）。

图 4-24　花生环斑病毒病症状（Webster et al.，2015）

左图示龙葵褪绿环斑症状；右图示灯笼草生长点坏死症状

（2）寄主范围

GRSV 可侵染花生、番茄、辣椒、马铃薯、莴苣、大豆、烟草、矮牵牛、龙葵、灯笼草等多种作物。

（3）病害流行学特征

GRSV 可通过介体昆虫蓟马和汁液机械摩擦传播，其中介体传播是自然条件下最主要的途径。

（4）分子生物学特征

GRSV 的基因组为负义单链 RNA 三分体基因组，3 个片段按照长度大小依次被称为 L RNA、M RNA 和 S RNA（de Breuil et al.，2016）。L RNA 编码 RdRp，M RNA 编码运动蛋白 NSm 和 GP 蛋白，S RNA 编码 NSs 和 N 蛋白。

（5）病毒防治方法

与其他植物病毒病一样，主要还是通过农业防治（作物轮作和去除田间寄主杂草）、使用抗病品种、防治其传毒介体蓟马和培育抗性品种等措施对 GRSV 引起的病毒病进行防控。

4. 番茄环纹斑点病毒

番茄环纹斑点病毒（TZSV）为番茄斑萎病毒属病毒之一，为负义单链 RNA 病毒，属于西瓜银色斑驳病毒血清组。张仲凯等 2005 年、2006 年从云南的番茄、辣椒上分离到 TZSV（Dong et al.，2008）。在云南（昆明、玉溪、红河、楚雄等地）引起严重的经济损失，近年来该病毒有向云南周边地区(贵州、广西等地)扩散蔓延的趋势，在症状上与 TSWV 引起的症状类似(Dong et al.，2008，2010；Cai et al.，2011)。

(1)主要为害症状

在番茄整个生长期均可侵染、为害，幼苗受害后 1 周内即可枯萎或死亡。较大植株感病后，新叶上首先出现黄色同心环纹或环形带状褪绿斑点，以后病斑逐渐坏死而变成红褐色，病斑常相互连接，从而造成整叶或半叶呈红褐色坏死，叶片破碎，仅残留叶脉。受病植株矮化，顶芽萎蔫下垂。幼叶染病后常半叶坏死或生长停滞，使叶片生长不平衡，呈镰刀形。重病植株常在几周内顶芽坏死，叶片脱落，最终死亡。一些植株会出现隐症或二次生长，但再生叶片仍会产生坏死斑，重病株基本绝收(图 4-25)。

图 4-25　番茄环纹斑点病毒病症状(Dong et al.，2008)
左图示番茄叶片环斑症状；右图示番茄果实同心轮纹环斑症状

(2)寄主范围

番茄环纹斑点病毒寄主范围广泛，可以侵染 34 科 166 种植物。自然条件下可侵染茄科、菊科、蓼科、藜科、豆科等植物，机械接种能侵染茄科和藜科的辣椒、番茄、黄烟、普通烟和苋色藜，但未发现 TZSV 能侵染葫芦科，这与 WSMoV 血清组的寄主范围有一定差异。

(3)组织病理学特征

TZSV 侵染寄主植株后，呈现出典型的番茄斑萎病毒属细胞病理特征，病毒粒子分布于感染植物的细胞质中，且主要分布于细胞壁附近，呈球形，由一层糖蛋白膜包裹，直径约 85nm，单个或多个病毒粒子聚集于囊膜内(Kikkert et al.，1999；张仲凯等，2004)。TZSV 侵染的样品细胞中有较多大小不同的囊泡，在其感染后期能观察到质壁分离现象，细胞质内的线粒体和叶绿体等亚细胞结构崩解，叶绿体内淀粉粒膨大，基质片层散乱分布于细胞质中(方琦等，2014)。

(4)病毒粒子的提纯方法

可参照 TSWV 粒子的提纯方法。

(5) 病毒粒子的理化性质

病毒粒子为球形，直径为 70～90nm，数个病毒粒体被包被在一个膜内（图 4-26）。TZSV 的体外稳定性极差，在 46℃下 10min 即失活，在 20℃下存活 24～48h，稀释限点为 10^{-4}。

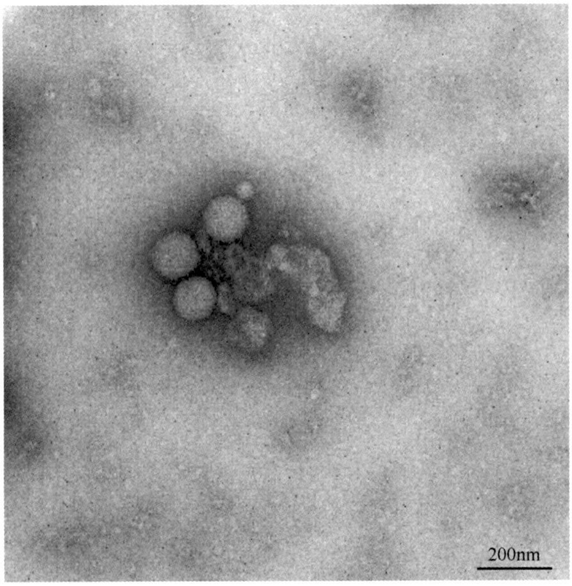

图 4-26　TZSV 粒子

(6) 病害流行学特征

番茄环纹斑点病毒病在番茄的整个生长期都可发生，侵染番茄植株 2～4d 便开始显症。其症状的轻重与感病时间和环境条件关系密切。番茄苗龄愈小，环境温度愈高，发病愈重。蓟马成虫和若虫在病株上刺吸取食时才能获毒，获毒最短饲育时间为 15min，获毒后 3～18d 才能传毒，一旦获毒后可终生传毒。蓟马很小，只有 1mm 长，但非常活跃，经常在田间跳跃取食，并随风飞动扩散，如冬季温暖、少雨雪、春夏温度偏低、空气湿度大等条件均有利于蓟马活动，同时也有利于病害的流行（赵绕芬和王小兵，2012）。

(7) 病毒基因组结构和分子生物学特性

为负义单链 RNA 三分体病毒，3 个片段按照长度大小依次被称为 L RNA（8919nt）、M RNA（4945nt）和 S RNA（3279nt）。L RNA 编码 RdRp（2885aa，332.7kDa），M RNA 编码非结构运动蛋白 NSm（309aa，34.4kDa）和糖蛋白前体 GP 蛋白（1122aa，127.4kDa），S RNA 编码非结构蛋白 NSs（459aa，51.9kDa）和 N 蛋白（278aa，30.6kDa）。

(8) TZSV 的检测技术

主要检测方法有 PCR 检测、ELISA、RT-LAMP、胶体金免疫电镜技术等。

(9) TZSV 的防治方法

1) 减少初次侵染来源：选用无病番茄种子、清除田间及周围残存的杂草、选用无病田块种植。

2) 种子消毒处理：播种前，将种子置于 55℃温水浸泡 15min。

3）合理施肥：施足基肥，增施有机肥。后期控制施用氮肥，增施磷、钾肥，防止茎叶生长过分嫩绿，增强植株抗病能力。

4）搞好田间管理：在多雨季节，及时清沟排水，降低田间湿度，改善番茄生长环境。

5）实行轮作：与非茄科作物实行2～3年轮作，可显著减轻病害。

6）杀灭传毒介体：安装黑光灯诱杀成虫，能明显降低传毒介体卵的密度和幼虫数量，并可根据诱到成虫的数量变化，准确地预测出田间落卵量及幼虫孵化情况，为及时防治提供理论依据。

二、等轴不稳环斑病毒属

等轴不稳环斑病毒属是雀麦花叶病毒科（*Bromoviridae*）下的一个属，属下共17种。模式种是烟草线条病毒（*Tobacco streak virus*，TSV），中国已有研究报道。等轴不稳环斑病毒属分为7个亚组，即亚组1～亚组7。其中，亚组1有TSV和绣球花叶病毒（*Hydrangea mosaic virus*，HdMV）；亚组2有天门冬病毒2号（*Asparagus virus 2*，AV-2）、柑橘皱叶病毒（*Citrus leaf rugose virus*，CiLRV）、柑橘杂色病毒（*Citrus variegation virus*，CVV）、榆斑驳病毒（*Elm mottle virus*，EMoV）、菠菜潜隐病毒（*Spinach latent virus*，SpLV）和图拉苹果花叶病毒（*Tulare apple mosaic virus*，TAMV）；亚组3有苹果花叶病毒（*Apple mosaic virus*，ApMV）、乌饭树休克病毒（*Blueberry shock virus*，BIShV）、葎草潜隐病毒（*Humulus japonicus latent virus*，HjLV）和李坏死环斑病毒（*Prunus necrotic ringspot virus*，PNRSV）；亚组4有洋李矮缩病毒（*Prune dwarf virus*，PDV）；亚组5有美洲李线纹病毒（*American plum line pattern virus*，APLPV）；亚组6有墙草斑驳病毒（*Parietaria mottle virus*，PMoV）；亚组7有海滩草莓潜隐病毒（*Fragaria chiloensis latent virus*，FClLV）和丁香环斑驳病毒（*Lilac ring mottle virus*，LiRMoV）。

1. 寄主范围

该属病毒主要侵染重要经济作物，包括果蔬、园艺作物和蔬菜等。在欧洲、南美洲、北美洲、日本、澳大利亚和新西兰等地广泛分布，但并不流行。还主要侵染木本植物，寄主范围宽，可侵染30科的单子叶植物和双子叶植物。

2. 主要为害症状

烟草上可形成局部坏死斑或环斑。短豇豆上最初可形成局部微红坏死斑或褪绿斑，随后系统坏死或形成斑驳。

3. 组织病理学特征

对该属病毒引起细胞病变的报道较少，病毒可能存在于寄主植物的大部分组织中，但大多不引起细胞明显变化，无特殊的内含体。

4. 病毒粒子的提纯方法

病毒的粗提物是不稳定的。

5. 病毒粒子的理化性质

等轴不稳环斑病毒属的病毒粒子为等轴对称二十面体到准等轴对称颗粒，无包膜，有 3 种大小，直径为 26～35nm，偶尔呈杆菌状(Lister et al.，1972)(图 4-27)。3 种粒子的相对分子质量分别为 4.72×10^6(T)、5.92×10^6(M)、7.45×10^6(B)，蛋白亚基数分别为 142(T)、179(M)、225(B)(Ghabrial and Lister，1974)，所有类型粒子在氯化铯中的浮力密度为 $1.35g/cm^3$(Jones and Mayo，1975)，病毒粒体易被中性氯盐和十二烷基硫酸钠破坏(洪健等，2001)。

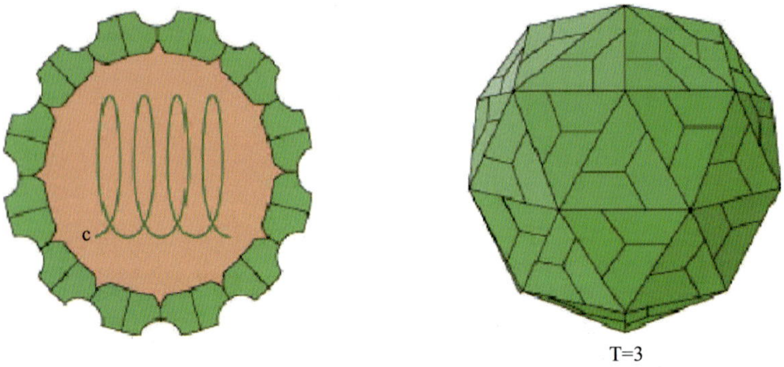

图 4-27　等轴不稳环斑病毒属病毒粒子模拟图(来源：https://viralzone.expasy.org/136)

6. 病害流行学特性

病毒易机械接种传播，有的可经种子和花粉传播，蓟马也能传播。

7. 病毒核酸结构与分子生物学特征

病毒核酸由三分体线形正义 ssRNA——RNA1、RNA2、RNA3 构成。基因组为三分体基因组，每个病毒粒子包裹有单分子的 RNA1 或 RNA2，或者包裹 RNA3 和 RNA4(图 4-28)。每个 RNA 片段的 5′端为甲基化帽子结构($m^7G5'ppp5'Gp$)，3′端既不是 poly(A)，又不是 tRNA 样结构，所有 RNA 的 3′端能折叠成稳定的发夹结构，并含有 AUGC 盒。其基因组有 4 个 ORF，ORF1 编码 123kDa 的复制酶，ORF2a 编码 92kDa 的复制酶，ORF2b 编码沉默抑制子，ORF3 在 RNA3 的 5′端，编码 32kDa 的胞间运动蛋白 MP，ORF4 在 RNA3 的 3′端，通过亚基因组 RNA4(sgRNA4)表达一个 26kDa 的 CP。病毒复制时复制酶识别需要 RNA 分子的 3′端结合有外壳蛋白。

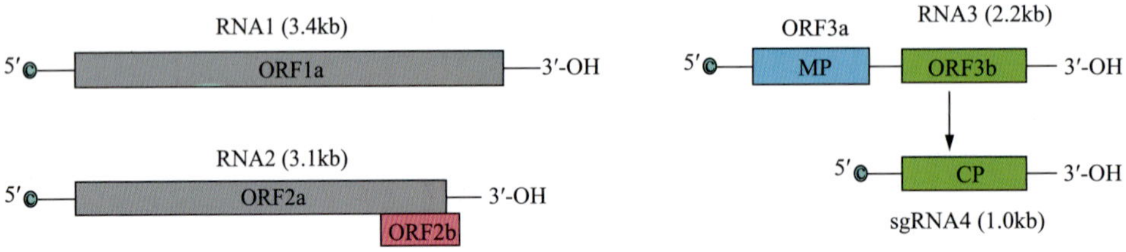

图 4-28　等轴不稳环斑病毒属基因组结构图(来源：https://viralzone.expasy.org/136)

8. 抗原特性

病毒的免疫原性弱到中等，每一亚组中的病毒之间有血清学关系，在某些亚组间也有一些血清学交叉反应，但在亚组 1 与其他亚组之间无血清学关系。

9. 本属典型病毒

该属典型病毒为烟草线条病毒(*Tobacco streak virus*，TSV)。烟草线条病毒由Johnson 1936年在美国威斯康星州的烟草上首次发现并报道。该病毒为等轴不稳环斑病毒属的典型成员。TSV分布于巴西、阿根廷、秘鲁、美国、加拿大、澳大利亚等国。寄主范围广泛，可为害30科的单子叶和双子叶植物。TSV在南美大豆上为害较重，引起大豆芽枯症状，为区别于烟草环斑病毒引起的芽枯，特称为巴西芽枯病(Brazilian bud blight)，美国也有TSV为害大豆的报道(Kaiser et al.，1982；Sherwood and Jackson，1985；Kennedy and Reddick，1988；Mcgee，1992)。TSV仅在我国福建的烟草上有报道(谢联辉等，1985)。

(1)主要为害症状

在烟草Haranova株系上接种5d后表现出局部萎黄斑点，然后出现系统坏死症状(图4-29)。

图4-29　烟草线条病毒病在烟草上的症状(来源：www.dpvweb.net)

在瓜尔豆上表现出小的暗色斑点。

在短豇豆上最初可形成局部微红坏死斑或褪绿斑，随后系统坏死或形成斑驳。

(2)寄主范围

寄主范围广，自然寄主包括大豆、菜豆、豌豆、花生、烟草、马铃薯、番茄等多种重要的农作物。在我国仅在烟草上有报道。

(3)组织病理学特征

烟草线条病毒粒子存在于分生组织和薄壁组织的细胞质中，但不易清楚地辨别，很少在细胞核内观察到，无病毒粒子聚集体，细胞核、细胞壁和其他细胞器没有特殊变化。只有在烟草线条病毒Fulton's B株系侵染的昆诺藜中观察到显著的细胞病变，最明显的是细胞质中膜结构大量发育，内质网增生，产生许多小泡、质膜体和髓鞘样结构，有的小泡内含有细纤维状物质，在液泡膜边缘产生小泡结构。在细胞壁附近产生质膜体，并形成漏斗样的膜延伸结构，与胞间连丝相连接，病毒粒子呈列排在其中。病毒呈实心和空心的球形，有几种大小，主要分散在细胞质中，有的形成大片但无序的聚集体。线粒体呈现电子密度降低、内脊紊乱，外形比正常的要小，数量减少，细胞核和叶绿体无明显变化（洪健等，2001）（图 4-30）。

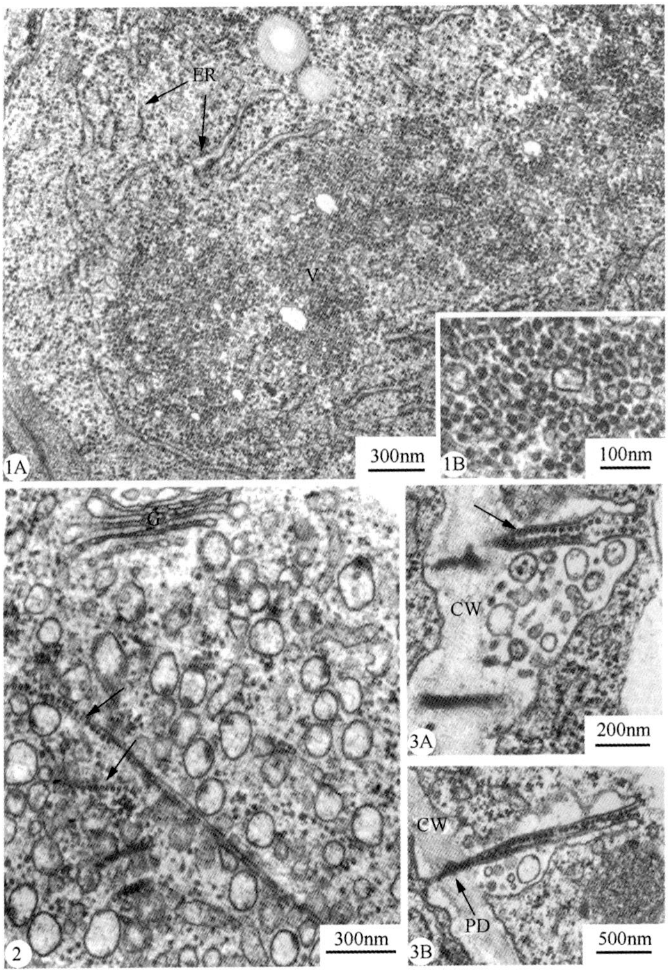

图 4-30　TSV 粒子电镜图（Martelli G P 供图）

1A. 烟草线条病毒（TSV）感染的寄主植物细胞，示细胞质中增生的内质网（箭头）、小泡结构和病毒粒子；1B. 放大的病毒粒子和小泡结构；2. 细胞质中积累的小泡结构可能来源于高尔基体，一些病毒粒子排列在管状结构中；3A. 由细胞膜延伸形成的漏斗样结构内含病毒粒子，与胞间连丝相连；3B. 病毒粒子呈纵列排在管状结构中，穿过胞间连丝。CW. 细胞壁；G. 高尔基体；ER. 内质网；PD. 胞间连丝；V. 病毒粒子

（4）病毒粒子的提纯方法

病毒的粗提物是不稳定的。

（5）病毒粒子的理化性质

标准沉降系数 S_{20W}=90S（T）、98S（M）、113S（B）（Lister and Bancroft，1970），所有类型粒子在氯化铯中的浮力密度为 1.35g/cm^3（Jones and Mayo，1975），病毒粒体易被中性氯盐和十二烷基硫酸钠破坏（洪健等，2001）。

（6）病害流行学

烟草线条病毒有烟蓟马和西花蓟马传播的报道，也可通过种子或菟丝子传播。

(7) 作物品种对 TSV 的抗性

目前未有抗 TSV 的作物品种被报道。

(8) 病毒株系

TSV 有许多株系。血清学株系分为南美株系、北美株系和悬钩子株系。不同株系在不同指示植物上的症状不同。从悬钩子或大丽花上分离的株系很难活，根本不侵染烟草。从马铃薯上分离的 SB10 株系显著不同于从马铃薯上分离的其他株系，这说明可能是由不同的株系引起的。从南非花生上分离的一个株系在核苷酸序列同源性上与 WC 株系具有高于 95%的同源性。

(9) 病毒基因组结构与分子生物学特性

TSV 的基因组为三分体基因组。每个病毒粒子包裹有单分子的 RNA1 或 RNA2，或者包裹 RNA3 和 RNA4(图 4-31)。每个 RNA 片段的 5′端为甲基化帽子结构 ($m^7G5'ppp5'Gp$), 3′端既不是 poly(A)，又不是 tRNA 样结构，所有 RNA 的 3′端能折叠成稳定的发夹结构，并含有 AUGC 盒。其基因组有 4 个 ORF，ORF1 编码 123kDa 的复制酶，ORF2 编码 92kDa 的复制酶，ORF3 在 RNA3 的 5′端，编码 32kDa 的胞间运动蛋白，ORF4 在 RNA3 的 3′端，通过亚基因组 RNA4 表达一个 26kDa 的外壳蛋白。病毒复制时复制酶识别需要 RNA 分子的 3′端结合有外壳蛋白。烟草线条病毒的 4 个表达产物为 123kDa 的复制酶、92kDa 的聚合酶、32kDa 的胞间运动蛋白和 26kDa 的外壳蛋白。

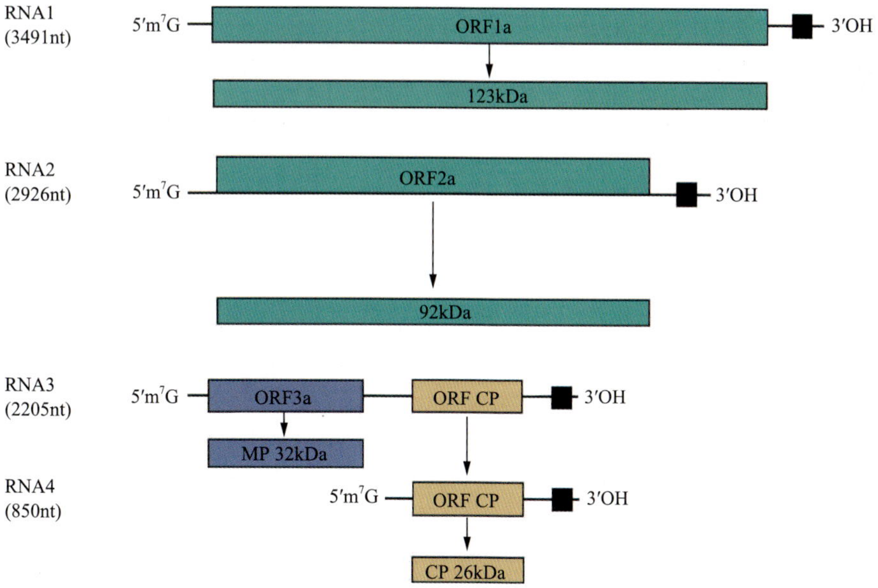

图 4-31　TSV 的基因组结构及其表达策略图(洪健等，2001)

(10) TSV 的检测技术

TSV 可以用 RT-PCR 方法或者 ELISA 方法检测。

RT-PCR 引物序列如下。

正向引物为 5′-GTTTGGGTAACTCGCAAAGCGAGT-3′。

反向引物为 5′-TCTTCTGGTGGCATCAAGGGAGCTGGTT-3′。

TSV 也可以用 DAS-ELISA 进行检测。病毒的免疫原性弱到中等，每一亚组中的病毒之间有血清学关系，在某些亚组间也有一些血清学交叉反应，但亚组 1 与其他亚组之间无血清学关系。

(11)病毒防治方法

采取预防为主、综合防治的指导方针对其进行防治。防治的措施主要如下。

1)农业防治措施：及时清除田间杂草和前茬作物的残株、枯叶，以减少虫源。遇旱及时灌水，小水勤灌，以提高田间湿度，可有效地抑制葱蓟马的发生。入冬前期对棚室及土壤进行药物消毒灭虫，减少越冬虫源基数。及时拔除病株、远离烟田等都是重要的防病措施。或者利用葱蓟马有趋蓝色的习性，蔬菜定植后在棚室内悬挂黄板和蓝板诱杀，每亩悬挂 20～30 张，悬挂高度为距离植株生长点 10～15cm。

2)药剂防治措施：选择一些化学药剂提高作物对病毒的抗性或者防治传毒介体蓟马。提高作物抗病毒性的化学药剂有 20%吗啉胍·乙铜可湿性粉剂、5%菌毒清可湿性粉剂、植物病毒钝化剂 912。防治蓟马的化学农药主要有噻虫嗪、吡虫啉、阿维菌素等，此外还可利用生物天敌巴氏新小绥螨或东亚小花蝽(每亩释放巴氏新小绥螨 200 袋或东亚小花蝽 1000 头)对传毒介体进行防治。

参 考 文 献

程晓非, 董家红, 方琦, 等. 2008. 从云南蝴蝶兰上检测到番茄斑萎病毒属病毒. 植物病理学报, 38(1): 31-34.

代欢欢, 陈舜胜, 杨翠云, 等. 2012. 3 种番茄斑萎病毒属病毒多重 RT-PCR 检测方法的建立. 上海农业学报, 28(3): 32-36.

丁铭, 张丽珍, 方琦, 等. 2004. 侵染马铃薯的一个 tospovirus 混合分离物的鉴定、纯化及多抗血清制备. 西南农业学报, 17 (s1): 160-162.

杜玉宁, 黄慧玲, 王晓菁, 等. 2015. 粘虫板在不同时间空间条件下对温室蓟马诱杀作用. 北方园艺, 12: 100-102.

方琦, 董家红, 丁铭, 等. 2001. 侵染水鬼蕉和花朱顶红的番茄斑萎病毒属病毒的电镜和 DAS-ELISA 诊断. 园艺学报, 38(10): 2006-2008.

方琦, 董家红, 郑宽瑜, 等. 2014. 番茄环纹斑点病毒与马铃薯 Y 病毒复合侵染烟草的细胞病理特征. 植物学报, 49(6): 704-709.

谷培云, 马永军, 焦雪霞, 等. 2013. 释放捕食螨对彩椒上蓟马防效的初步评价. 生物技术进展, 3(1): 54-56.

洪健, 李德葆, 周雪平. 2001. 植物病毒分类图谱. 北京: 科学出版社: 80-152.

洪霓. 2006. 番茄斑萎病毒的检疫技术. 植物检疫, 20(6): 389-392.

莫云容, 鲍继艳, 朱海山, 等. 2016a. 番茄抗番茄斑萎病毒病育种研究进展. 云南农业大学学报(自然科学), 31(4): 733-737.

莫云容, 张培欣, 邓明华, 等. 2016b. 番茄自交系 YNAU335 对番茄斑萎病毒抗性的鉴定. 中国蔬菜, 5: 13-17.

穆青, 潘悦, 蒋水萍, 等. 2016. 释放捕食螨对蓟马传播烟草番茄斑萎病的控制效果. 贵州农业科学, 44(9): 63-67.

邱树亮，王孝宣，杜永臣，等. 2012. 番茄斑萎病毒 TSWV 的鉴定及抗病种质的筛选. 园艺学报, 39(6): 1107-1114.

尚卫娜, 郑宽瑜, 董家红, 等. 2016. 感染番茄斑萎病毒和番茄环纹斑点病毒的植物叶片细胞病理变化观察. 电子显微学报, 35(3): 269-274.

王恩东, 徐学农, 吴圣勇. 2009. 释放 2 种捕食螨对温室大棚茄子上西花蓟马和温室白粉虱的防治效果试验. 中国植物保护学会 2009 学术年会论文集. 北京: 中国农业科学技术出版社.

王静, 雷仲仁, 高玉林. 2010. 虫生真菌和捕食螨对西花蓟马的联合控制作用初步研究. 中国植物保护学会 2010 学术年会论文集. 北京: 中国农业科学技术出版社.

习凤妮, 谭新球, 朱春晖, 等. 2013. 番茄斑萎病毒检测技术发展趋势概述. 湖南农业科学, 5: 77-79, 83.

谢联辉, 林奇英, 曾鸿棋, 等. 1985. 福建烟草病毒病原鉴定初报. 福建农学院学报, 14(2): 116.

谢永辉, 张宏瑞, 刘佳, 等. 2013. 传毒蓟马种类研究进展(缨翅目蓟马科). 应用昆虫学报, 50(6): 1726-1736.

杨英华. 2012. 番茄斑萎病毒属的分子检测技术研究. 南昌: 江西农业大学硕士学位论文.

张辉，田守波，朱龙英，等. 2016. 番茄抗斑萎病毒(TSWV)育种进展. 江西农业大学学报, 38(4): 637-645.

张仲凯, 方琦, 丁铭, 等. 2000. 侵染烟草的番茄斑萎病毒(TSWV)电镜诊断鉴定. 电子显微学报, 19(3): 339-340.

张仲凯, 方琦, 董家红, 等. 2005. 番茄斑萎病毒侵染引起寄主细胞的质壁分离. 电子显微学报, 24(4): 423.

张仲凯, 杨录明, 方琦, 等. 2004. 番茄斑萎病毒侵染烟草的细胞病理. 电子显微学报, 23(4): 349.

赵绕芬, 王小兵. 2012. 番茄环纹斑点病毒病的发生与防治. 长江蔬菜, (15): 41-42.

赵巍巍, 杨家强, 周小毛, 等. 2015. 番茄斑萎病毒 4 种检测方法比较. 植物保护, 41(2): 108-113.

赵永发. 2011. 抗番茄斑萎病毒物质筛选及作用机制初步研究. 长沙: 湖南农业大学硕士学位论文.

郑元仙, 刘雅婷. 2009. 番茄斑萎病毒属病毒检测技术研究进展. 云南农业大学学报, 24(4): 607-613.

Able J A, Rathu S, Godwin I D. 2001. The investigation of optimal bombardment parameters for transient and stable transgene expression in sorghum. *In Vitro* Cellular and Development Biology Plant, 37: 341-348.

Adkins S. 2000. Tomato spotted wilt virus positive steps towards negative success. Molecular Plant Pathology, 1: 151-157.

Berkeley G H, Phillips J H H. 1943. Tobacco streak. Canadian Journal of Research, 21: 181-190.

Best R J. 1968. Tomato spotted wilt virus. Advances in Virus Research, 13(1977): 65-146.

Boiteux L S, Giordano L B. 1993. Genetic basis of resistance against two tospovirus species in tomato (*Lycopersicon esculentum*). Euphytica, 71: 151-154.

Boonham N, Smith P, Walsh K, et al. 2002. The detection of tomato spotted wilt virus (TSWV) in individual thrips using real time fluoresoent RT-PCR (TaqMan). Journal of Virological Methods, 101: 37-48.

Cai J, Qin B, Wei X, et al. 2011. Molecular identification and characterization of tomato zonate spot virus in tobacco in Guangxi, China. Plant Disease, 95: 1483.

Canady M A, Stevens M R, Barineau M S, et al. 2001. Tomato spotted wilt virus (TSWV) resistance in tomato derived from *Lycopersicon chilense* Dun. LA1938. Euphytica, 117(1): 19-25.

de Avila A C, Huguenot C, Resende Rde O, et al. 1990. Serological differentiation of 20 isolates of tomato spotted wilt virus. Journal of General Virology, 71(Pt12): 2801-2807.

de Breuil S, Cañizares J, Blanca J M, et al. 2016. Analysis of the coding-complete genomic sequence of groundnut ringspot virus suggests a common ancestor with tomato chlorotic spot virus. Archives of Virology, 161(8): 2311-2316.

Debreczenia D E, Ruiz-Ruiz S, Aramburub J, et al. 2011. Detection, discrimination and absolute quantitation of tomato spotted wilt virus using real time RT-PCR with TaqMan(®) MGB probes. Journal of Virological Methods, 176(1-2): 32-37.

Dong J H, Cheng X F, Yin Y Y, et al. 2008. Characterization of tomato zonate spot virus, a new tospovirus in China. Archives of Virology, 153 (5): 855-864.

Dong J H, Zhang Z K, Yin Y Y, et al. 2010. Natural host ranges of tomato zonate spot virus in Yunnan. Journal of Insect Science, 10: 12-13.

Dwivedi S L, Nigam S N, Reddy D V R, et al. 1995. Progress in breeding groundnut varieties resistant to bud necrosis virus and its vector//Buiel A A M, Parlevliet J E, Lenne J M. Recent Studies on Peanut Bud Necrosis Disease. ICRI-SAT, Patancheru: 35.

Fanquet C M, Mayo M A, Maniloff J, et al. 2005. Virus Taxonomy—8th Report of the International Committee on Taxonomy of Viruses. London: Academic Press, Elsevier: 712-713.

Fawcett G L. 1940. The 'black pest' of tomatoes and 'corcova' of tobacco. Revista Industrial Y Agricola De Tucuman, 30: 221-226.

Finlay K W. 1953. Inheritance of spotted wilt resistance in the tomato. II. Five genes controlling spotted wilt resistance in four tomato types. Australian Journal of Biological Sciences, 6 (2): 153-163.

Francki R I B, Fauquet C M, Knudson D D, et al. 1995. Classification and Nomenclature of Viruses. Fifth Report of the International Committee on Taxonomy of Viruses. Archives of Virology, 140(2): 391-392.

Fuji S O K, Nakama E H. 1998. Detection of tomato spotted wilt virus in chrysanthemum by immunocapture RT-PCR assay. Proceedings of the Kansai Plant Protection Society, 40: 111-112.

Fukuta S, Ohishi K, Yoshida K, et al. 2004. Development of immunocapture reverse transcription loop-mediated isothermal amplification for the detection of tomato spotted wilt virus from chrysanthemum. Journal of Virological Methods, 121(1): 49-55.

Funderburk J, Reitz S, Olson S, et al. 2011. Managing thrips and Tospoviruses in tomato. University of Florida Cooperative Extension Service Institute of Food and Agriculture Science.

Ghabrial S A, Lister R M. 1974. Chemical and physicochemical properties of two strains of tobacco streak virus. Virology, 57(1): 1-10.

Hsu H T, Lawson R H. 1991. Direct tissue blotting for detection of tomato spotted silt virus in *Impatiens*. Plant Disease, 75(3): 292-295.

Jones A T, Mayo M A. 1975. Further properties of black raspberry latent virus, and evidence for its relationship to tobacco streak virus. The Annals of Applied Biology, 79(3): 297-306.

Kaiser W J, Wyatt S D, Pesho G R. 1982. Natural hosts and vectors of tobacco streak virus in eastern Washington. Phytopathology, 72(11): 1508-1512.

Kennedy B S, Reddick B B. 1988. Identification and distribution of soybean viruses in Tennessee. Phytopathology, 78: 1583-1584.

Kikkert M, Van Lent J, Storms M, et al. 1999. Tomato spotted wilt virus particle morphogenesis in plant cells. Journal of Virology, 73: 2288-2297.

Kitajima E W. 1965. Electron microscopy of vira-cabeca virus (Brazilian tomato spotted wilt virus) within the host cell. Virology, 26(1): 89-99.

Krishna-Kumar N K, Ullman D E, Cho J J. 1993. Evaluation of *Lycopersicon* germplasm for tomato spotted wilt tospovirus resistance by mechanical and thrips transmission. Plant Disease, 77 (9): 938-941.

Krishna-Kumar N K, Ullman D E, Cho J J. 1995. Resistance among *Lycopersicon* species to *Frankliniella occidentalis* (Thysanoptera: Thripidae). Journal of Economic Entomology, 8(4): 1057-1065.

Kumar N, Irulappan I. 1992. Inheritance of resistance to spotted wilt virus in tomato (*Lycopersicon esculentum* Mill.). Journal of Genetic Breed, 46: 113-117.

Lee J M, Oh C S, Yeam I. 2015. Molecular markers for selecting diverse disease resistances in tomato breeding programs. Plant Breeding and Biotechnology, 3(4): 308-322.

Lian S, Lee J S, Cho W K, et al. 2013. Phylogenetic and recombination analysis of tomato spotted wilt virus. PLoS ONE, 8(5): e63380.

Lister R M, Bancroft J B. 1970. Alteration of tobacco streak virus component ratios as influenced by host and extraction procedure. Phytopathology, 60(4): 689-694.

Lister R M, Ghabrial S A, Saksena K N. 1972. Evidence that particle size heterogeneity is the cause of centrifugal heterogeneity in tobacco streak virus. Virology, 49(1): 290-299.

López C, Aramburu J, Galipienso L, et al. 2011. Evolutionary analysis of tomato *Sw-5* resistance-breaking isolates of tomato spotted wilt virus. Journal of General Virology, 92(Pt1): 210-215.

Maluf W R, Toma-Braghini M, Corte R D. 1991. Progress in breeding tomatoes for resistance to tomato spotted wilt. Revista Brasileira de Genetica, 14(2): 509-525.

Marjolein K, Frank van P, Marc S, et al. 1997. A protoplast system for studying tomato spotted wilt virus infection. Journal of General Virology, 78(Pt7): 1755-1763.

Matsuura S. 2009. Detection of tomato spotted wilt virus (TSWV) from several crops and western flower thrips by reverse transcription-loop-mediated isothermal amplification (RT-LAMP). Kinki Chugoku Shikoku Agricultural Research, 14: 9-13.

Mcgee D C. 1992. Pest Management in Soybean: Detection and Diagnosis of Soybean Diseases for Improved Management. Minnesota: APS Press: 242-250.

McWhorter F P, Milbrath J A. 1935. The interpretation of Oregon tipblight on a basis of causal virus. Phytopathology, 25(9): 897-898.

McWhorter F P, Milbrath J A. 1938. The tipblight disease of tomato. Corvallis: Oregon State System of Higher Education, Agricultural Experiment Station, Oregon State College: 1-16.

Norris D O. 1946. The strain complex and symptom variability of tomato spotted wilt virus. Bulletin Council for Scientific and Industrial Research Melbourne, 202: 51.

Okuda M, Hanada K. 2001. RT-PCR for detecting five distinct tospovirus species using degenerate primers and dsRNA template. Journal of Virological Methods, 96(2): 149-156.

Paterson R G, Scott S J, Gergerich R C. 1989. Resistance in two *Lycopersicon* species to an *Arkansas* isolate of tomato spotted wilt virus. Euphytica, 43 (1-2): 173-178.

Price D L, Memmott F D, Scott J W, et al. 2007. Identification of molecular markers linked to a new tomato spotted wilt virus resistance source in tomato. HortScience, 42(2): 855.

Reddy D V R, Buiel A A M, Satyanarayana T, et al. 1995. Peanut bud necrosis disease: an overview//Buiel A A M, Parlevliet J E, Lenne J M. Recent Studies on Peanut Bud Necrosis Disease. Proceedings of a Meeting at ICRI-SAT Asia Center: Patancheru: 3-7.

Reddy D V R, Ratna A S, Sudarshan M R, et al. 1992. Serological relationships and purification of bud necrosis virus, a tospovirus occurring in peanut (*Arachis hypogaea* L.) in India. Annals of Applied Biology, 120(2): 279-286.

Reddy D V R. 1991. Groundnut viruses and virus diseases: distribution, identification and control. Review of Plant Pathology, 70(9): 665-678.

Roselló S, Díez M J, Nuez F. 1996. Viral diseases causing the greatest economic losses to the tomato crop. I. The tomato spotted wilt virus. Scientia Horticulturae, 67(3): 117-150.

Roselló S, Díez M J, Nuez F. 1998. Genetics of tomato spotted wilt virus resistance coming from *Lycopersicon peruvianum*. European Journal of Plant Pathology, 104(5): 499-509.

Saidi M, Warade S D. 2008. Tomato breeding for resistance to tomato spotted wilt virus (TSWV): an overview of conventional and molecular approaches. Czech Journal of Genetics and Plant Breeding, 44(3): 83-92.

Scholthof K B G, Adkins S, Czosnek H, et al. 2011. Top 10 plant viruses in molecular plant pathology. Molecular Plant Pathology, 12(9): 938-954.

Sherwood J L, Jackson K E. 1985. Tobacco streak virus in soybean in Oklahoma. Plant Disease, 69: 727.

Smith P G. 1944. Reaction of *Lycopersicon* spp. to spotted wilt. Phytopathology, 34: 504-505.

Stevens M R, Scott S J, Gergerich R C. 1991. Inheitance of a gene for resistance to tomato spotted wilt virus (TSWV) from *Lycopersicon peruvianum* Mill. Euphytica, 59(1): 9-17.

Stevens M R, Scott S J, Gergerich R C. 1994. Evaluation of seven *Lycopersicon* species for resistance to tomato spotted wilt virus (TSWV). Euphytica, 80(1-2): 79-84.

Tsompana M, Abad J, Purugganan M, et al. 2005. The molecular population genetics of the tomato spotted wilt virus (TSWV) genome. Molecular Ecology, 14(1): 53-66.

Ullman D E, Whitfield A E, German T L. 2005. Thrips and Tospoviruses come of age: mapping determinants of insect transmission. Proceeding of the National Academy of Sciences of the United States of America, 102(14): 4931-4932.

van Regenmortel M H, Fauquet C M. 2000. Virus Taxonomy: Classification and Nomenclature of Viruses. Seventh Report of the International Committee on Taxonomy of Viruses. New York: Academic Press.

van Zijl J J B, Bosh S E, Coetzee C P J. 1986. Breeding tomatos for processing in South Africa. Acta Horticulturae, 194: 69-76.

Wang M, Gonsalves D. 1990. ELISA detection of various tomato spotted wilt virus isolates using specific antisera to structural proteins of the virus. Plant Disease, 74 (2): 154-158.

Webster C G, Frantz G, Reitz S R, et al. 2015. Emergence of groundnut ringspot virus and tomato chlorotic spot virus in vegetables in Florida and the Southeastern United States. Virology, 105(3): 388-398.

Webster C G, Perry K L, Lu X Y, et al. 2010. First report of groundnut ringspot virus infecting tomato in south Florida. Plant Health Progress. doi: 10. 1094/PHP-2010-0707-01-BR.

Webster C G, Turechek W W, Mellinger H C, et al. 2011. Expansion of groundnut ringspot virus host and geographic ranges in solanaceous vegetables in peninsular Florida. Plant Health Progress. doi: 10. 1094/PHP-2011-0725-01-BR.

Whitfield A E, Campbell L R, Sherwood J L, et al. 2003. Tissue blot immunoassay for detection of tomato spotted wilt virus in *Ranunculus asiaticus* and other ornamentals. Plant Disease, 87(6): 618-622.

Whitfield A E, Ullman D E, German T L. 2005. Tospovirus-thrips interactions. Annual Review of Phytopathology, 43(1): 459-489.

第五章　其他昆虫传播的蔬菜病毒

绝大部分蔬菜病毒是通过蚜虫、烟粉虱或蓟马传播的，可通过其中一种或几种昆虫传播，有少量的病毒还可以通过甲虫等昆虫传播。

一、甜瓜坏死斑点病毒

甜瓜坏死斑点病毒(*Melon necrotic spot virus*，MNSV)属于病毒界番茄丛矮病毒科(*Tombusviridae*)香石竹斑驳病毒属(*Carmovirus*)(杨世安等，2017)，是在甜瓜上发现的一种严重影响其品质和产量、对甜瓜生产可造成重大损失的危险性病原(古勤生等，2011)。主要通过种子、土壤中的真菌油壶菌(*Olpidium bornovanus*)和黄瓜黑头叶甲进行自然传播，另外还可以通过机械摩擦接种进行传播。其寄主范围仅限于葫芦科的一些植物，如甜瓜、黄瓜、西瓜、南瓜及葫芦等。在甜瓜上引起的症状有：叶片、叶柄和茎上出现坏死斑或褪绿斑(图 5-1)，植株矮化，果实变小，严重影响作物的品质和产量，随着种子产业的发展，该病害随种子调运远距离传播，将会严重影响我国甜瓜的生产。日本于 1960 年最先报道 MNSV 侵染甜瓜(Kishi，1966)；1985 年在希腊的克里特岛报道发现 MNSV(Avgelis，1985)；1998 年，在意大利第一次发现和报道 MNSV 在冬瓜上侵染(Tomassoli and Barba，2000)。至今，MNSV 在西班牙(Ruiz et al.，2016)、新西兰(Bos et al.，1984)、英国、美国(Gonzalez et al.，1979)、希腊、意大利(Tomassoli et al.，2016)、突尼斯(Yakoubi et al.，2008)及伊朗(Safaeezadeh，2007)、韩国(Hae-Ryun et al.，2015)、中国(Yu et al.，2016)等国家均有报道。

图 5-1　甜瓜坏死斑点病毒引起的甜瓜叶片症状(来源：www.dpvweb.net)

（一）病毒核酸结构与分子生物学特性

MNSV 粒体为球形（图 5-2），直径约 30nm，是一种 ssRNA（single stranded RNA）等径病毒（Furuki，1981）。基因组为正义单链 RNA，约 4300nt，包括 5′端、3′端非翻译区和 5 个 ORF，编码 p29、p89、p7A、p7B、p42（cp）五种蛋白质（Genoves，2006），无 5′端帽子和 3′端 poly（A）尾结构（Riviere and Rochon，1990）。

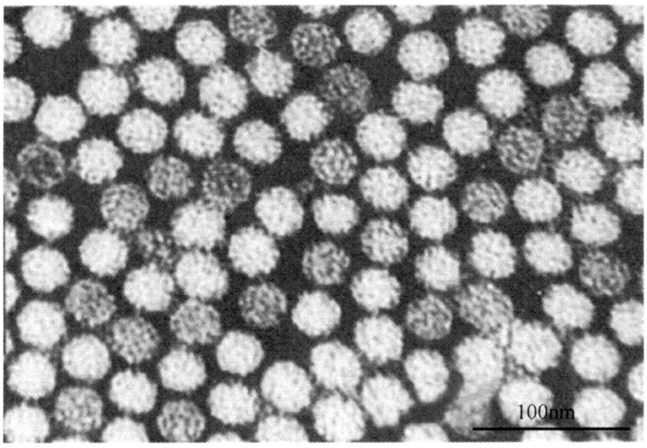

图 5-2　纯化的 MNSV 粒体（来源：www.dpvweb.net）

甜瓜坏死斑点病毒西班牙分离物（MNSV-Ma5）基因组全长为 4271nt，5′端非翻译区包括 84nt；编码 p29 的第一个 ORF 起始于第 85 个核苷酸，以一个琥珀酸密码子终止于第 891 个核苷酸，这个 ORF 如果发生通读，就会产生一个多肽 p89；编码 p7A 的 ORF 起始于第 2439 个核苷酸，以一个 TAA 密码子终止于第 2636 个核苷酸；编码 p7B 的 ORF 起始于第 2640 个核苷酸，终止于第 2825 个核苷酸；编码 p7A 和 p7B 两个蛋白质的 ORF 是重叠的，如果中间发生通读，则会产生一个 p14 的蛋白质；最后一个 ORF 编码 p42 蛋白，即 MNSV 的 CP 蛋白，它起始于第 2815 个核苷酸，终止于第 3984 个核苷酸；最后靠近 3′端的是一个非翻译区，包括 287nt（Diaz，2003）。

甜瓜坏死斑点病毒中国分离物基因组全长和报道序列全长大小相近，为 4271nt，由 5 个 ORF 和两个末端非翻译区组成。其中，ORF1 位于 88～894nt 处，长度为 807nt；ORF2 位于 88～2463nt 处，长度为 2376nt；ORF3 位于 2442～2639nt 处，长度为 197nt；ORF4 位于 2643～2828nt 处，长度为 186nt；ORF5 位于 2815～3987nt 处，长度为 1173nt。5 个 ORF 分别编码 p29、p89、p7A、p7B 和 p42 五种蛋白质，其大小分别为 29kDa、89kDa、7kDa、14kDa 和 42kDa。5′端和 3′端非翻译区的长度分别为 87nt 和 284nt，无 5′端帽子和 3′端 poly（A）尾结构（温少华，2009；吴会杰和古勤生，2017）。

（二）传播途径和寄主范围

甜瓜坏死斑点病毒可经土壤、种子和汁液接触浸染，其中以土壤侵染为主，以真菌油壶菌为媒介，种子侵染可以将病毒扩散到很远。当油壶菌属细菌生息在播种床时，病毒可以黏附于种子进行传播；摘心、摘叶可以导致接触传染。另外通过黄瓜黑头叶甲进行自然传播，还可以通过机械摩擦接种进行传播。

甜瓜坏死斑点病毒寄主范围较小，几乎仅限于葫芦科的一些植物。据报道，MNSV日本分离物经汁液接种于甜瓜、黄瓜、西瓜、南瓜和葫芦时，只有在甜瓜上出现系统侵染；MNSV 加利福尼亚分离物机械接种于除葫芦和豇豆外的其他 18 种葫芦科作物上，只有在甜瓜和小黄瓜上出现系统侵染。主要浸染葫芦科甜瓜类（Gómezaix et al.，2016），如南瓜、葫芦、豇豆、黄瓜、冬瓜等，以及西瓜（Avgelis，1989）。

（三）主要为害症状

甜瓜坏死斑点病毒可为害甜瓜叶片、叶柄、果梗、果实及根。叶片上形成小斑点或不规则形大病斑，并沿叶脉出现坏死斑点等。茎、叶柄和果柄出现黄褐色虫食痕状坏死条斑。果实生长不良，有时会变小，网纹不整齐，糖度也受影响。根部有淡褐变或褐变，有时细根消失。

（四）病毒防治措施

1. 农业措施

选用无病毒种子、建立无病毒种区和加强栽培管理为主要措施，同时加强抗病品种的选育，是防治该病毒病的基本途径。重点加强肥水管理，促进植株生长健壮，减轻危害。

2. 防治传播媒介

在生长期间防治蚜虫、甲虫，当成株期前发现虫害时，可使用 25%阿克泰水分散剂 10 000 倍液、3%啶虫脒乳油 1500 倍液等药剂喷雾。

3. 种子处理

种子在播种前先用清水浸泡 3～4h，再放入 10%磷酸三钠溶液中浸种 20～30min，捞出后用清水冲洗干净后播种，这样可以去除黏附在种子表面的病毒。

4. 药剂防治

可用吗啉胍·乙铜可湿性粉剂 500 倍液，或 0.5%菇类蛋白多糖水剂 200～300 倍液，或 5%菌毒清水剂 500 液等药剂喷雾。每隔 5～7d 喷 1 次，连续 2～3 次。

二、豇豆花叶病毒

豇豆花叶病毒（*Cowpea mosaic virus*，CPMV）（Lomonossoff，2008）又名豇豆黄花叶病毒（*Cowpea yellow mosaic virus*）（Chant，1959）或豇豆花叶黄化株系（*Cowpea mosaic virus* yellow strain），属于豇豆花叶病毒属。豇豆花叶病毒是豇豆上最常见的病害之一，尤以夏秋高温干旱季节发生较多，严重时会大幅度减少产量和降低品质（董平，1987）。它是一种全株显症的病害，染病植株从上部叶最先显症，导致叶片变小，出现浓绿、淡绿相间的花叶或斑驳症状，严重的叶片皱缩畸形（图 5-3）。病株生长衰弱，节间缩短，全株矮化（图 5-4）。病株开花时花器畸形，花稀少，结荚少，豆荚呈鼠尾状，籽粒不饱满，有时还可以出现褐色坏死斑纹(图 5-5)。有报道称产量减少达 95%，但晚期侵染比早期侵染对产量的影响要小。豇豆花叶病是由多种病毒侵染引起的，其毒源主要有以下 3 种：①黄瓜花叶病毒(CMV)，病毒粒体球形，直径为 28～30nm，病汁液稀释终点为 1000～10 000 倍，病株汁液可通过摩擦接触传染，但以菜田的多种蚜虫如菜蚜、桃蚜、棉蚜等传毒为主，种子不带毒。②豇豆蚜传花叶病毒(CAMV)，病毒粒体线条状。主要通过桃蚜、棉蚜和豆蚜传毒；汁液摩擦接种也能传毒；种子有 8%～10%的带毒率。除侵染豇豆外，还能侵染绿豆、利马豆和苋色藜、昆诺藜等。③豇豆花叶病毒(CPMV)，病毒粒体棒状，长约 750nm，病汁液稀释终点 3000～4000 倍。主要通过病汁液摩擦接触传毒，棉蚜、桃蚜也可传毒。一般豇豆种子不带毒，但洋豇豆种子有一定带毒率(洪健等，2001)。

图 5-3　CPMV 接种加利福尼亚黑眼豇豆叶上的褪绿斑驳症状(来源：www.dpvweb.net)

图 5-4　感染 CPMV 的加利福尼亚黑眼豇豆症状(来源：www.dpvweb.net)

图 5-5　感染 CPMV 的豆荚症状(来源：www.dpvweb.net)

（一）病毒粒子结构与形态特征

病毒粒体为二十面体(图 5-6)，5∶3∶2 轴心对称，直径为 20～24nm(Lin et al.，1999)。病毒负染色后电镜的三维结构模型表明在 5 度轴处有 12 个大的外壳蛋白的五聚体，在 3 度轴处有 20 个小的外壳蛋白的三聚体。在这个模型中外壳蛋白由两种结构蛋白 60 个亚基组成，按互相贯穿的格子型进行排列(Crowther et al.，1974)。

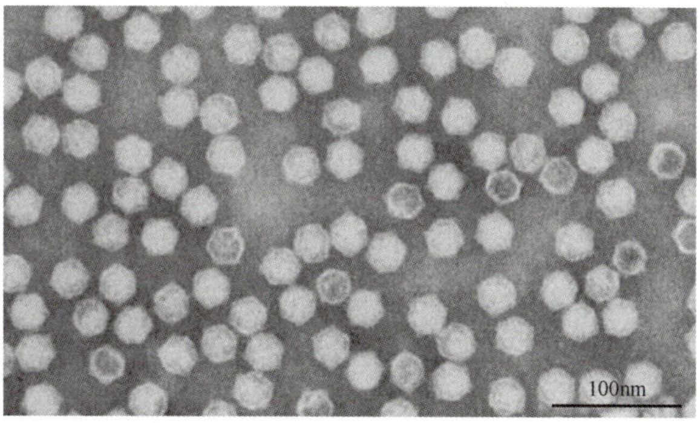

图 5-6　CPMV 粒子电镜图(来源：www.dpvweb.net)

（二）病毒核酸结构与分子生物学特征

CPMV 核酸为单链线形 RNA。M 和 B 组分都含单链 RNA 分子，沉降系数(S_{20W})分别为 26S 与 34S，相对分子质量分别为 1.37×10^6 和 2.02×10^6，基因组 RNA 的碱基组成为 G 20.7%、A 28.4%、C 19.3%、U 31.6%和 G 22.9%、A 28.5%、C 17.2%、U 31.4%(van Kammen and van Griensven，1970)。基因组全长 10 400nt，大的一条 RNA 为 6600nt，小的一条为 3800nt，两条 RNA 链的 3′端都含有 150～200 个残基的 poly(A)尾，5′端含有 $m^7G5'ppp5'N$帽子结构(Klootwi et al.，1977；Wang，2002)。

通过野生型和突变体病毒的重组实验表明，26S RNA 包含了编码外壳蛋白的基因(Gopo and Frist，1977)，并且与 T 组分的产生有关(Bruening，1969；De Jager and Van，

1970)。34S RNA 与迁移率大的组分转变为迁移率小的组分的速率及该病毒侵染的特异性有关(Siler et al.，1976)。任何一条 RNA 的突变都会影响局部和系统症状，并且影响病毒在菜豆和豇豆上的系统移动(De Jager and Van，1970；De Jager，1976；Lomonossoff and Hamilton，2000；Pouwels et al.，2010)。

CPMV 外壳蛋白由两种组分组成，分子质量分别为 37kDa、22kDa(Wu and Bruening，1971；Geelen et al.，1972)，外壳蛋白含有 1.9%的碳氢键。

纯化的病毒粒子每毫克含有 5.05μg 亚精胺和 0.17μg 精胺(Nickerson and Lane，1977)。

(三)寄主范围

CPMV 寄主范围很窄，除豆科植物以外很少有其他寄主，几乎所有寄主都在接种叶上出现坏死和褪绿斑。不同的豇豆品种在症状反应和症状严重程度上有很大差别，免疫、耐病和高感都有出现。

CPMV 的诊断寄主为 *Vigna unguiculata* cv. Blackeye Early Ramshorn，最初接种叶上出现能扩散的褪绿斑(直径为 1～3mm)，三小叶上产生亮黄花叶，或在新叶上引发逐渐加重的亮丽花叶症状，叶片畸形且生长尺寸变小，在该种植物上不表现坏死。苋色藜接种叶上为黄化局部枯斑(直径为 0.5～1mm)，后变为坏死斑；系统症状为严重的花叶、褪绿斑、畸形和疱斑。

CPMV 的繁殖寄主为 *Vigna unguiculata* cv. Blackeye Early Ramshorn，是病毒繁殖及纯化的良好病毒来源。

CPMV 的测定寄主为菜豆 Pinto 栽培种(*Phaseolus vulgaris* cv. Pinto)和苋色藜(*Chenopodium amaranticolor*)，是合适的枯斑寄主。菜豆 Pinto 栽培种是其首选，因为该寄主不能系统侵染，并且病毒在病斑内的含量很高。

病毒株系：Chant(1962)认为来自特立尼达和尼日利亚的甲虫传豇豆病毒可能是相关株系。Agrawal(1964)把 5 个分离物划分为 2 个株系，并把它们命名为黄化株系与强毒株系。苏里南的一个尼日利亚分离物和 SB 分离物属于黄化株系，苏里南分离的一个 Trinidad 株系和两个其他株系都为强毒株系。Swaans 和 van Kammen(1973)对这两个株系进行了比较，认为这两个株系是豇豆花叶病毒组的不同病毒。这里指的豇豆花叶株系是指黄化株系，因为 SB 分离物被划分为豇豆花叶病毒组的典型成员(*Comovirus* group)，所以豇豆花叶病毒一直被认为是指黄化株系。强毒株系专门用豇豆强型花叶病毒(*Cowpea severe mosaic virus*)来指称。

尼日利亚分离物和 SB 分离物在寄主范围上很难区分，并且血清学上很相似。美国的分离物和 SB 株系也很难区分。虽然尼日利亚分离物和肯尼亚分离物在寄主范围上有差异，但是在血清学上的关系很近。古巴分离物在寄主范围上也不同，但没有测过血清学，它能够系统侵染苋色藜，因此它可以被划分到黄化株系。Bruening(1969)从 SB 株系中分离到两个自然出现的变种，它们与上一代病毒的不同之处是产生无 RNA 粒子的量。De Jager 和 Van(1970)从 SB 株系中也分离到两个自然出现的变种，与父代病毒不同的是，它们早期能够系统侵染豇豆。对病毒粒子进行处理或用亚硝酸提取 RNA，突变体病毒很容易得到，大多数这类突变体症状减轻或病毒含量下降。

（四）传播途径

可通过甲虫的口器传播，在非洲金花甲虫是一种有效的传毒甲虫，但是 *Paraluperodes quaternus*（Chrysomelidae）和 *Nematocerus acerbus*（Curculionidae）也能传毒。在苏里南和古巴，*Ceratoma variegata* 和 *C. ruciformis* 被认为是一种传毒介体。相关文献列举了 *C. trifurcata*、*Diabrotica balteata*、*D. undecimpunctata howardi*、*D. virgifera* 和 *Acalymma vittatum*（所有金花科甲虫）均为传毒介体（Jansen and Staples，1971）。甲虫持毒期可达 1～2d 甚至超过 8d。传播效率和侵染持久力与饲养介体的数量有关。在甲虫排泄物中的病毒也具有侵染力。Whitney 和Gilmer（1974）报道，该病毒还可以通过两种蓟马[枕丝蓟马（*Sericothrips occipitalis*）与丝带蓟马（*Taeniothrips sjostedti*）]和两种蝗虫（*Cantotops spissus* 和 *Zonocerus variegatus*）传播。

另外，CPMV 可以种传，在尼日利亚报道种子传毒率达 1%～5%（Gilmer et al.，1974）。

（五）地理分布

CPMV 主要分布在尼日利亚、肯尼亚、坦桑尼亚、多哥、马里和贝宁共和国（Chant，1959；Thottappilly and Rossel，1985）、菲律宾（Talens，1979）、伊朗（Kaiser et al.，1968）、苏里南、古巴、美国（Valverde and Fulton，1996）等。

（六）组织病理学特征

病毒粒子在细胞质内分散或丛生，它们并不形成结晶体，经过焰红染料染色，光镜下在被侵染细胞中可以观察到内含体，它是一种大量存在于核周围的红色不定形物质。对侵染细胞电镜观察，可以看到一些细胞病变结构，通常是在靠近细胞核处，大量的囊泡形成网状结构，在囊泡之间充满了电子致密物质，看不清是什么结构。病毒粒子就嵌合在此物质中，囊泡常常带有某种纤毛物质。病毒侵染细胞的匀浆碎片与放射自显影表明，病毒 RNA 的复制与细胞病理学结构上的囊泡膜极度相关。豇豆病叶含有依赖于 RNA 的 RNA 聚合酶，它紧密结合在细胞膜上，能够在体外合成病毒 RNA，类似的病理学结构在豇豆花叶病毒侵染的豇豆叶肉原生质体中也发现，而在未侵染的原生质体中没有发现这些病变结构。

（七）病毒鉴定方法

该病毒具较强的免疫原性，可以利用 ELISA 技术鉴定。标准的方法是用兔子制备抗血清，双向琼脂扩散实验表明其效价为 1/1024，但可以得到更高的效价。虽然病毒样品在电泳中超过一条条带，但是在琼脂糖扩散实验中只有一条沉淀条带。

（八）不同地区 CPMV 分离物之间的亲缘关系

对世界不同地区的病毒分离物进行比较的系统性工作还很少。然而，从苏里南、尼日利亚、肯尼亚和美国分离的病毒在血清学上具有很相近的亲缘关系。也有报道称，豇豆花叶病毒与有些豇豆花叶病毒组的其他成员只具有很弱的亲缘关系，如豇豆强型花叶病毒、菜豆豆荚斑驳病毒、红三叶草斑驳病毒、蚕豆真花叶病毒和菜豆粗缩花叶病毒。

汁液稳定性：可能由于病毒的寄主来源不同，不同的分离物在体外有较大的差别。稀释限点为 $10^{-6.7}$～$10^{-4.7}$，钝化温度为 55～65℃，体外存活期 4～10d。

(九)病害发生规律和发病条件

豇豆花叶病的毒源除少数可以种子带毒以外，其主要来源是田间受侵染的寄主植株和某些杂草寄主。病害在田间发生的再侵染主要通过传毒介体(翅蚜虫、甲虫和农事操作)携带的汁液接触传染完成。高温、干旱的天气，以及栽培管理粗放、缺肥缺水是诱发豇豆花叶病的最主要因素。

(十)病毒防治方法

1. 农业措施

选用无病毒种子、建立无病毒种区和加强栽培管理为主要措施，同时加强抗病品种的选育，是防治本病的基本途径。选用抗病品种如红嘴燕、之豇 28、新疆 8 号等。重点加强肥水管理，促进植株生长健壮，减轻危害。

2. 防治传播媒介

生长期间防治蚜虫、甲虫。当成株期前发现虫害时，可使用 25%噻虫嗪水分散剂 10 000 倍液、3%啶虫脒乳油 1500 倍液等药剂喷雾。

3. 种子处理

种子在播种前先用清水浸泡 3～4h，再放入 10%磷酸三钠溶液中浸种 20～30min，捞出后用清水冲洗干净后播种，这样可以去除黏附在种子表面的病毒。

4. 药剂防治

可用吗啉胍·乙铜可湿性粉剂 500 倍液，或 1.5%烷醇·硫酸铜乳剂 1000～1200 倍液，或 0.5%菇类蛋白多糖水剂 200～300 倍液，或 5%菌毒清水剂 500 倍液等药剂喷雾。每隔 5～7d 喷 1 次，连续 2～3 次。

三、南瓜花叶病毒

南瓜花叶病毒(*Squash mosaic virus*，SqMV)病，是南瓜生产上发生较重且普遍的病害之一，保护地和露地栽培均有发生，尤其是随着设施栽培面积的扩大发生普遍加重。由于该病发生症状复杂多样，又易与缺素、茶黄螨为害和某些药害的症状相混淆，而南瓜往往又能带病生长，开始不易被察觉，判断易失误。该病不易防治，传染速度快，寄主范围广，常常造成南瓜的品质变差，影响产量，因而对南瓜生产的威胁较大(Alvarez and Campbell，1976)。

(一)主要为害症状

这类病毒中的任何一种都可以引起南瓜花叶病害，受侵染的植物可能不出现症状或出现环斑，严重的出现水泡状斑点，偶尔还有叶片变形和突起，有的出现叶绿素分布不均，叶面出现黄斑或深浅相间斑驳花叶，有时沿叶脉叶绿素浓度增高，形成深绿色相间带，严重的致叶面呈现凹凸不平，脉皱曲变形。一般新叶症状较老叶不明显。病情严重时，茎蔓和顶叶扭缩，果实染病出现褪绿斑。开花结果后病情趋于加重。在生产上主要表现为 4 种类型，混合感染时表现较复杂，病情也重。主要症状类型如下。

1. 花叶型

典型症状是叶片和瓜果不规则形褪绿或出现浓绿与淡绿相间斑驳，植株叶片受侵害后先产生淡黄色不明显的斑驳，后期呈现浓淡不均浅黄绿镶嵌状花叶，叶片会变小，叶缘向叶背卷曲变硬发脆。老叶常有角形坏死斑，簇生小叶。瓜果表面上形成褪绿斑纹或突起。为害严重时病叶和病瓜畸形皱缩，叶脉明，植株生长缓慢或矮化，结小瓜(图 5-7)。

图 5-7　南瓜病毒病的花叶症状(来源：www.pmume.com/zwbk/nnjwg.shtml)

2. 黄化型

植株上部新生叶颜色逐渐变成浅黄色，受害叶片的叶脉呈绿色，叶肉变黄绿色至淡黄色，有时在发病初期叶脉间出现水渍状小斑点，后期病叶变硬并向叶背面卷曲。植株上黄下绿，植株逐渐矮化并伴有落叶现象(图 5-8)。

图 5-8　南瓜病毒病的黄化症状(来源：www.pmume.com/zwbk/nnjwg.shtml)

3. 皱缩型

新生叶沿着叶脉呈现浓绿色隆起皱斑或沿着叶脉坏死，典型症状是叶片增厚、叶面皱缩，有时变成蕨叶、裂叶，甚至叶片变小。有的植株枝杈顶端生长点部位的幼嫩叶片变褐坏死成顶枯。有的植株节间变短，枝叶丛生呈丛簇状。发病瓜果上出现黄绿相间花斑，或瓜果畸形，或果面出现凹凸不平瘤状物，容易脱落。严重的会逐渐枯死(图 5-9)。

图 5-9　南瓜病毒病的皱缩症状(来源：www.pmume.com/zwbk/nnjwg.shtml)

4. 绿斑型

在新生叶上先出现黄色小斑点，后变为浅黄色或暗绿色斑纹。在暗绿色病部会隆起呈瘤状，后期叶脉透化，叶片变小，斑驳扭曲，有时病叶在白天会萎蔫，植株表现矮化。在瓜果表面上产生浓绿色花斑纹或产生瘤状物，变成畸形瓜。少数情况下在叶片和果实上出现红褐色或深褐色不规则形病斑呈斑驳坏死，随后叶片迅速黄化脱落(图 5-10)。

图 5-10　南瓜病毒病的绿斑症状(来源：www.pmume.com/zwbk/nnjwg.shtml)

(二) 主要传播途径

通过叶甲(Freitag，1956；Stoner，1963)、瓢虫(Cohen and Nitzany，1963)和蚱蜢

(Stoner，1963)传播。饥饿状态下甲虫取食 5min 内感染病毒。如果有潜伏期，不超过 10h。接种期小于 24h，更短的接种时间则没有经过测试。介体取食 10～15d 后，病毒可在其体内存留 20d，病毒在介体体内存留时间较短则是取食时间短所致。病毒在介体体内是否增殖暂时还没有报道。

另外，病毒还可以通过种子传播(Alvarez and Campbell，1978)。病毒通常通过中国南瓜(*Cucurbita moschata*)、美洲南瓜(*Cucurbita pepo*)、印度南瓜(*Cucurbita maxima*)、灰籽南瓜(*Cucurbita mixta*)等种子传播。商业化和实验性种子生产通常产生大约 1%的受感染幼苗，但是最多可达到 94%(Rader et al.，1947；Purcifull et al.，1988；Avgelis and Katis，2010)。

(三)病毒抗原特性

该类病毒有强烈的免疫原性(Nolan and Campbell，1984；Zheng，1984)，已经在兔子和几内亚猪中获得抗血清，可以通过试管沉淀或双向琼脂扩散来检测。沉淀物的双向琼脂扩散测试会产生单一的条带(Hao，2004)。

(四)与其他病毒的血清学关系

普通的南瓜花叶病毒与西瓜矮缩病毒在血清学上稍有不同(Knuhtsen and Nelson，1968)。南瓜花叶病毒的 3 个株系之间存在交叉保护作用(Demski，1969)。但是，南瓜花叶病毒并不保护黄瓜花叶病毒、西瓜花叶病毒和烟草环斑病毒。南瓜花叶病毒属于豇豆病毒组，该组包括菜豆豆荚斑驳病毒、蚕豆染色病毒、红三叶草斑驳病毒和萝卜花叶病毒，它们的碱基组成、粒子类型和介体相类似。迄今为止，仍没有南瓜花叶病毒和豇豆花叶病毒组的其他病毒之间有交叉保护作用的报道。

(五)病毒稳定性

在各种葫芦科植物的体液中，热钝化温度(10min)为 70～80℃，在 20℃条件下体外保毒期可达 4 周以上。稀释限点为 10^{-6}～10^{-4}。

(六)寄主范围

自然寄主仅限于葫芦科，该科的绝大多数植物都易感染南瓜花叶病毒。实验显示，它还可以侵染其他属的植物如苋属植物、藜科植物、水生植物和伞状花科植物(Freitag，1941，1956；赵荣乐，2004)。

诊断寄主：葫芦科瓠果类植物。感病严重的植物通常叶片变形、有系统花叶和环状病斑，果实变形。系统性的叶脉中空，黄色的叶脉镶边和黄色的斑点。

传播寄主：葫芦科瓠果类植物。通常使用小甜南瓜或早熟多产的直脖南瓜。

实验寄主：该类病毒可以被葫芦科瓠果类植物受系统侵染的比例实验鉴定。显然，无局部病斑的寄主已经被应用。但是，早熟黄色夏弯脖南瓜受病毒侵染或通常出现褪绿局部病斑。

(七)病毒株系分化

许多株系已经通过寄主反应被区别开来。Freitag 区别了该类病毒，它们在南瓜上引起严重的水泡，发生在加利福尼亚的海滨地区。葫芦环斑花叶病毒在加利福尼亚中部山谷能够在南瓜上引起环状坏死斑(Freitag，1941，1956)。Lindberg 等(1956)证明有一种病毒是南瓜花叶病毒的一个株系，它也是一种典型、潜伏性的甜瓜花叶病毒，是可以系统侵染柑橘类的西瓜矮小病毒株系，已经在美国亚利桑那州被发现。1963 年，Cohen 和 Nitzanv 在以色列鉴定出一种引起轻微黄色花叶的植物病毒，该病毒也属于南瓜花叶病毒属病毒。

(八)病毒防治措施

1. 种子处理

先用清水浸种 3～4h，再用 10%磷酸三钠浸种 20～30min，药液浸没种子以 5～10cm 为宜，浸后捞出用清水冲洗后再催芽播种，浸种期间不要搅动，以免影响闷杀效果。或者将干种子放在 70℃恒温箱内干热处理 12h，可以杀灭种子传带的病毒。

2. 选用抗病品种

针对当地主要毒源加强管理，因地制宜地选用抗病品种。实行轮作换茬，避免多年连作。

3. 培育壮苗，清洁苗床或田园

施足底肥，一定要施腐熟有机肥，增施磷钾肥。覆盖塑料地膜，最好选用银灰色地膜。及时清除田间杂草。发现病株立即拔除带出田外深埋或烧毁。整枝、绑蔓和摘瓜等农事作业时注意清洁卫生，防止人为传播。

4. 及时防治蚜虫和甲虫等媒介害虫，减少传播媒介

可选用 10%吡虫啉可湿性粉剂 2000 倍液、3.2%烟碱 · 川楝素水剂 300 倍液、1%甲氨基阿维菌素苯甲酸盐乳油 3000 倍液、1.1%苦参碱粉剂 1000 倍液、25%噻虫嗪可湿性粉剂 600 倍液、25%吡蚜酮可湿性粉剂 4000 倍液等喷雾防治，可以有效地防止病毒病的传播。

5. 喷施防病毒药剂

发病初期可选用 1.5%植病灵(烷醇 · 硫酸铜)乳剂 1000 倍液或 0.5%菇类蛋白多糖水剂 300 倍液或 20%盐酸吗啉胍 · 铜可湿性粉剂 1000 倍液或 5%菌毒清水剂 400 倍液等喷雾防治。

四、南方菜豆花叶病毒

南方菜豆花叶病毒(*Southern bean mosaic virus*，SBMV)，是南方菜豆花叶病毒组。在国际病毒分类委员会(ICTV)的病毒分类第七次报告中，有 664 种植物病毒已经归入 15 科的不同属，另外尚有 245 种病毒由于本身具有的分类性状有限，且对其特性了解仍不够充分，只归类到 24 属，没有科的分类阶元。南方菜豆花叶病毒属(*Sobemovirus*)即其中的一属(Zaumeyer and Harter，1943；胡伟贞，1986；Othman and Hull，1995；Elizabeth，2015)。

（一）寄主范围

南方菜豆花叶病毒病寄主范围很窄，多为豆科植物，自然寄主为菜豆（*Phaseolus vulgaris*）、豇豆（*Vigna sinensis*），人工接种寄主为大豆、绿豆、赤小豆、红花菜豆、棉豆、豌豆、蚕豆、草木樨等约 12 属 23 种植物（Givord，1981）。

（二）主要传播途径

汁液接种最易传毒。种子带毒传毒，菜豆种传率 1%～5%，豇豆种传率比较高，一般为 5%～40%。如果种子发芽，其幼苗与感病的汁液接触或种植在靠近感病植物附近的土壤中也可传播病毒（Zaumeyer and Harter，1943）。

通过叶甲传播，如 *Cyrtopeltis nicotianae*、*Ceratoma trifurcata*、*Diabrotica undecimpunctata howardii*、*Epilachna varivestis*（Walters，1969；Fulton et al.，1975；Wang et al.，1992，1994；Musser et al.，2003）。

（三）地理分布

热带、亚热带、温带均有发生，欧、亚、美、非、澳各大洲都有报道（Shoyinka et al.，1979；Givord，1981）。发生的国家有印度、捷克、匈牙利、西班牙、荷兰、比利时、英国、法国、塞内加尔、科特迪瓦、尼日利亚、尼加拉瓜、澳大利亚、加拿大、美国、墨西哥、哥斯达黎加、哥伦比亚和巴西等（Férault et al.，1969；Morales and Castano，1985；Verhoeven et al.，2003）。

（四）病毒粒子理化特征

病毒粒体为等轴对称多面体，直径为 28～30nm（图 5-11），相对分子质量为 6.1×10^6～6.6×10^6，扩散系数为 $1.34\times10^{-7}cm^2/s$，等电点为 pH 3.9～6.0，因毒株而异。部分比容为 0.69～0.70。在 pH 7.0 和离子强度为 0.02 时，一种毒株的电泳迁移率为 $-4.0\times10^{-5}cm^2/(s\cdot V)$。

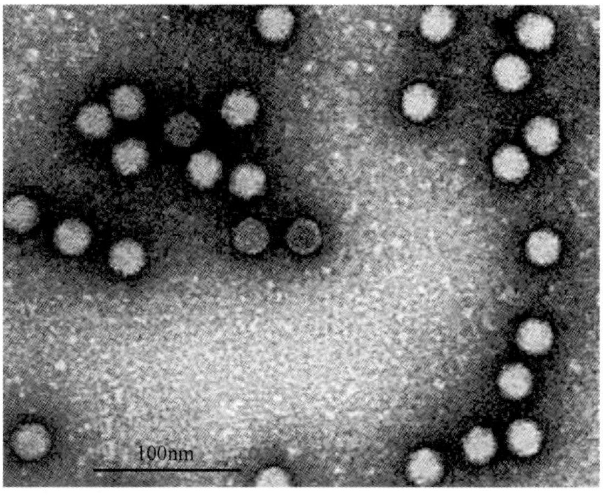

图 5-11　纯化的病毒粒子（来源：www.dpvweb.net）

260nm 吸收值[1mg/(mL·cm 光程)]为 5.85。A_{260}/A_{280} 为 1.6。沉降系数为 25S。在寄主植物中病毒浓度较高，可以用系统感染的大豆、菜豆、豇豆作繁殖寄主，提纯比较容易获得纯化的病毒制剂。在病毒汁液的稳定性方面，南方菜豆花叶病毒在菜豆和豇豆汁液中致死温度为 90～95℃，稀释限点为 10^{-6}～10^{-5}，体外存活期(18～22℃)为 20～165d(Yerkes and Patino，1960；Givord，1981)。

(五)病毒株系分化

1. 典型的菜豆株系(B 株系)

系统侵染大多数菜豆品种(Zaumeyer and Harter，1943)，在另一些菜豆品种上产生局部斑，能侵染部分其他豆科植物，不感染豇豆，易感染豇豆株系的其他豆科植物(图 5-12)。

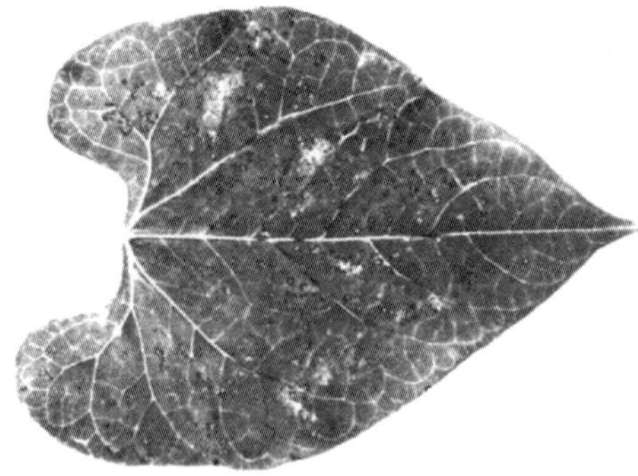

图 5-12　感染 B 株系引起菜豆的局部坏死症状(来源：www.dpvweb.net)

2. 严重的菜豆花叶株系(M 株系)

严重的菜豆花叶株系(Yerkes and Patino，1960)也称墨西哥株系，在普通菜豆上比典型株系引起的症状更严重，为局部坏死和系统性坏死症状，也感染豇豆(图 5-13)。

图 5-13　感染 M 株系引起菜豆的系统性花叶症状(来源：www.dpvweb.net)

3. 豇豆株系(C 株系)

系统感染大多数豇豆品种(Shepherd and Fulton，1962)，也能侵染其他豆科植物，但除侵染菜豆 Pinto 品种不产生症状或接种叶出现明显局部斑外，不侵染普通菜豆。

4. 加纳豇豆株系(C 株系)

系统侵染很多豇豆品种，也可以侵染部分菜豆栽培品种，引起局部坏死斑或系统侵染，但不表现症状。

5. 抗碎色株系

从一些系统感染抗 B 株系的菜豆栽培品种上分离出来。

(六)病毒检测方法

病毒抗原性较强，可以采用 ELISA 法检测。

(七)病毒防治措施

1. 种子处理

先用清水浸种 3～4h，再用 10%磷酸三钠浸种 20～30min，药液浸没种子 5～10cm 为宜，浸后捞出用清水冲洗后再催芽播种，浸种期间不要搅动，以免影响闷杀效果。或者将干种子放在 70℃恒温箱内干热处理 12h，起消毒杀菌作用。

2. 选用抗病品种，培育壮苗，及时清洁田园

针对当地主要毒源加强管理，因地制宜地选用抗病品种。实行轮作换茬，避免多年连作。施足底肥，一定要施腐熟有机肥，增施磷钾肥。覆盖塑料地膜，最好选用银灰色地膜。及时清除田间杂草。发现病株立即拔除带出田外深埋或烧毁。整枝、绑蔓和摘瓜等农事作业时注意清洁卫生，防止人为传播。

3. 防治蚜虫和甲虫等媒介害虫，减少传播媒介

可选用 10%吡虫啉可湿性粉剂 2000 倍液，3.2%烟碱 • 川楝素水剂 300 倍液，1%甲氨基阿维菌素苯甲酸盐乳油 3000 倍液，1.1%苦参碱粉剂 1000 倍液，25%噻虫嗪可湿性粉剂 600 倍液，25%吡蚜酮可湿性粉剂 4000 倍液等喷雾防治。

4. 喷施防病毒药剂

防病发病初期可选用 1.5%烷醇·硫酸铜乳剂 1000 倍液，或 0.5%菇类蛋白多糖水剂 300 倍液，或 20%盐酸吗啉胍·铜可湿性粉剂 1000 倍液，或 5%菌毒清水剂 400 倍液等喷雾防治。

参 考 文 献

董平, 尹玉琦, 李国英, 等. 1987. 豇豆病毒病的鉴定. 植物保护学报, 1: 61-66.
古勤生, 吴会杰, 彭斌, 等. 2011. 瓜类新病毒病害(二): 甜瓜坏死斑点病. 中国瓜菜, 24(5): 35-36.
洪健, 李德葆, 周雪平. 2001. 植物病毒分类图谱. 北京: 科学出版社: 87-88.
胡伟贞. 1986. 南方菜豆花叶病毒. 植物检疫, 1: 52-54.

温少华. 2009. 甜瓜坏死斑点病毒(MNSV)中国分离物全基因组序列的克隆和分析. 武汉: 华中农业大学硕士学位论文.

吴会杰, 古勤生. 2017. 甜瓜坏死斑点病毒山东分离物的基因组. 植物病理学报, 47(2): 234-239.

杨世安, 李战彪, 秦碧霞, 等. 2017. 广西三种甜瓜病毒分离物的分子检测与鉴定. 植物保护, 43(3): 83-89.

赵荣乐. 2004. 感染新疆甜瓜的南瓜花叶病毒的鉴定. 喀什师范学院学报, 25(3): 46-50.

Alvarez M, Campbell R N. 1976. Influence of squash mosaic virus on yield and quality of cantaloup. Plant Disease Reporter, 60(7): 636-639.

Alvarez M, Campbell R N. 1978. Transmission and distribution of squash mosaic virus in seeds of cantaloupe. Phytopathology, 68(3): 257-263.

Avgelis A D, Katis N. 2010. Occurrence of squash mosaic virus in melons in Greece. Plant Pathology, 38(1): 111-113.

Avgelis A D. 1985. Occurrence of melon necrotic spot virus in Crete (Greece). Journal of Phytopathology, 114(4): 365-372.

Avgelis A D. 1989. Watermelon necrosis caused by a strain of melon necrotic spot virus. Plant Pathology, 38(4): 618-622.

Bos L, van Dorst H J M, Huttinga H, et al. 1984. Further characterization of melon necrotic spot virus causing severe disease in glasshouse cucumbers in the Netherlands and its control. Netherlands Journal of Plant Pathology, 90: 55-69.

Bruening G. 1969. The inheritance of top component formation in cowpea mosaic virus. Virology, 37(4): 577-584.

Chant S R. 1959. Viruses of cowpea, *Vigna unguiculata* L. (Walp.) in Nigeria. Annals of Applied Biology, 47: 565-572.

Cohen S, Nitzany F E. 1963. Identity of viruses affecting cucurbits in Israel. Phytopathology, 53(2): 193-198.

Crowther R A, Geelen J L M C, Mellema J E. 1974. A three-dimensional image reconstruction of cowpea mosaic virus. Virology, 57(1): 20-27.

De Jager C P, Van K A. 1970. The relationship between the components of cowpea mosaic virus. Ⅲ. Location of genetic information for two biological functions in the middle component of CPMV. Virology, 41(2): 274-280.

De Jager C P. 1976. Genetic analysis of cowpea mosaic virus mutants by supplementation and reassortment tests. Virology, 70: 151-163.

Demski J W. 1969. Local reaction and cross protection for strains of squash mosaic virus cucurbita pepod. Phytopathology, 59(2): 251-252.

Diaz J A, Bernal J J, Moriones E, et al. 2003. Nucleotide sequence and infectious transcripts from a full-length cDNA clone of the carmovirus melon necrotic spot virus. Archives of Virology, 148: 599-607.

Elizabeth A W, Francis O W, Mukeshimana G, et al. 2015. Bean common mosaic virus and bean common mosaic necrosis virus: relationships, biology, and prospects for control. Advances in Virus Research, 93: 1-46.

Férault A C, Spire D, Bannerot H. 1969. Identification dans la région parisiene d'une marbrure du haricot comparable au bean southern mosaic virus (Zaumeyer et Harter). Annls Phytopath, 1: 619-626.

Freitag J H. 1941. A comparison of the transmission of four cucurbit viruses by cucumber beetles and by aphids. Phytopathology, 31: 8-13.

Freitag J H. 1956. Beetle transmission, host range, and properties of squash mosaic virus. Phytopathology, 46(2): 73-81.

Fulton J P, Scott H A, Gamez R. 1975. Beetle transmission of legume viruses. Tropical Diseases of Legumes, 123-131.

Furuki I. 1981. Epidemiological studies on melon necrotic spot. Technical Bulletin (Shizuoka Prefecture, Japan), No. 14.

Geelen J L, van Kammen A, Verduin B J. 1972. Structure of the capsid of cowpea mosaic virus. The chemical subunit: molecular weight and number of subunits per particle. Virology, 49(1): 205-213.

Genoves A, Navarro J, Pallás V. 2006. Functional analysis of the five melon necrotic spot virus genome-encoded proteins. Journal of General Virology, 87: 2371-2380.

Gilmer R M, Whitney W K, Williams R J. 1974. Epidemiology and control of cowpea mosaic in Western Nigeria. Ibadan: Proceedings of the 1st IITA Grain Legume Improvement Workshop, International Institute of Tropical Agriculture.

Givord L. 1981. Southern bean mosaic virus isolated from cowpea (*Vigna unguiculata*) in the Ivory Coast. Plant Disease, 65(9): 755-756.

Gómezaix C, Pascual L, Cañizares J, et al. 2016. Transcriptomic profiling of melon necrotic spot virus infected melon plants revealed virus strain and plant cultivar-specific alterations. BMC Genomics, 17(1): 429.

Gonzalez G R, Gumpf D J, Kishaba A N, et al. 1979. Identification, seed transmission, and host range pathogenicity of a California isolate of melon necrotic spot virus. Phytopathology, 69: 340-345.

Gopo J M, Frist R H. 1977. Location of the gene specifying the smaller protein of the cowpea mosaic virus capsid. Virology, 79(2): 259-266.

Hae-Ryun K, Jeong-Soo K, Jeom-Deog C, et al. 2015. Characterization of melon necrotic spot virus occurring on watermelon in Korea. The Plant Pathology Journal, 31(4): 379-387.

Hannemarie Swaans, van Kammen A. 1973. Reconsideration of the distinction between the severe and yellow strains of cowpea mosaic virus. Netherlands Journal of Plant Pathology, 79(6): 257-264.

Hao R L. 2004. Identification of squash mosaic virus in Xinjiang. Journal of Kashgar Teachers College, 3: 23-25.

Jansen W P, Staples R. 1971. Specificity of transmission of cowpea mosaic virus by species within the Subfamily *Galerucinae*, Family *Chrysomelidae*. Journal of Economic Entomology, 2: 365-367.

Kaiser W J, Danesh D, Okhovat M, et al. 1968. Diseases of pulse crops (edible legumes) in Iran. Plant Disease Reporter, 52(9): 687-691.

Kishi K. 1966. Necrotic spot of melon, a new virus disease. Japanese Journal of Phytopathology, 32(3): 138-144.

Klootwijk J, Klein I, Zabel P, et al. 1977. Cowpea mosaic virus RNAs have neither m^7GpppN nor monodior triphosphates at their 5′ends. Cell, 11(1): 73-82.

Knuhtsen H K, Nelson M R. 1968. Identification of two serotypes in squash mosaic virus strains. Phytopathology, 58: 345-347.

Lin T, Chen Z, Usha R, et al. 1999. The refined crystal structure of cowpea mosaic virus at 2.8Å resolution. Virology, 265: 20-34.

Lindberg G D, Hall D H, Walker J C. 1956. A study of melon and squash mosaic viruses. Phytopathology, 46: 489-495.

Lomonossoff G P, Hamilton W D O. 2000. Cowpea mosaic virus-based vaccines. Curr Top Microbiol Immunol, 240: 177-189.

Lomonossoff G P. 2008. Cowpea mosaic virus. Encyclopedia of Virology: 569-574.

Morales F J, Castano M. 1985. Effect of a Colombian isolate of bean southern mosaic virus on selected yield components of *Phaseolus vulgaris*. Plant Disease, 69(9): 803-804.

Musser R O, Hum-Musser S M, Felton G W, et al. 2003. Increased larval growth and preference for virus-infected leaves by the Mexican bean beetle, *Epilachna varivestis* Mulsant, a plant virus vector. Journal of Insect Behavior, 16(2): 247-256.

Nelson M R, Knuhtsen H K. 1973. Squash mosaic virus variability: epidemiological consequences of differences in seed transmission frequency between strains. Phytopathology, 63(7): 918-920.

Nickerson K W, Lane L C. 1977. Polyamine content of several RNA plant viruses. Virology, 81: 455-459.

Nolan P A, Campbell R N. 1984. Squash mosaic virus detection in individual seeds and seed lots of cucurbits by enzyme-linked immunosorbent assay. Plant Disease, 68(11): 971-975.

Othman Y, Hull R. 1995. Nucleotide sequence of the bean strain of southern bean mosaic virus. Virology, 206(1): 287-297.

Pouwels J, Carette J E, Van L J, et al. 2010. Cowpea mosaic virus: effects on host cell processes. Molecular Plant Pathology, 3(6): 411-418.

Purcifull D E, Simone G W, Baker C A, et al. 1988. Immunodiffusion tests for six viruses that infect cucurbits in Florida. Proceedings of the Florida State Horticultural Society, 101: 400-403.

Rader W E, Fitzpatrick H F, Hildebrand E M. 1947. A seed-borne virus of muskmelon. Phytopathology, 37(11): 809-816.

Riviere C J, Rochon D M. 1990. Nucleotide sequence and genomic organization of melon necrotic spot virus. Journal of General Virology, 1(9): 1887-1896.

Ruiz L, Crespo O, Simon A, et al. 2016. First report of a novel melon necrotic spot virus watermelon strain in Spain. Plant Disease, 100(5): 1031.

Safaeezadeh M. 2007. First report of melon necrotic spot virus and zucchini yellow fleck virus in Iran. Journal of Plant Pathology, 89(2): 302.

Shepherd R J, Fulton J P. 1962. Identity of a seed-borne virus of cowpea. Phytopathology, 52: 489-493.

Stoner W N. 1963. A mosaic virus transmitted by beetles and a grasshopper. Phytopathology, 53: 890-893.

Talens L T. 1979. Cowpea viruses in the Philippines: identity of a mosaic-causing virus in cowpea, *Vigna unguiculata*(L.) Walp. Philippine Journal of Crop Science: 37-41.

Thottappilly G, Rossel H W. 1985. Virus diseases of important food crops in tropical Africa. Ibadan: Nigeria International Institute of Tropical Agriculture: 1-61.

Tomassoli L, Barba M. 2000. Occurrence of melon necrotic spot carmovirus in Italy. Eppo Bulletin, 30(2): 279-280.

Tomassoli L, Siddu G, Carta A, et al. 2016. Occurrence of "melon necrotic spot virus"（MNSV）on melon in Sardinia（Italy）. Veterinary Record, 178(1): 804-809.

Valverde R A, Fulton J P. 1996. Comoviruses: Identification and Diseases Caused. The Plant Viruses: Polyhedral Virions and Bipartite RNA Genomes. New York: Plenum Publishing: 17-33.

van Kammen A, van Griensven L J L D. 1970. The relationship between the components of cowpea mosaic virus. II. Further characterization of the nucleoprotein components of CPMV. Virology, 41(2): 274-280.

Verhoeven J T J, Roenhorst J W, Lesemann D E, et al. 2003. Southern bean mosaic virus the causal agent of a new disease of *Phaseolus vulgaris* beans in Spain. European Journal of Plant Pathology, 109(9): 935-941.

Walters H J. 1969. Beetle transmission of plant viruses. Advances in Virus Research, 15: 339-363.

Wang Q, Kaltgrad E, Lin T, et al. 2002. Natural supramolecular building blocks wild-type cowpea mosaic virus. Chemistry and Biology, 9(7): 805-811.

Wang R Y, Gergerich R C, Kim K S. 1994. The relationship between feeding and virus retention time in beetle transmission of plant viruses. Phytopathology, 84(9): 995-998.

Whitney W K, Gilmer R M. 1974. Insect vectors of cowpea mosaic virus in Nigeria. Annals of Applied Biology, 77(1): 17-21.

Wu G J, Bruening G. 1971. Two proteins from cowpea mosaic virus. Virology, 46: 596-612.

Yakoubi S, Desbiez C, Fakhfakh H. 2008. First report of melon necrotic spot virus on melon in Tunisia. Plant Pathology, 57(2): 386.

Yerkes W D, Patino G. 1960. The severe bean mosaic virus, a new bean virus from Mexico. Phytopathology, 50(5): 334-338.

Yu C, Wang D, Zhang X, et al. 2016. First report of melon necrotic spot virus in watermelon in China. Plant Disease, 100(7): 1511.

Zaumeyer W J, Harter L L. 1943. Two new virus diseases of beans. Journal of Agricultural Research, 67(8): 305-328.

Zheng G Y, Wang Z M, Sun Y, et al. 1984. Diagnosis of Xinjiang Hami muskmelon virus disease using immune electron microscopy. Acta Phytopathologica Sinica, 14(1): 47-50.